"十三五"国家重点图书
当代化学学术精品译库

酶在食品加工中的应用

（原著第二版）

Enzymes in Food Technology

（2nd Edition）

［英］Robert J. Whitehurst，［荷兰］Maarten van Oort　编

赵学超　译

华东理工大学出版社
EAST CHINA UNIVERSITY OF SCIENCE AND TECHNOLOGY PRESS

·上海·

图书在版编目(CIP)数据

酶在食品加工中的应用：原著第二版/(英)罗伯特·J.怀特赫斯特(Robert J. Whitehurst),(荷)马尔滕·范·奥乐特(Maarten van Oort)编；赵学超译
—上海：华东理工大学出版社,2017.10
(当代化学学术精品译库)
ISBN 978-7-5628-5160-8

Ⅰ.①酶… Ⅱ.①罗… ②马… ③赵… Ⅲ.①酶—应用—食品加工 Ⅳ.①TS205

中国版本图书馆 CIP 数据核字(2017)第 210562 号

Enzymes in Food Technology (2nd ed.) /Robert J. Whitehurst and Maarten van Oort
原著 ISBN：978-1-4051-8366-6

著作权合同登记号：图字 09-2015-128 号。

项目统筹 / 周　颖
责任编辑 / 陈新征
出版发行 / 华东理工大学出版社有限公司
　　　　　　地址：上海市梅陇路 130 号,200237
　　　　　　电话：021-64250306
　　　　　　网址：www.ecustpress.cn
　　　　　　邮箱：zongbianban@ecustpress.cn
印　　刷 / 上海中华商务联合印刷有限公司
开　　本 / 710mm×1000mm　1/16
印　　张 / 26
字　　数 / 503 千字
版　　次 / 2017 年 10 月第 1 版
印　　次 / 2017 年 10 月第 1 次
定　　价 / 138.00 元

序

在食品和食品加工中,人类使用酶的历史可追溯到几千年以前。当时,人类就已经不自觉地用酶来制造干酪和啤酒等食品和饮料。而直到约 100 年前,研究者才真正了解和阐明酶的分子组成和作用机制。随着最近几十年分子生物学和基因工程学的高速发展,人类现在已能大量且稳定地生产酶和酶制剂用于不同的商业用途。

全球商品酶的市场估值大约 50 亿美元,并且年均增长率约 5%。在全球商品酶市场方面,虽然欧洲和北美在市场需求方面占了大多数份额,但是中国在酶的市场需求和供应方面强势崛起,并成为重要的一级。目前中国在全球商品酶的生产和消费方面都占了大约 10%份额。

在商品酶的使用行业方面,食品加工(涵盖食品辅料加工)用酶代表了一个非常重要的门类。酶在食品加工中用途广泛。在乳品,焙烤,啤酒和葡萄酒酿造,水产品和肉制品加工,果蔬汁生产和食品辅料加工中都会涉及酶的应用。

《Enzymes in Food Technology, Second edition》这本英文原著各章节都由知名学者编写。对于从事食品行业的读者以及酶学研究的学生和学者来说,该书是一本非常有价值的参考书。该书前面章节介绍了酶学的基本内容和基因工程在酶生产中的应用知识。更重要的是,后面章节全面概括了各种不同的商品酶在食品制造和食品辅料加工中的应用。

由于全球人口的持续增长对有限的食品供应和地球资源施加了越来越大的压力,人类需要找到效率更高和环境更友好的生产食品的新途径。在未来十年的工业化和现代化进程中,中国的高速发展仍将会给环境和资源造成巨大的压力。因此,对于中国来说,这显得尤其重要。

元建国

创新总监及资深科学家/帝斯曼(中国)有限公司
第十二批国家"千人计划"创新人才

译　者　序

　　酶是生物体活细胞合成的生物催化剂，具有催化效率高、特异性强、反应条件温和和活性可调节等显著特点。按照酶分子中起催化作用的主要组分，自然界中天然存在的酶可分为蛋白类酶和核酸类酶。其中绝大多数是蛋白类酶，少数是核酸类酶。新陈代谢是生物体生命活动基础，而构成新陈代谢的许多复杂且有规律的物质变化和能量变化都由酶催化进行。酶保证了新陈代谢的有序进行。可以说，没有酶的参与，生物体生命活动就无法进行。因此，没有酶的存在就没有生命。

　　虽然不知道什么是酶，但是人类很早就开始不自觉地利用酶的催化作用来制造食品和治疗疾病。在中国，我们的祖先利用酵母来酿酒（细胞内酶作用），豆类来做酱（霉菌蛋白酶），麦曲（含淀粉酶和蛋白酶等）来制造饴糖。不仅如此，他们还利用红曲（含淀粉酶）和鸡内金（含胃蛋白酶和淀粉酶）治疗消化不良症。在西方，古埃及人利用反刍动物胃液（含皱胃酶）凝固牛乳来制作干酪，从而达到储存牛乳的目的。事实上，皱胃酶是第一个工业化生产的酶类，并且首次以酶活力为单位进行销售，从此酶制剂的生产和销售步入了工业化阶段。

　　在酶的应用中，一部分酶作为辅料或添加剂直接应用在产品中，例如糖果中的转化酶、动物饲料中的植酸酶和洗衣粉中蛋白酶；另一部分酶是以加工助剂/催化剂角色出现。酶在这些过程中起着至关重要且不可替代的作用。例如，利用葡萄糖异构酶将葡萄糖转化成甜度更高的果糖；利用糖苷酶增加葡萄酒游离态呈香物质释放，从而有助于增强葡萄酒香气强度；利用天冬酰胺酶将天冬酰胺转化成天冬氨酸，从而减少谷物制品中丙烯酰胺的生成。酶的应用领域极其广阔，涵盖食品加工、动物饲料和宠物食品、洗涤剂和个人护理用品、制浆和造纸、皮革、纺织、有机合成、医药、诊断、污水处理、生物能源、石油和天然气开采等领域。虽然酶制剂行业本身产值不算高，但是它支撑的行业产值可能百倍于其产值。

　　酶的应用非常重要。应用是研发和市场之间的桥梁。正是酶的成功应用，才能将酶的研发成果转变为实际的市场需求，才能收回研发成本，并为酶制剂公司创造更高的效益。本译著主要关注酶在食品加工中的应用。译者曾从事酶制剂行业。这是一个需要不断学习的行业。由于酶的应用要和具体食品制造工艺结合在一起，那就必须非常了解具体的食品加工细节，并且找出酶的应用机会和环节。找到酶的应用机会仅仅是第一步，只有向客户证明酶的效果和投入产出比，才能真正长久地获得客户订单。因此，对于酶制剂应用工程师和技术服务工程师来说，除了需要精通酶和酶制剂方面的知识，通常还需要深入了解工厂和工程方面的知识，最好有该行业工厂工作经历和生产经验。

全书共分15章，主要包括酶学理论、酶的生产方法和酶的具体应用。第一章介绍酶学基本概念。第二章引入具体实例介绍基因工程和蛋白质工程方面的知识。这两方面技术的发展推动了酶制剂在稳定性、经济性、特异性和应用潜力方面的进步。第三章介绍了酶制剂具体的生产工艺。第四章详细介绍了天冬酰胺酶在谷物制品中的应用，旨在探索生物酶法降低谷物制品中丙烯酰胺含量的可行性。其余章节详细介绍了酶在具体食品加工中的应用。本书涉及的食品行业有乳品、焙烤(面包和其他小麦制品)、啤酒酿造、饮料基酒(食用酒精)、葡萄酒、水产品、果蔬加工、肉制品、蛋白质改性、淀粉加工和油脂改性。本书的编者都来自知名高校和酶制剂公司。正是他们无私的知识分享，让我们学到了更多酶学和酶制剂方面的知识。希望本书对酶制剂应用研究有借鉴作用。

由于本书问世时间较长，并且酶技术发展非常迅速，书中有些内容略显滞后，但是书中的基本概念、基本思路和研究方法能为读者学习酶知识提供详细的参考。

虽然译者本着最大的诚意试图翻译妥当原著中每一句话，但是由于译者的理解和知识水平有限，书中不妥之处在所难免，敬请广大读者批评指正。

本书在翻译过程中得到了张帆、黄龙、王维、王捷、郝常明、郑海英、罗喜悦等许多前辈和同行朋友的热情鼓励和大力支持，在此表示衷心的感谢。译者特别感谢元建国博士欣然为译著作序，为本书增光添色。

最后，译者深深感谢父母和爱人，你们的理解和支持使本书的翻译工作得以顺利完成。

赵学超

2017 年 9 月

前　言

　　1833 年，Payen 和 Persoz 采用酒精处理麦芽的水解粗提物，并沉淀出一种热不稳定物质，随后发现该物质能促进淀粉的水解反应。我们可以说这是酶被"发现"的时候。他们采用一个希腊语词汇将该沉淀组分命名为"淀粉酶"（diastase），即"分离"（separation）的意思。1878 年，Kühne 首次将酵母细胞中导致发酵的物质称之为"酶"（enzyme）。该词来源于希腊语，即"在酵母中"（in yeast）的意思。早在公元前 2000 年的时候，酶就在食品加工中起着重要的作用，此时的埃及人和苏美尔人已将发酵应用在啤酒酿造、面包焙烤和干酪制作中。大约公元前 800 年的时候，牛犊的胃液和其中的凝乳酶被用在干酪的制作过程中。

　　在 20 世纪上半叶前 25 年的末期，酶被证明是一类蛋白质，并且很快就开始了酶的工业化生产和商业化应用。1982 年，第一次使用基因技术来进行酶的生产，得到一种 α-淀粉酶。6 年以后，重组凝乳酶在瑞士得到批准和使用，标志着采用基因技术生产的产品将正式用于食品的生产。

　　1990 年，这种基因技术被批准允许使用在美国食品酶制剂生产中。在本书的第一版前言中，将酶描述为"功能性催化蛋白质"，并且将它们比喻成目标明确且非常有用的劳动力，就像我们更为熟知的人类劳动力一样，有着偏爱的工作条件，经过培训（培养）能完成特定的任务，并且当食品原料（底物）耗尽时，它们不再起作用。希望本书能再为那些没有酶制剂使用经历的读者提供一些基础知识，并且更新第一版中所公开的一些技术。因此，本书着眼于为读者阐述当今应用在食品和饮料加工中最先进的酶技术。

　　在第二版中，读者们将会看到新增的章节，即酶在减少食品中丙烯酰胺，鱼类产品（水产品）加工和非面包类谷物制品中的应用，还增加了一章非常重要的知识即转基因生物和蛋白质工程。在该章节中，读者们将会看到如何改造产酶生物细胞中的 DNA。该技术模拟了大自然中偶然发生的基因突变，但是以更快的速率和更明确的目标去进行基因突变，从而使人类有能力生产出功能特殊且纯度更高的酶产品。

　　本书在选择各个章节编者时，不仅仅考虑他们具有渊博的酶学知识，更因为他们对该学科抱有的极大热情。

　　本书开篇先根据酶的命名法来介绍酶，随后介绍酶的本质和作用模式。在解释酶的生产工艺知识之前，解释了转基因生物（GMO）和蛋白质工程（PE）

的知识。随后的章节既描述了内源酶和外源酶应用在食品和饮料加工中的基本理论和实际经验,又描述了酶如何改变食品原料,以及如何影响食品加工中的生物化学和物理反应。长期以来,食品原料中的内源酶在食品生产中起着重要的作用。然而,时至今日,酶学专家、生物学家和食品研发专家在法规的框架下,着眼于市场的需求,齐心协力改造自然,在相对较短的时间内给我们带来多种之前闻所未闻的食品和饮料加工解决方案。这方面新例有替代乳化剂、减少丙烯酰胺以及更好地利用食品加工中的副产品。

本书的各章节编者们分享了他们宝贵的酶学知识,在此对他们表示衷心的感谢。我们希望读者在阅读本书时能从中受益,这也是对我们编撰本书的肯定。

Robert J. Whitehurst
Maarten van Oort

编 者

Soottawat Benjakul
Department of Food Technology, Faculty of Agro-Industry, Prince of Songkla University, Thailand

Caroline H. M. van Benschop
DSM Food Specialties, Delft, The Netherlands

Andreas Bruchmann
Technical Service Fruit Processing Ingredients & Alcohol, DSM Food Specialties Germany GmbH, Germany

Johanna Buchert
VTT Technical Research Centre of Finland, Espoo, Finland

Yves Coutel
DSM Food Specialties, Montpellier Cedex, France

David Cowan
Novozymes UK, Chesham, UK

Céline Fauveau
DSM Food Specialties France SAS, France

Declan Goode
Kerry Ingredients, Kerry Group, County Cork, Ireland

Catherine Grassin
DSM Food Specialties, Montpellier Cedex, France

Hanne Vang Hendriksen
Novozymes, Bagsværd, Denmark

Jan D. R. Hille
DSM Food Specialties, Delft, The Netherlands

Kaisu Honkapää
VTT Technical Research Centre of Finland, Espoo, Finland

Sappasith Klomklao
Department of Food Science and Technology, Faculty of Technology and Community Development, Thaksin University, Phattalung, Thailand

Beate A. Kornbrust
Novozymes, Dittingen, Switzerland

Kristiina Kruus
VTT Technical Research Centre of Finland, Espoo, Finland

Eoin Lalor
Kerry Ingredients, Kerry Group, County Cork, Ireland

Niels Erik Krebs Lange
Novozymes, Bagsværd, Denmark

Raija Lantto
VTT Technical Research Centre of Finland, Espoo, Finland

Barry A. Law
R & D Consultant, Melbourne, Australia

Xiaoli Liu
Nagase ChemteX Corporation, Kobe, Japan

Marc J. E. C. van der Maarel
TNO Quality of Life, The Netherlands, and
Department of Microbiology, Groningen
Biomolecular Sciences and Biotechnology
Institute (GBB), University of Groningen,
The Netherlands

Per Munk Nielsen
Novozymes Bagsværd, Denmark

Maarten van Oort
Baking Technology Group, AB Mauri
The Netherlands

Eero Puolanne
Food Technology, University of Helsinki,
Finland

Katariina Roininen
VTT Technical Research Centre of Finland,
Espoo, Finland

Benjamin K. Simpson
Department of Food Science and Agricultural
Chemistry, McGill University, Quebec,
Canada

Mary Ann Stringer
Novozymes, Bagsværd, Denmark

Robert J. Whitehurst
Baking Technology Group, AB Mauri, UK

目　　录

1 绪　论

Maarten van Oort

酶(enzyme)是一类加速化学反应过程的蛋白质。该过程被称为催化,因此酶具有催化化学反应的功能。在酶促反应中,在反应起始阶段存在的分子被称为底物。酶将底物转变成不同的分子,这些分子被称为产物。自然界中所有的反应都要有酶的参与,以致它们可以快速地进行。酶对它们的底物具有选择性。因此在众多的可能性中,酶仅能催化少数反应。

与所有催化剂一样,酶通过降低反应的活化能来催化反应的进行,如图 1.1 所示。

催化剂通过降低反应物(A、B)及其过渡态之间的能量差来催化反应的进程,酶的作用也是如此,因此催化作用的本质是降低反应的能阈,从而使反应加速进行。

当活化能 ΔG 降低 5.71 kJ/mol (水中氢键的活化能通常为 20 kJ/mol) 这一相对较小的数量时,反应的速率

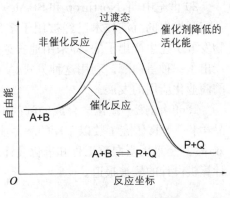

图 1.1　反应活化能的降低

就能提高 10 倍。当活化能 ΔG 降低 34.25 kJ/mol 时,反应的速率就能提高 10^6 倍。由于在降低反应能阈的同时,也能加速可逆反应的进行,因此反应的平衡仍然保持不变。

与所有的催化剂一样,酶不会被它们所催化的反应消耗掉,也不会改变反应的平衡。然而,酶与其他大多数催化剂不同的是它们具有高度的特异性。虽然几乎所有的酶都是蛋白质,但是并不是所有的生化催化剂都是酶,这是因为核酶(RNA 分子)也能催化反应。

1.1　历史

19 世纪,巴斯德利用酵母将糖发酵成酒精。他认为这是由酵母细胞中"酵素"(ferments)催化进行的反应。巴斯德认为这些酵素只有存在于活生物体中才具有活力。

19 世纪末,Kühne 首先使用了酶这个词来描述巴斯德先前研究的酵母细胞内进行酒精发酵的物质。该词来源于希腊语,意为"在酵母中"。后来使用酶这个词来描述不含活细胞且具有催化能力的蛋白质。这与我们今天所熟知的酶是一样的,而酵素用来描述活生物体中进行的化学活动。这样酶与酵素就能区分开来。

也是在 19 世纪末,Buchner 对酶学的发展做出了重大贡献。他采用不含活酵母细胞的提取物来研究它们发酵糖的能力。他发现,即使不存在活酵母细胞,糖也能被发酵。

1926 年,Sumner 第一次获得了纯酶。他从刀豆中提取出脲酶,并制得结晶脲酶。

20 世纪中期,Northrop 和 Stanley 开发出一套分离胃蛋白酶的复杂工艺。他们开发出的沉淀技术已经被用于多种酶的结晶。几年后,第一次采用微生物发酵工艺生产出了酶,即采用地衣芽孢杆菌(*Bacillus licheniformis*)发酵生产出了一种蛋白酶。利用这种方式,酶的大规模发酵变得可行,同时也促进了酶商业化应用的发展。

1969 年,第一款化学合成的酶问世。从此以后,科学家们采用 X 射线结晶学和 NMR 研究了数以千计的酶。他们应用基因工程技术来提高酶的生产效率,甚至采用蛋白质工程和进化设计来改变酶的特异性。2004 年,第一款由计算机设计的酶被报道。

1.2　酶的命名法

酶通常根据它们所催化的反应进行命名。一般来说,将"ase"的后缀添加到底物的名称(如葡萄糖氧化酶,glucose-oxidase,一种氧化葡萄糖的酶)或反应类型的名称(如用来催化聚合反应的聚合酶,polymerase;用来催化异构化反应的异构酶,isomerase)之后来完成酶的命名。在此规则之外的一些例外情况是一些早期被发现的酶,例如胃蛋白酶(pepsin)、凝乳酶(rennin)和胰蛋白酶(trypsin)。国际生物化学协会(IUB)出台了酶的标准命名法,建议酶的名称既能表明它所作用的底物,又能表明它所催化的反应类型。有关这套命名法的详细信息可在 IUB 的官方主页中找到。

根据酶所催化的反应类型将酶进行分类,从而正式地将酶分成以下六大类。

（1）EC 1 **氧化还原酶类**：催化氧化/还原反应，通常会涉及电子的转移，例如氧化酶或脱氢酶。

（2）EC 2 **转移酶类**：催化分子间功能基团转移的反应（如一个甲基或磷酸基），并且这些反应通常涉及自由基的转移，例如转移单糖的转糖苷酶、转移磷酸基的转磷酸酶、转氨基的转氨酶、转甲基的转甲基酶和转乙酰基的转乙酰基酶。

（3）EC 3 **水解酶类**：催化各种化学键水解反应。水解反应通常涉及水分子的增加或移除，例如，包括酯酶、糖酶、核酸酶、脱氨酶、酰胺酶和蛋白酶在内的水解酶；包括延胡索酸酶、烯醇酶、顺乌头酸酶和碳酸酐酶在内的水化酶。

（4）EC 4 **裂合酶类**：催化通过水解和氧化以外的方式来裂合各种化学键的反应。这类反应涉及一个 C═C 键的断裂或形成，例如碳链酶。

（5）EC 5 **异构酶类**：催化单个分子的异构反应，涉及分子结构的变化，例如葡萄糖异构酶。

（6）EC 6 **连接酶类**：催化两分子通过共价键连接的反应。

1.3 酶学

在人类、动物、微生物和植物的任一活细胞中，均在进行着非常多的生化活动，称之为新陈代谢。新陈代谢是活生物体中不停进行的化学变化和物理变化过程；是合成新组织、替换旧组织、将食物转化为能量、处理废物和繁殖的过程。我们将以上这些活动命名为"生命"。然而，所有的这些生化反应几乎不能自然发生，它们需要酶的催化才能顺利进行。通过这种方式，活生物体中所有的生化反应均由酶来负责推动它们的进行。如果没有酶的参与，生化反应进行的速度将会远远落后于新陈代谢所需的速度。

1.3.1 酶在自然界中的功能

酶在活生物体中有着众多不同的作用。在信号传导和细胞调控过程中，酶就起着至关重要的作用，这通常由激酶和磷酸酶来催化进行。酶也能产生运动，例如肌球蛋白水解三磷酸腺苷（ATP）能让肌肉发生收缩活动。酶也能在细胞的周围沿着细胞骨架运输细胞物质。细胞膜中其他 ATP 酶在离子主动运输中起着离子泵的作用。总之，可以说细胞中的新陈代谢途径由细胞中存在的酶的类型和数量决定。

酶在哺乳动物和其他动物的消化系统中起着重要的作用。例如，淀粉酶能分解大的淀粉分子；蛋白酶能分解大的蛋白质分子。这些分解反应的结果是形成了较小的分子片段，从而能很容易地被动物肠道吸收。而像淀粉这样的大分子就无法直接被动物的肠道吸收，但是酶能将淀粉分子水解成较小的分子,如糊精、麦芽糖,最终被水解成葡萄糖,然后被吸收。不同的酶消化不同的食品底物。反刍动物以食草为生,它们的消化道中存在的微生物能产生纤维素酶之类的酶,它可以分解植物纤维细胞壁中的纤维素。

多个酶能以一种特定的顺序共同作用来形成代谢途径。在某个代谢途径中,一种酶能将另一种酶的产物作为底物,在其催化反应结束之后,该酶的产物随后再传递给下一种酶来作用。有时会有两种或两种以上的酶来催化同一个反应,它们以平行的方式来催化该反应的进行,这就需要更复杂的调控,例如,一种酶的活力一直很低,但是受到第二种酶的诱导,其活力就会提高。

酶能决定哪些步骤发生在这些代谢途径中。如果没有酶,代谢反应既不能通过相同的步骤来进行,也不能足够快地来满足细胞的需要。例如,在糖酵解这样的代谢途径中,如果没有酶的存在和参与,那糖酵解就无法进行。例如,葡萄糖能与 ATP 直接反应,从而使葡萄糖分子在一个碳或多个碳原子处被磷酸化。如果没有酶的存在,磷酸化反应进行的速度可以忽略不计。然而,如果添加了己糖激酶,那葡萄糖分子在 C6 处的磷酸化反应就会以极快的速度进行,从而产生大量的 6 - 磷酸葡萄糖。而在非酶催化的反应中,不但反应速度慢,而且产物也非常少。因此,每个细胞中的代谢途径的网络取决于细胞中所存在的一系列具有功能性作用的酶。

1.3.2 酶化学

酶通常以球蛋白的形式存在,最小的酶分子仅含有 60 个左右的氨基酸,而最大的酶分子含有 2 500 多个氨基酸,也就是说,其相对分子质量为 6 000~250 000。酶的活力由它们的三维结构决定。许多酶要比它们所作用的底物大得多。因此,值得注意的是,酶分子中只有一小部分会直接参与催化反应。这一小部分被称为活性中心,该活性中心仅含有 3~4 个氨基酸,也就只有这几个氨基酸会直接参与催化反应。底物通常会结合到酶的活性中心的邻近位置,有时甚至会结合在酶的活性中心。

1.3.3 酶的特异性

在酶的特性中,最令人感兴趣的特性是它们的特异性。有一些酶显示出了绝对特异性,即这些酶只能催化某个特殊的反应。其他的酶可能只对某种特殊类型的化学键或功能基团有特异性。总之,有以下四种不同类型的特异性。

(1) **绝对特异性**:高度特异性的酶,仅催化一种反应。

(2) **基团特异性**:基团特异性的酶仅作用于含有如氨基、磷酸基或甲基等特殊功能基团的分子。

(3) **键特异性**:这些酶作用于某些化学键,并且不受底物分子中剩余部分的干扰。

（4）**立体化学特异性**：具有立体化学特异性的酶仅作用于具有特殊空间结构的底物或其旋光异构体，并且不会作用于该底物的同分异构体。

酶的特异性由底物的结构匹配性、所携带的电荷、亲水性/疏水性等特征以及酶与底物三维结构决定。有关酶与底物三维结构之间的作用，由众多模型描述过。下面介绍两种相关度最高的模型。

1.3.3.1　"锁钥"模型

早在 1894 年，Emil Fischer 就提出酶的特异性是由于酶和底物之间具有互补的几何形状（图 1.2）。

正是由于这些几何形状，酶和底物能相互精密地嵌合在一起，这通常被称为"锁钥"模型。然而，尽管该模型能解释酶的特异性，但是它无法解释酶所具有的稳定态和过渡态。

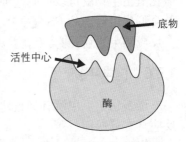

图 1.2　互补的几何形状

"锁钥"模型被证明是不精确的模型，对于酶-底物-辅酶作用的模型来说，当前最被认可的模型是诱导契合模型。

1.3.3.2　诱导契合模型

1958 年，Koshland 提出了"锁钥"模型的修正方案：由于酶具有非常灵活的结构，当底物与酶相互作用时，酶的活性中心在与底物相互作用的过程中会不断地变形。因此，底物不会简单地与一个刚性的活性中心结合；构成活性中心的氨基酸侧链基团会塑造成精确的形状来与酶结合使其执行它的催化功能。在某些情况下，例如就糖苷酶而言，当底物进入其活性中心时，底物分子也会略微改变形状。活性中心会不断改变形状直至底物完全与酶分子结合，届时酶的最终形状和所携带的电荷才确定下来。

1.3.4　酶的催化机制

每种酶降低反应发生所需的活化能的作用方式有以下几种。

（1）通过创造出一种稳定过渡态的环境来降低活化能。这能通过稳定底物/产物分子的过渡态构象来实现。

（2）通过创造出一种与过渡态电荷分布相反的环境来降低过渡态的能量，但是不会使底物分子发生形变。

（3）假设有另一种途径。例如，酶与底物经过短暂的反应生成一种酶-底物（简称 ES）的复合物，如果没有酶的存在，无法生成中间产物。

（4）通过底物反应基团和酶活性中心催化基团的相互靠近和彼此正确定向来降低反应熵变。仅考虑能量的变化（即 ΔH）会忽略到该作用。

1.3.5　酶-底物复合物

19 世纪末期，Arrhenius 提出了一种假说来解释酶的催化作用。他提出底物和酶能形成过渡态的中间产物,即 ES 复合物,可以用式(1-1)来表示。

$$E+S \underset{k_{-1}}{\overset{k_1}{\rightleftharpoons}} ES \tag{1-1}$$

这种过渡态的 ES 复合物已被许多实验证实。例如使用过氧化氢酶和过氧化氢衍生物就可以证明这种过渡态 ES 复合物的存在。酶(E)和底物(S)先结合形成过渡态的 ES 复合物。随着反应的进行,ES 复合物再分解形成产物。在反应结束之后,酶会重新游离出来恢复成初始状态。

1.3.6 化学平衡

许多化学反应没有真正地完成,酶促反应也不例外,这是由于大多数酶促反应具有可逆性。

当正反应速率与逆反应速率相等时,就会达到一种稳态平衡。酶活力的研究总是基于平衡反应的理论。

1.4 酶促反应动力学

酶促反应动力学是一种描述,预测和计算酶怎样结合底物,怎样将底物转变成产物以及这种过程发生的速率和效率的基本方法。

20 世纪初,就有科学家提出一种酶促反应动力学的定量理论。因为还没有定义 pH,所以实验数据无效。不久以后,引入了 pH 和缓冲液的概念。随后,科学家们重复了这些早期的实验,推导出了一系列的方程式,并将它们称为(Henri-)Michaelis-Menten 动力学方程。这项工作得到了进一步的发展,并得到了目前仍在使用的动力学方程式。

Michaelis 和 Menten 最先阐述了酶作用的模型。该模型显示游离酶先与反应物结合形成一种酶-反应物的复合物。这种复合物发生转变,随后释放出产物和游离酶,可以用式(1-2)来表示。

$$ES \overset{k_2}{\longrightarrow} E+P \tag{1-2}$$

$$E+S \underset{k_{-1}}{\overset{k_1}{\rightleftharpoons}} ES \overset{k_2}{\longrightarrow} E+P \tag{1-3}$$

当反应(1-1)[即式(1-1)]和反应(1-2)[即式(1-2)]结合成反应(1-3)时,就能获得酶催化反应模型。首先,酶和底物结合在一起形成 ES 复合物;然后发生反应,即反应物转变为产物,随后 ES 复合物解离,释放出酶和产物。

Michaelis-Menten 模型假设仅有微量的 ES 复合物发生逆反应,生成反应物[例如,在式(1-1)中 $k_1 \gg k_{-1}$]。产物的形成速率[式(1-4)]可由式(1-2)

来决定：

$$产物形成速率：k_2[S] \tag{1-4}$$

并且中间产物 ES 形成速率[式(1-5)]由式(1-1)和式(1-2)来决定：

$$ES 形成速率 = k_1[E][S] - (k_2 + k_1)[ES] \tag{1-5}$$

使用稳态近似法，即假设中间产物(ES)的浓度保持不变，而反应物和产物的浓度发生改变，那产物形成速率的方程由式 1-6 来计算：

$$\frac{\delta[P]}{\delta t} = \frac{k_2[E_0][S]}{[S] + k_m} \tag{1-6}$$

式(1-6)中的[E_0]是游离酶的初始浓度；[S]是底物浓度；k_m 是酶的一个特性常数，被称为 Michaelis-Menten 常数(即米氏常数)。k_m 的值与式(1-1)和式(1-2)中速率常数有关，可由式 1-7 计算：

$$k_m = \frac{k_{-1} + k_2}{k_1} \tag{1-7}$$

k_m 非常重要，这是因为它可以通过实验来测出，并且能描述某种酶的催化能力。当知道某种酶促反应的起始条件(即酶和底物浓度)时，也能利用 k_m 来预测该酶促反应的速率。

Henri 的主要贡献是将酶促反应分成两个阶段：第一阶段，底物可逆地结合到酶上，形成 ES 复合物；第二阶段，酶催化化学反应，释放出产物。

每秒钟酶最高能催化数百万次反应。酶促反应速率取决于溶液条件和底物浓度。能导致蛋白质变性的溶液条件会降低酶的活力，甚至会导致酶的失活。这些条件有高温、极端 pH 或较高的盐浓度。提高底物的浓度往往能提高酶的活性。为了确定某个酶促反应的最大速率，会不断提高底物的浓度直至达到一个稳定的产物形成速率。随着底物浓度的增加，越来越多的游离酶会与底物结合转变成中间产物 ES，这样酶将被底物饱和。当达到酶的最大反应速率(v_{max})时，所有酶的活性中心都和底物结合在一起，并且 ES 复合物的数量和酶的总量相同。然而，v_{max} 仅是酶的一个动力学常数。为了达到某一给定的反应速率，其所需底物的量也显得非常重要。这可以用米氏常数(k_m)表示，k_m 为酶促反应速率达到最大反应速率一半时的底物浓度。每种酶对特定的底物都有一个特定常数 k_m，并且根据 k_m 值，可以推断出酶和底物的亲和力。另一个有用的常数是 k_{cat}，表示酶被底物饱和时，每秒钟每个酶分子的活性中心转换底物的分子数。

酶的催化效率可用 k_{cat}/k_m 来表示，k_{cat}/k_m 也被称为特异性常数，并且它还包含了催化反应中所有步骤的速率常数。特异性常数同时反映了酶对底物的亲和力和催化能力，因此在比较不同酶对于特定底物的催化效率或者同一

8

种酶对于不同底物的催化效率时,它显得非常有用。特异性常数的理论最大值被称为扩散极限,该值为 $10^8 \sim 10^9 \, \text{mol}^{-1} \cdot \text{L} \cdot \text{s}^{-1}$。此时,酶与底物的每一次碰撞都会导致底物被催化,因此产物的生成速率不再被反应速率主导,而是分子的扩散速率起着决定性的作用。酶的这种特性被称为催化完美性或动力学完美性。

1.5 影响酶活力的因素

酶促反应动力学的基本理论知识非常重要。它有助于我们理解酶促反应的基本机制以及选择酶活力的分析方法。

影响酶促反应速率的因素有温度、pH、酶浓度、底物浓度、激活剂或抑制剂的存在等。

1.5.1 酶浓度

研究提高酶浓度对反应速率的影响时,底物必须过量存在。也就是说,酶促反应的速率不受底物浓度的影响。单位时间内产物量的任何变化都取决于酶的浓度。这些反应被称为"零级"反应,这是因为反应速率与底物浓度无关,是一常数 k。在此速率下产物生成量与时间呈线性关系。添加再多的底物也不能提高酶促反应速率。在零级反应中,若将酶促反应的时间加倍,那生成的产物量也会加倍。

酶促反应中酶浓度由它的催化活力来测量。酶活力和浓度之间的关系会受到众多因素的影响,如温度、pH 等。当底物浓度无限大时,通常会测得最高的酶活力。

1.5.2 底物浓度

实验表明,如果酶的量保持不变,逐步提高底物的浓度,则酶促反应的速率会提高直至达到最大值。在此之后,再提高底物浓度,也不能提高酶促反应的速率。根据理论知识,当达到最高反应速率时,所有的酶都转化成中间产物 ES。许多常用酶的 k_m 均已被测出。对于一个特定的酶来说,k_m 的大小能说明以下结论。

(1) 较小的 k_m 值意味着酶仅需少量的底物就能被饱和。因此,在相对较低的底物浓度下,就能达到最大酶促反应速率。

(2) 较大的 k_m 值意味着需要较高的底物浓度才能达到最大酶促反应速率。

(3) 当酶以最小的 k_m 值作用于某个底物时,通常认为该底物是这个酶的天然底物,虽然这对于所有的酶来说,并不总是如此。

1.5.3　别构性

别构性（Allostery）或别构调节是指在某个酶或蛋白质的别构中心处结合一个效应物分子来调节酶或蛋白质的活性状态。提高酶活力的效应物被称为别构激活剂。而降低酶活力的效应物被称为别构抑制剂。根据这种机制，别构抑制是一种非竞争性抑制（见 1.5.6 节）。

别构性这个词来源于两个希腊语词汇"allos"（意为其他）和"stereos"（意为空间），意思为别构酶分子除了活性中心之外，还存在一个调节中心。别构调节是一个反馈控制的典型实例。

1.5.4　辅助因子

许多酶需要其他物质辅助完成催化功能，这些非蛋白分子被称为辅助因子（Cofactors）。这种完整的活性复合物被称为全酶（Holoenzyme）。也就是说，酶蛋白加上辅助因子一起被称为全酶。

一个辅助因子可能是以下几种。

（1）辅酶：与酶蛋白部分疏松结合的耐热小分子非蛋白有机化合物，可用透析等物理方法除去。

（2）辅基：与酶蛋白部分或脱辅基酶蛋白部分紧密结合的耐热小分子有机化合物，不易用透析等物理方法除去。

（3）金属离子激活剂：包括 K^+、Fe^{2+}、Fe^{3+}、Cu^{2+}、Zn^{2+}、Mn^{2+}、Mg^{2+}、Ca^{2+} 和 Mo^{3+}。

酶通常在其活性中心处或附近与这些辅助因子结合。而且，某些酶能与底物或辅助因子之外的其他分子结合，并且这些分子通常会抑制酶的活力或阻碍酶的催化过程。细胞可通过这种方式对酶促反应进行调节。一些酶无需任何额外的成分就能显现出全部的活力。但是，另一些酶必须与辅助因子的非蛋白质分子结合在一起才具有催化活性。辅助因子不是无机化合物（如金属离子或铁硫簇）就是有机化合物（如核黄素或血红素）。有机辅助因子要么是辅基，它们与酶蛋白紧密地结合在一起；要么是辅酶，它们在反应过程中，能从酶的活性中心释放出来，包括 NADH，NADPH 和 ATP。这些分子的作用是将化学基团从一种酶转移到另一种酶上。

与酶蛋白紧密结合的辅助因子通常位于酶的活性中心，并参与催化反应。例如，核黄素和血红素这些辅助因子通常会参与氧化还原反应的催化。

1.5.5　辅酶

辅酶是一类将化学基团从一种酶转移到另一种酶上的有机小分子。有许多维生素及其衍生物，如核黄素、硫胺素和叶酸，都属于辅酶。这些化合物无法由人体合成，必须通过饮食来获取。不同的辅酶携带的化学基团也不同：

NAD 或 NADP$^+$ 携带氢离子;辅酶 A 携带乙酰基;叶酸携带甲基或甲酰基;S-腺苷甲硫氨酸也可携带甲基。

辅酶在酶催化反应中其化学成分发生了变化,因此可以认为它是一种特殊的底物或第二底物,这种所谓的第二底物可以被许多不同的酶利用。例如,目前已知大约有 700 种酶利用辅酶 NADH 进行催化。

反应后的辅酶可再生,以使其胞内浓度维持在一个稳定的水平上。

1.5.6　抑制剂

酶的抑制剂是一类改变酶的催化作用的物质,它会减弱甚至破坏酶的作用。

有关酶的抑制机制的大多数理论均基于 ES 复合物的存在。当底物过量存在时,也会发生底物对酶的抑制行为。

通常有三种类型的酶的抑制作用:竞争性抑制作用、非竞争性抑制作用和底物抑制作用。除了这些类型的抑制作用之外,还存在一种混合型抑制作用。

1.5.6.1　竞争性抑制作用

当底物和一种类似于底物的物质一起与酶相遇时,就会发生竞争性抑制。"锁钥理论"可以解释为什么会发生竞争性抑制。

这一概念认为酶表面存在一处特殊部分对底物有强烈的亲和力。在这种方式下,非常有利于底物向产物的转化。然而,当存在一种与底物结构相似的抑制剂时,它就会和底物竞争酶活性中心与底物结合的部位。当抑制剂与酶活性中心结合之后,会堵塞活性中心与底物结合的部位,使酶的活性中心处于被堵塞的状态。由于一部分酶的活性中心被抑制剂占据,就会出现反应速率下降的现象。如果物质与底物不相似,那它就不能与酶活性中心结合,酶就会排斥它,会与底物结合,因此反应能正常地进行。

在竞争性抑制中,酶促反应的最大速率(v_{max})不会变化,但是需要较高的底物浓度来达到某一特定的速率,从而会增大表观 k_m。

1.5.6.2　反竞争性抑制作用

反竞争性抑制是指抑制剂只与 ES 复合物(酶-底物复合物)结合,而不能与游离酶结合的一种酶促反应抑制作用,但生成的 EIS 复合物(酶-抑制剂-底物复合物)不能进一步释放出酶和产物,故对酶促反应有抑制作用。这种类型的抑制作用比较少见,但有可能发生在多聚酶催化反应中。

1.5.6.3　非竞争性抑制作用

非竞争性抑制剂被认为是一类引发酶分子构象发生变化的物质,当它们与酶相遇时,酶活性下降,使底物转变为产物的效率变低。

非竞争性抑制剂能和底物同时与酶结合,就是说,它们不与酶的活性中心结合。通过这种方式,会生成一种 EIS 复合物(酶-抑制剂-底物复合物)。EI 复合物和 EIS 复合物都不能进一步释放出酶和产物,故对酶促反应有抑制作用。由于非竞争性抑制剂对酶和底物的结合无影响,故提高底物浓度对抑制程度无影响(这与竞争性抑制恰好相反),这会使酶促反应的表观 v_{max}(表观最大速率)减小,但是由于底物仍然能与酶结合,所以 k_m 保持不变。

1.5.6.4 混合型抑制作用

混合型抑制作用与非竞争性抑制作用相似,除了 EIS 复合物有残留的酶活性之外。在许多生物体中,抑制剂可能是反馈机制的一部分。如果某种酶能在生物体中产生过量的某种物质,那该物质可能会在其产生途径的起始端就扮演该酶抑制剂的角色。当该物质的数量足够多时,就会减缓甚至终止该物质的生成。这是一种负反馈的形式。受到这种形式调控的酶通常是多聚酶,并且含有与调控物质结合的别构调节中心。不可逆的抑制剂会和酶反应,与酶蛋白形成一种共价结合物。

1.6 工业酶制剂

几个世纪以来,酶被应用于多种食品的生产中,例如生产啤酒和干酪。不管过去还是现在,酶都来源于自然资源,如植物和动物的组织。表 1.1 总结了这些酶的来源、作用和应用。然而,这些年随着生物技术的发展,推动了作用效率更高效的新品种酶制剂的问世。

表 1.1 食品生产中广泛使用的来源于植物和动物的酶

酶	来源	作用	应用
α-淀粉酶	小麦、大麦之类的谷物种籽	将淀粉水解成寡糖	面包焙烤;啤酒酿造
β-淀粉酶	甘薯	将淀粉水解成麦芽糖	高麦芽糖浆的生产
木瓜蛋白酶	未成熟木瓜果实中的乳汁	蛋白质水解	肉的嫩化;防止啤酒冷浑浊的形成
菠萝蛋白酶	菠萝汁液和茎部	用于肌肉组织和结缔组织中蛋白质的水解	肉的嫩化
无花果蛋白酶	无花果乳汁	与菠萝蛋白酶作用相似	当作菠萝蛋白酶和木瓜蛋白酶使用,但由于使用成本较高,没有得到广泛的应用

酶	来　源	作　用	应　用
胰蛋白酶	牛或猪的胰脏	蛋白质水解	生产用于增强食品风味的蛋白质水解物(现在它的大多数应用已被微生物来源的蛋白酶取代)
凝乳酶	牛犊的皱胃	用于 κ - 酪蛋白的水解	在干酪制作中,用于牛乳的凝结
胃蛋白酶	牛的皱胃	与凝乳酶一样,也能用于 κ - 酪蛋白的水解,但对酪蛋白水解特异性差	通常作为牛犊皱胃酶的一部分与凝乳酶一起应用于干酪制作
脂肪酶/酯酶	山羊和羊羔的食道、牛犊的皱胃、猪的胰脏	甘油三酯(脂肪)的水解	增强干酪产品的风味;催化酯交换反应来改变油脂性质
脂肪氧合酶	大豆	面粉中不饱和脂肪酸的氧化	面包面团改良
溶菌酶	鸡蛋清	水解细菌细胞壁中的多糖	防止产芽孢细菌导致的干酪后期起泡
乳过氧化物酶	乳清、牛初乳	将硫酸氰盐氧化成杀菌的次硫酸氰盐	牛乳的冷杀菌

与传统的化学催化剂相比,酶天然所具有的一些关键优势推动了商品化酶制剂的发展。酶的催化功能、特异性和在相当温和的条件下工作的能力这三方面的结合使酶成为在众多应用中备受欢迎的生物催化剂。

与在分析或诊断中使用的高纯度酶不同,工业酶制剂(Industrial Enzymes,也称为工业用酶制剂)以部分纯化甚至粗酶液的形式进行生产和销售。虽然大多数工业酶制剂的生产工艺均依赖于微生物,但是它们也可能来源于各种各样的植物、动物或微生物。微生物产生的酶要么是胞外酶,例如蛋白酶,这些胞外酶在酶的销售份额中占据较高比例;要么是胞内酶,例如葡萄糖氧化酶。胞内酶通常仍然与细胞有关,除非使用微生物自身作为生物催化剂,否则需要将酶从细胞中释放出来。

工业酶制剂真正的突破是将微生物生产的蛋白酶引入洗衣粉中。第一款由芽孢杆菌属细菌生产的商品化蛋白酶于 1959 年投放市场,第一家主流的洗涤剂生产商于 1963 年前后开始在洗衣粉中使用蛋白酶。工业酶制剂生产商销售的酶制剂应用在众多的行业中。目前全球工业酶制剂估值为 22 亿美元。主要的工业化应用分布如下：洗涤剂行业（30％）、纺织行业（12％）、淀粉加工业（12％）、焙烤行业（11％）、生物能源（9％）和动物饲料行业（8％），这些行业使用的工业酶制剂的市场份额合起来大于 80％。

工业酶制剂代表着生物技术的核心。生物技术和基因组学的发展有助于发现新的来源的酶和生产菌株，并对候选酶的生产条件和表现进行优化，从而筛选出符合预期表现的酶。

酶不仅可用于化学工艺，而且可用于机械或物理工艺。酶用于化学工艺的一个范例为：在淀粉水解过程中，使用淀粉酶来取代酸。在牛仔布的石洗工艺中，使用纤维素降解酶来取代浮石的使用，这是酶用于机械工艺的典型范例。使用蛋白酶，人们能够方便地进行高温干洗这样的物理工艺。

随着生物技术的发展，酶的应用范围正在变得越来越广泛。酶正被使用在能与合成工艺竞争的新型工艺中，这在先前是不具有商业可行性的行为。例如，一些酶制剂公司正在开发能将纤维素生物质转化成燃料乙醇的新型酶制剂。其他的范例包括在使用淀粉制取糖浆时，使用酶技术将高果糖玉米糖浆的生产转变成一个产值达数十亿美元的行业。

大多数工业酶制剂由转基因微生物（由重组 DNA 技术实现）生产，其原因如下。

（1）更高的表达水平。

（2）更高的纯度（％酶蛋白/％其他成分）。

（3）低生产成本。

（4）重组 DNA 技术打开了蛋白质工程的大门。

（5）酶能被表达，不论它是否在原始菌中表达水平低或是否为致病微生物。

运用蛋白质工程（上面所列的第 4 点理由）能提高酶的抗氧化性能、加工耐受性和耐热性，改变底物特异性，例如在含有漂白剂的洗涤剂中，能提高酶的储存稳定性。

重组 DNA 技术打开了应用来自所谓极端微生物的酶制剂的大门。这些极端微生物与嗜温微生物不同，它们生长在极端的条件中。这些微生物的生长条件如下。

（1）嗜热微生物（在 90℃ 以上的高温环境中保持稳定）。

（2）嗜冷微生物（生长在 0℃ 或更低的温度环境中）。

（3）嗜热嗜酸微生物（生长在高温和低 pH 的环境中）。

（4）嗜压微生物（生长在高压环境中）。

（5）嗜盐微生物（生长在高盐浓度的环境中）。

（6）嗜碱微生物（生长在高 pH 的环境中）。

（7）嗜酸微生物（生长在低 pH 的环境中）。

可以想象,这些微生物要么能产生一系列与嗜温微生物不同的酶,要么能产生具有极端特性的酶,例如耐高温或者在极端 pH 下能保持稳定和活力。

1.7 食品酶制剂

1.7.1 生物技术在食品加工中的应用

食品工业正在广泛使用各种农作物和畜禽制品作为其制造工艺的原料,从而生产出更多样的食品。在食品制造业的发展历程中,生物技术的使用时间已经长达 8 000 多年。在将食品原料加工成食品的过程中,生物技术能提供众多的改善途径。在面包、酒精饮料、食醋、干酪和许多其他食品的制造过程中,均使用到微生物产生的酶。时至今日,生物技术仍在通过以下途径影响着食品工业:助力新产品的开发,降低食品生产的成本和改善食品生产商长期所依赖的工艺。毫无疑问,在未来,这种现状还将继续下去。

使用生物技术,不但能改善食品的功能性、营养价值以及诸如风味和质构之类的感官品质,而且能使用新的工具,如酶、乳化剂和改良的发酵剂来改善食品生产工艺本身。在下脚料或废料、食品安全和食品包装等问题的处理上,生物技术也能提供改善途径。

1.7.2 酶在食品加工中的应用

酶能改善食品原料和目标产品的功能性质、营养价值和感官品质,而且酶被发现在各类食品的加工和生产过程中均有着广泛的应用。

在食品生产中,酶有着众多的优势。首要的也是最重要的优势是酶能替代传统的化学品。因此,在众多食品制造工艺中,酶能替代合成化学品的使用。酶通过降低能源消耗的水平和与生俱来的生物可降解性,使得酶法加工工艺在环境保护方面具有明显的优势。并且,与化学催化剂相比,酶的作用方法更具特异性,这使得酶催化工艺的副反应更少,由此产生的副产物也更少,从而使产品的质量更高、污染的水平更低。酶能在非常温和的条件下催化反应,而温和的食品加工条件不会破坏食品原料和目标产品的宝贵的功能特性、营养价值和感官品质等。最终,在酶的作用下,这些食品加工工艺顺畅地进行,否则,工艺将无法进行。

第一款由生物技术生产的并在食品加工中使用的商业化产品是一种用于干酪制作的酶。在应用生物技术之前,这种酶从牛犊和羊羔的胃中提取而来,但是现在它由加载了该酶基因的微生物生产。

55 种以上的酶产品被应用在食品加工过程中。随着我们发现如何利用微生物世界非凡的多样性研发出将在食品加工中证明自身重要性的新款酶产品,这个数字将会继续增加。表1.2总结了在各种食品加工中使用的酶。

表1.2 酶在食品加工中的用法

酶	来 源	作 用	应 用
α-淀粉酶	曲霉属;芽孢杆菌属;蛾微杆菌(*Microbacterium imperiale*)	小麦淀粉的水解	面团软化;增大面包体积;释放糖,有助于酵母的发酵
α-乙酰乳酸脱羧酶	枯草芽孢杆菌	将α-乙酰乳酸直接转化成乙偶姻	规避啤酒后酵中脱羧酶将双乙酰转化成乙偶姻的作用,从而缩短啤酒后熟时间
葡萄糖淀粉酶(葡糖淀粉酶)	黑曲霉;根霉属	将糊精水解成葡萄糖(糖化)	在高果糖玉米糖浆的生产中,用于淀粉液化液的糖化;"淡"啤酒的生产
氨肽酶	乳酸链球菌;曲霉属;米根霉	从蛋白质和多肽的N-端处释放游离氨基酸	蛋白质水解物的脱苦;加速干酪的熟化
过氧化氢酶	黑曲霉;藤黄微球菌(*Micrococus luteus*)	将过氧化氢分解成水和氧气	连同葡萄糖氧化酶一起用于氧气的脱除
纤维素酶	黑曲霉;木霉属	纤维素水解	在当地法规允许的情况下,在果汁生产中,可用于水果的液化
凝乳酶	泡盛曲霉;乳酸克鲁维酵母	κ-酪蛋白的水解	在干酪制作中,用于牛乳的凝结
环糊精葡聚糖转移酶	芽孢杆菌属	用液化淀粉来合成环糊精	生产用于色素、香精和维生素微胶囊化的环糊精
β-半乳糖苷酶(乳糖酶)	曲霉属;克鲁维酵母属	将牛乳中的乳糖水解成葡萄糖和半乳糖	牛乳和乳清的增甜;生产适合于乳糖不耐人群食用的乳品;用于含有乳清的冰淇淋乳糖结晶(返砂现象)的控制;改善浓缩乳清蛋白(WPC)的功能性;用于乳果糖的生产

酶	来 源	作 用	应 用
β-葡聚糖酶	曲霉属;枯草芽孢杆菌	水解啤酒糖化醪液中的β-葡聚糖	促进麦汁的过滤;防止啤酒浑浊的生成
葡萄糖异构酶	密苏里游动放线菌;凝结芽孢杆菌;变铅青链霉菌;锈赤霉链霉菌	将葡萄糖转化成果糖	用于高果糖玉米糖浆(一种饮料甜味剂)的生产
葡萄糖氧化酶	黑曲霉;产黄青霉	将葡萄糖氧化成葡萄糖酸	脱除食品包装中的氧气;脱除鸡蛋清中的葡萄糖来防止蛋清加工时发生褐变
半纤维酶和木聚糖酶	曲霉属;枯草芽孢杆菌;里氏木霉	水解半纤维素(例如面粉中存在的不溶性非淀粉多糖)	改善面包瓤结构来提升面包品质
脂肪酶和酯酶	曲霉属;假丝酵母属;米黑根毛霉;罗克福尔青霉;根霉属;枯草芽孢杆菌	将甘油三酯水解成脂肪酸和甘油;将烷基酯水解成脂肪酸和醇	增强干酪产品的风味;催化酯交换反应来改变油脂的性质;合成芳香酯类物质
果胶酶(聚半乳糖醛酸酶)	曲霉属;绳状青霉	水解果胶	催化脱果胶反应来澄清果汁
果胶酯酶	曲霉属	脱除果胶分子的结构单元——半乳糖醛酸残基上的甲基基团	与果胶酶(聚半乳糖醛酸酶)一起应用在脱果胶技术中
戊聚糖酶	特异腐质霉;里氏木霉	水解戊聚糖(面粉中水溶性的非淀粉多糖)	面包面团改良技术的一部分
普鲁兰酶	芽孢杆菌属;克雷白氏杆菌属	水解淀粉分子中的α-1,6-糖苷键	淀粉糖化(提高淀粉糖化效率)
蛋白酶	曲霉属;米黑根毛霉;板栗疫病菌;橘青霉;雪白根霉;芽孢杆菌属	水解κ-酪蛋白;水解动物蛋白和植物蛋白;水解小麦面筋	在干酪制作中,用于牛乳的凝乳;生产用于汤料和调味料使用的蛋白水解物;改良面包面团

1.8 基因工程

自 20 世纪 80 年代初以来,生产酶制剂的公司一直在使用基因工程技术来提高酶制剂的生产效率和研发新产品。对于酶制剂行业和酶制剂使用者来说,这样做具有明显的优势:酶制剂生产工艺的重大改进,将能提供更好的酶产品。然而,进展正在放缓,这是由于它被用于在其他更具争议的生物技术方面(例如基因工程在动物上的应用),在欧洲这样的争议仍在继续。

1.9　酶的致敏性

迄今为止,没有出现食品中残留的酶造成消费者过敏的报道。酶在食品中的残留水平很低,基本上不会引起消费者的过敏。当人们接触到大量的过敏源时,就有可能出现过敏症状。与所有蛋白质一样,酶也能引发过敏反应。因此,酶制剂公司会采取各种保护措施来保护工人。并且一些酶是以液体制剂、固体颗粒制剂、微胶囊化制剂和固定化酶制剂的形式被生产出来以限制工人与酶蛋白的过量接触。

1.10　本章小结

最早应用的酶均来源于植物或动物,由此出发,酶学专家和生物技术专家不断发展日益复杂的酶库,以此寻找出适合食品加工的酶。关于酶在食品加工中的优点,列举几点来说明,例如酶制剂能完全替代化学品在食品中的使用或将化学品在食品加工中的使用量降至最小;使下脚料或废物产生量最小化;使不可能实现或不经济的食品加工工艺得以进行;提高食品的营养价值;改善食品质构性质和延长食品的货架期(保质期)。最近,运用蛋白质工程来修饰酶使得技术专家们驾驭着这些有价值的工具来更好地应对未来的挑战。

参考文献[①]

1. Smith, A.D., Datta, S.P., Smith, G.H., Campbell, P.N., Bentley, R. and McKenzie, H.A. (eds) (1997) *Oxford Dictionary of Biochemistry and Molecular Biology*. Oxford University Press, Oxford.
2. Lilley, D. (2005). Structure, folding and mechanisms of ribozymes. *Current Opinion in Structural Biology* **15**(3), 313–323.
3. IUB homepage, http://www.chem.qmul.ac.uk/iubmb/
4. Hunter, T. (1995) Protein kinases and phosphatases: the yin and yang of protein phosphorylation and signaling. *Cell* **80**(2), 225–236.
5. Berg, J.S., Powell, B.C. and Cheney, R.E. (2001) A millennial myosin census. *Molecular Biology of the Cell* **12**(4), 780–794.
6. Mackie, R.I. and White, B.A. (1990) Recent advances in rumen microbial ecology and metabolism: potential impact on nutrient output. *Journal of Dairy Science* **73**(10), 2971–2995.
7. Anfinsen, C.B. (1973) Principles that govern the folding of protein chains. *Science* **181**(96), 223–230.
8. Jaeger, K.E. and Eggert, T. (2004) Enantioselective biocatalysis optimized by directed evolution. *Current Opinion in Biotechnology* **15**(4), 305–313.
9. Fischer, E. (1894) Einfluss der configuration auf die wirkung der enzyme. *Berichte der Deutschen Chemischen Gesellschaft* **27**, 2985–2993.
10. Koshland, D.E. (1958) Application of a theory of enzyme specificity to protein synthesis. *Proceedings of the National Academy of Sciences of the United States of America* **44**(2), 98–104.
11. Vasella, A., Davies, G.J. and Bohm, M. (2002) Glycosidase mechanisms. *Current Opinion in Chemical Biology* **6**(5), 619–629.

17

---

①　为避免与原著中参考文献有差异,原样复制而来。

12. Boyer, R. (2002) *Concepts in Biochemistry*, 2nd edn (in English). John Wiley & Sons, Inc., New York, pp. 137–138.

13. Arrhenius, S. (1899) On the theory of chemical reaction velocity. *Zeitschrift für Physikalische Chemie* **28**, 317.

14. Henri, V. (1902) Theorie generale de l'action de quelques diastases. *Comptes Rendus Hebdomadaires Academie de Sciences de Paris* **135**, 916–919.

15. Sørensen, P.L. (1909) Enzymstudien {II}. Über die Messung und Bedeutung der Wasserstoffionenkonzentration bei enzymatischen Prozessen. *Biochemische Zeitschrift* **21**, 131–304.

16. Michaelis, L. and Menten, M. (1913) Die Kinetik der Invertinwirkung. *Biochemische Zeitschrift* **49**, 333–369.

17. Briggs, G.E. and Haldane, J.B.S. (1925) A note on the kinetics of enzyme action. *Biochemical Journal* **19**, 338–339.

18. Wagner, A.F. and Folkers, K.A. (1975) *Vitamins and Coenzymes*. Interscience Publishers, New York.

19. BRENDA Enzyme Information Database, http://www.brenda-enzymes.info/

2 转基因生物和蛋白质工程

刘晓丽(Xiaoli Liu)

2.1 概述

虽然人们对于转基因生物(GMOs)的使用还有激烈的争论,特别是在转基因植物和转基因动物方面,由于缺少相应的知识,人们出现了普遍的担忧意识,然而,这种担忧意识正在消退,特别是在科学界。在过去的几十年中,随着从实验中获取的经验和知识的累积,现在能以一种更理性的方式,在此基础上,从安全性、环境问题和经济效益这三方面来评估转基因生物。事实上,转基因生物正在不同的行业和日常生活中起着越来越重要的作用。这些重要的作用包括以下几种。

(1) 药物:由转基因微生物、转基因植物或转基因动物(包括转基因植物和动物细胞)生产的药物蛋白质(激素、抗体和疫苗等)。例如采用重组大肠杆菌(E. coli)生产人类胰岛素。

(2) 食品或食品加工中使用的原料:像由转基因生物生产的氨基酸和维生素之类的营养物质;作为食品加工助剂使用的酶制剂;富含 β-胡萝卜素的营养强化大米之类的营养强化粮食以及由转基因酵母和真菌生产的用于干酪制造的牛凝乳酶。

(3) 农产品:采用转基因技术,改善粮食和蔬菜的耐药性以及抗虫性等性质或者提高它们的营养价值。例如,抗虫玉米、缓慢软化的西红柿和富含高浓度多不饱和脂肪酸的油料种籽。

(4) 研究:作为基因剔除的工具来了解生命现象以及研究药物和保健食品配料的功能性质。

(5) 其他行业:在化学反应中,生物催化剂具有效率更高、工作条件更安全和环境污染问题更少的优点,正在取代传统的催化剂;使用转基因微生物(GMMs)或由转基因微生物(GMMs)生产的酶制剂来用于化学品和药物中间体的生物转化。

转基因生物涉及重组 DNA 技术。重组 DNA 技术被认为是 20 世纪最伟大的进步之一,而且它还奠定了蛋白质工程、细胞工程和代谢工程在内的现代生物技术的基础。自从 DNA 重组实验在 20 世纪 70 年代起步以来,重组DNA 技术已经一路蓬勃发展,而现在它已经变成生物实验室和企业研发部门中一项普通的实验操作。使用这种技术,就可以进行以下操作:克隆单个基因以促进该基因产物的生产,这种基因产物可能是一种蛋白质或者是一种酶;在基因融合的状态下重组少数基因以使生物转化更有效地进行;改造某种微生物控制代谢途径的基因来更有效地生产一种特定的产物;生成能够进行培养的克隆细胞;生成转基因植物或转基因动物,使它们化身为生产生物药物的劳动力。已分离出的基因的数量呈爆炸式增长,这能从基因银行数据库庞大的数据量看出。如果试图去综述所有这些内容,那太过于宏大。因此,本章着重介绍重组 DNA 技术的本质和通过具体的实例来阐述怎样应用这项技术来更高效地生产商品化酶制剂。

随后 Ulmer 率先提出重组 DNA 技术可扩展到蛋白质/酶工程领域。一旦某个基因被分离出来,那该基因就能在特定的位点被多种不同的方法改变或修饰,以"调整"它所编码的蛋白质,从而使该蛋白质的性质更合乎人们的需求。或者,将某个基因进行随机剪辑和重组,从而产生一个基因混合物(文库),这当中含有变异版本的原始基因或原始基因的突变体。然后对该文库进行筛选以选择出具有所需性质的目标产物。在本章中,也会通过实例来阐述蛋白质工程技术的本质,向读者展示如何应用蛋白质工程来修饰酶以使它们具有更佳的作用。

链霉菌属(*Streptomyces*)呈革兰氏阳性,是生存在土壤中的丝状细菌(放线菌),并且能产生抗生素。与大多数细菌不同,链霉菌属在细胞分化方面显示出复杂的形态特征。因此,这些微生物被认为是一类介于细菌和真菌之间的微生物。链霉菌属素以能产生包括抗肿瘤药物、酶的抑制剂以及抗生素在内的次级代谢产物而知名。它们也被用来工业化生产酶制剂。例如,高果糖浆生产中使用的商品化葡萄糖异构酶就能由橄榄色链霉菌(*Streptomyces olivaceus*)、橄榄产色链霉菌(*Streptomyces olivochromogenes*)、锈赤霉链霉菌(*Streptomyces rubiginosus*)和鼠灰链霉菌(*Streptomyces murinus*)产生。另一种具有重要经济价值的酶——谷氨酰胺转氨酶能由茂源链霉菌(*Streptomyces mobaraensis*)产生,在肉制品和水产品的加工中,使用谷氨酰胺转氨酶能提高它们的质量,也能使用谷氨酰胺转氨酶来改善面条的质构。在液体深层培养工艺中,链霉菌属的菌丝生长方式,通常会引起发酵液黏度过高和菌丝结团等异常现象。出于该原因,迄今为止,在商品化酶制剂生产方面,链霉菌属的应用还很有限。然而,随着发酵技术的快速发展,在链霉菌属中发现了众多独特的酶,这使得链霉菌属在酶制剂领域受到了越来越多的关注。东京大学堀之内末治(Horinouchi)教授认为链霉菌属是一座"酶的宝藏"。

在 1960s 和 1970s,科学家们深入研究了链霉菌属的遗传学。不仅研究了链霉菌属微生物的细胞形态学,还在链霉菌属内,通过转化、接合和转导深入研究了染色体重组之类的遗传现象,并且发现了质粒的存在,也做了深入的研究。在1980s,应用重组DNA技术来研究链霉菌属的基因,使链霉菌属基因的研究得到了快速的发展,并于1985年,首次发表了链霉菌属基因操控的操作手册。时至今日,天蓝色链霉菌(*Streptomyces coelicolor*)、阿佛曼链霉菌(*Streptomyces avermitilis*)和灰色链霉菌(*Streptomyces griseus*)这三种链霉菌的全基因组序列已被测定完成,这为链霉菌基因以及基因相关功能的研究提供了有价值的工具。在细菌群体中,链霉菌属拥有非常大的基因组,并且编码蛋白质的基因数量超过了酿酒酵母(*Saccharomyces cerevisiae*)之类的真核微生物,其中用于抗生素和其他功能产物生化合成的基因簇也非常丰富。链霉菌属的知识显示了该属微生物是一类充满发展潜力的微生物。因此,本章着重介绍怎样利用链霉菌属来工业化生产有经济价值的酶(制剂)。

最后,与其他技术一样,重组DNA技术和蛋白质工程也有它们的利与弊。因此,对这些技术的控制就显得很重要以便它们能被有益地使用。转基因生物使用的法规和指导方针以及有关安全性和环境方面的普遍问题也会在下文中介绍和讨论。

2.2　重组 DNA 技术

重组DNA技术包括分离单个目的基因,使之与载体连接,使之转移到另一个生物中,并使用这个生物来表达目的基因的产物。该过程也被称为"克隆"。为了能成功克隆一个基因,需要使用以下几个基本要素。

(1)供体生物:供体是指提供目的基因的生物。供体可来源于哺乳动物、植物或微生物,但在大多数情况下,来源于微生物。选择一个合适的供体,主要取决于目的基因产物性质的特定要求。供体的寻找可通过以下两种方式进行:一种方式是通过专门定位目的基因的筛选工艺来进行;另一种方式是通过DNA匹配工艺,在部分基因序列信息已知的基因组DNA中进行。

(2)受体生物:受体是指目的基因能在其体内进行复制,转录并进一步转译成目标产物的生物。在大多数情况下,受体生物的选择取决于它是否容易繁殖。受体也可以是哺乳动物细胞,植物细胞或一套昆虫系统。选择合适的受体生物对于目的基因的成功表达来说非常重要。虽然在这方面没有明确的规则比较遗憾,但是已经被大家普遍认可的是,同源基因表达是较佳的选择,即将某种生物的基因在与其品种相同或相近的生物中进行表达。然而,在大肠杆菌(*E. coli*)细胞内进行的大量异源表达都取得了成功,这充分说明大肠杆菌是一种普遍适用的受体。选择一个受体不能与选择一个载体分开。对于每个目的基因的表达目的来说,必须将受体-载体当成一套系统来考虑。表2.1中列出像 *E. coli*(pUC18/19),*Bacillus subtilis*(pUB110)和 *Streptomyces lividans* (pIJ702)之类的常用的受体-载体系统。

表 2.1　常用的载体-受体系统

受　体	载　体	启动子	供应商
大肠杆菌 （*Escherichia coli*）	pUC18/19	*lac*	Takara Bio Inc.，Toyobo
	pET	*T7*	Novagen
	pBAD	*BAD*	Invitrogen
	pCold	*csp*	Takara Bio Inc.
	pRROTet	*Ltet*0 - 1	Clontech Laboratories Inc.
	pMAL	*tac*	NEB
	pTXB	*T7*	NEB
枯草芽孢杆菌 （*Bacillus subtilis*）	pUB110		ATCC37015
	pC194		ATCC37034
	pE194		ATCC37128
桥石短芽孢杆菌 （*Brevibacillus* *choshinensis*）	pNY326	*P5*	Takara Bio Inc.
	pNCMO2	*P2*	Takara Bio Inc.
链霉菌属（*Streptomyces*）	pIJ702		The John Innes Foundation①
巴斯德毕赤酵母 （*Pichia pastoris*）	pPIC	*AOX1*	Invitrogen
	pFLD	*FLD1*	Invitrogen
甲醇毕赤酵母 （*Pichia methanolica*）	pMET	*AUG1*	Invitrogen
酿酒酵母 （*Saccharomyces cerevisiae*）	pAUR101 （整合型）		Takara Bio Inc.
	pYES	*GAL1*	Invitrogen
	pAUR123	*ADH1*	Takara Bio Inc.
	pLP-GADT7， pLP-GBKT7	*ADH1*	Clontech Laboratories Inc.
	pESC	*GAL1*，*GAL10*	Stratagene
栗酒裂殖酵母 （*Schizosaccharomyces* *pombe*）	pAUR224	*CMV*	Takara Bio Inc.
乳酸克鲁维酵母 （*Kluyveromyces lactis*）	pKLAC1 （整合型）	*ADH1*	NEB

受　　体	载　　体	启动子	供应商
曲霉属(*Aspergillus*)	pTR1（整合型）		Takara Bio Inc.
	pUC18/19②		Takara Bio Inc，Toyobo
昆虫细胞	Baculovirus	polyhedrin	Invitrogen，Novagen，Clontech Laboratories Inc.
	pIEx	*ie*1	Novagen
黑腹果蝇	pMT	Metallothionein	Invitrogen
	pAC	Actin 5C	Invitorgen
植物细胞			
哺乳动物细胞	Lentivirus	CMV	Invitrogen
	Adenovirus	CMV	Invitrogen，Stratagene，Clontech Laboratories Inc.
	Retrovirus	CMV，TRE	Stratagene，Clontech Laboratories Inc.
	pFRET	SV40	Invitrogen
	pTriEx	CMV	Novagen

① 不外售。
② 同源重组 DNA。

（3）载体：前文提到过载体。它能够携带目的基因在相应的受体细胞中进行自我复制，并具有整合到供体染色体中的特性。使用最普遍的载体是闭环双螺旋环形质粒 DNA。它通常含有一个能够进行自我复制的 *ori* 区域，一些抗生素抗性基因作为选择记号和多个限制酶单一识别位点以用于目的基因的剪辑和插入。载体也可以是单链噬菌体 DNA 或柯斯质粒 DNA。图 2.1 显示了链霉菌受体微生物通常使用的 pIJ702 载体的典型质粒限制图。穿梭载体是一种能在不同种类受体生物中进行复制的载体。

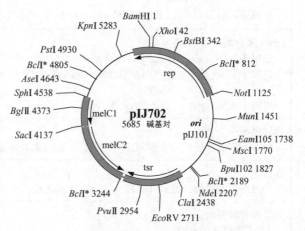

图 2.1　pIJ702 限制图

（4）目的基因：采用"鸟枪法克隆"（会在后面的内容中描述该方法）或者使用根据目的基因的已知序列设计引物的方法从供体生物中分离出目的基因。这些序列可从 N-端或者相应蛋白质内部氨基酸序列推导出来。也可在已知序列知识的基础上来合成目的基因。如果一个目的基因来源于哺乳动物细胞之类的真核生物，那该目的基因必须从一个 cDNA 文库中获取，这样就能除去哺乳动物细胞中所存在的内合子，而内合子不存在于原核受体细胞。

（5）工具酶：核酸内切酶或限制酶这一类酶的发现标志着重组 DNA 技术的开始。这一类酶能够切割或剪辑双螺旋 DNA 分子。限制酶是必不可少的工具，这是因为它们能够在特定的位点切割 DNA 分子，产生"黏性末端"或"平末端"，这取决于酶的作用方式。DNA 分子可被一种连接酶重新结合起来，该酶能够连接具有互补序列的不同基因片段，例如能将分离出的目的基因连接到质粒载体中。在 DNA 的操作中，另一类重要的酶是聚合酶，它们通过"聚合酶链式反应（PCR）"对 DNA 分子进行扩增。首先加热待扩增的双链 DNA 分子，使双链 DNA 分子发生变性作用，分离出单链的模板 DNA，然后引物与单链 DNA 模板发生退火作用，结合在靶 DNA 区段的互补序列位置上，在四种脱氧核苷三磷酸（dNTPs）（DNA 分子的构建成分）以及缓冲盐和离子之类的其他必需要素存在的情况下，酶反应以 DNA 变性-引物退火的循环周期重复进行，并且在每轮循环之后，都会导致 DNA 分子数量的增加。聚合酶具有耐高温（>90℃）的特性，从而能使该反应在热循环仪中自动进行，无须在每个循环之后再补充酶，PCR 技术的发明使得基因的克隆变得更加精确和高效。表2.2 列出了在 DNA 分子操作中所使用的一些工具酶。

表2.2　重组 DNA 技术中使用的酶

限制酶 　黏性末端：ApaⅠ，BamHⅠ，EcoRⅠ，$Hind$Ⅲ，KpnⅠ，NcoⅠ，NdeⅠ，PstⅠ，SacⅠ，SdlⅠ， 　　　　　XbaⅠ，XhoⅠ 等 　平末端：AccⅡ，DraⅠ，EcoRV，PvuⅡ，SmaⅠ，SnaBⅠ 等
DNA 聚合酶 　适用于 PCR：Taq、pfx、KOD、Tth、Pfu 等 　适用于 DNA 修复：T4 DNA 聚合酶、DNA 聚合酶Ⅰ、Klenow 片段（DNA 聚合酶Ⅰ中 　　　　　大片段） 　适用于 DNA 测序：ΔTth DNA 聚合酶、Taq
逆转录酶 　M-MLV(莫洛氏鼠白血病毒)逆转录酶、AMV(禽类髓细胞瘤病毒)逆转录酶
连接酶 　T4 DNA 连接酶、大肠杆菌($E.\ coli$)DNA 连接酶、T4 RNA 连接酶、Taq DNA 连接酶
多聚核苷酸激酶 　T4 多聚核苷酸激酶

碱性磷酸酶
细菌碱性磷酸酶(BAP)、牛犊小肠碱性磷酸酶(CIAP)、虾碱性磷酸酶(SAP)

核酸酶
S1 核酸酶、绿豆核酸酶、核酸外切酶Ⅰ、DNaseⅠ、RNaseⅠ、RNaseH 等

（6）重组 DNA 分子导入受体细胞：目前有三种方法用于将外源 DNA 导入受体细胞中。第一种方法是使用感受态大肠杆菌细胞。受体细胞在培养之后，采用 $CaCl_2$ 进行处理，通常能以 $10^7 \sim 10^9$ 菌落/（g 超螺旋质粒 DNA）的频率来捕获外源 DNA 分子。第二种方法涉及将受体细胞和外源 DNA 分子暴露于电场中（电穿孔）。该方法既能用于外源 DNA 分子对细菌的转化，又能用于外源 DNA 分子对真核细胞的转化。对于外源 DNA 分子转化细菌的频率来说，其典型的频率为 $10^9 \sim 10^{10}$ 菌落/（g 超螺旋质粒 DNA）。第三种方法涉及原生质体细胞的使用，将细胞经过聚乙二醇、蔗糖或溶菌酶处理之后，就能生成原生质体细胞，这种细胞能以 $10^6 \sim 10^7$ 菌落/（g 超螺旋质粒 DNA）这种较低的频率来捕获外源 DNA 分子。转化的频率取决于细胞的生理形态和处理条件。

（7）重组克隆基因的分离：一旦一个重组 DNA 分子（质粒中的目的基因）被导入受体细胞中，将受体细胞培养一段时间，然后将细胞培养物置于琼脂平板上，这种琼脂平板通常含有抗生素之类的化学物质以便用于筛选重组克隆基因。通过分析酶活力，用抗体检测蛋白质或采用源于已知 DNA 序列的核酸探针进行原位杂交的方法来筛选，选择或鉴定带有所需基因的菌落。

（8）发酵或用于克隆基因表达的培养技术：一旦一个重组 DNA 分子被导入受体细胞中，并将重组的微生物分离出之后，为了实现克隆基因的最优表达，那就需要采用发酵技术或细胞培养技术。为此，就需要了解重组微生物或细胞体系的代谢活动以及像基因启动子和调节基因之类的控制单元的特征。在微生物最适生产条件下来培养微生物的传统技术也适用。

2.2.1　"鸟枪法"克隆

在重组 DNA 技术的早期阶段，"鸟枪法"克隆被普遍使用。即便在今天，当人们不了解或者有限地了解目的基因的蛋白质分子中氨基酸序列时，也会应用该方法。采用标准方法来提取供体生物的染色体 DNA，然后采用一种类似于 Sau3AI 的限制酶来局部消化 DNA 分子，从而形成具有不同片段大小的DNA 混合物。该 DNA 混合物被连接到一个表达质粒中，并将该质粒导入受体细胞中，构建出基因文库，然后将含有基因文库的细胞在琼脂平板上进行培养，这些琼脂平板含有选择压力（通常为抗生素）以用于分离出那些含有整合有目的基因的质粒的目的细胞。通过检测目的基因的功能活力或采用相应蛋白质的抗体来检测目的基因来进行目的基因的选择。如果一部分基因序列已知,就能设计出核酸探针,在基因转录的水平上来检测目的基因,即检测从基因上转录出的 mRNA,特别是当克隆基因不能在载体-受体系统中被加工成常规的酶或蛋白质时,该方法就显得特别有意义。在"鸟枪法"克隆中,会经常使用 E. coli(pUC18/pUC19)的受体-载体系统,这是因为使用该系统时,含有重组克隆基因的受体细菌会以白色菌落的形态出现,而与之相反的是,不含有重组克隆基因的受体细菌会以蓝色菌落的形态出现,从而使得目标基因的选择变得更加高效。虽然"鸟枪法"克隆也存在风险,但是有时会得到出乎意料的结果,这是因为该方法具有发现新酶或克隆多重基因的可能性。

2.2.2　自克隆

当一个目的基因在一个生物体中表达,并且该生物体也是该目的基因的供体生物时,这种克隆方式被定义为"自克隆"。重组克隆基因可从质粒 DNA 中获取,同时该质粒又可以作为该重组克隆基因的载体,或者通过整合载体将该重组克隆基因整合到染色体中。无论采用这两种方式中的哪一种,异源表达所固有的问题在同源表达中出现得较少。

2.2.3　采用 PCR 技术进行基因克隆

PCR 技术极大地改变了基因克隆的方式,使得基因的克隆变得更加高效和精确。只要知道序列信息(有时是非常有限的序列信息),就能有效地分离出目的基因片段。例如,如果获得了一种目标蛋白质 N-端的氨基酸序列,那就可以设计出作为引物使用的 DNA 片段,并使之结合到基因组 DNA 中。然后高温加热使该基因组 DNA 变性,分离出单链的模板 DNA。DNA 聚合酶通过多次的 DNA 变性-引物退火的循环周期来精确地延伸或扩增相应的 DNA 序列,最终形成产物:目的基因。然后将目的基因分离,并使之结合到载体中,用于目的基因的表达。与传统的"鸟枪法"克隆相比(图 2.2),这种分离出一个基因的过程更简短,并且限制酶识别的核苷酸序列可作为标记被导入基因的末端,以方便后续的处理。尽管如此,由于该过程选择更精确且更具目的性,因此分离出不同基因的机会变得渺茫。

2.2.4　应用案例

2.2.4.1　案例 1:使用重组 DNA 技术改造 *Streptomyces cinnamoneum* 来高效地生产磷脂酶 D

磷脂酶 D(EC 3.1.4.4,PLD)能将磷脂酰胆碱(卵磷脂)催化水解成磷脂酸,并且能催化磷脂酰胆碱与醇之间的合成反应,例如磷脂酶 D 催化磷脂酰胆碱与甘油发生反式-磷脂酰化反应生成磷脂酰甘油。这种酶在磷脂的合成方面显得非常重要,而合成出的磷脂被广泛地应用在制药、食品和农业等行业中。最近,一种自然界中存量很低的磷脂——磷脂酰丝氨酸可以通过该酶作

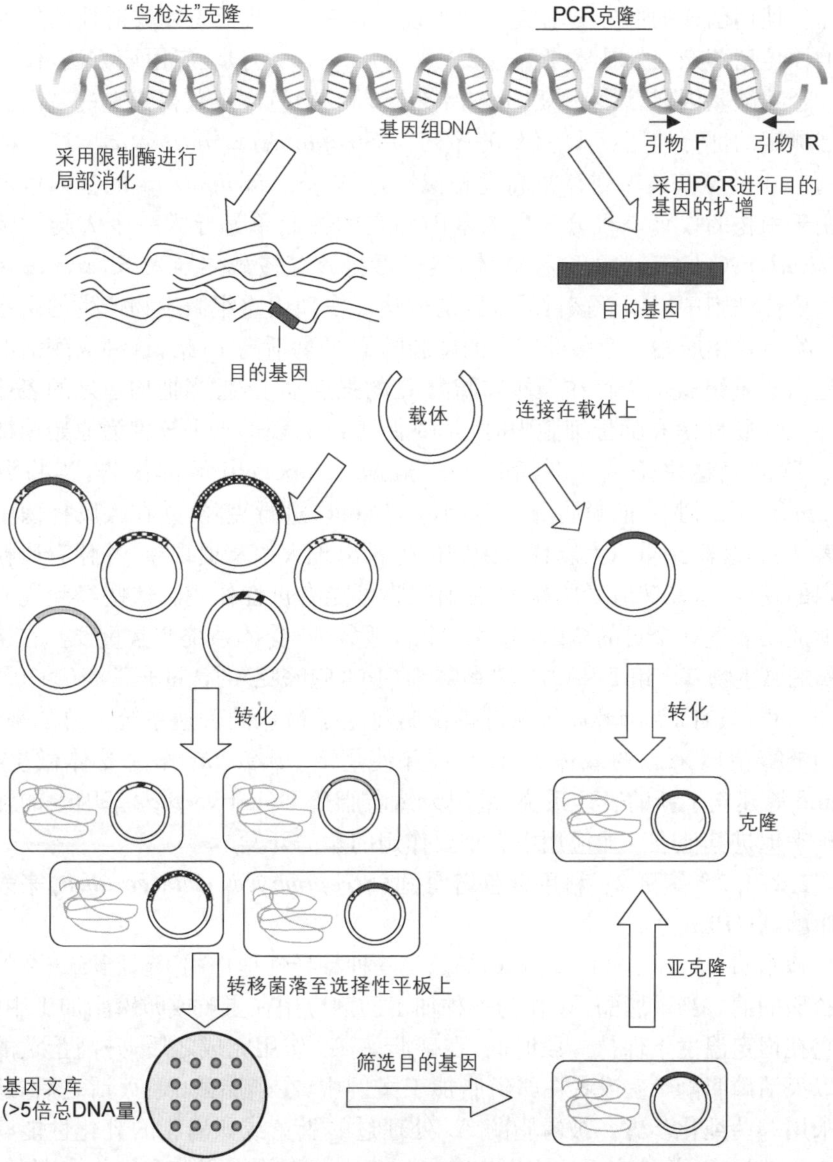

"鸟枪法"克隆　　　　　　　　　PCR克隆

基因组DNA

采用限制酶进行
局部消化

引物 F　　引物 R

采用PCR进行目的
基因的扩增

目的基因

目的基因

载体　　连接在载体上

转化　　　　　　　　　转化

克隆

转移菌落至选择性平板上

亚克隆

基因文库
(>5倍总DNA量)　　筛选目的基因

图 2.2　"鸟枪法"克隆和 PCR 克隆之间的对比

用于大豆卵磷脂或蛋黄卵磷脂生产出来，这引起了极大的关注。这是因为磷脂酰丝氨酸是一种已经在市场上销售的功能性食品原料，而且积累的证据已证明了它的功效性。因此，磷脂酶 D 的高效生产变成了一些研发机构的任务。人们已经知道链霉属能够向培养基中分泌这种酶。Fukuda 等筛选了一些放线菌作为该酶的生产菌株，并且发现由 *Streptoverticillium cinnamoneum* 生产的磷脂酶 D 的活力最高。将该酶进行纯化，并测定了它的一部分氨基酸序列。为了克隆该酶的基因，构建出了一个局部消化(限制酶：Sau3AI)染色体 DNA

文库。使用已知的部分氨基酸序列来设计探针,借助于一种放射性同位素标记的原位菌落杂交的技术来筛选 DNA 文库。不幸的是,应用该方法,仅获得了一个残缺基因,然后采用 PCR 技术来"步测"染色体以获得完整的基因。因为已测定的部分磷脂酶 D 氨基酸序列与 *Streptomyces antibioticus* 产生的磷脂酶 D 中的氨基酸序列存在高度相似性,所以 *S. antibioticus* 的基因信息也可用于引物的设计。将分离出的基因和它的控制单元导入一个大肠杆菌或 *S. lividans*(pUC702)的穿梭载体,然后再将该穿梭载体导入 *S. lividans* 的原生质体细胞中以用于该目的基因的表达。发现由重组微生物产生的磷脂酶 D 的酶活要比原始生产菌株产生的磷脂酶 D 的酶活高 15 倍,这种高酶活的产生是由于重组微生物存在天然磷脂酶 D 的强启动子,但当把构建好的表达载体导入大肠杆菌和酵母细胞中时,其磷脂酶 D 的表达水平分别为原始菌株磷脂酶 D 的表达水平的 1/20 和 1/4。根据 Zambonelli 等的报告,当将源于 *Streptomyces* PMF 的磷脂酶 D 基因(*pld* gene)进行克隆,并在大肠杆菌中进行表达时,观察到重组大肠杆菌细胞的生长出现大幅衰退现象,并伴有质粒不稳定的现象,这意味着磷脂酶 D 对细胞膜可能有毒性作用。这些经验说明为了能成功表达一个目的基因,选择一个合适载体-受体系统非常重要。在链霉菌属的微生物基因组 DNA 中,G(鸟嘌呤)+C(胞嘧啶)的含量非常高(>70%)。迄今为止,只有 Hopwood 等在链霉菌属建立了最佳的表达系统。总的来说,使用链霉菌属来源的载体(pIJ702),并使用 *S. lividans* 作为受体微生物。Ogino 等建立了新的表达系统,采用天然磷脂酶 D(native *pld*)基因上的强启动子来促进其他在工业应用中有重要作用的酶的开发。

2.2.4.2 案例 2:利用紫色链霉菌(*Streptomyces violaceoruber*)来表达磷脂酶 A₂(PLA₂)

磷脂酶 A_2(EC 3.1.1.14,PLA_2)是一种特异性地作用于磷脂 Sn-2 位处脂肪酸的酶。当磷脂酶 A_2 作为一种加工助剂应用在蛋黄或卵磷脂加工中时,让它在恒定温度下保持一段时间,在磷脂酶 A_2 作用完成之后,升高蛋黄的温度以灭活磷脂酶 A_2,或者在卵磷脂加工案例中,在磷脂酶 A_2 灭活之后,还需要采用一些纯化步骤。被磷脂酶 A_2 处理过的蛋黄或卵磷脂的乳化性能有了进一步的提高,并被广泛地应用在食品加工中。在许多细胞和组织内,包括过去被人类食用的动物组织里面均能发现磷脂酶 A_2 在内的磷脂酶的存在。有一种商品化的磷脂酶 A_2 提纯自猪胰脏。然而,近些年来,来源于动物组织的酶不太受欢迎,一方面是由于它们高昂的生产成本,另一方面是由于它们在生产和处理过程中,具有相对较高的致病风险。除此之外,这些酶供应方面的问题也会导致一些国家和地区的食品工业出现混乱。而利用微生物来生产酶就可以解决这些问题。由于微生物在发酵罐中生长,很少会发生区域性的供应短缺问题。在这方面有两条路径:一条是将胰脏来源的酶基因克隆到曲霉属真菌之类的真核生物,并利用它们来表达酶的基因;另一条是生产一种真正的微生物来源的酶。

Sugiyama 等将磷脂酶 A$_2$ 的基因克隆到紫色链霉菌(*S. violaceoruber*)中,并将磷脂酶 A$_2$ 从该菌的发酵液中提纯。在目的基因的表达方面,本章 2.4.1 节描述了该系统的表达效率。图 2.3 显示了该目的基因的克隆策略。含有 *pld* 表达组件盒(启动子、信号肽、*pld* 基因和终止子)的载体被剪辑和重组成一种含有 *pld* 基因的表达载体 pUC702 - EX,并从中去除了信号肽(细节没有显示)。*pla2* 基因的克隆过程包括使用限制酶去消化和连接 DNA,并使用 PCR 技术将不同的 DNA 分子结合在一起。通过使用 PCR 技术,将 *pla2* 基因和包括肽酶识别位点(信号肽的编码基因)在内的 *pla2* 基因 5′上游序列从紫色链霉菌

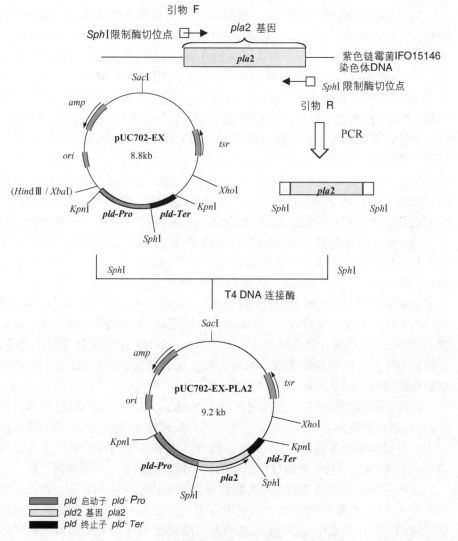

图 2.3　将 *pla2* 克隆到 pUC702 - EX 这一表达载体上

的基因组 DNA 中分离出来,并在 *pla2* 基因的两端引入 *Sph* I 限制酶切位点以便于将该目的基因连接到 pUC702 - EX 表达质粒中以构建出 pUC702 - EX -PLA₂。在将 *pla2* 基因转化到紫色链霉菌受体细胞中之后,培养细胞所产生磷脂酶 A₂ 的活力要比原始宿主细胞所产生的磷脂酶 A₂ 的活力高 30 倍。如报道所述用大肠杆菌来表达紫色链霉菌的磷脂酶 A₂ 基因。在该例中,磷脂酶 A₂ 以细胞中包涵体的形式被大肠杆菌生产出来,证明了在链霉菌属来源的基因表达方面,含有 *S. lividans*(重新归类为 *S. violaceoruber*)*pld* 启动子的载体-受体系统是一个强大的系统。

2.2.4.3 案例 3:使用 PCR 技术,利用 *Streptomyces cinnamoneus* 来克隆和表达一种鞘磷脂酶(sphingomyelinase)基因

神经鞘磷脂酶(EC 3.1.4.12,SMase)是一种将神经鞘磷脂水解成神经酰胺和磷酸胆碱的酶。这种酶具有重要的临床医学意义。据报道,该酶与哺乳动物细胞的分化、老化和凋亡有关。从经济角度来讲,该酶可应用在神经酰胺的生产中,而神经酰胺作为一种优秀的保湿剂应用在皮肤护理产品中。据报道,某些神经鞘磷脂酶具有磷脂酶 C 的活力,这能将磷脂水解成甘油二酯和磷酸酯。因此,该酶也可用于卵磷脂的加工中,例如应用在油脂的脱胶工艺中。将一些链霉菌属菌株与蛋黄卵磷脂保温一段时间之后,检测培养基中甘油二酯含量来筛选链霉菌属菌株。发现 *S. cinnamoneus* 有可能产生这种酶。使用硫酸铵、DEAE-toyopearl 和 Resource Q 离子交换色谱等纯化出神经鞘磷脂酶,并测定 N -端的氨基酸序列。为了克隆神经鞘磷脂酶的基因,根据它的 N -端的氨基酸序列和 C -端附近的一处保守区氨基酸序列设计出一对引物。以 *S. cinnamoneus* 染色体 DNA 为模板,采用 PCR 技术来扩增基因。图 2.4 显示了神经鞘磷脂酶基因的克隆策略。幸运的是,获得了一段具有 800 个碱基对的 DNA 片段。对该 DNA 片段进行测序,然后设计出引物,采用反向 PCR 技术沿着染色体来"步测"该 DNA 片段之外的剩余序列,最终获得了 999 个碱基对的 DNA 片段。该 DNA 片段编码着神经鞘磷脂酶中所有的 333 个氨基酸。在将这个 DNA 片段克隆到 *S. lividans* pIJ702 的载体-受体系统中之后,重组细胞生产出的神经鞘磷脂酶的活力有了明显的提高,从而证实了神经鞘磷脂酶的完整编码基因被成功地分离出来。

将神经鞘磷脂酶的编码基因再次导入 *S. lividans* pIJ702 载体-受体系统中,并且其中的载体含有 *pld* 启动子和 *S. cinnamoneus* 终止子,与原始菌株所产生的神经鞘磷脂酶活力相比,重组细胞所产生的神经鞘磷脂酶活力要比其高 1 000 倍左右,而且原始菌株所产生的神经鞘磷脂酶活力几乎检测不到。

一种新型神经鞘磷脂酶的原始编码基因被成功地分离和表达。在油脂精炼的新工艺中,该酶表现出很大的应用潜力。其他有关这种新型神经鞘磷脂酶的应用还在研究之中,比如使用该酶来去除鸡蛋黄卵磷脂中痕量的鞘磷脂来生产出一种供医药行业使用的高纯度卵磷脂。

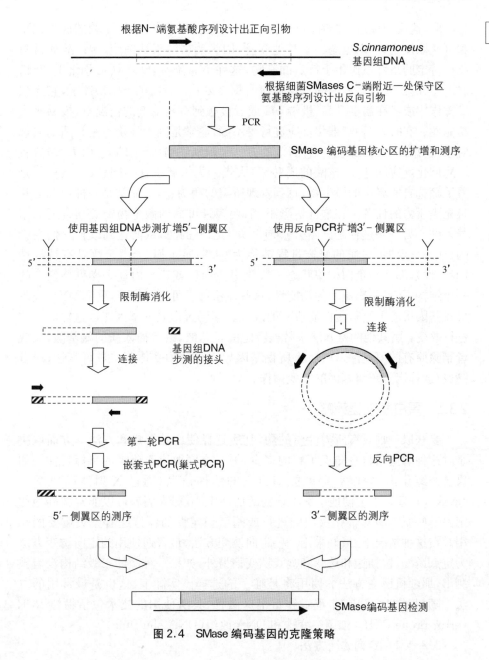

图 2.4　SMase 编码基因的克隆策略

2.3　蛋白质工程

　　迄今为止,已经证明在目的酶的高效生产方面,重组 DNA 技术是一种强大的工具。在酶的生产过程中,运用该技术能明显降低能源的消耗和原料的使用,从而降低了酶的生产成本。因此,现在作为生物催化剂的酶已经非常容易获取,这反而促进了酶在各行各业中的应用。尽管如此,除了酶的成本因素和可获取性之外,酶也遇到了其他问题,因为酶来源于活细胞,所以酶通常只能在特定的条件下作用于特定的底物,这并不总是符合实际(工业化生产)情况。比如说,通常一种酶的鲁棒性没有那么好:在所需的 pH 条件下,它无法发挥作用或者在温度升高、极端 pH 或者接触到有机溶剂的情况下,极易丧失功能性。有时,一种酶催化反应进行得不好,通常是因为该酶不是合适的候选对象,这意味着它无法以一种有效的方式来识别底物(该酶的 k_m 值太大)或者该酶催化反应的速度(该酶的周转率)太慢。为了解决这些问题,一条途径是着手筛选自然界中的微生物,直到发现所需的酶为止,这通常是一件单调乏味且充满压力的任务。在这种情形下,需要多种可靠的微生物资源和合适的培养条件。另一条途径是试图去修饰手头上已有的酶,从而达到改善它们性能的目的。这种蛋白质的修饰过程被称为"蛋白质工程"。由于酶具有特异性(专一性),那在酶蛋白构象状态下去操纵蛋白质或者自由地去操纵酶蛋白的一级结构,并且不影响酶的功能性,这些做法都不可行。然而,重组 DNA 技术可在基因层面上进行蛋白质或酶的改性。编码蛋白质的基因能以这样的方式进行改变:用其他的氨基酸来替换特定的氨基酸,或者插入新的氨基酸,又或者删除原有的氨基酸。然后将所得基因导入合适的受体菌中进行表达,或者筛选/选择携带重组基因的突变菌株。

2.3.1　蛋白质工程策略

要获取一种具有所需性质的酶,其所选择使用的策略和方法一方面取决于对这种酶蛋白自身知识了解的多少,另一方面取决于所需的目标特性。如果已经纯化出一种酶,那就能知道它的结构信息(通过 X 射线晶体学或NMR),并且如果透彻地了解了该酶的活性中心,那人们就可以非常精确地假定出哪些氨基酸对催化反应的进行或酶活稳定性的保持起着至关重要的作用。在这种情况下,最好采用一些定向诱变方法,最普遍使用的定向诱变方法为定点诱变,包括饱和诱变和盒式诱变。另外,如果一种酶的三级结构没有被测出,那随机诱变方法的使用将是唯一的选择。实际上,这也是最常用的方法。随机诱变方法有非重组和重组这两种,其所使用的技术包括易错 PCR(error-prone PCR)、细菌突变株和 DNA 改组(DNA shuffling)等。

2.3.1.1　定向诱变方法

几十年前,人们就尝试来回答这样的问题,如怎样提高酶的热稳定性或者怎样来提高某种酶对其底物的催化效率。例如,在试图提高酶的热稳定性方面,最初的研究是通过研究性质相似的同类酶来进行的,但这些同类酶来源不同,如分别来源于嗜热微生物和嗜温微生物的同类酶,这是为了阐明氨基酸交换的可能规则从而来获得更佳的热稳定性。这些研究使人们发现了以下氨基酸的置换最有可能提高酶的热稳定性,如用精氨酸(Arg)置换赖氨酸(Lys),用丙氨酸(Ala)置换丝氨酸(Ser),用丙氨酸(Ala)置换甘氨酸(Gly),用酪氨酸(Thr)置换丝氨酸(Ser)等。随后发现酶的热稳定性提高更多地与酶蛋白三级结构的紧实度和刚度的提高有关。造成这种现象的原因是蛋白质分子内原子间以非共价作用力(除二硫键外)驱使氨基酸序列转变成它的生理构象。非常清楚的是,在酶的α-螺旋结构中,丙氨酸(Ala)置换其中的甘氨酸(Gly)能导致疏水作用的增加,从而有可能导致酶的热稳定性的增加。像氢键、远程静电和离子键之类的其他作用力也有一些作用。虽然半胱氨酸残基间形成的二硫键能以一种不同的方式来稳定酶(见3.4.1节),但是二硫键数量的增加在提高酶的热稳定性方面没有明显的作用。因此,为了提高酶的稳定性,在酶的α-螺旋结构中通过氨基酸的置换来提高疏水作用的方法仅是定向诱变方法中一种策略。然而,要改善酶的其他方面的性质,比如提高某种酶对其特异底物的催化效率,就会非常复杂,这取决于底物的结构和大小、底物与酶结合部位的结构和周围环境、底物与酶反应部位的氨基酸之间可能发生的反应等。定向地设计诱变部位有时需要计算机建模和数学模拟的帮助。

在定向诱变中,定点诱变是最常用的技术。决定好要置换的氨基酸(或某些氨基酸)后,就要设计好引物,引物包括置换氨基酸所需的突变DNA编码序列(剩下的DNA序列原封不动)。将待突变的基因整合到某个载体中,并以此为模板,然后采用PCR技术,应用含突变DNA编码序列的引物来扩增该基因。图2.5显示了采用PCR技术进行定点诱变的示意图。采用该方法,蛋白质多肽链中任何位置处的氨基酸都能用其他19种天然氨基酸来置换。在定点诱变方法中,采用所有的其他19种天然氨基酸来置换关键位置处氨基酸以便找出最佳突变体的方法称为饱和诱变。利用所有可能的核苷酸组合(寡核苷酸盒)来进行基因中某区域的替换的定点诱变方法称为盒式诱变。

2.3.1.2 随机诱变

由于测定某种酶蛋白三级结构的技术有效性还不够充分,通常并不能确定需要置换某个氨基酸(或某些氨基酸)时,随机诱变方法的使用显然是首选。先创建一个含有尽可能多的突变体的文库,然后选择或筛选具有所需性质的突变体。已经开发出许多方法来有效地创建一个规模足够大的突变体文库,以便找出所需的突变体。这些方法有非重组和重组之分。非重组的方法包括易错PCR和细菌突变株的使用,以便在一个基因序列内引入随机突变。重组方法包括剪辑和重新连接相同或非常相似的DNA序列(同源重组)或完全不同的DNA序列(非同源重组),然后采取适当的方法在构建出的文库中筛选或选择出能分泌目标酶的突变体。这种重组方法被称为定向进化,它既能在体外进行,又能在体内进行。

(1) 易错PCR

能催化DNA扩增反应的DNA聚合酶通常具有非常高的保真度。尽管如此,偶尔可能会有错误的核苷酸被结合进来,其频率为10^{-4}(例如本章参考

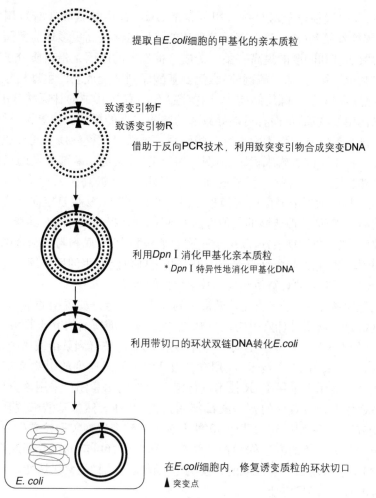

图2.5　定点诱变示意图

来源：Quick change® Ⅱ定点诱变试剂盒(Stra tagene)

文献[24]中使用的 Taq - 聚合酶)。可调整诸如 $MgCl_2$ 的浓度、dCTP 和 dTTP 的底物浓度，或 Taq - 聚合酶的添加量之类的反应条件来获得所需的突变频率，理想的状况是使每个基因中发生 1 或 2 个氨基酸的突变。

（2）细菌突变株

像野生型大肠杆菌之类的某些细菌具有自发突变的能力，在经过 30 代的生长之后，其自发突变的频率为 DNA 中每 1 000 个核苷酸会发生 2.5×10^{-4} 的突变。这些突变菌株可作为诱变剂使用。将目标酶的基因克隆到一个质粒中，随后将该质粒导入突变菌株中。在培养之后，会创建出一个有着多种不同突变的菌株文库，然后筛选所需的突变菌株。

（3）DNA 改组

Stemmer 首次提出这种技术的概念。将一个基因群中的出发 DNA 序列进行随机片段化,然后采用 PCR 再将这些片段重聚成完整的嵌合序列。出发 DNA 序列可来源于相同的基因家族,并且具有高度同源性(也被称为基因家族改组)。所谓的单一基因改组是将出发基因片段化,然后在特定条件下,在 PCR 反应期间,利用聚合酶的易错功能来重聚这些基因片段,从而产生突变基因。与易错 PCR 相比,单一基因改组可能会产生更多的突变,而家族基因改组会使基因之间进行大范围的序列交换,因此能显著提高酶分子修饰的效率。这种方法已经延伸到非同源 DNA 序列的重组,包括全基因组改组,这或多或少同经典的诱变育种趋向一致。图 2.6 为 DNA 改组示意图。

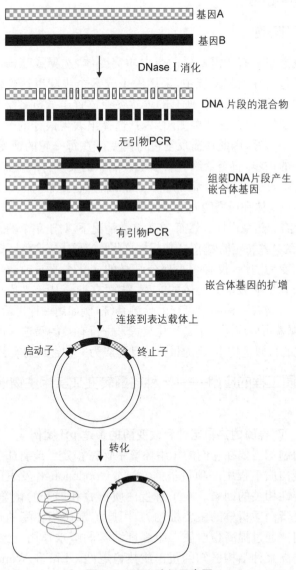

图 2.6　DNA 改组示意图

2.3.2 基因表达系统

采用各种方法得到的改造基因需要在合适的受体中进行表达以筛选或选择出所需性质的蛋白质或酶。最常使用的受体是一种革兰氏阴性细菌——大肠杆菌,这是由于人们已经在大肠杆菌系统中积累了大量知识。其他的表达系统包括芽孢杆菌属(*Bacillus*)、梭菌属(*Clostridium*)、乳球菌属(*Lactococcus*)、葡萄球菌属(*Staphylococcus*)和链霉菌属(*Streptomyces*)之类的革兰氏阳性细菌、酵母之类的真菌系统和腺病毒系统。选择合适的表达系统的原则与 2.2 节中受体生物中描述的原则一致。

2.3.3 选择和筛选

为了能挑选出具有所需性质的蛋白质突变体,选择或筛选方法就显得至关重要。选择包含在检测系统中,采用一个或多个步骤以达到仅将所需的突变体留下来的目的。筛选会将所有的表达突变体置于分析系统中以找到符合所需性质的突变体,比较这些检测结果,并选择出表现最佳的突变体。选择出的突变体常常不够好,因此还需反复进行诱变。在每一轮的诱变过程中,都会积累一些小小的进步,直至最终有一个令人满意的突变体脱颖而出。

对于蛋白质或酶的某些所需的性质(例如就热稳定性)而言,其选择方法有规则可寻。将突变体在所需的温度下处理一段时间,在处理之后,只有存活的突变体才具有所需的热稳定性。然而,在大多数情况下,对于单个酶来说,为了改善它的性质以达到某些特定的要求,需要根据这些特定要求来调整选择或筛选方法。

大多数突变为阴性,仅有一小部分细微的变化会真正改善一种酶,因此,需要创建一个有足够数量突变体的文库,从而有助于从该文库中筛选出所需的突变体。如果能有一种简单可行的检测系统,例如用一种显示剂来分辨出阳性的突变体,那就可以应用一个自动化装置来进行有效的筛选。现今,在开发商品酶制剂之类的科研机构中,高通量筛选已经成为一种常规的实验技术。

2.3.4 蛋白质工程的应用——一种将酶转变成实用生物催化剂的强大工具

2.3.4.1 改善酶的热稳定性和改变酶的最适 pH 案例

商品化酶制剂需要在它们的作用环境中保持稳定。改善酶在高温环境中的稳定性是蛋白质工程中一项最早的尝试。Goodenough 发表的综述中总结了与酶热稳定性相关的因素。在了解蛋白质折叠和展开的化学机制之后,发现疏水作用是蛋白质折叠的主要推动力,因此疏水作用在酶的热稳定性中起着主要的作用。通过提高蛋白质二级螺旋结构的疏水作用,已经证明蛋白质工程能有效提高某种结构已知的蛋白质热稳定性。Liu 和 Wang 发表了一篇有关对来源于泡盛曲霉(*Aspergillus awamori*)的葡萄糖淀粉酶进行改造以提高其热稳定性的论文。葡萄糖淀粉酶(EC 3.2.1.3)是食品工业中最重要的酶之一。它从淀粉分子的非还原端催化淀粉的水解反应。该酶要求在高温下作用。这能提高反应速率,降低糖浆黏度以方便糖浆的加工,降低细菌污染的风险。已经测定出葡萄糖淀粉酶蛋白的二级结构和三级结构,但是仍然不清楚它们的结构与功能之间的关系。Liu 和 Wang 采用"分子动力学模拟"研究这种葡萄糖淀粉酶的热稳定性。该葡萄糖淀粉酶分子空间结构中存在 13 个 α-螺旋。经研究发现,其中位于催化结构域表面的第 11 号 α-螺旋非常不稳定。当该酶分子在其变性温度下展开时,碱催化基团的位置从第 12 号和第 13 号 α-螺旋形成的疏水性内部转移到表面。为了提高这种葡萄糖淀粉酶的热稳定性,要测定出需要改造的位点(氨基酸残基)以达到修饰该酶的目的。先前的研究结果表明,在柔性区域之间引入二硫键最有可能提高热稳定性。如果能获得形成越过第 11 号 α-螺旋的二硫键的蛋白质突变体,就能提高葡萄糖淀粉酶的热稳定性。在第 12 号和第 13 号 α-螺旋的附近,将一些甘氨酸(Gly)残基置换成丙氨酸(Ala)残基以提高这个区域的疏水性,同时也能导致葡萄糖淀粉酶热稳定性的提高。

食品酶制剂行业不断地尝试改善将淀粉水解成高果糖浆的整个工艺。该工艺至少涉及三种酶的作用:用于淀粉液化的 α-淀粉酶,之前提到的用于释放葡萄糖的葡萄糖淀粉酶和将葡萄糖转化成果糖的葡萄糖异构酶(精确地讲,应是木糖异构酶)。这些酶是天然存在的酶,其最适作用 pH 分别为 5.5～6.0,4.0～4.5 和 7.0～8.0。因此,传统上这三个步骤需要分开进行,并且为了使每种酶发挥出最佳效果,在不同的步骤间需要调整 pH。这样的操作会导致盐浓度不必要的增加,并且需要随后采取额外的步骤来进行脱盐或纯化。自从一些葡萄糖淀粉酶的三级结构被测定以来,在将该酶转变成一种更实用的生物催化剂方面,蛋白质工程是一种便捷的方法。Fang 和 Ford 发表了一篇有关对来源于泡盛曲霉(A. awamori)的葡萄糖淀粉酶进行改造以改变它的最适 pH 的论文。该酶的催化部位有两个谷氨酸(Glu)残基(分别位于 179 和 400 处),这两个谷氨酸残基分别起到酸催化基团和碱催化基团的作用。一种酶对 pH 的依赖性由其分子中催化基团的离子化决定,而催化基团的离子化又受到它们周围微环境中各种不同的反应影响。就葡萄糖淀粉酶来说,对 Glu179 和 Glu400 进行改造会影响它们的离子化状态(分别以 pK_1 和 pK_2 来表示),从而有可能改变它的最适作用 pH。通过比较泡盛曲霉来源的葡萄糖淀粉酶与 Arxula adeninivorans, S. cerevisiae, S. diastaticus 和 Saccharomycopsis 来源的葡萄糖淀粉酶的分子结构,发现在不同来源微生物的葡萄糖淀粉酶分子中,靠近其催化中心的 411 处的氨基酸残基不同:在有的葡萄糖淀粉酶分子中,该位置的氨基酸残基是甘氨酸(Gly)残基,而在某些其他来源的葡萄糖淀粉酶分子当中,该位置处的氨基酸残基是丝氨酸(Ser)残基。由于某些其他来源的葡萄糖淀粉酶的最适作用 pH 几乎位于碱性区,估计 S411(411 处的丝氨酸残基)对葡萄糖淀粉酶最适作用 pH 起着决定性的影响。因此,可将 S411 作为突变的目标位点。分别用甘氨酸(Gly)、丙氨酸(Ala)、半胱氨酸(Cys)、组氨酸(His)和天门冬氨酸(Asp)替代丝氨酸残基形成包括 S411G、S411A、S411C、S411H 和 S411D 在内的突变体。设计 S411G、S411A 和 S411C 突变体的目的是为了消除碱催化基团 Glu400 和 Ser411 之间形成的氢键,这样会导致 Glu400 残基上羧酸根的失稳,从而会提高 pK_1。采用组氨酸(His)和天门冬氨酸(Asp)替代丝氨酸(Ser)残基的目的也是为了消除氢键的形成,并引入正电荷或负电荷,结果是 S411H 和 S411D 都显示出 pK_1 的提高和 pK_2 的下降。前者可以解释为组氨酸的正电荷稳定了酸催化基团 Glu179 和组氨酸之间的静电作用,后者可认为是侧链尺寸增加导致的结果。静电力也被认为对葡萄糖淀粉酶的 pH 性质有一定影响。

这些案例表明掌握蛋白质分子的结构对于突变位点的选择来说是非常重要的前提,并且定点诱变在改善酶的性质方面是一条有效的途径,可使酶更好地适合于商业化的应用。

2.3.4.2 提高酶的催化效率案例

在 Toyama 等给出的一个案例中,说明了怎样利用定点诱变来改造一种来源于链霉菌属的胆固醇氧化酶来提高它的催化效率。胆固醇氧化酶(EC 1.1.3.6)既能催化胆固醇氧化成胆甾-5-烯-3-酮的反应,又能催化具有反式 A/B 环稠合结构的类固醇异构成胆甾-4-烯-3 酮的反应。该酶在检测人血清中胆固醇水平和分析食品原料中类固醇含量方面具有非常有益的作用。通过比较链霉菌属和短杆菌(*Brevibacterium sterolicum*)来源的胆固醇氧化酶蛋白的一级结构中氨基酸序列和三级结构,发现这两种不同来源的胆固醇氧化酶的同源性非常高(59%同一性和 92%相似性)。这两种胆固醇氧化酶的底物结合部位处的氨基酸序列完全一致,但是底物结合部位附近的少数氨基酸不同。这些氨基酸形成一个环,像盖子一样置于活性中心的上方。链霉菌属来源的胆固醇氧化酶的 k_{cat}/k_m 要比短杆菌来源的胆固醇氧化酶高得多,这表明前者具有更佳的催化效率,因此推测这些形成环的氨基酸对于底物与酶的结合来说具有非常重要的作用。采用在这些位点进行定点诱变形成突变体的方法来评估该酶的催化效率。两种突变体(V145Q 和 S379T)的催化活力发生了改变。在所有的底物作用方面,V145Q 均表现出较低的活力,而 S379T 显示了较高的 k_{cat} 和较小的 k_m。在胆固醇底物作用方面,S379T 的催化活力提高了1.8 倍;在孕烯醇酮作用方面,其催化活力提高了 6 倍。

酶催化反应之所以能跟化学催化剂催化反应竞争,催化效率是决定性因素。如能改善酶的催化属性,那对于扩大酶这种生物催化剂的应用来说,具有根本性的影响。

2.3.4.3 改变底物特异性的案例

在日本的名古屋大学,Iwasaki 研究小组报道了采用定点饱和诱变的方法,显著地改变了一种链霉菌属来源的磷脂酶 D(PLD)的底物特异性。PLD 是一种重要的酶,在有醇类存在的情况下,它能催化大豆或蛋黄卵磷脂合成功能性的磷脂(见 2.2.4 节)。然而,该酶无法催化合成磷脂酰肌醇这种重要的磷脂。该磷脂具有降低血清和肝脏中甘油三酯水平的功能。从 *Streptomyces antibiotics* 中纯化出一种 PLD,测定了该酶处于活性状态时的三级结构,以及其与磷脂酰胆碱二己酯配合时失活状态(H168A 突变体)下的三级结构。运用该酶的三级结构和反应机制方面的知识,预测出 W187、Y191 和 Y385 三处位点的氨基酸残基对底物的识别具有至关重要的作用。与其他醇类分子相比,肌醇显得非常粗大。因此,设计的诱变策略为在这三个位点处进行改造来生成突变体,以期形成更大的空间使大分子能更容易地进入该酶的底物结合部位。采用饱和诱变方法来生成突变体文库。

这三个位点的同时突变将产生 20^3 个变异体。为了在筛选时能达到 95% 的覆盖率,需要筛选 23 694 个菌落。当前检测磷脂磷肌醇的方法有两种,分别是高效液相色谱法(HPLC)和薄层色谱法(TLC)。它们均是耗时的方法,因此几乎不可能采用这些传统的分析方法来筛选这种规模的文库。那就需要设计一种简单适用的方法来检测具有磷脂酰肌醇合成活力的突变体。在该方法中,高碘酸盐氧化产物(磷脂酰肌醇)生成脂肪醛,醛与 NBD-hydrazine 生成强荧光物质 NBD-hydrazone。应用这种方法,可高通量筛选出 10 000 个左右的突变体。在这些突变体中,检测出 25 个呈阳性,它们具有合成磷脂酰肌醇及其异构体的能力。

这个案例不仅说明了正确预测出作为诱变目标的氨基酸残基的重要性,还说明了构建出一个适用于筛选或选择目标突变体的检测系统的重要性。这两个因素对于一种酶的成功改造来说均起着至关重要的作用。为此,必须透彻地掌握物理化学、结构化学和酶化学这三方面的综合知识。

2.3.4.4 改变酶的选择性案例

一些酶能够识别并且能作用于多种底物而另一些酶只能识别且作用于单个底物,蛋白质工程可用来改变酶的选择性。采用定点诱变技术,对来源于猪胰脏的磷脂酶 A_2(PLA$_2$)进行改造,使其选择性更宽泛,从而能更好地作用于带负电荷的底物。有关 PLA$_2$ 的内容,已在 2.2.4 节中描述过,这是一种用途广泛的酶,不仅可以应用在食品行业,还可以用于在药物释放系统中使用的精细化工级磷脂的生产。该酶能够识别和水解端头基团为两性离子或阴离子的多种磷脂物质。该酶的晶体结构已经测定,并且分析了底物结合结构域中与磷脂端头基团结合的氨基酸残基。在底物结合结构域中,推测两个带正电荷的氨基酸残基——Arg53 和 Arg43,负责与带负电荷的磷脂结合,而在底物结合结构域附近有个带负电荷的氨基酸残基——Glu46,被进一步确认为可能会对磷脂阴离子端头基团与 PLA$_2$ 的结合带来不利的影响。采用定点诱变技术,生成一个将 Glu46 替换成 Lys46 的突变体(E46L),并且发现该 PLA$_2$ 的突

37

变体与含有阴离子端头基团的底物结合效率更高。

另一个采用蛋白质工程改变酶的选择性案例是降低低聚麦芽糖苷基海藻糖合成酶的水解活力以提高它的合成活力,从而能提高海藻糖生产的收率。低聚麦芽糖苷基海藻糖合成酶(EC 5.4.99.15,MTSase)催化分子内转糖苷反应,将低聚麦芽糖还原端处的 α-1,4-糖苷键转化成 α-1,1-糖苷键,从而产生一种没有还原能力的低聚麦芽糖苷基海藻糖,然后低聚麦芽糖苷基海藻糖被低聚麦芽糖苷基海藻糖水解酶(EC 3.2.1.141,MTHase)水解,生成海藻糖。这是一种被广泛使用的二糖,可作为食品防腐剂、饮料稳定剂和化妆品配料使用。MTSase 除了能催化合成反应之外,也能催化淀粉分子的水解反应,产生葡萄糖,而不是产生低聚麦芽糖苷基海藻糖,其水解作用与转糖苷化作用之间的比例会影响海藻糖生产的收率。在 Fang 等发表的论文中,他们尝试去改造 MTSase 以降低它的水解活力,使用的 MTSase 来源于 *Sulfolobus solfataricus*。研究该酶的动力学,Fang 等发现其活性中心处的 3 个氨基酸残基(Asp228、Glu255 和 Asp443)可能会对催化反应起至关重要的作用,并且推测紧邻活性中心的氨基酸残基(+1 和-1)主要负责选择催化反应——转糖苷化反应或水解反应。因此,在这些区域,选择使用定点诱变技术来增强 MTSase 对转糖苷化反应的选择性。在活性中心+1 的区域进行改造得到一个 F405Y 的突变体,发现能减少水解反应的发生。将 Phe 置换成 Tyr 的 MTSase 突变体能降低酶分子和底物之间发生疏水作用的概率。随后在该区域进行的突变是为了了解生成突变体的规律,以生成水解反应选择性最低的突变体,这样就能极大改善海藻糖的工业化生产。包括 F405M、F405S 和 F405W 在内的 MTSase 突变体都显示出能降低酶与底物之间的疏水作用,通常这会使 MTSase 更倾向于选择催化转糖苷化反应而不是水解反应。然而,使用 F405Y 突变体,获得了最高的海藻糖收率,这表明该 MTSase 突变体是一种更适用的生物催化剂。在活性中心-1 的区域进行改造,其设计目的也是为了降低酶分子与底物之间发生疏水作用,但是没有得到有积极作用的MTSase 突变体,这表明酶的三维结构微环境内存在着复杂的作用力。

2.3.5 安全性

为了使酶能够更适合在其工作条件下作用,需要改善酶的理化性质(催化性质和选择性等),目前已经证明蛋白质工程是一种强大的工具。当酶作为加工助剂使用时(例如那些应用在生物转化反应中的酶),通常会在反应结束之后,将它们从产物中分离出来。产物会进一步纯化,所以在这种情况下,有关蛋白质工程酶的安全性方面的争议就变得比较小。然而,当酶添加到食品原料中,并且在食品加工后仍然残留在食品中,即使酶在食品加工后期被灭活,那从消费者的判断来看,酶的安全性仍然是消费者考虑的主要因素。酶被蛋白质工程修饰之后,通常与其野生型存在高度的同源性,仅在酶的构象和结构方面有细微的变化。因此,如果还说这些酶存在显著的安全性方面的危险,那这种说法本身就存在争议。尽管如此,酶的某些方面的变化可能会影响酶的消化性,产生的肽可能会对人类健康带来不利的影响,例如会使人类出现过敏反应。因此,需要牢记的是,在将某个经蛋白质工程修饰过的酶制剂推向市场之前,必须对其做适当的安全性评估。毕竟被蛋白质工程修饰过的蛋白质或酶是新出现的原料或加工助剂,必须经过严格的安全性评估才能推向市场。

2.4　法规

尽管在世界上大多数地方,运用基因工程和蛋白质工程获得的转基因生物仍然受到人们的抨击,但是使用这些技术生产出的产品正在渗透进我们的生活。这些产品需置于严格的监管之下以保障人类的健康。在日本和欧盟(EU)这些国家和组织,都有严格的法规来监管这些应用现代生物技术生产出的产品。这些法规均基于环境问题以及人类和动物健康方面的考虑。

日本于2003年成立了食品安全委员会。这是一个负责评估转基因食品或饲料安全性的机构,并建立起了这方面的标准和准则。从此以后,就可以在食品安全委员会的官方主页中找到以下信息。

(1) 转基因食品(种子植物)的安全性评估。

(2) 重组杂交植物的安全性评估准则。

(3) 重组微生物生产的食品添加剂的安全性评估标准。

(4) 重组微生物生产且经过高度纯化的非蛋白类食品添加剂(如氨基酸)的安全性评估标准。

(5) 运用重组技术生产的饲料和饲料添加剂的安全性评估准则。

在欧盟,关于GMOs生产或含有GMOs的食品,法律提供了一个单独的审批步骤。Act1829/2003系统地规定了用于食品和饲料生产使用的GMOs,含有GMOs的食品和饲料或者利用由GMOs生产的配料生产的食品和饲料的授权、监督管理和标签说明。Act1830/2003进一步深化了GMOs的管理,GMOs需获得标签说明和可追溯性的授权以确保消费者在选择这些产品时的知情权。在日本,在食品中使用的酶制剂被归为食品添加剂,但是在欧盟,除了溶菌酶和蔗糖转化酶之外,其他的酶制剂被归为加工助剂。

在日本,是由厚生劳动省管理应用重组DNA技术和蛋白质工程生产的用于食品加工使用的酶制剂,但是厚生劳动省的这些规定不在欧盟当前的行为准则之内。

2.4.1　自克隆法规

酶的生产有如下方式:从植物或动物组织中提取,或从微生物中分离。在大多数情况下,运用重组DNA技术生产的酶都源于转基因微生物

41

(GMMs)。酶的生产步骤包括将酶与其生产菌株分开或者采用破碎微生物细胞的方式,将酶从生产菌株中释放出来。通常,在该步骤之后,会进行酶的纯化工艺,并且在酶的纯化工艺后期,会除去残存的微生物。因此,在酶的目标产品中存在的 GMMs 非常稀少。酶的生产工艺需在封闭的条件下进行,并且需要妥善地监管以避免 GMMs 释放到环境中去。酶的生产商必须保证封闭地使用 GMMs。

欧盟理事会指令 98/81/EC 和 90/219/EEC(http://europa.eu)规定了 GMMs 的封闭使用。根据这些指令,GMMs 的含义为"以一种非天然的杂交或重组的方式改变基因的微生物。"并且在该定义的条款中,在 Part B 的 Annex Ⅰ中所列的技术并不认为会导致基因的改变。这些技术包括以下几种。

(1) 体外授精。

(2) 接合作用,转导和转化之类的自然所存在的过程。

(3) 多倍体诱导。

在 Part A 的 Annex Ⅱ(理事会指令 90/219/EEC)中,列出了从指令中排除的 GMMs。产生这些 GMMs 所使用的技术需符合以下标准。

(1) 诱变。

(2) 凭借采用已知的生理过程交换基因物质所进行的原核生物细胞融合(包括原生质体融合)。

(3) 任何真核生物细胞融合(包括原生质体融合):包括杂交细胞的生成和植物细胞融合在内。

(4) 自克隆:将某个生物的核酸序列移除,使用或不使用先前采用的酶或机械破碎细胞的方式,随后可能会进行所有或部分核酸(或者一个合成的等价物)的重新插入,也可能不会。重新插入是指将核酸重新插入同一物种的细胞或者种系遗传学上非常相近的物种细胞中。所产生的微生物不能对人类、动物或植物造成伤害。进一步阐述为:"自克隆可能包括在特定微生物中使用具有较长安全使用史的重组载体"。

这暗示着对自克隆微生物来说,无须采取特殊的措施。日本也已经采用这种自克隆概念来评估在食品和食品用酶制剂生产中使用的 GMMs。由于食品用酶制剂在日本被归为食品添加剂,由 GMMs 生产的食品用酶制剂在向市场推出之前,需经过审批。食品安全委员会根据"源于 GMMs 的食品添加剂安全性评估标准"对源自 GMMs 的酶制剂进行安全性评估。待评估的食品酶制剂的名称和来源必须已经存在于食品添加剂名单中。在以下两种情况下,由 GMMs 生产的食品用酶制剂无须安全性评估。

(1) GMMs 是自克隆菌株。

(2) 采用自然存在的过程所构建的 GMMs。

根据定义,一个自克隆菌株含有的核酸仅能来源于品种相同的菌株。基于自然存在的过程所构建的自克隆菌株的定义相当模糊;尽管如此,笔者已构建出一株链霉菌属菌。它当中含有一个来源于另一株链霉菌属菌(未公开)的质粒,并且该质粒具有完整的基因结构(启动子、终止子和目的基因 $pla2$)。由该菌株产生的磷脂酶 A_2 (PLA$_2$ Nagase)与其野生型菌株产生的磷脂酶 A_2 完全相同。由于该菌株被认为是采用自然存在的过程所构建的 GMMs,由它生产的食品酶制剂无须进行安全性评估。这个案例说明在种系遗传学上非常相近的微生物之间采用自然存在的过程进行基因的交换,这种 DNA 的重组也被视为自克隆。在自克隆的标准内,采用重组 DNA 技术生产的酶与采用传统诱变技术改造过的菌株生产的酶没有区别。

公众对 GMOs 的担忧也有道德伦理方面的考虑。Bruce Small 是一位来自新西兰社会研究部门的资深科学家,他进行了一项调查,发现有 58% 的调查对象认为同一种一属内的基因转移可以接受。看起来自克隆的概念更容易被公众接受。

2.4.2　链霉菌属间的基因克隆和表达应被视为"自克隆"

链霉菌属是指一类种系遗传学上非常相近的微生物。链霉菌属中许多种微生物间的 16 s rDNA 的同源性非常高(>95%),并且它们大都含有性质粒,这能使它们通过接合作用自然地进行染色体基因的传递。基因交流的生理机制包括细胞接触,"麻点"形成和与受体染色体进行大段的质粒 DNA 的交流。基因交流的证据也可通过以下事实来说明:即使许多种类的微生物在种系遗传学上不同,但是它们会含有相同的基因或基因簇。由于链霉菌属间的这些基因特征,英国的基因操作咨询集团(GMAG)基于重组 DNA 分类目的,认为整个链霉菌属应视为单独的统一体。非致病的链霉菌属间的基因转移(基因从一个链霉菌属微生物克隆到另一个链霉菌属微生物)应被归类于"自克隆"。

41

2.5　未来展望

重组 DNA 技术有助于人们更有效地从大自然中获取所需的东西,而蛋白质工程着眼于改善大自然所提供的东西。未来能源危机暴发可能性的增加和环境污染方面的问题提高了使用温和的酶催化工艺或者微生物发酵工艺(或者称为"生物工艺")代替化学工艺的必要性。毫无疑问,重组 DNA 技术和蛋白质工程将是这方面的驱动力。

最近,有科学家发表了一篇关于制备自然界中不存在的催化剂的论文。该催化剂联合采用计算机设计和体外定点突变技术制备而成。它能催化"kemp 消除反应"。这是一种质子从碳原子中转移的模型反应。Jiang 等也发表了一篇制备醛缩酶的论文。该酶由计算机设计生成,能催化碳碳键裂开的反应。在设计自然界中不存在的催化剂方面,这些激动人心的技术进展为生物工艺接替传统化学工艺开辟了一个崭新的阶段。随着重组 DNA 技术和蛋白质工程技术的不断完善,生物工艺将会变得越来越具有可行性。实际上下一次工业革命可能会在不久的将来发生。

致谢

在本章编写过程中,名古屋大学的岩琦雄吾(Yugo Iwasaki)副教授、长濑产业株式会社研发中心的佐古田昭子(Akiko Sakoda)女士和山口博士(Hitomi Yamaguchi)以及长濑康泰斯(Nagase Chemtex)株式会社的椎原美沙(Misa Shiihara)女士贡献颇多。同时也一并感谢我所有的同事,正是由于你们的支持,让我得以完成本章内容的编写。特别感谢卯津罗淳子(Atsuko Uzura)博士和佐古田昭子(Akiko Sakoda)女士在本章内容准备过程中提出的建设性意见和付出的努力。

参考文献

1. Cohen, S.N., Chang, A.C.Y., Boyer, H.W. and Helling, R.B. (1973) Construction of biologically functional bacterial plasmids *in vitro*. *Proceedings of the National Academy of Sciences* **70**(11), 3240–3244.
2. Morrow, J.F., Cohen, S.N., Chang, A.C., Boyer, H.W., Goodman, H.K. and Helling, R.B. (1974) Replication and transcription of eukaryotic DNA in *Escherichia coli*. *Proceedings of the National Academy of Sciences* **71**(5), 1743–1747.
3. Chang, A.C., Nunberg, J.H., Kaufman, R.J., Erlich, H.A., Schimke, R.T. and Cohen, S.N. (1978) Phenotypic expression in *E. coli* of a DNA sequence coding for mouse dihydrofolate reductase. *Nature* **275**(5681), 617–624.
4. Ulmer, K.M. (1983) Protein engineering. *Science* **219**, 666–671.
5. Enzyme preparations used in food processing, as compiled by members of Enzyme Technical Association, http://www.enzymetechnicalassoc.org/
6. Horinouchi, S. (2007) Mining and polishing of the treasure trove in the bacterial genus *Streptomyces*. *Bioscience, Biotechnology and Biochemistry* **71**(2), 283–299.
7. Chater, K.F. and Hopwood, D.A. (1984) Streptomyces genetics. In: *The Biology of the Actinomyces* (eds M. Goodfellow, M. Mordarski and S.T. Williams). Academic Press, London, pp. 229–286.
8. Hopwood, D.A., Bibb, M.J., Chater, K.F., Kieser, T. and Bruton, C.J. (1985) *Genetic Manipulation of Streptomyces: A Laboratory Manual*. The John Innes Foundation, Norwich.
9. Bentley, S.D., Chater, K.F., Cerdeno-Tarraga, A.-M., Challis, G.L. and Thomson, N.R. (2002) Complete genome sequence of the model actinomycete *Streptomyces coelicolor* A3(2). *Nature* **417**, 141–147.
10. Ikeda, H., Ishikawa, J., Hanamoto, A., Shinose, M., Kikuchi, H., Shiba, T., Sakaki, Y., Hattori, M. and Omura, S. (2003) Complete genome sequence and comparative analysis of the industrial microorganism *Streptomyces avermitilis*. *Nature in Biotechnology* **21**(5), 526–531.
11. Ohnishi, Y., Ishikawa, J., Hara, H., Suzuki, H., Ikenoya, M., Ikeda, H., Yamashita, A., Hattori, M. and Horinouchi, S. (2008) Genome sequence of the streptomycin-producing microorganism *Streptomyces griseus* IFO 13350. *Journal of Bacteriology* **190**, 4050–4060.
12. Katz, E., Thompson, C.J. and Hopwood, D.A. (1983) Cloning and expression of the tyrosinase gene from *Streptomyces antibioticus* in *Streptomyces lividans*. *Journal of General Microbiology* **129**, 2703–2714.
13. Sambrook, J., Fritsch, E.F. and Maniatis, T. (1989) *Molecular Cloning, A Laboratory Manual*, 2nd edn (ed. N. Ford). Cold Spring Harbor Laboratory Press, New York.
14. Hatanaka, T., Negishi, T., Kubota-Akizawa, M. and Hagishita, T. (2002) Purification, characterization, cloning and sequencing of phospholipase D from *Streptomyces septatus* TH-2. *Enzyme and Microbial Technology* **31**, 233–241.

42

15. Zambonelli, C., Morandi, P., Vanoni, M.A., Tedeschi, G., Servi, S., Curti, B., Carrea, G., Lorenzo, R. and Monti, D. (2003) Cloning and expression in *Escherichia coli* of the gene encoding Streptomyces PMF PLD, a phospholipase D with high transphosphatidylation activity. *Enzyme and Microbial Technology* **33**, 676–688.
16. Fukuda, H., Turugida, Y., Nakajima, T., Nomura, E. and Kondo, A. (1996) Phospholipase D production using immobilized cells of *Streptoverticillium cinnamoneum*. *Biotechnology Letters* **18**, 951–956.
17. Ogino, C., Negi, Y., Matsumiya, T., Nakaoka, K., Kondo, A., Kuroda, S., Tokuyama, S., Kikkawa, U., Yamane, T. and Fukuda, H. (1999) Purification, chracterization, and sequence determination of phospholiase D secreted by *Streptoverticillium cinnamoneum*. *Journal of Biochemistry* **125**, 263–269.
18. Ogino, C., Kanemasu, M., Hayashi, Y., Kondo, A. and Shimizu, N. (2004) Over-expression system for secretory phospholipase D by *Streptomyces lividans*. *Applied Microbiology and Biotechnology* **64**, 823–828.
19. Sugiyama, M., Ohtani, K., Izuhara, M., Koike, T., Suzuki, K., Imamura, S. and Misaki, H. (2002) A novel prokaryotic phospholipase A_2. *The Journal of Biological Chemistry* **277**(22), 20051–20058.
20. Jovel, S.R., Kumagai, T., Danshiitsuoodol, N., Matoba, Y., Nishimura, M. and Sugiyama, M. (2006) Purification and characterization of the second *Streptomyces* phospholipase A_2 refolded from an inclusion body. *Protein Expression and Purification* **50**, 82–88.
21. Matsuo, Y., Yamada, A., Tsukamoto, K., Tamura, H. and Ikezawa, H. (1996) A distant evolutionary relationship between bacterial sphingomyelinase and mammalian DNase I. *Protein Science* **5**, 2459–2467.
22. Argos, P., Rossmann, M.G., Grau, U.M., Zuber, H., Frank, G. and Tratschin, J.D. (1979) Thermal stability and protein structure. *Biochemistry* **18**(25), 5698–5703.
23. Goodenough, P.W. and Jenkins, J.A. (1991) Food biotechnology: protein engineering to change thermal stability for food enzymes. *Biochemical Society Transactions* **19**, 655–662.
24. Eckert, K.A. and Kunkel, T.A. (1990) High fidelity DNA synthesis by the *Thermus aquaticus* DNA polymerase. *Nucleic Acids Research* **18**, 3739–3744.
25. Stemmer, W.P.C. (1994) Rapid evolution of a protein in vitro by DNA shuffling. *Nature* **370**(6488), 389–391.
26. Goodenough, P.W. (1995) A review of protein engineering for the food industry. *Molecular Biotechnology* **4**, 151–166.
27. Liu, H.-L. and Wang, W.-C. (2003) Protein engineering to improve the thermostability of glucoamylase from *Aspergillus awamori* based on molecular dynamics simulations. *Protein Engineering* **16**(1), 19–25.
28. Fang, T.-Y. and Ford, C. (1998) Protein engineering of *Aspergillus awamori* glucoamylase to increase its pH optimum. *Protein Engineering* **11**(5), 383–388.
29. Toyama, M., Yamashita, M., Yoneda, M., Zaborowski, A., Nagato, M., Ono, H., Hirayama, N. and Murooka, Y. (2002) Alteration of substrate specificity of cholesterol oxidase from *Streptomyces* sp. by site-directed mutagenesis. *Protein Engineering* **15**(6), 477–483.
30. Masayama, A., Takahashi, T., Tsukada, K., Nishikawa, S., Takahashi, R., Adachi, M., Koga, K., Suzuki, A., Yamane, T., Nakano, H. and Iwasaki, Y. (2008) *Streptomyces* phospholipase D mutants with altered substrate specificity capable of phosphatidylinositol synthesis. *Chembiochem: A European Journal of Chemical Biology* **9**, 974–981.
31. Yanagita, T. (2003) Nutritional functions of dietary phosphatidylinositol. *Inform* **14**(2), 64–66.
32. Bhat, M.K., Pickersgill, R.W., Perry, B.N., Brown, R.A., Jones, S.T., Mueller-Harvey, I., Sumner, I.G. and Goodenough, P.W. (1993) Modification of the head-group selectivity of porcine pancreatic phospholipase A_2 by protein engineering. *Biochemistry* **32**, 12203–12208.
33. Fang, T.Y., Huang, X.G., Shih, T.Y. and Tseng, W.C. (2004) Characterization of the trehalosyl dextrin-forming enzyme from the thermophilic archaeon *Sulfolobus solfataricus* ATCC 35092. *Extremophiles* **8**, 335–343.
34. Fang, T.Y., Tseng, W.C., Chung, Y.T. and Pan, C.H. (2006) Mutations on aromatic residues of the active site to alter selectivity of the *Sulfolobus solfataricus* maltooligosyltrehalose synthase. *Journal of Agricultural and Food Chemistry* **54**, 3585–3590.
35. Fang, T.Y., Tseng, W.C., Pan, C.H., Chun, Y.T. and Wang, M.Y. (2007) Protein engineering of *Sulfolobus solfataricus* malto-oligosyltrehalose synthase to alter its selectivity. *Journal of Agricultural and Food Chemistry* **55**, 5588–5594.
36. Kling, J. (2008) Tony conner. *Nature Biotechnology* **26**(3), 259.
37. Kieser, T., Hopwood, D.A., Wright, H.M. and Thompson, C.J. (1982) pIJ101, a multi-copy broad host-range *Streptomyces* plasmid: functional analysis and development of DNA cloning vectors. *Molecular Genetics and Genomics* **185**, 223–238.

43

38. Ravel, J., Wellington, E.M.H. and Hill, R.T. (2000) Interspecific transfer of *Streptomyces* giant linear plasmids in sterile amended soil microcosms. *Applied and Environmental Microbiology* **66**(2), 529–534.

39. Metsa-Ketela, M., Halo, L., Munukka, E., Hakala, J., Mantsala, P. and Ylihonko, K. (2002) Molecular evolution of aromatic polyketides and comparative sequence analysis of polyketide ketosynthase and 16S ribosomal DNA genes from various *Streptomyces* species. *Applied and Environmental Microbiology* **68**(9), 4472–4479.

40. Chater, K.F., Hopwood, D.A., Kieser, T. and Thompson, C.J. (1982) Gene cloning in *Streptomyces*. *Current Topics in Microbiology and Immunology* **96**, 69–95.

41. Rothlisberger, D., Khersonsky, O., Wollacott, A.M., Jiang, L., Dechancie, J., Betker, J. and Baker, D. (2007) Kemp elimination catalysts by computational enzyme design. *Nature* **453**(7192), 190–195.

42. Jiang, L., Althoff, E.A., Clemente, F.R., Doyle, L., Röthlisberger, D. and Zanghellini, A. (2008) De novo computational design of retro-aldol enzymes. *Science* **319**(5868), 1387–1391.

3 商品化酶制剂的生产

Tim Dodge

　　酶在食品中的应用已经存在了数个世纪。这方面最早的例子是使用底物载体中天然存在的酶。例如使用发芽谷物中天然存在的 α-淀粉酶来酿造啤酒。酶也可以从植物和动物中进行提取,但随后步入了使用微生物生产酶的时代。这些酶是微生物培养物的天然产物。现今,大多数酶仍由微生物生产,但许多酶不再是天然的酶,而被修饰过。蛋白质工程可针对酶的特定用途来优化酶的性能。现今,许多应用都是使用这些性能独特的酶产品。

　　蛋白质工程是在使用重组 DNA(rDNA/核糖体 DNA)技术的基础上开展的技术。同样也可利用相同的核糖体 DNA(rDNA)重组技术来设计生产酶的微生物菌株,用于生产酶的受体菌(宿主菌)在数量方面变得越来越有限。同时,酶的基因来源越来越广泛,即提供基因的生物体种类在增多。这创造了一种以受体菌为中心的平台。该平台具有众多优点。首先,科学家们可致力于开发利用受体菌所需的分子生物学工具,从而能积累更多深层次的知识。其次,在酶的工业化生产中利用这些受体菌为生产菌株时,它们的某些性能对酶的工业化生产特别重要,因此可利用积累出的知识来定向改造它们,从而使这些性能更突出。这些性能包括利用简单培养基进行快速和有效地生长,高效地表达胞外酶和少量地表达其他背景蛋白。这些优点不仅超过菌株选育方面的重要性,而且超过发酵工艺、提取工艺和制剂工艺这三方面的重要性。当使用相同的受体菌来生产不同的酶时,由于了解该菌株的知识,就可以避免为每种酶都要开发一套生产工艺。具体来说,相同菌株的生长需求和其胞外酶的提取要求基本相同,从而为不同的酶开发同一套生产工艺打下了基础。由于菌株生长需求保持不变且工艺条件愈发相似,因此,当转到酶的工业化生产时,会继续保持这些优势。不仅如此,相似的工艺条件会减少资本和设备的投入,并且便于工厂生产。

3.1 酶的应用研究和蛋白质工程

　　虽然本书第 2 章已详细讨论该主题,但是我们认为有必要在此进行简单介绍。现代工业生物技术具有高度综合性。酶的生产工艺只是其中一方面。酶分子本身在它自己的生产过程中就起着作用,因此酶的生产工艺的开发和酶分子改造是相辅相成的。

为了让大多数新的商品酶在它们各自的应用中发挥出更佳的作用,会对它们进行修饰。分子生物学的进步极大地提高了酶突变体文库形成的可能性,但是为了分辨出最佳的候选对象,一项关键的挑战在于优秀筛选工具的开发。或者通俗地表达成:"所选即所得"。对于某个特定的应用来说,要想选出合适的酶,那就必须透彻了解酶发挥作用的应用体系,这非常关键。优秀的筛选工具必须具备以下特点:能筛选大容量的酶突变体文库;鲁棒性好;模拟酶在最终应用中的表现。难点通常在于将酶实际应用中所需的最佳性能翻译成一套筛选酶用的生化分析系统。这些性能包括热稳定性、pH 稳定性、pH -酶活曲线、离子强度要求、蛋白酶耐受性、抑制剂敏感性和底物/产物特异性。原则上,一个酶工程项目开始时就要将筛选特异性高的酶和产酶量高的受体菌的环节包括在内。在许多情况下,对酶的产量进行小规模的高通量筛选具有一定的参考价值。尽管如此,对于酶的大规模工业化发酵而言,需要系统性的工作才能揭示一种新酶的潜在产量。而且像酶在浓缩液中的溶解性和酶的稳定性之类的参数对于酶的提取和下游工程来说显得非常重要,并且必须使用这些参数来选择最终的酶候选对象。无论筛选工具设计得多么好,必须采用最终的酶候选对象进行大量的实际应用试验来确认筛选工具和最终应用之间的相关性。

举例来说,在面包面团改良中使用一种新型 α -淀粉酶。在面粉中淀粉作用方面,该酶需要在内切酶活和外切酶活之间有一定比例。太高的淀粉外切酶活,尤其是其中的外切麦芽糖淀粉酶活,会导致面团质量变差。恰当的淀粉外切酶活能防止淀粉老化,从而能延长面包的货架期。因此,在对该酶进行修饰之后,可使其具有合乎应用工艺所需的性能。尽管如此,该酶还需方便地混合到面团中。可使用喷雾干燥工艺生产出的固体粉末酶制剂,但是也可使用压片工艺制成的固体片剂酶制剂,并且有证据表明这也是一种有效的释放酶的方法。为了缩小片剂的体积,必须提高酶与固体辅料(赋形剂)之间的用量比例,这就对发酵液中酶的纯化设置了要求。

如此看来,酶制剂应用方面对酶的性能有要求,不仅包括酶活性,还包括酶的纯化和剂型要求。

3.2 菌株选育

3.2.1 简述

对于某个特定的应用来说,一旦确认某种酶有效,那下一步重要的工作就是选择一种合适的受体细胞来生产它。在食品酶制剂的工业化生产中,大部分酶由微生物来生产。本章先前的内容有提到过建立受体菌平台的想法。酶制剂生产商通常拥有一个微生物种类不到 12 个的菌种库来实现他们对基因表达的需要。主要使用的两个微生物种属是芽孢杆菌属和丝状真菌属。这些受体菌被选中的原因是它们具有以下特点：优秀的胞外酶分泌者(与胞内酶相比,胞外酶更容易从发酵液中进行提取)；被监管当局确认为安全性受体菌；基因便于操作；易于在发酵罐中进行培养,并可达到较高的生物质浓度。基于所要生产的酶,通常能合理地预测出最佳的受体菌。一般同源表达(例如芽孢杆菌属受体菌中植入的芽孢杆菌属细菌基因表达出的酶)要比异源表达(例如芽孢杆菌属受体菌中植入的真核生物基因表达出的酶)更有效。尽管如此,如果要生产一种新酶,那值得在一连串的受体菌中进行基因表达尝试以选出最佳的候选生产菌株。

　　必须强调的是,前文所指的是转基因生物(GMOs)。非转基因生物(Non-GMOs)也可用于食品酶的生产。通常食品酶制剂生产商拥有众多的酶制剂作为备选来满足客户的需求。

3.2.2　转基因生物与非转基因生物

　　对于食品酶的生产来说,使用非转基因生物的主要优势在于消费者对于它们具有更大的接受度。不过在另一方面,不管对消费者来说,还是对酶制剂生产商来说,转基因生物具有诸多优点。与非转基因微生物相比,通常转基因微生物表达的酶量要更多。因此,通常某种重组微生物(转基因微生物)生产的酶要更便宜。在菌株自身背景蛋白总量相同的情况下,转基因菌株会过量表达目标酶。因此,目标产物往往具有较高的纯度。

　　欲给一种酶贴上重组的标签,需基于以下三项指导方针：① 该酶和天然酶的氨基酸序列相同,但是用于生产该酶的生物原先不存在于自然界；② 用于生产该酶的生物基因被改造过(例如,在基因的前面插入强启动子)；③ 该酶本身被修饰过(例如它的氨基酸序列被修饰过)。为了跟上将基因工程对环境的影响降至最小化的理念,最近一项在菌株构建方面的进展已能做到将抗生素标记去除的地步,而抗生素标记通常会与目标酶的基因编码联系在一起。

　　在美国,酶制剂标签受到 FDA 监管。在欧洲,酶制剂标签受到欧盟监管。

3.2.3　范例：利用某种枯草芽孢杆菌来构建生产受体菌

　　为了让一种受体菌去生产一种酶,必须将目标酶的编码基因引入受体生物中,从而与其他 DNA 片段一起进行该基因的转录、转译和酶分泌工作。图3.1 显示了生产胞外酶所需的最基本的基因元件。简而言之,启动子驱动转录作用；核糖体结合位点(RBS)对于转译作用的启动来说是必不可少

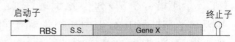

图 3.1　微生物生产胞外酶所需的最基本的基因元件

的要素;信号序列(S.S.)引导蛋白质转移至细胞膜处,并使其分泌至细胞膜外;基因 X(Gene X)是目标酶的编码基因;终止子标记转录的终止。通常会在基因 X 之后添加一个抗生素标记以用于方便地筛选所需的重组克隆基因。如果生产的酶是胞内酶,那就将信号序列删掉。可将目标酶的基因盒引入受体菌的一个拷贝质粒上(一种染色体之外的 DNA 分子,并且能自主复制)或者通过单交换或双交换整合到受体菌的染色体上。通常会更倾向于将目标酶的基因盒整合到受体菌的染色体上,这样会提高菌株表达目标酶的稳定性和一致性。

3.2.4 基因工程的目标

通常基因工程的首要目标是提高目标酶的产量。不仅如此,也可运用基因工程来除去蛋白酶之类的副酶活。蛋白酶不但会分解目标酶,而且当目标酶应用在食品加工过程中时,它们会改变食品的感官品质。

为了提高目标酶产量,必须消除转录、转译和(或)分泌这三方面存在的瓶颈。例如,转录是将遗传信息从基因组 DNA 转换到信使 RNA(mRNA)的过程。这可以通过使用强启动子或在受体菌引入目标酶基因盒的多重拷贝来改善基因的转录。对于信使 RNA 来说,可通过修饰它的 5′-末端来提高它的稳定性。

表 3.1 列出的每个要素都是基因工程的目标,并且列出了对它们进行修饰所得到的预期效果。

表 3.1　基因工程在产酶微生物中的作用对象和预期效果

作 用 对 象	预 期 效 果	参考文献
启动子	强启动子将会提供更多的信使 RNA	12
信号序列	修饰信号序列能改善蛋白质或酶的分泌	13,14
基因 X	蛋白质工程能使基因 X 更高效地产生酶	15
受体菌	去除副酶活;改善受体菌生理或新陈代谢	16,17

3.2.5 "组学"时代食品酶制剂的生产

在过去的十年中,"组学"时代的到来使生物学发生了革命性的变化,"组学"技术包括全基因组快速测序,信使 RNA 表达监测,蛋白质结构信息分析(尤其是质谱分析法)和小分子定性、定量分析。这些技术带来的成果推动了基因组学、转录组学、蛋白质组学和代谢组学这些新领域的形成。通过利用这些成果,科学家们对受体生物有了更全面而深入的了解,从而有助于获得更安全的细胞生产系统和酶产品。

3.3 微生物发酵

酶在发酵单元操作这一步骤中被生产出。微生物菌株是用于生产酶的生物催化剂。首先菌株必须进行增殖以生成充足的生物催化剂。随后由这些生物催化剂来生产酶。有时某些酶的生产会和菌株的生长同步。而另外一些酶的生产和菌株生长不同步,例如产生在菌株缓慢生长甚至停止生长的阶段。

3.3.1 微生物纯培养物管理和保藏

最常使用的微生物纯培养物保藏方法是将它们保存在冷冻状态下。首先,选用生长最好的细菌培养物,接着添加甘油或二甲基亚砜之类的冷冻保护剂将细菌培养物制成菌悬液,随后将菌悬液分注到单个安瓿管中,再用干冰使之速冻。然后使用真空冷冻干燥机在 $-20^\circ\!C$ 或 $-70^\circ\!C$ 将其进行干燥。最后低温保存备用,但是这只能用于微生物纯培养物的短期保藏。对于微生物纯培养物的长期保藏来说,最好采用液氮超低温保藏法。这些储存微生物纯培养物的安瓿瓶被放入液氮罐的气相中保存。这些操作能使微生物菌株在数年之后仍保持着高活力及其表型。

3.3.2 种子培养物制备

大多数酶的工业化发酵是在体积 $30\sim300\ m^3$ 的发酵罐中进行的。这种设备通常是发酵车间中最昂贵的设备之一。为了优化发酵罐的使用,会使用种子罐来缩短微生物在大型发酵罐中的生长时间。

传统的种子培养物制备是在一系列逐级扩大的种子罐中进行的。扩大倍数一般为 10。对于生长需求苛刻的菌株来说,通常需要这样做。而以受体菌为中心的平台就能去除这种必要性。在将菌株进行设计或改造后,单靠试管或摇瓶里的少量种子培养物直投到生产发酵罐就能供发酵生产使用。尽管如此,如上所述,实际使用的工艺将会被设计成资本优化配置的方式。这通常将会需要一个单独的种子罐以扩培试管或摇瓶里的菌株。通常,小型的种子罐可承受菌株长时间生长的这种时间成本,从而缩短了菌株在大型生产发酵罐中的生长时间。

种子罐内的条件被优化成菌株快速且有效生长的最适条件。通常这些条件与发酵生产前期条件一致。当菌株处在指数生长期时,将种子培养物转移到生产发酵罐中。

3.3.3 发酵

3.3.3.1 灭菌

一项独特且非常重要的发酵操作是灭菌。微生物在周围环境中无处不在,例如存在于空气、土壤和水中。酶的生产基本上采用单一微生物发酵的方式。为了实现这个目标,必须杀灭或除去发酵工艺中所有其他微生物。常采用过滤除菌或热灭菌方法。热灭菌操作有两种:连续灭菌操作——采用高温(150℃左右)短时(3～5 min)灭菌的方式;间歇灭菌操作——采用低温(121℃左右)长时(30～60 min)灭菌的方式。对于含有不溶性成分的培养基来说,通常会采用间歇灭菌操作。液体培养基或补料培养液更适合采用连续灭菌操作。常采用深层过滤的方式对空气进行灭菌。

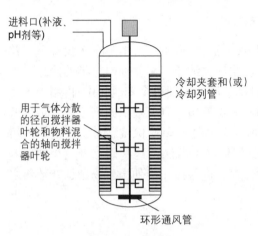

图 3.2　工业化发酵罐

3.3.3.2　物质传递和热量交换

大多数酶的工业化发酵是好氧发酵。也就是说,微生物需要分子氧作为电子受体为自身生长供能。这种需氧要求对发酵罐提出了两个特定问题:溶氧传递和热量移除。如图 3.2 所示工业化发酵罐示意图。

空气中的氧在发酵液中的溶解度很低。在典型的好氧发酵条件下,氧在发酵液中的溶解度大约为 0.5 mmol/L。为了满足微生物生长代谢所需的氧气,需要从发酵罐底部通入无菌压缩空气。随着空气在发酵罐中的上行传播,氧会从气相转移至液相。微生物消耗溶氧的同时也不断排出二氧化碳,随后二氧化碳从液相转移至气相,再和耗尽氧气的尾气一起从发酵罐中排出。提高发酵罐压力会增加这两种气体在发酵液中的溶解度。增大空气流速会提高尾气中氧的含量,也会增加氧在发酵液中的溶解度。由电机驱动的搅拌叶轮会往发酵液中输入能量。该能量会将进入发酵液中大的气泡打碎成微小气泡,从而增大了气液接触面积。所有这些因素(如罐压、空气流速和搅拌转速等)都会提高发酵罐结构的复杂性。

在通风(好氧)发酵工艺中,在搅拌器搅拌发酵液的过程中,搅拌器的机械能会转变成热量(机械搅拌热)。除此之外,生物体有氧呼吸也会产生热量(生物热)。通常生物热是通风发酵中主要产生的热量。热量必须通过发酵罐冷却面及时移去。一般小型发酵罐(体积 5 m^3 以下)采用外加夹套作为换热装置。随着发酵罐尺寸的增加,这种圆柱形容器体积的增长快于其表面积的增长。因此,为了保持相同的冷却面积,可在发酵罐内添加冷却列管,这进一步提高了发酵罐结构的复杂性。发酵过程产生的热量被交换至冷却介质。通常采用低温水作为冷却介质。它会在夹套和冷却列管中循环。而热量会被排放到环境中,这通常会在冷却塔中进行。有时候需要采用冰水机提供冰水作为冷却介质来进行额外的冷却。

高需氧量需要先进、昂贵但实用性高的发酵罐设备。尽管如此，通过优化发酵工艺条件，大多数发酵工艺都能在普通发酵罐中进行。通常需在工艺表现、资本投入和运行成本这三方面之间进行权衡。大多数好氧发酵都能适应它们必须在其中运行的发酵罐。

3.3.3.3 微生物生长

发酵生产前期条件与种子罐中的条件非常相似。微生物需要进行增殖以达到足够的生物质浓度用于后续酶的生产，这样才能使酶的产量最大化。为了使微生物细胞内蛋白质生产机器能够最大化运转，那就需要快速的比生长速率。核糖体是负责蛋白质合成的关键细胞器。它的数量会在高生长速率下增加。

3.3.3.4 酶的生产（生长关联型与非生长关联型）

一些酶的最佳生产时机处于微生物快速生长期。酶的生产速率与微生物生长速率呈正比例关系，这称为生长关联型酶的生产。代谢酶是典型的生长关联型蛋白质的范例。通常许多水解酶以次级代谢产物的形式被微生物生产出。这些产物在缓慢的比生长速率期间甚至在非生长条件下形成，这称为非生长关联型酶的生产。实际上这两种简单模型仅能描述少数酶的生产动力学。大多数酶的生产动力学表现出一种部分相关生产模型。

通常大多数专门用于生产酶的平台微生物会使用启动子系统，该启动子系统会在非生长关联条件下被激发。这些启动子范例有来源于枯草芽孢杆菌（*B. subtilis*）的碱性蛋白酶启动子、来源于地衣芽孢杆菌（*B. licheniformis*）的α-淀粉酶启动子和来源于里氏木霉（*T. reesei*）的Ⅰ型纤维二糖水解酶启动子。

3.3.3.5 分批发酵、补料分批发酵和连续发酵

发酵过程可以分别用三个模式来描述：分批发酵、补料分批发酵和连续发酵。在分批发酵模式中，所有培养基成分都在发酵开始前加入发酵罐中。随后将微生物培养物接入已灭菌的新鲜培养基中，并使微生物在最适宜的培养条件下进行培养，但生长速率不可控。随着营养物质的消耗或废物的积累，微生物的生长速率逐渐减小，最终完全停止。当有限的营养物质被微生物消耗殆尽时，微生物生长完全停止，并且发酵活动结束。对于生长关联型酶的生产来说，分批发酵工艺是一种适宜的工艺。

连续发酵工艺是指以一定的速率向培养系统内添加营养物质，同时以相同的速率流出含有菌体的发酵液。在连续发酵过程中，所实现的恒定状态能保持数周的时间。微生物的生长速率可以通过营养物质的添加速率来调节。对于生长关联型酶的生产来说，连续发酵工艺也是一种非常适合采用的工艺。

对于酶的生产来说，补料分批发酵是最主要的发酵工艺模式。对于生长非关联型酶的生产来说，补料分批发酵工艺是一种非常适合采用的工艺。典

型的补料培养液是限制性营养物质，并且通常是提供碳源的物质。与连续发酵工艺一样，在补料分批发酵工艺中，微生物的生长速率可通过补料培养液的添加速率来调节。这有助于控制氧的消耗以及热量的生成。在设备的适应性方面，补料分批发酵工艺要比分批发酵工艺简单。后一种工艺对发酵设备传热和传质方面的要求较高。

某些微生物对底物（营养基质）或废物的浓度梯度比较敏感。在这种情况下，发酵罐中发酵液的充分混合就显得非常重要。轴流式叶轮能搅拌发酵液从而降低底物或废物的浓度梯度。尽管如此，这种类型的搅拌器叶轮在降低气泡体积和提高溶氧传质速率方面表现较差。而径流式叶轮在溶氧传质方面的表现要好得多。需要强调的是，发酵罐的设计需在发酵液混合和溶氧传质之间达成平衡。

51

并不是所有的工业化发酵工艺都是基于深层（通常为液态）发酵。事实上，像日本"米曲"和法国"蓝纹干酪"之类的表面（通常为固态）发酵工艺有着悠久的历史。表面发酵通常采用湿的不溶性颗粒或非颗粒物料（如谷物籽粒、豆类籽粒、农产品加工副产物和新鲜干酪）为基质。无菌且能形成较大基质表面积的物料为佳。在某些情况下，也会向固态基质中添加一些营养物质。微生物先在采用液态深层发酵工艺的种子罐中进行培养，然后将种子培养物接种到固态基质中。一些设计先进的固态发酵罐甚至能连续到半连续向固体基质中提供营养物质和（或）pH调整液。对于固态发酵罐而言，最大的设计挑战在于氧的供应，固态基质中微生物代谢产生气体的排放和热量的散发，均一化条件的保持和杂菌污染的控制。因此，与深层发酵工艺相比，表面发酵工艺的生产规模往往比较小。

3.4 下游加工过程

3.4.1 从发酵液到目标酶

从商品的角度来讲，发酵液并不适合出售。它当中含有活的微生物细胞和 rDNA（核糖体 DNA）。由于发酵液中水分含量高，并且存在蛋白酶和肽酶，因此其中的目标酶容易受到破坏。而且，由于发酵液中目标酶浓度太低，它并没有实际应用价值。由于这些原因，需要对发酵液进行进一步处理以对酶进行提纯以便它在不可控的储存条件下具有较强的适应性，并能安全便利地使用在具体的应用中，从而能以经济的方式给用户带来效益。

总的来说，用于提纯目标酶（或目标产物）的制造工艺被称为下游工艺。有多种不同的技术来达成之前所制订的目标。具体操作工艺的选择不仅取决于发酵液性质，酶生物化学和生物物理性质和产物提纯要求，更取决于实际情况，例如生产工厂中某一个单元操作的可利用性，生产中特定的发酵工业废液

（含废菌渣）的回收和排放方案。

下游加工过程通常需要添加过滤助剂、絮凝剂、调节 pH 的缓冲盐、酸和碱之类的化学物质。这些物质需要符合监管机构和政府机构制定的食品安全要求。除此之外，在符合犹太教逾越节法规、犹太教和伊斯兰教之类要求的主要市场中，这些物质也需要符合宗教饮食禁忌。一旦某一成品酶被批准用于食品加工，那就会限制生产该酶产品的原料来源，从而降低了更换原料的灵活性。类似的限制也会存在于下游工艺的操作和设备中。

消费者偏爱不含防腐剂的食品。从食品中防腐剂构成的角度来看，在使用酶制剂加工食品的过程中，尽管酶制剂中的防腐剂会被带入食品中，但是对食品防腐剂含量贡献极低。不仅如此，食品酶制剂行业正在试图满足消费者需求，即正在完善下游加工技术来实现这一目标。无菌加工技术正在越来越多地被采用。

3.4.2 基本的下游工艺

除了一些油脂改性酶（脂肪酶）之外，大部分用于食品加工的重组酶能溶于缓冲溶液。现代微生物生产菌株被改造成向培养基中分泌水溶性酶的工程菌，并且这些酶会在发酵期间累积。就最基本的下游工艺层面而言，它仅需要从发酵液中除去细胞，并将得到的澄清滤液进行浓缩，从而达到足够的浓度来完成酶的制剂化工作，如图 3.3 所示。

图 3.3 从发酵液中提取酶的基本下游工艺

大规模发酵倾向采用的发酵模式是补料分批发酵，需要 2～10 d 的时间来完成整个发酵过程。通常下游工艺设备的加工能力要与发酵罐生产能力配套，这样发酵液可在 1～2 d 内处理完毕，从而不至于发生因为下游处理的瓶颈而限制整个工厂产量的现象。为了能一直利用所有的下游处理设备，并且为了保持下游处理使用的储罐数量的少量化和容量的小型化，细胞分离和酶液浓缩会同时进行，有时甚至酶的制剂化也会与前两项同时进行。因此，下游处理工艺会采用连续式设备进行连续操作或间歇式设备进行快速循环操作。

按上述工艺路线运行的单元操作有以下方法可供选择。连续式细胞分离既可采用碟片式离心机或卧螺离心机来完成，又可采用微孔过滤来完成。真空转鼓过滤机进行半连续式细胞分离操作。板框过滤机进行间歇式细胞分离操作，并且循环多次才能将所有发酵液过滤完毕。浓缩操作方法的选择更有限，通常采用超滤来完成浓缩操作。超滤设备中合成膜的截留相对分子质量小至足以保留所有目标酶。在某些情况下，蒸发也是一种浓缩操作，但是该方法成本较高，并且无法除去溶解的盐或相对分子质量较小的杂质。

经过基本的下游处理后得到的产物是一种粗酶浓缩液。除了目标酶之外,浓缩液中不但含有培养液中残留的可溶性和胶体成分,而且含有微生物代谢活动生成的其他产物。其他少量成分包括消泡剂和絮凝剂之类的残余加工助剂,受体菌产生的非目标酶和环境微生物带来的一些生物负载。

3.4.3 纯化

如果成品酶的规格要求粗酶浓缩液中只能存在少量的非目标酶成分,那就需要使用一些纯化技术。这可以简单至采用一种精过滤器来除去胶体微粒和生物负载。该步骤之后通常衔接着成品液态酶的制剂化步骤。如果要进一步提高目标酶纯度,可在之前的超滤步骤之后增加透析步骤来除去盐和其他透过超滤膜的固体物质。在细胞分离过程中,通常精心控制一些参数能减少像生物高分子或杂酶之类的无法透过超滤膜的杂质。这些参数包括 pH、盐浓度、絮凝剂类型和添加方式等。它们均对酶的分离和纯化工艺有显著的影响。

如果这些措施的采用还无法生产出合格的成品酶,那就需要采用选择性更高的纯化工艺步骤。生物产品大规模纯化方法的首选是沉淀法。如果可溶性杂质能被诱导形成不溶性沉淀,那采用过滤就可将其轻易除去。更复杂的沉淀技术是沉淀目标酶。之所以称其复杂,是因为该技术需要两个单元操作:一个单元操作用于收集沉淀物;另一个单元操作用于将沉淀物复溶和澄清。纯度最高的成品酶可通过结晶技术来制备。由于结晶过程具有高度选择性,因此这种工艺中获得的固体产品天生就具有很高的纯度,并且纯度取决于结晶有效性即纯晶体能与富含大量杂质的母液分离。

色谱技术是生产高纯度成品酶的另一种选择。这通常是一项成本非常高的单元操作。对于少数低剂量使用的成品酶来说,色谱技术才具有经济性。

3.4.4 可持续性

发酵工业的可持续性要求所有非目标产物的废渣能以原料的形式应用于其他工艺。利用热量或药剂对废菌渣进行灭活处理,从而可作为一种复合肥料来使用。对于酶液的浓缩来说,超滤是一种性价比最高的方法。通常超滤膜透过液富含可溶性盐和微量营养素。对于废水的生物处理来说,这是非常受欢迎的添加物,可使用反渗透来浓缩超滤膜透过液。获得的反渗透浓缩液可作为一种复合营养素应用在发酵工艺中。反渗透膜透过液直接作为工艺水来回收利用。

3.5 酶的制剂化

成品酶生产的最后一个阶段是将酶和其他成分(如稳定剂、防腐剂或赋形剂等)制成不同形式的剂型(例如主流应用的液体酶制剂和固体颗粒酶制剂)。通常发酵工艺和下游工艺中获得酶浓缩液不能直接应用于食品加工。酶必须提供一种有利于它应用的形式。总的来说,这些形式分成液体形式和固体形式。不仅酶在应用中需要以液体或固体剂型出现,而且酶在使用之前,即酶在储存期间,也需要剂型为它提供所需的保质期。值得注意的是,酶制剂中使用的赋形剂或填充剂等辅料成分也要是食品中许可使用的物质。

3.5.1　固体成品酶的制剂化

将液态的酶浓缩液和起稳定作用的赋形剂或填充剂等辅料成分混合,然后将该混合物转变成固体形式,这样就能获得固体酶制剂。由液态转变成固态的干燥过程可通过喷雾干燥或流化床干燥技术来完成。喷雾干燥技术已经使用了几十年。对于固体酶制剂来说,它仍然是一种被广泛使用的干燥技术。像冷冻干燥之类的其他干燥技术能为固体酶制剂提供更多的益处,但是它们的使用成本更高。

3.5.1.1　喷雾干燥技术

在喷雾干燥工艺中,将液态的酶浓缩液与稳定剂和填充剂混合,随后进行喷雾干燥以制成固体成品酶。这样制得的成品酶不但具有实际应用所需的酶活力,而且活力更加稳定。在酶浓缩液与稳定剂和填充剂这些物料混合之后,利用压缩空气将物料形成的悬浮液从喷嘴高速压出,使其雾化成微滴或者利用旋转喷嘴将悬浮液从喷嘴高速甩出,使其雾化成微滴。雾化的液体被输送到喷雾塔的顶部,随后便暴露在高温空气中,并且温度最高可达170℃。尽管如此,由于汽化冷却,排风温度在100℃左右,并且酶粉实际承受的温度甚至比排风温度更低。由此获得的酶粉非常均匀细腻,但是它们的粒径非常小,这样就产生了粉尘问题。为了控制粉尘,可将酶粉与少量植物油混合,这样就能大大减少所有随空气扩散的物质。

喷雾干燥工艺制成的超细酶粉也可进一步被加工成平均粒径更大的酶颗粒。这些颗粒既可能简单至粉末团聚体,又可能复杂至结构化颗粒。这些酶粉能聚集形成较大的颗粒,从而能减轻粉尘问题。一种团聚造粒过程如下:先将酶粉放入搅拌造粒机中,随后在开启搅拌时添加一种黏结剂。该黏结剂会将酶粉黏结在一起,从而使它们形成较大的颗粒。团聚造粒也可在喷雾流化造粒机中进行。在该工艺中,先将酶粉悬浮在气流中,接着黏结剂溶液通过喷嘴被雾化成微滴,然后释放到气流中。当酶粉遇到雾化的液体时,它们会被润湿,并黏结在一起形成颗粒,随后颗粒被干燥。这种过程会往复进行多次,从而使颗粒的平均粒径越来越大。这两种造粒方法都难以精确控制,因此制得的固体颗粒酶制剂具有较宽的粒径分布。

而在多级干燥器这样特定的设备中,物料的干燥过程和造粒过程可同时进行。在该工艺中,酶浓缩液和所有其他成分都从一个喷嘴处被雾化。这与标准的喷雾干燥工艺相似。尽管如此,所有的超细酶粉都会从干燥室中排出,随后它们在液体雾化点附近返回到干燥室中。在返回过程中,这些干燥细粉再次被润湿,并和周围其他细粉黏结在一起形成颗粒。通过控制系统中空

54

气流速,有可能将最终的固体颗粒酶制剂的粒径分布控制在一个较窄的范围内。

也可采用其他造粒工艺将喷雾干燥工艺制成的超细酶粉加工成结构更复杂的颗粒,例如采用挤出造粒工艺、高剪切造粒工艺和喷雾冷却造粒工艺。这些造粒工艺制成的颗粒具有更突出的优点,例如提高了酶的稳定性和颗粒的完整性。不仅如此,它们还可以将在食品中使用的其他物质包埋在其中,并能在挤出造粒工艺中定制酶的释放机制,先将由喷雾干燥工艺制成的超细酶粉和糖粉、淀粉、缓冲盐以及黏结剂之类的其他物料混合,再将它们捏合成一种类似"面团"的软材,接着用强制挤出的方式使软材通过具有一定大小孔径的孔板,从而形成一种几何形状类似"面条"的条状物。然后每隔一定时间将条状物切断或者让它们自动掉落。采用整形机就能将这些短柱形颗粒转变成球形颗粒,最后将这些球形颗粒置于流化床干燥机中进行干燥。在高速剪切混合造粒工艺中,包括酶粉在内的干物料都被置于圆筒中。在用犁式搅拌桨和高速剪切刀对干物料进行混合时可添加黏结剂溶液。剪切作用会导致小颗粒的形成。这些小颗粒的干燥方式与挤出造粒工艺中颗粒干燥方式相似。最后,在喷雾冷却造粒工艺中,将喷雾干燥工艺制成的超细酶粉与熔脂或蜡类等熔合剂混合,随后将这种混合物通过旋转喷嘴雾化成液滴,并进入冷却室中进行冷却。冷却室本质上等同于喷雾干燥设备中的干燥室。这些液滴在降落过程中被冷却和固化,从而形成非常圆的球形颗粒。

3.5.1.2 固体颗粒酶的包衣技术

固体成品酶还可进一步经过包衣处理来缓释或控释酶。采用某种功能性膜材对酶颗粒进行包覆,从而生成一种具有粒芯(核)-膜衣(壳)结构的微粒。这些膜衣不仅能进一步提高成品酶的稳定性,而且能在特定条件下被触发,从而将酶释放出。这些触发因素包括 pH、温度、剪切速率或水分活度等。颗粒剂中的酶核可以是前文描述过的团聚体、挤出物、高剪切颗粒或喷雾冷却颗粒。另外,可使用流化床包衣机来生成酶核。在流化床包衣工艺中,一种惰性载体悬浮在包衣区中的热空气中。在载体微粒悬浮的同时,雾化的酶液被输送到包衣区。雾化的液滴被吸附在载体微粒的表面,随后水分在颗粒表面快速蒸发,酶就逐渐涂覆于微粒上。载体/酶微粒会在包衣区往复多次,直至达到所需的酶浓度,也可利用流化床工艺将功能性膜材涂覆在任一类型的酶核上。简单地说,就是用合适的包衣液代替之前的酶液。通过利用上文中提到的触发因素,酶能在恰当的时候被释放到食品加工过程中,从而使酶的作用效率达到最大。

3.5.1.3 固体片剂酶(酶片)

另一种有效的酶的释放模式是将酶制成片剂的形式。酶片具有多种优势。前文提到的任一固体形式的酶,包括喷雾干燥工艺制成的超细粉末、团聚体颗粒和包衣颗粒,都能被压成片剂。与复合酶粉相似,酶片中也能整合进多种酶活和其他辅料成分。这对于一些特殊的应用来说非常有益。不仅如此,酶片消除了复合酶粉中有可能出现的偏析现象。与复合酶粉相比,酶片能保持酶和其他辅料成分添加的一致性。最后,与复合酶粉相比,酶片的应用和计量更简单,粉尘更少并且更清洁。

3.5.2 液体成品酶的制剂化

酶也能以液体的形式被应用。与固体成品酶相比,液体成品酶的制剂化技术更复杂。由于水的存在,液态成品酶所在的体系更活泼。液体成品酶使用的稳定剂包括蔗糖、葡萄糖和糖醇等普通碳水化合物。这些辅料通过维持蛋白质构象来稳定酶,从而防止酶蛋白失活。不仅如此,除了防止蛋白质聚集之外,它们还有助于维持成品酶的液体形态。在高浓度下,它们有助于控制液体成品酶的水分活度,从而在控制微生物生长方面起着重要作用。也会在液体成品酶中添加防腐剂,这将在 3.5.4 节进行详细的讨论。

液体成品酶的制剂化工艺通常与下游工艺整合在一起。酶液先进行浓缩,随后向其中添加稳定剂,再进行过滤。过滤的目的是除去液体酶制剂中所有不可溶的固形物,并降低其中的微生物负载量。可使用真空转鼓过滤机、板框过滤机或深层过滤设备等标准化过滤设备来进行过滤工艺。由此得到的滤液呈现透明外观,并且通常颜色多样,从浅(无色)到深(琥珀色)都有。

3.5.3 复合酶

许多应用在食品加工中的成品酶常常含有不止一种酶活。酶制剂生产商先生产出完成制剂化步骤的中间体,例如酶粉、酶颗粒或酶液,随后将它们分别以固定的比例复配来生产成品复合酶。对于固体成品复合酶来说,值得注意的是,用来复配的酶制剂中间体之间必须具有相似的粒径和密度。这可保证它们得到良好的混合,从而使固体成品复合酶具有好的均一性,同时也能降低固体成品复合酶在运输和使用期间出现偏析的可能性。也能利用复配来降低某种固体成品酶的活力,即将它与一种无活力的稀释剂混合。液体复合酶也能通过酶液之间的复配来生产,但是要注意酶液之间的相容性,否则会生产出不稳定的产品。

酶制剂中间体之间的复配工艺可在多种不同的设备上进行。对于液体成品复合酶来说,通常采用间歇式复配工艺,即在一个具有搅拌功能的不锈钢罐中进行,也可使用在线混合这种连续式复配工艺。如果必要的话,可在酶液复配完成之后增加一个过滤步骤。固体成品复合酶的生产可采用多种不同设备,例如螺旋叶片式搅拌机、高剪切搅拌机、Nauta 搅拌机或流化床装置。

3.5.4 防腐剂

苯甲酸钠和山梨酸钾是食品行业中被广泛使用的两种防腐剂,应用它们来控制微生物对食品的污染。这两种防腐剂都在低 pH 值条件下有效,并具有较宽的抑菌谱。尽管如此,目前食品行业发展的重要趋势之一是降低食品中防腐剂用量甚至不使用防腐剂。消费者的需求正推动着该趋势的发展。由此导致所有用于食品生产的原辅料都不能含有防腐剂。这其中也包括了酶制剂。对于酶制剂来说,这是一项技术挑战。对于固体成品酶来说,只要自身水分活度足够低,任何细菌或真菌在其储存期间的生长可能性微乎其微。对于液体成品酶来说,它们面临的形势更加严峻。为了控制微生物在其储存期间的生长,就要操控溶液的环境来控制微生物生长。这可以通过控制溶液水分活度、pH 或渗透压来进行。不仅如此,越来越多能有效控制微生物生长的天然防腐剂正在被开发出来,包括某些植物提取物或多肽(抗菌肽)在内的天然防腐剂都能有效抑制微生物生长。

3.6 结语

虽然酶制剂在食品行业中的应用已日臻成熟,但是近些年新技术的应用极大地推动了酶制剂生产工艺的进步。在应用蛋白质工程对酶进行改造之后,可使酶的作用效率更高、稳定性更高且副酶活种类更少。科学家们正致力于插入平台的开发,即限制生产某种酶的受体菌数量。为每种受体菌开发发酵、下游加工和制剂化在内的基础工艺。而这些基础工艺又是某种新酶生产的起点。这种标准化流程可缩短新酶的开发时间。

大多数用于食品酶生产的发酵工艺需要制备无菌培养基。这些发酵工艺通常是好氧发酵,需要考虑压力、空气流速、搅拌转速和热量交换等因素。虽然也能发现少数发酵工艺是以分批发酵或连续发酵的模式运行的,但是大多数发酵工艺以补料分批发酵的模式运行。

由于大多数食品酶直接分泌到培养基中,普通的下游工艺仅需要采用过滤或离心操作来除去细胞,随后进行一步滤液或上清液的浓缩步骤以使目标酶达到所需浓度来完成制剂化步骤。如果对目标酶的纯度有更高的要求,则通常会在酶液浓缩步骤之后增加一个纯化步骤。单元操作的选择取决于工厂的能力,并且需要符合政府制定的食品安全法规和宗教饮食禁忌。在可行的情况下,利用水和生物质的回收利用来实现可持续的生产方式。

最后,通常还需要进行酶的制剂化以利于酶的使用和储存。虽然也能在食品加工中发现液体酶制剂的身影,但是大多数食品加工中采用的是固体酶制剂。由于固体片剂酶能保持成品复合酶的均匀性和计量的一致性,它们也是一种受欢迎的释放酶的形式。在成品酶中,会使用防腐剂来控制当中的微生物生长。消费者的喜好使防腐剂的应用朝着少量化或天然化方向发展。

参考文献

1. Birschbach, P., Fish, N., Henderson, W. and Willrett, D. (2004) Enzymes: tools for creating healthier and safer foods. *Food Technology* **58**(4), 20–26.
2. Kragh, K.M., Larsen, B., Rasmussen, P., Duedahl-Olesen, L. and Zimmermann, W. (1999) Non-maltogenic exoamylases and their use in retarding retrogradation of starch. European Patent No. EP 1 068 302 B1, WO 99/50399.
3. Punt, P.J., van Biezen, N., Conesa, A., Albers, A., Mangnus, J. and van den Hondel, C. (2002) Filamentous fungi as cell factories for heterologous protein production. *Trends Biotechnology* **20**, 200–206.
4. Sondergaard, H.A., Grunert, K.G. and Scholderer, J. (2005) Consumer attitudes to enzymes in food production. *Trends in Food Science and Technology* **16**, 466–474.
5. Mule, V.M.R., Mythili, P.K., Gopalakrishna, K., Ramana, Y. and Reddy, D.R.B. (2007) Recombinant calf-chymosin and a process for producing the same. Patent Application US20070166785 A1.
6. Valle, F. and Ferrari, E. (2005) Mutant aprE promoter. Patent US6911322.
7. Widner, B., Thomas, M., Sternberg, D., Lammon, D., Behr, R. and Sloma, A. (2000) Development of marker-free strains of *Bacillus subtilis* capable of secreting high levels of industrial enzymes. *Journal of Industrial Microbiology & Biotechnology* **25**, 204–212.
8. Song, J.Y., Kim, E.S., Kim, D.W., Jensen, S.E. and Lee, K.J. (2008) Functional effects of increased copy number of the gene encoding proclavaminate amidino hydrolase on clavulanic acid production in Streptomyces clavuligerus ATCC 27064. *Journal of Microbiology and Biotechnology* **18**, 417–426.
9. Sharp, J.S. and Bechhofer, D.H. (2003) Effect of translational signals on mRNA decay in *Bacillus subtilis*. *Journal of Bacteriology* **185**, 5372–5379.
10. Condon, C. (2003) RNA processing and degradation in *Bacillus subtilis*. *Microbiology and Molecular Biology Reviews* **67**, 157–174.
11. Jewett, M., Hofmann, G. and Nielsen, J. (2006) Fungal metabolite analysis in genomics and phenomics. *Current Opinion in Biotechnology* **17**, 191–197.
12. Widner, B. (1997) Stable integration of DNA in bacterial genomes. US Patent 5,695,976A.
13. Kitabayashi, M., Tsuji, Y., Kawaminami, H., Kishimoto, T. and Nishiya, Y. (2008) Producing recombinant glucose dehydrogenase (GDH) derived from filamentous fungus by introducing a mutation in a signal peptide sequence present in an N terminal region of GDH, thus increasing an amount of expressed GDH. US Patent Application 20080014611-A1.
14. Perlman, D., Raney, P. and Halvorson, H. (1986) Mutations affecting the signal sequence alter synthesis and secretion of yeast invertase. *Proceedings of the National Academy of Sciences of the United States of America* **83**, 5033–5037.
15. Leisola, M. and Turunen, O. (2007) Protein engineering: opportunities and challenges. *Applied Microbiology and Biotechnology* **75**, 1225–1230.
16. Ferrari, E., Harbison, C., Rashid, H.M. and Weyler, W. (2006) Enhanced protein expression in *Bacillus*. Patent Application US20060073559 A1.
17. Bodie, E.A. and Kim, S. (2008) New filamentous fungus having a mutation or deletion in a part or all of a gene, useful for producing improved protein, e.g. enzyme, production. WO2008027472-A2.
18. http://www.porex.com/by_function/by_function_filtration/surf_vs_dep.cfm
19. Ingraham, J.L., Maaloe, O. and Neidhardt, F.C. (1983) *Growth of the Bacterial Cell*. Sinauer Associates, Sunderland, MA.
20. Chotani, G.K., Dodge, T.C., Gaertner, A.L. and Arbige, M.V. (2007) Industrial biotechnology: discovery to deliver. In: *Kent and Riegel's Handbook of Industrial Chemistry and Biotechnology*, Vol. **2**, 11th edn (ed. J.A. Kent). Springer Science, New York, pp. 1311–1374.
21. Hatti-Kaul, R. and Mattiasson, B. (2003) *Isolation and Purification of Proteins*. Marcel Dekker, Inc., New York.
22. Lad, R. (2006) *Biotechnology in Personal Care*. Taylor & Francis, New York.
23. Kabara, J. and Orth, D.S. (1997) *Preservative-Free and Self-Preserving Cosmetics and Drugs. Principles and Practice*. Marcel Dekker Inc., New York.
24. Aehle, W. (2007) *Enzymes in Industry: Production and Applications*, 3rd edn. Wiley-VCH Verlag GmbH & Co. KGaA, Weinheim.
25. Harrison, R.G., Todd, P., Rudge, S.R. and Petrides, D.P. (2003) *Bioseparations: Science and Engineering*. Oxford University Press, Oxford.
26. Ramsden, D.K., Hughes, J. and Weir, S. (1998) Flocculation of cellular material in complex fermentation medium with the flocculant poly(diallyldimethylammonium chloride). *Biotechnology Techniques* **12**, 599–603.

58

61

27. Shan J.-G., Xia, J., Guo, Y.-X. and Zhang, X.-Q. (1996) Flocculation of cell, cell debris and soluble protein with methacryloyloxyethyl trimethylammonium chloride – acrylonitrile copolymer. *Journal of Biotechnology* **49**, 173–178.

28. Scopes, R.K. (1994) *Protein Purification: Principles and Practice*. Springer, New York.

29. Becker, T. and Lawlis Jr., V.B. (1991) Subtilisin crystallization process. US Patent 5,041,377.

30. Becker, N.T., Braunstein, E.L., Fewkes, R. and Heng, M. (1997) Crystalline cellulase and method for producing same. PCT WO 97/15660.

31. Birschbach, P. (1987) Method for separating rennet components. US Patent 4,745,063.

4　天冬酰胺酶
——一种减少食品中丙烯酰胺的酶

Beate A. Kornbrust，Mary Ann Stringer，
Niels Erik Krebs Lange 和 Hanne Vang Hendriksen

4.1　概述

2002 年,科学家首次发现,富含碳水化合物的日常食物在焙烤或高温油炸过程中会产生浓度相对较高的丙烯酰胺。丙烯酰胺被列为"对人体致癌可能性较高的物质",并且这些食物中丙烯酰胺的存在引发了广泛的争论。争论的焦点在于通过膳食摄入丙烯酰胺会不会对人类健康有潜在的威胁。在研究和评估这项威胁方面,已经有大量的国际研究项目立项。直至这些研究结果出来后,JECFA(联合国粮农组织 FAO 和世界卫生组织 WHO 下的食品添加剂联合专家委员会)才向食品生产商推荐,让他们做出适当的努力来减少食品中的丙烯酰胺。对于消费者来说,现行的推荐食用富含水果和蔬菜的均衡饮食标准没有改变。

在图 4.1 中,概括了一些丙烯酰胺含量相对较高的典型食物中丙烯酰胺的含量。列出的丙烯酰胺含量来自欧盟委员会的监测数据库,并且数据阐明了图中每种食品中丙烯酰胺含量的中线值,25 百分位值和 75 百分位值。这个数据库中使用的分类系统会将相似的食品分组成包容性广泛的类别。在类别中和类别间,其丙烯酰胺含量差异巨大,反映出受影响食品的配方、生产参数和使用原料的多样性。有关食物中丙烯酰胺含量的其他公共数据库可以在 Stadler 和 Scholz 的总结中找到。

就日常的丙烯酰胺的摄入来源而言,全球各不相同,这取决于当地的饮食和烹饪习惯。典型的西方饮食包括油炸和焙烤的土豆制品、饼干、脆面包片和咖啡等,这些食物是日常摄入丙烯酰胺的最显著的来源,要么是由于这些食物本身含有高含量的丙烯酰胺,要么是由于过多地食用这些食物。JECFA 估计丙烯酰胺平均每日摄入量为 1 μg/(kg 体重),FDA 估计丙烯酰胺平均每日摄入量为 0.4 μg/(kg 体重),WHO 对饮用水中丙烯酰胺含量的指导值是 0.1~0.5 μg/L。

63

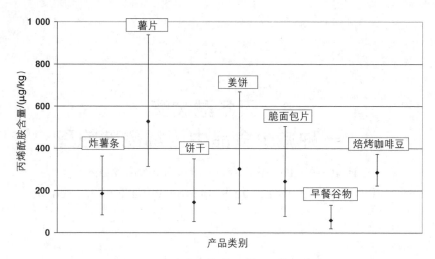

图 4.1　几类典型的食品中丙烯酰胺含量

迄今为止,就食品中的丙烯酰胺的最高含量而言,还没有做出直接的立法规定。然而,在德国,已经执行所谓的丙烯酰胺信号值和最低化概念。在这个项目中,将食品进行分组,然后测试每组食品中丙烯酰胺的信号值。如果发现丙烯酰胺含量高于信号值,食品控制机构会和食品生产方联系,并就丙烯酰胺含量最小化的概念进行对话。

几个不同的研究小组已经证实丙烯酰胺由天冬酰胺和还原糖发生的美拉德反应生成,其中天冬酰胺参与形成了丙烯酰胺的主链。美拉德反应,也被称为非酶促褐变反应,通常发生的温度在 100℃ 之上,是油炸和焙烤类淀粉质食品中颜色和风味形成的主要原因。虽然在丙烯酰胺的生成过程中,有一些相对重要的不同中间体仍然处在讨论之中,但丙烯酰胺生成的基本路径已被普遍接受,如图 4.2 所示。对于丙烯酰胺的生成来说,水分含量、温度和 pH 被确定为关键的参数,即低水分含量和高温有助于丙烯酰胺的生成;低 pH 能降低丙烯酰胺的生成。还有几种不同的丙烯酰胺生成路径被鉴定出,但就丙烯酰胺生成量而言,这几种路径的重要性极低。Zhang 和 Zhang 已就丙烯酰胺生成和主要成因方面研究的进行了总结。

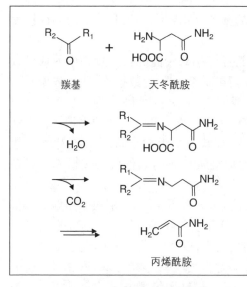

图 4.2　还原糖和天冬酰胺生成
丙烯酰胺的概述图

64

将丙烯酰胺从已经制作完成的食品中除去是不切实际的做法,因此减少丙烯酰胺的策略集中在限制丙烯酰胺的生成方面。针对受影响食品数量的巨大性,丙烯酰胺含量的差异性以及影响丙烯酰胺生成的参数的多样性,已经开发出一系列方法和策略。

对于谷物食品来说,水分含量和热量输入在丙烯酰胺的生成中起着关键作用。CIAA 工具箱 2007 建议降低丙烯酰胺含量的可能性方法有焙烤食品时,控制颜色形成程度,但是即使采用了较低的焙烤温度和较长的焙烤时间,与采用传统焙烤工艺制作的食品相比,其最终的水分含量一样。Konings 等和 Ahrne 等发现当降低脆面包片的焙烤温度和焙烤速度时,脆面包片中的丙烯酰胺含量减少 75%。其他减少丙烯酰胺含量的技术包括添加氨基酸(在美拉德反应中,可以和天冬酰胺竞争),添加 Ca^{2+},降低 pH,优化配料和仔细选择那些丙烯酰胺前体含量低的原料。降低 pH 会降低美拉德反应中关键中间体的形成速度。然而,即使像文献中报道的那样,丙烯酰胺有显著的减少,添加酸的方法也可能是一种用途极其有限的方法,这是由于这样做会导致酸性异味的形成、饼干的发酵和褐变程度的不足。配料优化的例子有用碳酸氢钠之类的其他合适的发酵剂代替碳酸氢铵的使用。碳酸氢铵会增加丙烯酰胺的生成,这是由于它能间接地催化糖片段的生成,从而会生成更多参与美拉德反应的羰基化合物。Amrein 等报道在榛子饼干中联合使用碳酸氢钠和焦磷酸盐(SAPP),与使用碳酸氢铵相比,丙烯酰胺含量减少 50%。原料的控制主要集中在低天冬酰胺含量方面,这是由于低天冬酰胺含量是谷物食品中丙烯酰胺生成的限制因素。不同品种和收获季节的小麦面粉中的天冬酰胺含量差异广泛,并随着面粉中纤维含量不同而不同。有研究表明,高纤维面粉(例如灰分含量较高的面粉)中天冬酰胺含量较高,这会导致目标产品中丙烯酰胺含量的增加。

对于以马铃薯为原料的加工食品来说,一些研究表明马铃薯块茎中的糖含量与目标产品中的丙烯酰胺浓度有着直接的关系。因此,目前食品行业中采取的主要措施是通过控制糖含量来减少薯片和薯条中的丙烯酰胺含量。这可通过选择低糖含量的马铃薯品种和控制从农场到工厂的储存条件来实现这一目的。马铃薯最佳的储存条件是在 8~10℃,而在更低的温度下储存会显著地提高还原糖含量。未来的理念包括培育低还原糖含量和天冬酰胺含量的新品种马铃薯。已有人提出采用酶法来去除还原糖,但实际情况非常复杂,这是由于有许多不同的糖能参与丙烯酰胺形成的反应。据相关报道,可通过改变马铃薯产品配方这一做法来减少丙烯酰胺的含量。该做法包括添加竞争性的氨基酸、降低 pH 和浸泡在 Ca^{2+} 溶液中。相应的工艺变化包括改变油炸温度或油炸时间,特别是真空油炸已被证明是降低薯片中丙烯酰胺含量的有效方法。改变热烫程序的时间和温度,或者采用更长时间的浸渍处理,然后通过简单的清洗,将丙烯酰胺前体洗掉,已被证明能减少丙烯酰胺含量。

62

在咖啡方面,到目前为止,还没有发现能显著减少丙烯酰胺的途径。在咖啡豆焙烤的初期,会非常迅速地生成丙烯酰胺,在整个焙烤周期中,差不多在半途中,丙烯酰胺含量会达到峰值,随后丙烯酰胺含量开始下降,这是它分解或损耗造成的结果。在焙烤结束的咖啡豆中,丙烯酰胺的最终含量大约是其起初峰值水平的20%～30%。因此,咖啡豆的焙烤颜色越深,其中的丙烯酰胺含量可能越低。而且,在焙烤咖啡豆的储存期间,其中的丙烯酰胺含量会显著地降低。然而,新鲜度和焙烤程度都是重要的质量因素,这意味着要基于这些因素来减少丙烯酰胺远远不能达到最佳效果。相关焙烤技术的改进实验仍处在探索阶段。

对于当前使用的一些减少丙烯酰胺含量的技术来说,其中一个缺点就是这些技术不仅影响丙烯酰胺含量,而且会潜在地影响目标产品的特征,比如说目标产品的颜色、口感和风味,这一般是美拉德反应减弱造成的结果。另外,还要考虑到健康或营养方面的影响,比如说在马铃薯的剧烈热烫过程中,会造成矿物质和维生素的损失,并且在较低的温度下进行较长时间的油炸,会增加油脂的吸收。对于谷物食品来说,用碳酸氢钠来替代碳酸氢铵的使用能降低丙烯酰胺的值,但同时增加了钠的摄入量。并且,使用精制面粉替代全麦面粉可能会降低丙烯酰胺含量,但是由于精制面粉中较低的纤维含量,可能会使产品的品质达不到所需的要求。

另一种减弱美拉德反应的方法集中在天冬酰胺这一丙烯酰胺特异性前体的脱除或减少的方向上。这可以通过控制原料来实现,更可以进一步地通过各种不同的植物育种项目来实现。另一种选择是应用天冬酰胺酶将天冬酰胺催化水解成天冬氨酸和氨。该酶能降低游离天冬酰胺含量,但不会影响其他氨基酸。

起初,在一个只含有天冬酰胺和葡萄糖或果糖的简单化学模型体系中,天冬酰胺酶能显著减少体系中丙烯酰胺生成量。随后,在实验室模型中,检测天冬酰胺酶在各种谷物食品和马铃薯食品中应用效果,结果表明它能减少50%～90%的丙烯酰胺生成量,这说明使用天冬酰胺酶,可能会对膳食中丙烯酰胺的量产生广泛的影响。然而,商品化天冬酰胺酶制剂直至最近才在价格和生产规模上适合于在食品工业中使用,因此有关天冬酰胺酶的应用技术仍然非常新,公开的数据非常有限,而且其全方位的工业化应用经验非常匮乏。

在咖啡或其他焙烤食品方面,就天冬酰胺酶使用而言,已有少量的专利,包括使用天冬酰胺酶处理后,能减少焙烤过程中丙烯酰胺的生成量。美国专利7220440描述了一种工艺,使用水来提取生咖啡豆中的天冬酰胺,然后用天冬酰胺酶来处理含有水溶性成分和天冬酰胺的提取液,然后在生咖啡豆焙烤之前,再将酶处理过的提取液加入生咖啡豆中。在WO 2005/004620中,描述了在可可豆焙烤之前,使用天冬酰胺酶溶液来处理可可豆的工艺。在这两个例子中,丙烯酰胺的减少量均超过了10%。

本章会先介绍天冬酰胺酶,随后论述在谷物食品、马铃薯食品和咖啡中使用天冬酰胺酶来减少丙烯酰胺生成量,使用天冬酰胺酶的优势和潜在的局限性,以及应用天冬酰胺酶时必须考虑到的因素。列出和讨论的数据主要来源于诺维信的实验室试验。

4.2　天冬酰胺酶

天冬酰胺酶(L-天冬酰胺酰胺水解酶,EC 3.5.1.1)催化水解天冬酰胺侧链上的酰胺基团,生成天冬氨酸和氨。天冬酰胺酶广泛分布于活的生物体中,包括动物、植物和微生物。天冬酰胺酶参与到碱性氨基酸的代谢中,将天冬酰胺水解成天冬氨酸,随后天冬氨酸会转化成草酰乙酸,从而进入三羧酸循环。在植物中,天冬酰胺主要用于氮的储存和运输。因此,天冬酰胺酶在利用天冬酰胺这种必需氨基酸方面起着主要的作用。

$$H_2N-\overset{\overset{\displaystyle O}{\|}}{C}-CH_2-\overset{\overset{\displaystyle NH_3^+}{|}}{CH}-CO_2^- \xrightarrow[+H_2O]{\text{天冬酰胺酶}} {}^-O_2C-CH_2-\overset{\overset{\displaystyle NH_3^+}{|}}{CH}-CO_2^- + NH_4^+$$

天冬酰胺　　　　　　　　　　　　　　　　天冬氨酸　　　　　氨

尽管人们知道天冬酰胺酶普遍存在于氨基酸代谢中,但在天冬酰胺酶多样性方面的研究尚不充分。Borek 和 Jaskólski 比较了一小部分已知的编码天冬酰胺酶的蛋白质序列,得出的结论是,他们发现天冬酰胺酶位于三个不同且不相关的蛋白质家族中,他们将这三种蛋白质家族称为细菌型、植物型和根瘤菌型。目前,与三种天冬酰胺酶相对应的这三种蛋白质家族被 pFam 蛋白质家族数据库(pFam protein family database)接纳,并分别被命名为 Pf00710、Pf01112 和 Pf06089。Pf00710 族包含了大部分已知的来源于细菌、古生菌和真菌的天冬酰胺酶以及一小部分动物来源的天冬酰胺酶。Pf01112 族包含了植物天冬酰胺酶和来源于多种生物体的糖基天冬酰胺酶。Pf06089 族是一个成员数量较少且研究较少的族,只含有一种来源于根瘤菌的天冬酰胺酶。本节其余部分描述的天冬酰胺酶都属于 Pf00710 族,并且也已知道它们的蛋白质序列。

许多具有天冬酰胺酶活的酶都对天冬酰胺具有非常高的特异性(专一性),但也对与天冬酰胺结构非常接近的谷氨酰胺具有较低的作用活力。对这两种氨基酸均有作用活力但优先选择谷氨酰胺作为底物的酶被称为谷氨酰胺酶-天冬酰胺酶(EC 3.5.1.38)。微生物来源的天冬酰胺酶和谷氨酰胺酶-天冬酰胺酶的晶体分析表明它们的基本结构和催化机制相同。

$$H_2N-\overset{\overset{\displaystyle O}{\|}}{C}-CH_2-\overset{\overset{\displaystyle NH_3^+}{|}}{CH}-CO_2^- \qquad\qquad H_2N-\overset{\overset{\displaystyle O}{\|}}{C}-CH_2-CH_2-\overset{\overset{\displaystyle NH_3^+}{|}}{CH}-CO_2^-$$

天冬酰胺　　　　　　　　　　　　　　　谷氨酰胺

一些微生物除了产生参与基础代谢的胞内天冬酰胺酶,还产生细胞周质与胞外天冬酰胺酶或谷氨酰胺酶-天冬酰胺酶。在少数同时研究胞内和胞外天冬酰胺酶的实验中,发现这两种形式的天冬酰胺酶在氨基酸序列和蛋白质结构方面很相似,但在如 pH 和温度-酶活曲线之类的其他特征方面很不同,最为显著的不同是底物亲和性。与微生物胞内天冬酰胺酶相比,通常分泌到胞外的天冬酰胺酶对天冬酰胺具有更高的亲和性,这可能反映出需要在细胞质储备天冬酰胺以支持蛋白质的合成。细胞质(胞内)天冬酰胺酶较低的底物亲和性的主要功能是调节天冬酰胺的周转而不至于耗尽细胞内储备的天冬酰胺。虽然有一些证据表明非细胞质(胞外)天冬酰胺酶参与细胞的碳和氮的获取,但是现在还不清楚它们的作用。来源于酿酒酵母(*Saccharomyces cerevisiae*)的胞外天冬酰胺酶与其细胞质天冬酰胺酶相比,能接受范围更广泛的底物,这与建议的作用一致。

在天冬酰胺酶中,特别是来源于大肠杆菌 *E. coli* 的细胞周质天冬酰胺酶(称为 EcA-Ⅱ和各种其他名字)得到了充分的研究,这是由于在 20 世纪 60 年代,发现该酶能够用来治疗急性淋巴细胞白血病。这种白血病的恶性细胞缺乏合成足够天冬酰胺的能力,并且它们的生存依赖于利用血清中的天冬酰胺,因此利用天冬酰胺酶来耗尽血清中的天冬酰胺,使白血病细胞失去这种氨基酸。

EcA-Ⅱ能水解 L-天冬酰胺、D-天冬酰胺和 L-谷氨酰胺,但会优先选择 L-天冬酰胺作为底物。EcA-Ⅱ对 L-谷氨酰胺的最高反应速率仅为其对 L-天冬酰胺最高反应速率的 3%。EcA-Ⅱ除了在 pH 高于 8.5 时,会受到氨的抑制,没有显示出产物抑制性。有一种来源于胡萝卜软腐欧文氏菌(*Erwinia carotovora*)的天冬酰胺酶与 EcA-Ⅱ非常类似。对该酶的分析表明这些酶催化机制运转需要一个游离的羧基。游离的天冬酰胺、谷氨酰胺以及它们的衍生物能够被这些酶水解,并且羧基端为天冬酰胺残基的短肽。而羧基端为天冬酰胺残基的长肽和羧基端为谷氨酰胺的短肽不会被其接受为底物。已经测定了 EcA-Ⅱ的晶体结构,证明 EcA-Ⅱ以四聚体的形式发挥作用。该四聚体被描述为"两个相同的紧密二聚体组成的二聚体"。在每个紧密二聚体界面处形成两个活性中心,因此其组装而成的四聚体有四个活性中心。许多其他细菌来源的天冬酰胺酶和谷氨酰胺酶-天冬酰胺酶的结构测定表明它们以相似的组装而成的四聚体来发挥作用。只有一种来源于古生菌的天冬酰胺酶被证实以二聚体的形式来发挥作用。

目前,EcA-Ⅱ作为一种成分应用在化疗中,并有商品化的产品。它被应用在诸多研究中,来检测天冬酰胺酶减少食品中丙烯酰胺生成的效果,但是该酶高昂的价格阻碍了它的普及使用。

已经开发出两种商品化的天冬酰胺酶,它们专门用于减少丙烯酰胺的生成:DSM's PreventASe™和 Novozymes' Acrylaway®。这两种酶都是胞外的天冬酰胺酶,都由工业化酶生产中普遍使用的 GRAS 自克隆真菌生产而来。通过分析米曲霉(*A. oryzae*)的基因序列,发现了 Acrylaway®,然后利用重组的米曲霉受体菌进行该酶的生产。PreventASe™按照相似的方式从黑曲霉中开发而来。分别来源于米曲霉和黑曲霉的胞外天冬酰胺酶与来源于大肠杆菌的 EcA-Ⅱ的氨基酸序列相似,都属于 Pf00710 蛋白质家族,但是它们的 pH-酶活曲线不同。来源于黑曲霉的天冬酰胺酶最适作用 pH 位于酸性范围内,而来源于米曲霉的天冬酰胺酶的最适作用 pH 接近于中性。在本章中作为例子使用的米曲霉天冬酰胺酶对天冬酰胺的特异性(专一性)非常高,仅对谷氨酰胺有微量的活力。利用分子排阻色谱检测天然米曲霉天冬酰胺酶的实验表明它以四聚体的形式来发挥作用,其相对分子质量大概为 225 kDa。

4.3 丙烯酰胺的分析

近年来,已经建立一些用于分析丙烯酰胺的方法。在丙烯酰胺实际的检测和定量中,由于涉及许多不同的食品基质,并且样品的预处理和制备往往也不同,因此最常使用的方法是质谱分析法(MS)。将样品彻底均一化后,最好使用水来萃取丙烯酰胺,但是也测试和使用过其他溶剂。在一些试验中,在丙烯酰胺萃取之前,会对样品进行脱脂。结合使用不同的固相提取技术来净化萃取液,然后直接使用液相色谱-质谱-质谱联用(LC-MS/MS)或气相色谱-质谱联用(GC-MS)来分析。如果使用 GC-MS 来分析,丙烯酰胺的衍生化(溴化)能提高分析的灵敏度和选择性。一些商业分析实验室已经建立了食品中丙烯酰胺的定量分析方法,并且日常地提供这些分析服务。采用实验室能力验证来评估这些分析方法的重现性,这揭露了不同的分析方法模型会出现相对较大的公差,例如在相同脆面包片样品中,丙烯酰胺的含量在 $836 \sim 1\ 590\ \mu g/kg$ 内,从而反映出分析方法之间的差异性。

4.4 应用

推广天冬酰胺酶在食品中大规模的应用不是一个简单的任务,这是由于对每种食品来说,它的基质或成分可能会影响到天冬酰胺酶的作用效果和活力。对于那些能形成丙烯酰胺的食品来说,应用天冬酰胺酶能减少丙烯酰胺生成量,但是这些食品之间有巨大的不同,从饼干、脆面包片之类的焙烤食品,早餐谷物片,到薯条、薯片之类的马铃薯衍生食品,再到咖啡,不一而同。天冬酰胺的水解速率取决于工艺参数(如温度、pH、水分活度和时间)。除此之外,在受丙烯酰胺影响的食品中,游离天冬酰胺和还原糖这些丙烯酰胺前体的含量差别很大,这会影响到丙烯酰胺的生成,并且这意味着不同食品间丙烯酰胺生成反应的限制因素也不同。

4.4.1 天冬酰胺酶在谷物食品中的应用试验

谷物食品的特点是其使用的配方、原料、添加剂和加工条件非常繁杂。面团调制、焙烤之类的不同的加工技术或者不同的配方对丙烯酰胺生成的影响还没有被充分了解。

今天人们生产着各种类型的饼干。基于以下几个特征将它们进行分类，如面团成形的方法、面团中油糖用量范围或是否进行二次加工等。不同类型饼干之间的一个主要区别：是否形成面筋网络，这决定了面团的延伸性和黏弹性。酥性面团的特征是不形成面筋网络，并且面团在成形之后不会收缩变形，而韧性面团的特征是形成具有弹性和延伸性的面筋网络，并且容易收缩变形。韧性面团中油糖含量相对较低，而水分含量相对较高，这有利于面筋网络的形成。长保质期的面包替代品、脆面包片和半甜饼干(例如茶饼、鸡尾酒饼干)和零食饼干(例如咸味饼干、椒盐脆饼)都包含在此类中。在饼干的工业化生产中，韧性面团是被广泛使用的面团，通常通过辊轧和辊切的方式来生产。酥性面团中油糖含量通常比较高，因此当中的水分含量偏低，从而不利于面筋网络的形成。这样的饼干有姜饼和消化饼干等。

下文将会显示天冬酰胺酶在一些韧性面团和酥性面团产品中的应用结果。选择的例子覆盖了一系列的配方，重点讨论温度、静置时间、与其他酶的联合使用以及水分含量之类的加工条件对天冬酰胺酶应用效果的影响。

4.4.1.1 半甜饼干

半甜饼干是一种典型的韧性饼干。使用它作为来源于米曲霉天冬酰胺酶的作用对象，来获得以丙烯酰胺生成量减少为概念的证据。饼干在实验室的条件下制作，其变量为面团静置时间和酶的用量。结果显示在图4.3中；饼干成品的图片显示在图4.4中。

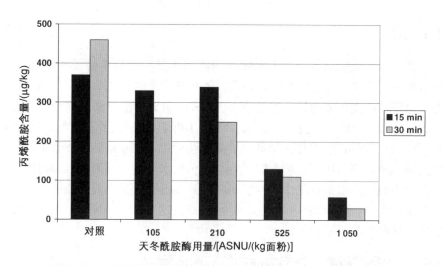

图4.3 半甜饼干中丙烯酰胺含量与天冬酰胺酶的用量[105～1 050 ASNU/(kg 面粉)]和面团静置时间(分别在40℃下保持15 min和30 min)之间的变化关系

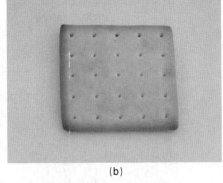

(a)　　　　　　　　　　　　　　　　(b)

图 4.4　(a) 实验室制作的半甜饼干：对照样品，没有添加天冬酰胺酶；
　　　　(b) 实验室制作的半甜饼干：天冬酰胺酶处理过的样品

对照组中丙烯酰胺含量的差异是由加工和焙烤期间的实验操作误差以及数据分析误差造成的，而不是由静置时间不同造成的。酵母在面团中发酵时会利用当中的天冬酰胺，因此除了由酵母发酵的面团之外，丙烯酰胺的生成不会取决于面团的静置时间。Amrein 等也观察到了相似的情形，在姜饼的实验中，对照组样品中丙烯酰胺含量的相对标准偏差为 16%。

在应用天冬酰胺酶进行处理的饼干样品中，与对照样品相比，我们观察到成品中丙烯酰胺的含量显著降低。在相同的面团静置时间下，天冬酰胺酶的用量越高，成品中丙烯酰胺含量越低。在面团静置时间为 15 min 条件下，当天冬酰胺酶用量为 105 ASNU/(kg 面粉)时，差不多能减少 20% 丙烯酰胺生成量，当天冬酰胺酶用量为 1 050 ASNU/(kg 面粉)时，差不多能减少 85% 的丙烯酰胺生成量。而当面团静置时间提高到 30 min 时，在刚才两个酶用量下，差不多能分别减少 35% 和 90% 的丙烯酰胺生成量。经过天冬酰胺酶处理之后得到的成品在质构和外观方面与对照样品没有差别(图 4.4)。我们在工业化的生产条件下做了相似的实验，最高能减少 90% 的丙烯酰胺生成量(数据没有在文中显示)。

对于半甜饼干来说，常使用焦亚硫酸钠(SMS)来作为面团的松弛剂，以避免面团在辊切之后收缩变形。对于某些半甜饼干的配方来说，会使用蛋白酶代替焦亚硫酸钠或者联合使用蛋白酶与焦亚硫酸钠。为了研究蛋白酶对天冬酰胺酶作用效果是否有潜在的影响，我们在半甜饼干面团中测试了这两种酶的应用。在面团调制过程中加入天冬酰胺酶和一款中性蛋白酶——Neutrase®(Novozymes A/S)。目标产品中丙烯酰胺含量显示在图 4.5 中，(在对照组，只添加蛋白酶)，差不多能减少 80% 的丙烯酰胺生成量，成功实现了丙烯酰胺降低的目标，这说明蛋白酶对天冬酰胺酶没有负面影响，确实是可以联合使用蛋白酶和天冬酰胺酶。虽然与之前半甜饼干的对照组(图 4.3)相比，单独采用蛋白酶制作的样品中丙烯酰胺含量略低，但是减少 80% 丙烯酰胺生成量与之前半甜饼干实验中获得的结果具有非常好的对应性。

67

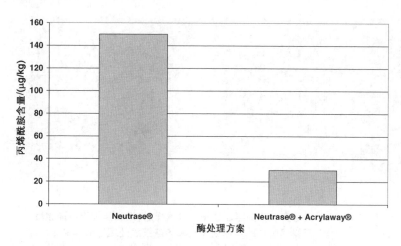

图 4.5　联合使用天冬酰胺酶和一款中性蛋白酶 Neutrase® 处理半甜饼干〔天冬酰胺酶的用量为 1 000 ASNU/(kg 面粉)；中性蛋白酶用量为0.225AU-NH/(kg 面粉)。在 40℃和 86%相对湿度下面团静置 15 min〕

另外,美国焙烤协会以全麦饼干和干酪饼干为研究对象,来研究采用酶法来降低丙烯酰胺生成量的效果。对于全麦饼干来说,对照样品中丙烯酰胺的含量值为 1 040 μg/kg,当天冬酰胺酶用量为 500 ASNU/(kg 面粉)时,能减少 60%丙烯酰胺生成量。当天冬酰胺用量为 1 000 ASNU/(kg 面粉)时,能减少 87%丙烯酰胺生成量。随后进一步提高天冬酰胺酶的添加量,最高至 5 000 ASNU/(kg 面粉),但丙烯酰胺生成量的减少没有显著地提高。虽然在全麦饼干实验中,未经天冬酰胺酶处理的样品中,丙烯酰胺含量比较高,这可能是由于全麦面粉中天冬酰胺的含量比精制面粉高,但是与之前半甜饼干实验获得的结果相比,全麦饼干中丙烯酰胺生成量的减少水平还是具有可比性的。在干酪饼干实验中,当天冬酰胺酶的添加量为 500 ASNU/(kg 面粉)时,发现能减少 75%丙烯酰胺生成量,其对照组样品中丙烯酰胺含量为 77 μg/kg,这要低于半甜饼干和全麦饼干实验中对照组丙烯酰胺含量,这也是由配方中配料的差异性和面片厚度或者焙烤的不同造成的。在这两种饼干中,当天冬酰胺酶的添加量为 500 ASNU/(kg 面粉)时,会获得最好的效果。更高的天冬酰胺酶用量不会进一步改善丙烯酰胺生成量减少的效果。

在全麦饼干和干酪饼干实验中,丙烯酰胺生成量的减少水平在 75%～87%,证实了在半甜饼干实验中发现的结果,即丙烯酰胺生成量减少水平能高达 90%。Vass 等也报道了相似的结果,在小麦饼干制作过程中,他们观察到经过天冬酰胺酶处理之后,丙烯酰胺的减少水平大概为 85%。Amrein 等根据天冬酰胺酶的用量和作用时间来研究使用天冬酰胺酶减少榛子饼干中丙烯酰胺的生成量。在这些实验中,可以看到丙烯酰胺生成量的减少水平高达 90%。

4.4.1.2　德国碱水面包

美国 Reading Bakery Systems 公司,利用天冬酰胺酶处理冷挤压德国碱水面包面团,在挤压之后和焙烤之前,将德国碱水面包面团通过热的 1％稀碱溶液,结果显示在图 4.6 中。

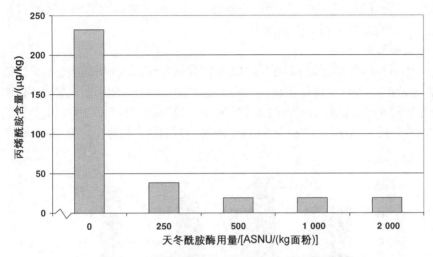

图 4.6　Reading Bakery Systems 生产的卷条脆饼[天冬酰胺酶的用量为 250～2 000 ASNU/(kg 面粉)]

从天冬酰胺酶用量来看,当天冬酰胺酶用量为 500 ASNU/(kg 面粉)时,能减少超过 90％丙烯酰胺生成量。更高的天冬酰胺酶用量不会进一步改善德国碱水面包成品中丙烯酰胺生成量减少的效果。

4.4.1.3　脆面包片

脆面包片是一种以面粉为主要成分的焙烤制品,它由高水分含量的面团制作而成,且面团在加工过程中,会在低温(6℃)下静置。在脆面包片的生产配方中,通常会添加黑麦粉或全麦粉。像之前所描述的一样,也是在实验室中进行脆面包片的实验。面团当中的水分含量控制在 65％,这是因为实验室中的压面机无法处理水分含量更高的面团。米曲霉天冬酰胺酶的酶活在 37℃检测。低温应该会显著降低天冬酰胺酶活。为了研究面团温度对天冬酰胺酶的潜在影响,试验会在 10℃、15℃和 20℃这三个不同温度下进行,天冬酰胺酶的用量保持在相对较高的水平即 2 100 ASNU/(kg 面粉)。与半甜饼干实验中500～1 000 ASNU/(kg 面粉)的天冬酰胺酶最适用量相比,之所以选择如此高的天冬酰胺酶用量,是因为要补偿低温下损失的酶活。采用两种面团静置时间,分别是 30 min 和 60 min。

对照样品中丙烯酰胺含量分别为 910 $\mu g/kg$(30 min)和 740 $\mu g/kg$(60 min)。对照组中丙烯酰胺含量的差异在之前的半甜饼干实验中也看见过,这与饼干加工与数据分析的误差有关。在采用天冬酰胺酶进行处理的样品中,即使在10℃这样最低的面团温度下,丙烯酰胺生成量的减少水平也能达到 80％～90％,表明较高的酶用量足以补偿低温下损失的酶活。没有发现面团静置时间对天冬酰胺酶作用效果的影响。在如此低的温度下,天冬酰胺酶的作用效果要比预期好很多,这可能是由于配方中高含量的水分对酶-底物之间的反应施加了积极的影响。在工业化生产条件下进行的实验得出的结果表明目标产品中丙烯酰胺生成量大概能减少50%。

4.4.1.4 姜饼

姜饼被归类为酥性饼干,它当中的油糖含量非常高。姜饼的实验与之前的一样,也是在实验室中进行。图 4.7 列出了姜饼中丙烯酰胺的含量,这些姜饼由水分含量不同的面团制成,并且有的面团经过天冬酰胺酶处理,有的面团没有经过天冬酰胺酶处理。配方中的水分含量由添加的水与配料中天然存在的水的总和计算。

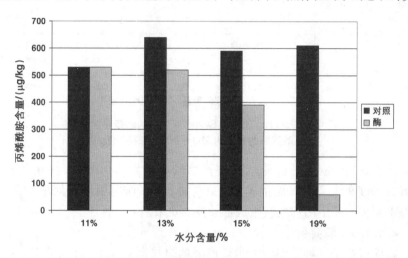

图 4.7 使用或不使用天冬酰胺酶[1 000 ASNU/(kg 面粉)]进行处理,由不同水分含量的面团制成的姜饼中丙烯酰胺含量。除了水分含量为 11%的样品面团必须在型模中压成目标产品型坯之外,其他样品面团都经过辊轧来用于姜饼的制作

对照组中水分含量不同的姜饼中丙烯酰胺含量为 530～640 $\mu g/kg$ 内,而经过天冬酰胺酶处理过的姜饼中丙烯酰胺含量为 60～530 $\mu g/kg$ 内。水分含量对经过酶处理的样品的影响清晰可见。当产品配方中的水分含量从 11%提高到 19%时,目标产品中丙烯酰胺生成量最高能减少 90%。低水分含量产生的消极影响最有可能与限制酶-底物之间的接触有关,这由以下两方面原因引起:一方面是干面团的不恰当搅拌;另一方面是较低的扩散速率。Amrein 等使用来源于 *E. coli* 的天冬酰胺酶,测试其在姜饼中的作用效果,也获得了相似的结果。在该处的实验中,丙烯酰胺生成量减少了 55%,而差不多有 75%的游离天冬酰胺被水解。面团中酶和底物的低移动性正好指出了天冬酰胺的不完全水解以及随后的丙烯酰胺含量部分降低的原因。

为了证实实验室中得到的结果,在美国焙烤协会进行了外部实验。在这里制作的姜饼的水分含量大概为 18%。在天冬酰胺酶的用量为 2 000 ASNU/

(kg 面粉)的情况下,获得的最高丙烯酰胺生成量的减少水平为 50%。在此基础上,提高天冬酰胺酶用量,也不会有额外的改善。

在不同的食品中,测试来源于黑曲霉的天冬酰胺酶的作用效果,据报道获得了相似的效果,在饼干中,最高能减少 80%丙烯酰胺生成量;在荷兰蜂蜜蛋糕中,最高能减少 90%丙烯酰胺生成量。在丙烯酰胺生成量的减少方面,必须要考虑以下几个重要影响因素:加工温度、水分含量、作用时间、加酶点、配方和游离氨基酸含量。

4.4.1.5 香味

对于所有完成的实验来说,在目标产品的味道和外观方面,未发现有变化。采用顶空气相色谱法(Simec AG,瑞士)分析实验室中制作的脆面包片、薄脆饼干和半甜饼干样品以及 Reading Bakery Systems 生产的德国碱水面包样品中挥发性香气物质。挥发性香气物质色谱峰的位置和强度表明对照样品和经过天冬酰胺酶处理的样品没有显示出显著的差异。这表明天冬酰胺酶的使用不会影响成品的香气和味道。Amrein 等也发现了姜饼的颜色和味道不会因使用天冬酰胺酶而受到影响。这些结果与以下的设想一致,即选择性地水解天冬酰胺会减少丙烯酰胺的生成,但是同时其他氨基酸和还原糖不受影响,仍然能参与美拉德反应。

4.4.1.6 总结——天冬酰胺酶在谷物食品中的应用

总而言之,天冬酰胺酶能成功地应用于众多谷物食品来降低丙烯酰胺生成量,并且不会改变成品的味道和外观。已经证明天冬酰胺酶在韧性面团和酥性面团中均能发挥作用,其作用温度为 10~40℃。丙烯酰胺的减少量为 50%~90%,且会随着配方和工艺参数的不同而变化。对于谷物食品来说,天冬酰胺酶的表现取决于加工条件,比如温度、pH、静置时间,还有最重要的是可利用水的含量。就饼干的类型而言,与韧性饼干相比,酥性饼干中丙烯酰胺减少量似乎普遍较低,这可能是酥性面团中较低的水分含量所致。因此天冬酰胺酶的推荐用量必须根据每个具体的应用来确定和进行优化。如果产品配方中水分含量较低,将会限制酶和底物的接触,从而不太可能达到完全去除丙烯酰胺的效果。不仅如此,丙烯酰胺的另一种形成路径即不依赖天冬酰胺的形成路径可能会在成品中产生少量的丙烯酰胺。

4.4.2 天冬酰胺酶在马铃薯制品中的应用

4.4.2.1 在马铃薯加工过程中引入天冬酰胺酶的使用

在食品中,马铃薯制品中丙烯酰胺含量最高,这直接与马铃薯中天然存在着极高含量的游离天冬酰胺有关。例如与谷物相比,马铃薯中天冬酰胺含量为 1~7 mg/g(鲜重),而面粉中只含有 0.1~0.3 mg/g(鲜重)天冬酰胺。在商品化的马铃薯制品中,丙烯酰胺含量变化非常大,反映出在原料和加工这两方面的巨大的差异性。炸薯条中报道的丙烯酰胺含量为 5~4 563 μg/kg,其中线值

71

为 186 $\mu g/kg$。薯片中报道的丙烯酰胺含量为 5~4 215 $\mu g/kg$,其中线值为 528 $\mu g/kg$。然而马铃薯制品中丙烯酰胺含量很少能达到最高值,如图 4.1 所示。对于相同品种的马铃薯制品来说,其中所含的丙烯酰胺含量要远远低于 75 百分位值:363 $\mu g/kg$(炸薯条)和 938 $\mu g/kg$(薯片)。

对于面团制品而言,其引入外源酶的使用相对而言比较简单,但对于炸薯条和切片型薯片这些马铃薯制品而言,由于它们是由完整的马铃薯条或片制成,这会使得酶与底物的接触远远不能达到最佳效果,从而可能会使酶的处理变得非常复杂。一项一开始就需要考虑到的重要因素是像天冬酰胺酶这样的酶是否有可能被动地渗透进马铃薯条或片中,或者天冬酰胺是否必须扩散至细胞外才能接触至外部添加的酶。有关酶在苹果中应用的实验表明,当将苹果块浸渍在含有果胶甲基酯酶的溶液中时,酶仅能渗透至表层区域,而在真空浸渍工艺的帮助下,也能在苹果块的中心处发现酶的存在。据估计,植物细胞壁的孔径尺寸在 3.5 nm 左右,这意味着只有较小的分子才能渗透进细胞壁。细胞膜会阻止非特异性蛋白质的渗入,即对于进入细胞壁的分子来说,无论分子大小,都会停留在细胞间隙中。对于两种已知的标记蛋白质来说,其中一种蛋白质的斯托克斯半径为 3.55 nm,其相对分子质量为 66 kDa(牛血清白蛋白),另一种蛋白质的斯托克斯半径为 2.73 nm,其相对分子质量为 43 kDa(卵白蛋白)。由于米曲霉天冬酰胺酶的相对分子质量在 255 kDa 左右,那它能进入一个普通植物细胞的机会非常渺茫,即使有的话,机会也非常低。因此,必须将天冬酰胺扩散至细胞外,而不是通过破坏细胞壁/细胞膜来达到改善片状或块状土豆中酶-底物接触的目的。这能通过热烫之类的热处理来实现。

图 4.8 以示意图的方式介绍了薯条在油炸过程中发生的反应。在通常条件下,由于薯条内部水分含量较高,薯条的中心温度不会超过 105℃,但薯条表

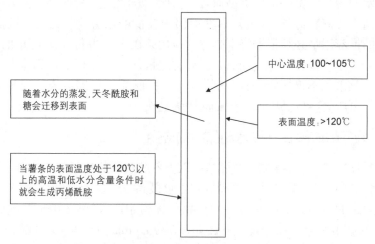

图 4.8 薯条在 150℃ 油温下进行煎炸时所发生的反应(薯条表层的厚度大概为 2 mm,示意图根据 Gökmen 等论文中的结果绘制)

面温度比较高且取决于油温。由于丙烯酰胺主要是在120℃以上的温度和低水分含量的条件下生成,预计在薯条的表面的丙烯酰胺生成量最高。这已被Gökmen等证实,他们发现当薯条在190℃进行油炸时,表面的丙烯酰胺含量比内部高,最高能达到17倍。基于这个模型,减少薯条外层的天冬酰胺预计会非常显著地阻碍或至少减少丙烯酰胺的生成。然而,要想确定一种外源添加酶的作用半径,并且将该作用半径与丙烯酰胺生成区域进行比较,这两种想法并不会简单地达成,并且它们仍处于推测性的状态,而且由于天冬酰胺的扩散是一个动态的过程,在干燥和油炸过程中,新生的天冬酰胺会随着水分的蒸发从薯条的中心迁移到表面。

4.4.2.2 炸薯条的工业化生产

除了要在理论上考虑使用天冬酰胺酶处理完整薯条时的酶-底物反应情况,还必须考虑炸薯条实际的生产工艺。图4.9列出了炸薯条典型的工业化生产工艺。

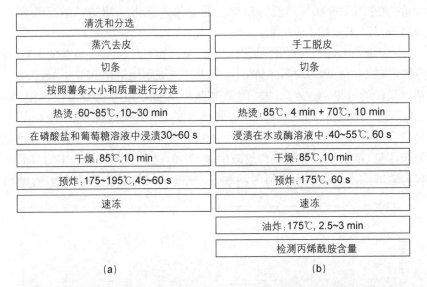

图4.9 (a)炸薯条的工业化生产工艺(经过预炸和包装的速冻薯条被运输到消费方,并进行最终的油炸);(b)炸薯条的实验室小试生产工艺

土豆在经过最初的清洗之后,进行分选、蒸汽去皮和切条。在切条之后,薯条通常会在65~85℃被热烫10~30 min。热烫是用来灭活土豆内源酶,对薯条进行部分熟化,并能滤去还原糖,这能防止成品出现过度的褐变。在热烫之后,薯条会被短暂地浸渍在不太热的磷酸盐(SAPP)溶液中以防止目标产品口感的老化。该浸渍也可选择性地与葡萄糖溶液浸渍联合使用来控制目标产品的颜色。然后将薯条放在具有热风循环功能的干燥器中进行干燥,干燥温度75~95℃,干燥时间5~20 min,干燥后,薯条的质量损失为5%~25%。最终,在薯条速冻和包装之前进行预炸,最终的油炸是在饭店或由消费者自己进行。

4.4.2.3　天冬酰胺酶在炸薯条中应用的小试试验

天冬酰胺酶在炸薯条生产工艺中最简单和最直接的应用点是在热烫期间,在此期间,薯条会在热水中停留 10～30 min,这会赋予天冬酰胺酶充足的作用时间。遗憾的是,对于标准的天冬酰胺酶作用来说,热烫的温度过高,这意味着在薯条生产工艺中有必要加入一个在较低温度下操作的步骤。在起初的小试试验中,添加一个天冬酰胺酶处理的步骤,即在热烫之后和干燥之前(不包括磷酸盐溶液和葡萄糖溶液的短暂浸渍在内)添加另外一个浸渍步骤,将薯条浸渍在 40～55℃ 的酶溶液中,作用时间为 20 min,结果最多能减少85％的丙烯酰胺生成量。然而,在薯条的工业化生产过程中,额外添加一个20 min 的加工步骤远远达不到工艺优化的标准,因此建立了另一种方法,即采用短暂浸渍处理(1 min,40～55℃),并且利用干燥器中的停留时间(10 min,85℃)来检测天冬酰胺酶是否能在该温度下发挥作用。除了作用温度较低之外,这个1 min 的额外加工步骤与当前薯条加工的主流工艺中采用的磷酸盐和葡萄糖溶液短暂浸渍工艺基本上一致。

在图 4.10 中,能看到短暂浸渍处理的结果。如图所示,天冬酰胺酶用量越高,丙烯酰胺的含量越低,与对照样品相比,当天冬酰胺酶用量在 10 500 ASNU/L 时,达到了最佳的效果,减少了 59％ 丙烯酰胺生成量。短暂地浸渍在水中(样品0)也能减少丙烯酰胺的生成量,但是只减少了 26％。将其中的一组样品在水中浸渍 20 min,而不是 1 min,来观察延长浸渍时间是否有可能进一步降低丙烯酰胺含量,结果是丙烯酰胺含量减少了 58％,这表明延长在水中的浸渍时间具有显著的效果。在水中浸渍时间越长,就能从马铃薯中洗去更多的糖和天

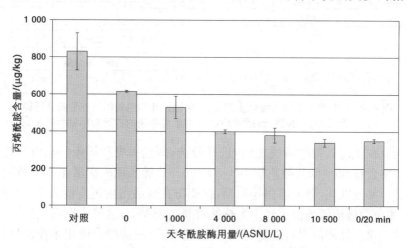

图 4.10　由未经处理[对照,在水中浸渍 1 min(0)]和在用量逐渐增加的天冬酰胺酶溶液中浸渍 1 min(1 000 ASNU/L,4 000 ASNU/L,8 000 ASNU/L 和 10 500 ASNU/L)且之前经过热烫的薯条制成的炸薯条中的丙烯酰胺含量。0/20 min:经过热烫的薯条在水中浸渍 20 min,而不是 1 min。误差线代表平行样品的丙烯酰胺含量最大值和最小值。实验条件:酶处理条件:55℃,1 min;干燥条件:85℃,10 min

冬酰胺。在其他的研究中,也见到了相似的结果,延长热烫或浸渍时间得出的结果表明丙烯酰胺含量有 25%～70% 的减少。通过对比图 4.10 中的结果,能够看出与浸渍水中 20 min 获得的结果相比,在最高用量的天冬酰胺酶溶液中浸渍 1 min 能将丙烯酰胺含量减少 59%,这说明在天冬酰胺酶存在的情况下,减少一定程度的丙烯酰胺所需的时间能显著降低。

在短暂的浸渍处理期间,天冬酰胺酶会在浸渍液中直接降低天冬酰胺的含量,这可能会促进天冬酰胺的洗出。除此之外,在后续的干燥步骤中,天冬酰胺酶仍然具有活力。为了说明这点,做了一个相关的实验,即一组实验是在干燥期间,没有停留时间;另一组实验是在干燥期间,采用的标准停留时间10 min。对于干燥期间没有停留时间的样品来说,经过酶液浸渍处理的薯条没有经过干燥处理,采用纸巾来吸附水分。薯条在水中或酶液中浸渍 1 min后,纸巾吸附水分,再油炸,最后测出的丙烯酰胺含量是相同的,这表明酶处理没有作用,并说明要想酶发挥出作用效果,单独采用酶液浸渍 1 min 远远不够。当薯条在浸渍之后,表面被"涂上"酶的薯条在干燥器(烘箱)中停留10 min 后,就可以见到清晰的效果,与在水中进行相同时间浸渍处理所得出的结果相比,采用酶液浸渍的炸薯条中丙烯酰胺含量减少了 35%。在这个实验中,对照组样品中丙烯酰胺含量为 927 $\mu g/kg$,经过天冬酰胺酶处理的样品再经过标准的干燥,其样品中丙烯酰胺含量为 443 $\mu g/kg$,有 53% 的减少量,而采用与之前相同的步骤,只是将酶液浸渍变成在水中浸渍,其样品中丙烯酰胺含量减少了 28%。这些结果与图 4.10 所示的结果相似。

4.4.2.4 天冬酰胺酶在炸薯条中应用的中试试验

在爱达荷大学(University of Idaho)一条炸薯条加工中试生产线上,采用天冬酰胺酶对薯条进行较大规模的测试试验,结果显示在图 4.11 中。经过天冬酰胺酶的处理,炸薯条中丙烯酰胺含量有了显著降低,例如对照样品中丙烯酰胺含量为 960 $\mu g/kg$,而薯条经过酶处理后,样品中丙烯酰胺含量降到了200 $\mu g/kg$ 以下。在测试中,不同的天冬酰胺酶用量(5 000ASNU/L 或7 500ASNU/L)或不同的浸渍时间(0.5 min,1 min 或 3 min)下,采用这些不同条件得到的样品中丙烯酰胺含量没有显著的差异。不同酶液浸渍时间下,其得出的结果之间的不显著性证实了后续干燥步骤的重要性,因为该时间段是天冬酰胺酶真正的作用时间。获得的丙烯酰胺的减少量为 72%～88%,结合不同的酶用量和浸渍时间,丙烯酰胺的平均减少量为 83%。在水中浸渍1 min,薯条中丙烯酰胺含量仅减少 4%。

在炸薯条的成品中,选择了一些样品,分析了其中的天冬酰胺和天冬氨酸含量。正如在图 4.11 中所见到的那样,当天冬酰胺酶的用量为 7 500 ASNU/L 时,对薯条进行 1 min 的浸渍处理,与对照样品中测出的天冬酰胺含量相比,该炸薯条样品中天冬酰胺含量减少 50% 左右。与此同时,天冬氨酸含量会增加,即使如此仍比预计的从天冬酰胺转化而来的天冬氨酸含量低。虽然天冬酰胺和

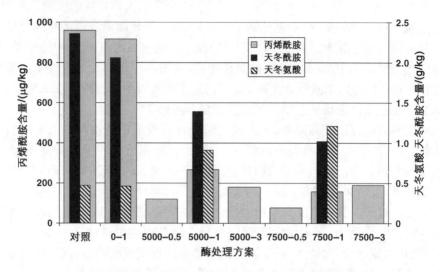

图 4.11　由分别在水中浸渍 1 min(0–1)和在 60℃的天冬酰胺酶溶液(5 000 ASNU/L 或 7 500 ASNU/L)浸渍 0.5 min,1 min 或 3 min(−0.5,−1,−3)且之前经过热烫处理的薯条制成的炸薯条中的丙烯酰胺,天冬酰胺(Asn)和天冬氨酸(Asp)含量。对照:未经处理。图中的数据结果来源于中试规模级(批处理量 10 kg)炸薯条生产试验。热烫分成两步骤:在 90℃热烫 5 min,然后在 70℃热烫 10～15 min。随后将薯条冷却至 60℃,再在酶溶液中分别浸渍 0.5 min,1 min 或 3 min。天冬酰胺酶的用量分别为 5 000 ASNU/L 和 7 000 ASNU/L

天冬氨酸的分析是基于整块薯条,但是这项发现指出不是所有的天冬酰胺都可能被水解反映出大部分天冬酰胺酶活是作用于薯条的表面或外层这一事实。因此,计算出的天冬酰胺减少量是基于整块薯条获得的平均值。在丙烯酰胺主要形成的薯条外层中天冬酰胺实际减少量可能是最高的,这也与获得的较高的丙烯酰胺减少量的结果一致。Pedreschi 等在实验室中检测了来源于米曲霉的天冬酰胺酶在炸薯条中的应用效果。他们采用的方法是将薯条放在含有酶的溶液中,浸渍 20 min,观察到的丙烯酰胺含量减少 62%,而直接测量经过酶处理的土豆中天冬酰胺含量显示天冬酰胺含量减少 58%。

4.4.2.5　切片型薯片

与薯条的生产相比,切片型薯片的生产是一个非常快速的过程,整个加工时间即从生土豆到成品,加上成品包装需要 30～45 min。在图 4.12 中,列出了切片型薯片生产中的主要加工步骤。热烫这一步是可选步骤,只有当土豆中糖含量比较高时,需要控制目标产品的颜色才会选择使用热烫步骤。

对天冬酰胺酶在切片型薯片中的应用进行测试,分别作用于未经热烫处理和经过热烫处理的薯片,即在油炸之前添加一步额外的加工步骤,如图 4.12 所示。经过热烫的薯片在水中浸渍 15 min,并且浸渍液中没有添加天冬酰胺酶,测出的薯片当中的丙烯酰胺含量为 1 686 μg/kg,而当浸渍液中添加天冬酰胺酶时,该薯片中丙烯酰胺含量减少至 659 μg/kg。如果薯片在酶处理之前

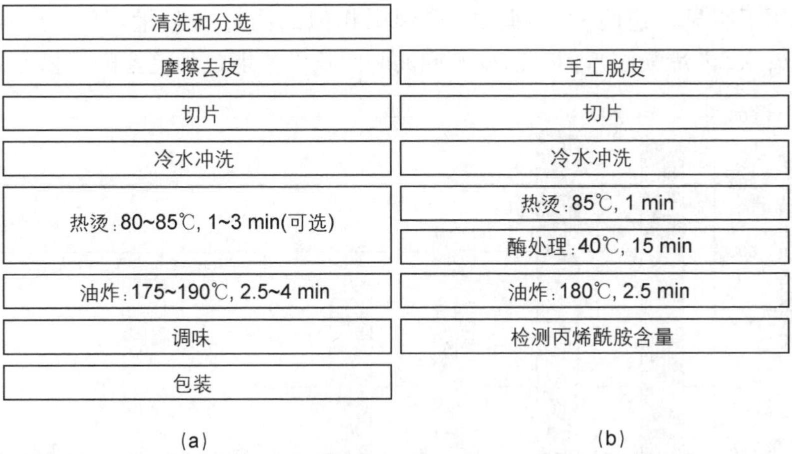

(a)	(b)
清洗和分选	
摩擦去皮	手工脱皮
切片	切片
冷水冲洗	冷水冲洗
热烫:80~85℃,1~3 min(可选)	热烫:85℃, 1 min
	酶处理:40℃, 15 min
油炸:175~190℃, 2.5~4 min	油炸:180℃, 2.5 min
调味	检测丙烯酰胺含量
包装	

图 4.12　(a) 切片型薯片的工业化生产工艺;(b) 切片型薯片的实验室小试生产工艺

未经热烫处理,则丙烯酰胺含量未减少(水:3 500 $\mu g/kg$ 丙烯酰胺;酶处理:3 752 $\mu g/kg$丙烯酰胺)。与仅仅在水中浸渍相比,在水中浸渍之前,先对薯条进行热烫处理的效果显著,未经热烫处理的薯片中丙烯酰胺含量为 3 500 $\mu g/kg$,而经过热烫处理的薯片中丙烯酰胺含量为 1 686 $\mu g/kg$,将近有 52% 的丙烯酰胺减少量。在一些其他的研究中,也报道了相似的结果。正如在薯条中所观察到的那样,在水中添加天冬酰胺酶,能显著增加丙烯酰胺的减少量,在本次实验中,丙烯酰胺的减少量最高达到 81%(659 $\mu g/kg$ 与 3 500 $\mu g/kg$ 丙烯酰胺)。采用天冬酰胺酶处理未经热烫的薯片获得消极结果证明需要对薯片进行一些预处理以打开细胞壁或细胞膜结构,从而将天冬酰胺释放到周围的液体中,促进其与天冬酰胺酶的接触。

4.4.2.6　天冬酰胺酶作用的决定因素

为了进一步研究薯片酶法处理过程中的决定因素,进行了一个实验,实验中以天冬酰胺酶的用量和作用时间为研究因素。从薯片生产的角度来讲,最高至 3 h 的酶作用时间不现实,这是因为目标产品的特征完全改变,并且这种成品不能再被认为是薯片。然而,作为研究整个酶作用体系和确定决定因素的方法,这些实验是有价值的,结果显示在图 4.13 中。对照样经过热烫之后,直接进行油炸,而所有其他的样品在热烫之后和油炸之前会被水或酶溶液处理 10~180 min 不等。较长的浸渍时间产生的作用是明显的,特别是那些经过天冬酰胺酶处理的样品,它们当中的丙烯酰胺含量能低至 30 $\mu g/kg$。无论是酶作用时间为 10 min 的样品还是作用时间为 180 min 的样品,将天冬酰胺酶的用量提高 5 倍,并没有看到任何的作用,显示出与天冬酰胺酶用量相比,天冬酰胺酶的作用时间才是决定因素。这进一步表明了体系可能存在分散问题,并受到酶-底物接触的限制。正如在薯条的处理中看到的那样,当我们比较水-180 样品与 I×酶-10 样品时(图 4.13),同样也会发现天冬酰胺酶的提升作用很明显。这两种处理方式得到了相似的丙烯酰胺量,(660 μg/kg 与 600 μg/kg 丙烯酰胺),但是需要不同的时间长度才能达到这样的结果。

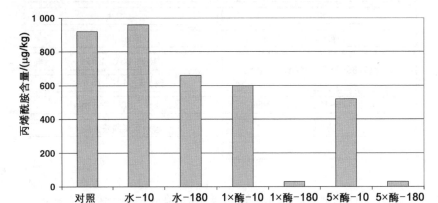

图 4.13 由在 50℃ 的水或天冬酰胺酶溶液中处理 10 min 或 180 min(−10 或 −180) 且之前都经热烫处理的薯片制成的成品薯片中丙烯酰胺含量[天冬酰胺酶 的用量分别为 10 500 ASNU/L(=1×)和 52 500 ASNU/L(=5×)。对照样品 仅采用热烫处理。热烫工艺参数:80℃,1 min。油炸工艺参数:180℃,3 min]

Ciesarová 等检测了来源于 *E. coli* 的天冬酰胺酶在焙烤型薯片中的应 用,这种焙烤型薯片由经过脱皮和切碎的马铃薯以及新鲜的马铃薯和干的马 铃薯预混粉制成。在以新鲜马铃薯为原料的薯片实验中,天冬酰胺酶的作用 时间为 30 min,随着酶用量的增加,获得的丙烯酰胺减少量为 45%~97%。而 在以干预混粉为原料的薯片实验中,获得的丙烯酰胺减少量为 70%~97%。 因此,由 Ciesarová 等发现的丙烯酰胺减少量与炸薯条和薯片获得的结果相 似,或者要好于炸薯条和薯片中的结果。焙烤型薯片实验中较高的丙烯酰胺 减少量可能因为较长的酶作用时间,并且更重要的是马铃薯颗粒的非常小的尺 寸,因为在薯片焙烤之前,要先将马铃薯切碎,这很明显能促进酶与底物的接触。

4.4.2.7　复合型马铃薯产品

复合型薯片是典型的面团成形食品,其主要由脱水马铃薯雪花粉或颗粒 粉制成,虽然马铃薯颗粒粉和马铃薯雪花粉均由脱水马铃薯泥制成,但是它们 的加工工艺和成品特征具有明显的差异。与完整的马铃薯组织相比,马铃薯 面团是一种非常均一的体系,因此在马铃薯面团中,酶与底物的接触性会更 好。然而,许多复合型薯片的面团具有水分含量低的特征,这会使得酶的分散 受到限制。

有科学家测试了天冬酰胺酶在复合型薯片的应用效果,其结果显示在图 4.14 中。当薯片由 40% 水分含量的面团制成时,获得了非常好的效果,最高 能将丙烯酰胺生成量减少 95%,并且能看出非常清晰的用量反应(图 4.14)。 当薯片由 33% 这一低水分含量的面团制成时,获得的丙烯酰胺最高减少量为 48%,而且在整个 1 000~5 000 ASNU/kg 马铃薯粉的酶用量范围内,其用量反应不变(数据没有列出)。在姜饼的实验中也得到了相似的结果,当天冬酰胺酶应用在这两种类型的食品中时,面团中水分含量是一个非常关键的因素(图 4.7)。

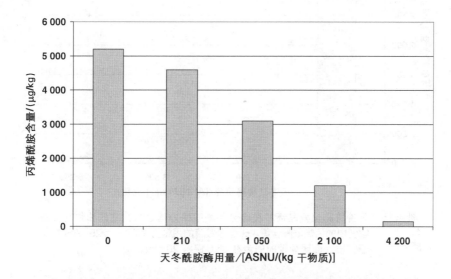

图 4.14　在马铃薯面团中使用用量逐渐增加的天冬酰胺酶所检测的复合型薯片中的丙烯酰胺含量[天冬酰胺酶用量为 210~4 200 ASNU/(kg 干物质)。面团静置时间为在室温保持 45 min]

马铃薯膨化食品坯料是将马铃薯雪花粉或颗粒粉制成的面团经过挤压膨化之后得到的半成品。这种膨化食品坯料会在目标产品加工方进行油炸、调味和包装。在不改变膨化食品坯料生产工艺的情况下,在其中试生产线上检测了天冬酰胺酶的应用效果。先将天冬酰胺酶加入水中,然后在和面时将水加入干粉中,之后将形成的面团进行挤压膨化和干燥。然后将膨化食品坯料进行油炸,对其目标产品进行丙烯酰胺含量的分析,结果显示在图 4.15 中。图 4.15 所示的酶的用量最高值处,丙烯酰胺减少量达到 95%。这些结果表明天冬酰胺酶能在 35% 水分含量的面团中发挥出非常有效的作用,这说明了天冬酰胺酶的表现在很大程度上取决于具体的产品配方,并且有可能还取决于面团中的水分活度而不是水分含量。

在一项由 Vass 等进行的研究中,将天冬酰胺酶(来源于 *E. coli*)添加到马铃薯脆饼的面团中,能导致其成品中丙烯酰胺生成量减少 70%,从而证实了该处理潜在的作用。在由小麦面粉制成的脆饼中,天冬酰胺酶也能起到相似的减少丙烯酰胺生成的效果,但作用更突出(减少了 85%),这可能跟小麦中初始的天冬酰胺含量要比马铃薯低得多有关。也有科学家在复合型薯片中检测了来源于黑曲霉的天冬酰胺酶的作用效果,结果显示丙烯酰胺减少量最高能达到 90%。

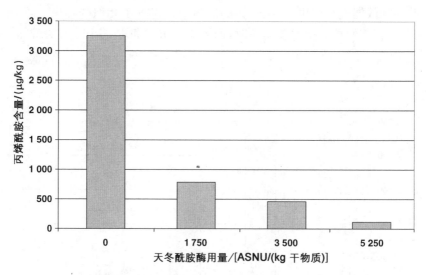

图 4.15　马铃薯膨化食品坯料在经天冬酰胺酶处理之后制成的油炸马铃薯
　　　　零食中的丙烯酰胺含量。天冬酰胺酶的用量为 1 750～5 250 ASNU/kg
　　　　干物质。面团静置时间为在 35℃保持 20 min。

4.4.2.8　结语——天冬酰胺酶在马铃薯制品中的应用

　　总之,以上综述的结果表明运用一种天冬酰胺酶来控制马铃薯油炸食品中天冬酰胺含量,显然有可能显著减少该类食品中最终的丙烯酰胺含量。有两方面原因会导致某些意外情况的出现。第一方面,大多数有关马铃薯制品中丙烯酰胺形成的研究结果表明,还原糖是这类食品中限制丙烯酰胺形成的因素,并且建议将减少丙烯酰胺生成的研究集中在还原糖方面。这里列出的结果和引用的研究清晰地表明单独降低天冬酰胺含量能显著减少丙烯酰胺的生成。第二方面,对于像炸薯条和切片型薯片之类的由完整的马铃薯条或片制成的食品来说,如何使天冬酰胺酶接触到天冬酰胺是另一项难题,这是因为人们认为天冬酰胺酶无法渗透进马铃薯结构中。实验结果表明破坏马铃薯细胞中细胞壁和细胞膜有助于促进天冬酰胺酶及其底物之间的接触。由于天冬酰胺酶主要位于完整马铃薯条或片的外部,那天冬酰胺向天冬酰胺酶的扩散似乎成了限制性因素。虽然天冬酰胺酶主要作用于薯条或薯片的外层中的天冬酰胺,但同时薯条或薯片的外层也是丙烯酰胺生成量最高的区域。

　　由于运用天冬酰胺酶处理有效,当将其作为一种短暂浸渍工艺应用时与当前薯条的工业化生产中采用的短暂浸渍工艺相似,其在薯条工业化大生产中的应用所需进行的工艺调整很小,并且相对于获得的减少丙烯酰胺生成的效果而言,非常合算。对于天冬酰胺酶在工业化生产中的应用来说,所需解决的主要问题是控制酶浸渍液的温度,以免酶活和稳定性受到影响。考虑到当前采用的热烫工艺,经过热烫处理的马铃薯条需要冷却一段时间才能进入天冬酰胺酶中浸渍处理。对于切片型薯片来说,天冬酰胺酶在其工业化大生产中的应用还需进行更显著的工艺变化,包括添加一步短暂热处理或热烫步骤,以及停留一段时间以发挥天冬酰胺酶的作用。

对于复合型的马铃薯面团成形食品来说,水分含量或水分活度显然是影响天冬酰胺酶作用的最重要因素,并且实验结果表明要想发挥出天冬酰胺酶最高的作用效果,面团体系中必须至少含有 $35\%\sim40\%$ 的水分。当面团体系中水分含量较低时,通过优化天冬酰胺酶的用量、作用温度和作用时间,或者从另一个方向出发,将含有天冬酰胺的原料在其水分含量最高的时候,运用天冬酰胺酶对其进行单独处理,这样就非常有可能改善和优化天冬酰胺酶的作用效果。

4.4.3 天冬酰胺酶在咖啡中的应用测试

4.4.3.1 在咖啡加工中引入天冬酰胺酶的使用

咖啡是将咖啡果中的果仁经过焙烤之后得到的产品。在咖啡的生产工艺中,第一步先除去咖啡果肉,然后干燥咖啡果仁,从而得到生咖啡豆,再将这些生咖啡豆在高于 $180℃$ 的温度下进行焙烤。生咖啡豆中既含有天冬酰胺又含有糖,其中最主要的糖是蔗糖。由于较高的焙烤温度会将蔗糖催化降解成葡萄糖和果糖,随后就会发生丙烯酰胺生成的反应。丙烯酰胺主要在咖啡豆焙烤的早期阶段形成。在后期的焙烤过程中,特别是在非常高的温度下,积累的丙烯酰胺会再次分解。经分析,焙烤咖啡豆中含有 $220\sim370\ \mu g/kg$ 的丙烯酰胺(图 4.1),这会使现煮咖啡中含有 $5\sim10\ \mu g/L$ 的丙烯酰胺。在饮用咖啡的国家,这几乎占到了丙烯酰胺日均摄入总量的 $28\%\sim36\%$ 。

每千克咖啡豆中差不多含有 $0.5\ g$ 天冬酰胺和 $50\ g$ 蔗糖。关于它们在咖啡豆中的位置,还没有可靠的数据,但是可认为它们均匀地分布在咖啡豆中。正如在完整的马铃薯条中碰到的情况一样(见 4.4.2 节),大部分天冬酰胺可能存在于细胞里面,因此难以被酶作用。

生咖啡豆的结构非常致密,其中只有不到 7% 的微孔直径为 $10\ nm$ 或者更大,许多酶的直径大约为 $5\sim10\ nm$,因此,咖啡豆中仅有很有限的一部分得以让天冬酰胺酶之类的相对较大的酶进入(见 4.4.2 节)。因此,对于天冬酰胺酶的处理来说,天冬酰胺往细胞外的扩散很可能是酶处理的限制性因素,为了使酶和底物之间的距离最小化,就凸显出将天冬酰胺酶尽可能均匀地分散至整个咖啡豆中的重要性。

为了改善咖啡豆中酶与底物之间的接触情况,可应用多种技术来积极地促进酶和底物之间的扩散。真空浸渍是水果和蔬菜加工中一种被熟知的技术,由于水果和蔬菜含有少量的封闭空气,可以让酶进入植物细胞里面,它已被证明是一种非常有效的技术。使用压力可能获得与真空浸渍相同的积极效果,但是这项技术还没有被检测过。在天冬酰胺酶处理之前,对咖啡豆进行一些预处理,比如对咖啡豆进行蒸汽喷射之类的热处理有助于打开咖啡豆的结构,但是也会改变咖啡豆焙烤动力学。

4.4.3.2　实验室小试实验

通常湿的生咖啡豆的 pH 在 5.5 左右,因此,像来源于米曲霉之类的真菌天冬酰胺酶在应用时一样,无须调整 pH,其用量在 2 500～10 000 ASNU/(kg 生咖啡豆)。

应用以下三种技术能改善咖啡豆中酶与底物之间的接触。

(1)将咖啡豆浸渍在含天冬酰胺酶的溶液中:这是一种简单的工艺,但也会产生一些提取损失,比如说香味前体物质的损失,从而造成了成品收率的降低和香气的损失。而且,可以预计的是咖啡豆的焙烤动力学会发生相当大的变化。

(2)真空浸渍:根据咖啡豆的吸水能力,将适量的酶溶液均匀喷洒在咖啡豆上,等到酶溶液被咖啡豆吸收时,施以真空。这种技术既不会造成目标产品收率的损失,又不会造成香味前体物质的损失,除非是那些挥发性非常强的香气物质。

(3)压力浸渍:这种技术与真空浸渍类似,但使用的是压力而不是真空。可以假设的是这种技术不会导致风味前体物质的损失。

采用以上三种技术中的一种将酶添加之后,将咖啡豆进行保温,温度最高可达 50℃,作用一段时间以发挥酶的作用。在实验室的小试实验中,使用真空浸渍的方法,发现真空浸渍 18 h 足以克服扩散的障碍。在保温之后,将咖啡豆进行干燥,例如置于烘箱中进行干燥,随后进行焙烤。

当在咖啡豆加工中应用天冬酰胺酶时,湿法添加工艺无法避免导致咖啡豆中的可溶物发生一定程度地重排,并且在咖啡豆干燥期间,糖和氨基酸很有可能积聚在咖啡豆的表面。因此,可以预计的是,咖啡豆的焙烤动力学会发生某些程度上的变化,即使是在使用真空浸渍或压力浸渍工艺的情况下。

使用真空浸渍技术,在生咖啡豆中添加酶溶液或水,图 4.16 列出了不同焙烤时间下的丙烯酰胺含量。在未经天冬酰胺酶处理的对照组中,咖啡豆的焙烤时间越短,咖啡豆中的丙烯酰胺含量越高,而焙烤时间越长,咖啡豆中丙烯酰胺含量越低,这与咖啡豆在后期焙烤过程发生的情形一样,即丙烯酰胺会在后期的焙烤过程中发生降解。Lantz 等和 Bagdonate 等也描述了相似的结果。

图 4.16 也表明在焙烤的早期阶段,湿的生咖啡豆会导致丙烯酰胺生成量的降低,但是咖啡豆在中度焙烤到深度焙烤期间,湿的生咖啡豆对丙烯酰胺生成量的影响很低或没有影响。与对照组和水处理组的咖啡豆相比,添加天冬酰胺酶处理的咖啡豆中的丙烯酰胺生成量出现了明显的降低。

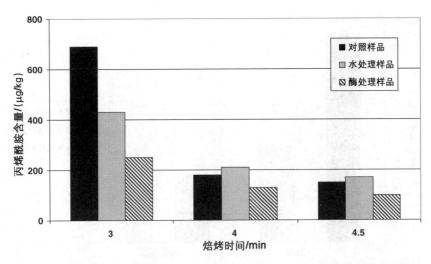

图 4.16　采用真空浸渍技术,研究焙烤时间和天冬酰胺酶处理对咖啡豆中丙烯酰胺生成量的影响。对照样品未经任何处理。水处理样品指采用水对咖啡豆进行真空浸渍。酶处理样品指采用天冬酰胺酶溶液对咖啡豆进行真空浸渍。在真空浸渍之后,将生咖啡豆进行烘干,随后进行焙烤。3 min 的焙烤会产生焙烤不充分的咖啡豆。4～4.5 min 焙烤会产生中度焙烤到深度焙烤的咖啡豆

　　图 4.17 和图 4.18 阐述了使用真空浸渍技术得到的天冬酰胺酶用量的效应试验结果。图 4.17 说明了在使用真空浸渍前后,仅使用一种酶用量,得出的咖啡豆中天冬酰胺和天冬氨酸含量之间对比。而图 4.18 说明了在不同用量的天冬酰胺酶处理之后,经过中度焙烤,咖啡豆中丙烯酰胺的残留量。

　　图 4.17 中的结果表明生咖啡豆中天冬酰胺的量要比天冬氨酸的量高得多。与对照组相比,润湿咖啡豆能使咖啡豆中天冬酰胺含量降低 20%,而咖啡豆经过天冬酰胺酶处理之后,会增强该效应,总体上能使咖啡豆天冬酰胺含量降低 40%。

　　图 4.18 显示了当天冬酰胺酶用量为 4 000 ASNU/(kg 咖啡豆)或更高时,将咖啡豆经过中度焙烤之后,丙烯酰胺生成量会减少 40%～50%。在该实验中,也尝试了另一种想法,即使用甘露聚糖酶和天冬酰胺酶共同处理生咖啡豆,来看看甘露聚糖酶是否能提高酶和底物的扩散效果。咖啡豆中主要的多糖为阿拉伯半乳聚糖(大约占咖啡豆质量的 30%)和半乳甘露聚糖(大约占咖啡豆质量的 15%)。甘露聚糖酶能降解半乳甘露聚糖,从而有助于打开咖啡豆的结构。图 4.18 中的结果显示出添加甘露聚糖酶的确能进一步降低丙烯酰胺生成量,这可能是由于半乳甘露聚糖的溶解导致微孔尺寸的放大。

4.4.3.3　结语——天冬酰胺酶在咖啡中的应用

以上实验结果表明,咖啡豆中的天冬酰胺能被来源于米曲霉的天冬酰胺酶

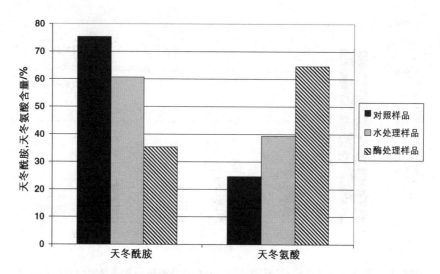

图 4.17　在生咖啡豆焙烤之前,未经处理和经过处理的生咖啡豆中天冬酰胺和
天冬氨酸含量、天冬酰胺和天冬氨酸的总和计为 100%[处理条件:天
冬酰胺酶用量为 4 000 ASNU/(kg 咖啡豆);真空浸渍 30 min;随后在
50℃保温 18 h;最后在 70℃干燥 12 h]

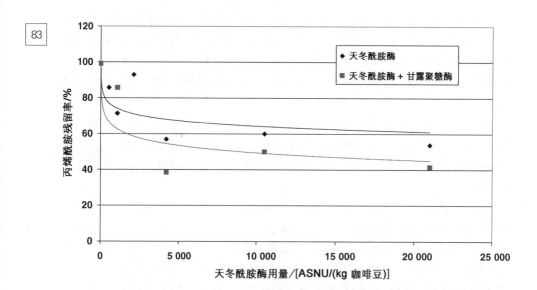

图 4.18　丙烯酰胺减少量与天冬酰胺酶用量之间的变化关系[100%丙烯酰胺相
当于 130 μg/kg 丙烯酰胺。处理条件:天冬酰胺酶用量为 525～
20 000 ASNU/(kg 咖啡豆)甘露聚糖酶用量为 2 000 Units/(kg 咖啡豆);
采用酶溶液真空浸渍30 min;在 50℃保温 18 h;在 70℃干燥12 h;在家用
烤箱中焙烤 4 min]

除去,从而使焙烤咖啡豆中最终的丙烯酰胺含量下降 30%～60%,其含量下降的多寡取决于加工条件和焙烤的效率和程度。在咖啡豆的加工中引入额外的润湿加工步骤可能会导致咖啡豆中的可溶物和香味前体物质发生重新分布。因此,在咖啡豆的焙烤阶段,可能需要对焙烤步骤做一些调整,这还需要进一步的研究。许多其他的豆类和坚果也需要焙烤处理,因此这项技术也可能会应用到可可、杏仁和花生之类的产品中,从而在一系列不同的食品中,打开减少丙烯酰胺需求的大门。

致谢

在此衷心感谢 Ingrid Sørensen,Carsten Normann Madsen,Silvia Strachan,Helle Brunke Munk,Spasa Acimovic 和 Laila Jensen 提供了高质量的技术帮助;Gitte Budolfsen Lynglev 分享的复合型薯片实验结果以及 Todd Forman 和 Isaac Ashie 开展的外部实验。

参考文献

84

1. IARC (1994) *Monographs on the Evaluation of Carcinogenic Risks to Humans, Some Industrial Chemicals*, Vol. **60**. International Agency for Research on Cancer, Lyon, France, pp. 389–433.
2. JECFA (2005) *Report from the Sixty-Fourth Meeting.* Joint FAO/WHO Expert Committee on Food Additives, Rome, 8–17 February, http://www.who.int/ipcs/food/jecfa/summaries/summary_report_64_final.pdf
3. Wilson, K.M., Rimm, E.B., Thompson, K.M. and Mucci, L.A. (2006) Dietary acrylamide and cancer risk in humans: a review. *Journal für Verbraucherschutz und Lebensmittelsicherheit* **1**, 19–27.
4. http://irmm.jrc.ec.europa.eu/html/activities/acrylamide/database.htm
5. Stadler, R.H. and Scholz, G. (2004) Acrylamide: an update on current knowledge in analysis, levels in food, mechanisms of formation, and potential strategies of control. *Nutrition Reviews* **62**, 449–467.
6. Claus, A., Carle, R. and Schieber, A. (2008) Acrylamide in cereal products: a review. *Journal of Cereal Science* **47**, 118–133.
7. http://www.cfsan.fda.gov/~dms/acryexpo/acryex8.htm
8. http://www.who.int/foodsafety/publications/chem/acrylamide_faqs/en/index3.html
9. http://www.bvl.bund.de/nn_521172/EN/01_Food/04_Acrylamid_en/00_Minimierungskonzept_en/minimierungskonzept_node.html_nnn=true
10. Mottram, D.S., Wedzicha, B.L. and Dodson, A.T. (2002) Acrylamide is formed in the Maillard reaction. *Nature* **419**, 448–449.
11. Stadler, R.H., Blank, I., Varga, N., Robert, F., Hau, J., Guy, P.A., Robert, M.-C. and Riediker, S. (2002) Acrylamide from Maillard reaction products. *Nature* **419**, 449.
12. Zyzak, D.V., Sanders, R.A., Stojanovic, M., Tallmadge, D.H., Eberhart, B.L., Ewald, D.K., Gruber, D.C., Morsch, T.R., Strothers, M.A., Rizzi, G.P. and Villagran, M.D. (2003) Acrylamide formation mechanism in heated foods. *Journal of Agricultural and Food Chemistry* **51**, 4782–4787.
13. Yaylayan, V.A., Wnorowski, A. and Perez Locas, C. (2003) Why asparagine needs carbohydrates to generate acrylamide. *Journal of Agricultural and Food Chemistry* **51**, 1753–1757.
14. Lingnert, H., Grivas, S., Jägerstad, M., Skog, K., Törnquist, M. and Åman, P. (2002) Acrylamide in food: mechanisms of formation and influencing factors during heating of foods. *Scandinavian Journal of Food & Nutrition* **46**, 159–172.
15. Blank, I., Robert, F., Goldmann, T., Pollien, P., Varga, N., Devaud, S., Saucy, F., Huynh-Ba, T. and Stadler, R.H. (2005) Mechanism of acrylamide formation – Maillard-induced transformation of asparagine. In: *Chemistry and Safety of Acrylamide in Food* (eds M. Friedman and D.S. Mottram). Springer Science+Business Media Inc., New York, pp. 171–189.

16. Becalski, A., Lau, B.P.-Y., Lewis, D. and Seaman, S.W. (2003) Acrylamide in foods: occurrence, sources, and modeling. *Journal of Agricultural and Food Chemistry* **51**, 802–808.

17. Yasuhara, A., Tanaka, Y., Hengel, M. and Shibamoto, T. (2003) Gas chromatographic investigation of acrylamide formation in browning model systems. *Journal of Agricultural and Food Chemistry* **51**, 3999–4003.

18. Vattem, D.A. and Shetty, K. (2003) Acrylamide in food: a model for mechanism of formation and its reduction. *Innovative Food Science and Emerging Technologies* **4**, 331–338.

19. Gertz, C. and Klostermann, S. (2002) Analysis of acrylamide and mechanisms of its formation in deep-fried products. *European Journal of Lipid Science and Technology* **104**, 762–771.

20. Stadler, R.H., Verzegnassi, L., Varga, N., Grigorov, M., Studer, A., Riediker, S. and Schilter, B. (2003) Formation of vinylogous compounds in model Maillard reaction systems. *Chemical Research in Toxicology* **16**, 1242–1250.

21. Zhang, Y. and Zhang, Y. (2007) Formation and reduction of acrylamide in Maillard reaction: a review on the current knowledge. *Critical Reviews in Food Science and Nutrition* **47**, 521–542.

22. CIAA (2007) Confederation of the food and drink industries of the EU; Acrylamide 'Toolbox'; Rev. 11, http://ec.europa.eu/food/food/chemicalsafety/contaminants/ciaa_acrylamide_toolbox.pdf

23. Konings, E.J.M., Ashby, P., Hamlet, C.G. and Thompson, G.A.K. (2007) Acrylamide in cereal and cereal products: a review on progress in level reduction. *Food Additives and Contaminants* **24**(S1), 47–59.

24. Ahrne, L., Andersson, C.G., Floberg, P., Rose, J. and Lingert, H. (2007) Effect of crust temperature and water content on acrylamide formation during baking of white bread: steam and falling temperature baking. *LWT – Food Science and Technology* **40**, 1708–1715.

25. Amrein, T.M., Andres, L., Escher, F. and Amado, R. (2007) Occurrence of acrylamide in selected foods and mitigation options. *Food Additives and Contaminants* **24**(S1), 13–25.

26. Amrein, T.M., Schönbächler, B., Escher, F. and Amado R. (2005) Factors influencing acrylamide formation in gingerbread. In: *Chemistry and Safety of Acrylamide in Food* (eds M. Friedman and D.S. Mottram). Springer Science+Business Media Inc., New York.

27. Amrein, T., Bachmann, S., Noti, A., Biedermann, M., Barbosa, M.F., Biedermann-Brem, S., Grob, K., Keiser, A., Realini, P., Escher, F. and Amadó, R. (2003) Potential of acrylamide formation, sugars, and free asparagine in potatoes: a comparison of cultivars and farming systems. *Journal of Agricultural and Food Chemistry* **51**, 5556–5560.

28. Elmore, J.S., Koutsidis, G., Dodson, A.T., Mottram, D.S. and Wedzicha, B.L. (2005) Measurement of acrylamide and its precursors in potato, wheat, and rye model systems. *Journal of Agricultural and Food Chemistry* **53**, 1289–1293.

29. Surdyk, N., Rosén, J., Andersson, R. and Åman, P. (2004) Effects of asparagine, fructose and baking conditions on acrylamide content in yeast-leavened wheat bread. *Journal of Agricultural and Food Chemistry* **52**, 2047–2051.

30. Claus, A., Schreiter, P., Weber, A., Graeff, S., Hermann, W., Claupein, W., Schieber, A. and Carle, R. (2006) Influence of agronomic factors and extraction rate on the acrylamide contents in yeast-leavened breads. *Journal of Agricultural and Food Chemistry* **54**, 8968–8976.

31. Springer, M., Fischer, T., Lehrack, A. and Freud, W. (2003) Development of acrylamide in baked products. *Getreide, Mehl und Brot* **57**, 274–278.

32. Claus, A., Carle, R. and Schieber, A. (2006) Reducing acrylamide in bakery products. *New Food* **2**, 10–14.

33. Becalski, A., Lau, B.P.-Y., Lewis, D., Seaman, S.W., Hayward, S., Sahagian, M., Ramesh, M. and Leclerc, Y. (2004) Acrylamide in French fries: influence of free amino acids and sugars. *Journal of Agricultural and Food Chemistry* **52**, 3801–3806.

34. Biedermann, M., Noti, A., Biedermann-Brem, S., Mozetti, V. and Grob, K. (2002) Experiments on acrylamide formation and possibilities to decrease the potential of acrylamide formation in potatoes. *Mitteilungen Lebensmittel Hygiene* **93**, 668–687.

35. Haase, N.U., Matthäus, B. and Vosmann, K. (2004) Aspects of acrylamide formation in potato crisps. *Journal of Applied Botany and Food Quality* **78**, 144–147.

36. Williams, J.S.E. (2005) Influence of variety and processing conditions on acrylamide levels in fried potato crisps. *Food Chemistry* **90**, 875–881.

37. Bråthen, E., Kita, A., Knutsen, S.H. and Wicklund, T. (2005) Addition of glycine reduces the content of acrylamide in cereal and potato products. *Journal of Agricultural and Food Chemistry* **53**, 3259–3264.

38. Kita, A., Bråthen, E., Knutsen, S.H. and Wicklund, T. (2004) Effective ways of decreasing acrylamide in potato crisps during processing. *Journal of Agricultural and Food Chemistry* **52**, 7011–7016.

85

39. Pedreschi, F., Kaack, K., Granby, K. and Troncoso, E. (2007) Acrylamide reduction under different pre-treatments in French fries. *Journal of Food Engineering* **79**, 1287–1294.
40. Mestdagh, F., De Wilde, T., Delporte, K., Van Peteghem, C. and De Meulenaer, B. (2008) Impact of chemical pre-treatments on the acrylamide formation and sensorial quality of potato crisps. *Food Chemistry* **106**, 914–922.
41. Granda, C., Moreira, R.G. and Tichy, S.E. (2004) Reduction of acrylamide formation in potato chips by low-temperature vacuum frying. *Journal of Food Science* **69**(8), 405–411.
42. Elder, V.A., Fulcher, J.G. and Leung, H.K.-H. (2004) Method for reducing acrylamide formation in thermally processed foods. US Patent Application 2004, US 2004/0058054.
43. Pedreschi, F., Kaack, K. and Granby, K. (2008) The effect of asparaginase on acrylamide formation in French fries. *Food Chemistry* **109**, 386–392.
44. Amrein, T.M., Schönbächler, B., Escher, F. and Amado, R. (2004) Acrylamide in gingerbread: critical factors for formation and possible ways for reduction. *Journal of Agricultural and Food Chemistry* **51**, 4282–4288.
45. Vass, M., Amrein, T.M., Schönbächler, B., Escher, F. and Amado, R. (2004) Ways to reduce acrylamide formation in cracker products. *Czech Journal of Food Sciences* **22**, 19–21.
46. Ciesarová, Z., Kiss, E. and Boegl, P. (2006) Impact of L-asparaginase on acrylamide content in potato products. *Journal of Food and Nutrition Research* **4**, 141–146.
47. Benschop, C. (2008) PreventASe™ – a practical solution to the acrylamide issue. CCFRA, Chipping Campden, 4 July.
48. Hendriksen, H.V., Kornbrust, B., Oestergaard, P.R. and Stringer, M.A. Evaluating the potential for enzymatic acrylamide reduction in a range of food products using an asparaginase from *Aspergillus oryzae*. Submitted for publication.
49. Dria, G.J., Zyzak, D.V., Gutwein, R.W., Villagran, F.V., Young, H.T., Bunke, P.R., Lin, P.Y.T., Howie, J.K. and Schafermeyer, R.G. (2007) Method for reduction of acrylamide in roasted coffee beans, roasted coffee beans having reduced levels of acrylamide, and article of commerce. US Patent 7,220,440, 2003.
50. Howie, J.K., Lin, P.Y.T. and Zyzak, D.V. (2005) Method for reduction of acrylamide in cocoa products, cocoa products having reduced levels of acrylamide, and article of commerce. International Patent Application 2005, WO 2005/004620.
51. Wriston Jr., J.C. and Yellin, T.O. (1973) L-asparaginase: a review. *Advances in Enzymology and Related Areas of Molecular Biology* **39**, 185–248.
52. Borek, D. and Jaskólski, M. (2001) Sequence analysis of enzymes with asparaginase activity. *Acta Biochimica Polonica* **48**, 893–902.
53. Lehninger, A.L. (1982) *Principles of Biochemistry.* Worth Publishers Inc., New York.
54. Sieciechowicz, K.A., Joy, K.W. and Ireland, R.J. (1988) The metabolism of asparagine in plants. *Phytochemistry* **27**, 663–671.
55. Finn, R.D., Tate, J., Mistry, J., Coggill, P.C., Sammut, J.S., Hotz, H.R., Ceric, G., Forslund, K., Eddy, S.R., Sonnhammer, E.L. and Bateman, A. (2008) The Pfam protein families database. *Nucleic Acids Research* 36 (Database Issue), D281–D288 (Pfam release 23.0. http://pfam.sanger.ac.uk/).
56. Ario, T., Taniai, M., Torigoe, K. and Kurimoto, M. (1996) DNA coding for mammalian L-asparaginase. Patent Application EP726313.
57. Tsuji, N., Morales, T.H., Ozols, V.V., Carmody, A.B. and Chandrashekar, R. (1999) Identification of an asparagine amidohydrolase from the filarial parasite Dirofilaria immitis. *International Journal of Parasitology* **29**, 1451–1455.
58. Wriston Jr., J.C. (1985) Asparaginase. *Methods in Enzymology* **113**, 608–618.
59. Krasotkina, J., Borisova, A.A., Gervaziev, Y.V. and Sokolov, N.N. (2004) One-step purification and kinetic properties of the recombinant L-asparaginase from Erwinia carotovora. *Biotechnology and Applied Biochemistry* **39**, 215–221.
60. Ortlund, E., Lacount, M.W., Lewinski, K. and Lebioda, L. (2000) Reactions of Pseudomonas 7A glutaminase-asparaginase with diazo analogues of glutamine and asparagine result in unexpected covalent inhibitions and suggests an unusual catalytic triad Thr-Tyr-Glu. *Biochemistry* **39**, 1199–1204.
61. Yao, M., Yasutake, Y., Morita, M. and Tanaka, I. (2005) Structure of the type I L-asparaginase from the hyperthermophilic archaeon Pyrococcus horikoshii at 2.16 Å resolution. *Acta Crystallographica: Section D, Biological Crystallography* **D61**, 294–301.
62. Cedar, H. and Schwartz, J.H. (1967) Localization of the two L-asparaginases in anaerobically grown Escherichia coli. *Journal of Biological Chemistry* **242**, 3753–3755.
63. Minton, N.P., Bullman, H.M.S., Scawen, M.D., Atkinson, T. and Gilbert, H.J. (1986) Nucleotide sequence of the Erwinia chrysanthemi NCPPB 1066 L-asparaginase gene. *Gene* **46**, 25–35.

86

64. Dunlop, P.C., Meyer, G.M., Ban, D. and Roon, R.J. (1978) Characterization of two forms of asparaginase in saccharomyces cerevisiae. *Journal of Biological Chemistry* **253**, 1297–1304.

65. Hüser, A., Klöppner, U. and Röhm, K.-H. (1999) Cloning, sequence analysis, and expression of ansB from Pseudomonas fluorescens, encoding periplasmic glutaminase/asparaginase. *FEMS Microbiology Letters* **178**, 327–335.

66. Sinclair, K., Warner, J.P. and Bonthron, D.T. (1994) The ASP1 gene of Saccharomyces cerevisiae, encoding the intracellular isozyme of L-asparaginase. *Gene* **144**, 37–43.

67. Yun, M.-K., Nourse, A., White, S.W., Rock, C.O. and Heath, R.J. (2007) Crystal structure and allosteric regulation of the cytoplasmic Escherichia coli L-Asparaginase I. *Journal of Molecular Biology* **369**, 794–811.

68. Sonewane, A., Klöppner, U., Derst, C. and Röhn, K.-H. (2003) Utilization of acidic amino acids and their amides by pseudomonades: role of periplasmic glutaminase-asparaginase. *Archives of Microbiology* **179**, 151–159.

69. Kurztberg, J. (2000) Asparaginase. In: *Cancer Medicine*, 5th edn (eds R.C. Blast Jr., D.W. Kufe, R.E. Pollock, R.R. Weichselbaum, J.F. Holland, E. Frei III and T.S. Gansler). B.C. Decker Inc, Hamilton, ON, pp. 699–705.

70. Campbell, H.A. and Mashburn, L.T. (1969) L-asparaginase EC-2 from Escherichia coli. Some substrate specificity characteristics. *Biochemistry* **8**, 3768–3775.

71. Swain, A.L., Jaskólski, M., Housset, D., Rao, J.K.M. and Wlodawer, A. (1993) Crystal structure of Escherichia coli L-asparaginase, an enzyme used in cancer therapy. *Proceedings of the National Academy of Sciences of the United States of America* **90**, 1474–1478.

72. http://www.dsm.com/en_US/html/dfs/preventase_welcome.htm

73. http://www.acrylaway.novozymes.com/

74. Daniells, S. (2007) DSM publishes fungus genome to help R&D into enzymes. *FoodNavigator.com\Europe*.

75. Plomp, P.J.A.M., DeBoer, L., VanRooijen, R.J. and Meima, R.B. (2004) Novel food production process. International Patent Application 2004, WO04030468.

76. Lobedanz, S.S. (2008) Personal Communication.

77. Tareke, E., Rydberg, P., Karlsson, P., Eriksson, S. and Törnqvist, M. (2002) Analysis of acrylamide, a carcinogen formed in heated foodstuffs. *Journal of Agricultural and Food Chemistry* **50**, 4998–5006.

78. Wenzl, T., de la Calle, B.M. and Anklam, E. (2003) Analytical methods for the determination of acrylamide in food products: a review. *Food Additives and Contaminants* **20,** 885–902.

79. Taeymans, D., Wood, J., Ashby, P., Blank, I., Studer, A., Stadler, R.H., Gondé, P., Van Eijck, P., Lalljie, S., Longnert, H., Lindblom, M., Matissek, R., Müller, D., Tallmadge, D., O'Brien, J., Thompson, S., Silvani, D. and Whitmore, T. (2004) A review of acrylamide: an industry perspective on research, analysis, formation, and control. *Critical Reviews in Food Science and Nutrition* **44,** 323–347.

80. Clarke, D.B., Kelly, J. and Wilson, L.A. (2002) Assessment of performance of laboratories in determining acrylamide in crisp bread. *Journal of AOAC International* **85**, 1370–1373.

81. Manley, D. (2001) *Biscuit, Cracker and Cookie Recipes for the Food Industry*. Woodhead Publishing in Food Science and Technology, Cambridge.

82. Claeys, W.L., de Vleeschouwer, K. and Hendrickx, M.E. (2005) Quantifying the formation of carcinogens during food processing: acrylamide. *Trends in Food Science and Technology* **16**, 181–193.

83. Guillemin, A., Degraeve, P., Guillon, F., Lahaye, M. and Saurel, R. (2006) Incorporation of pectin-methylesterase in apple tissue either by soaking or by vacuum-impregnation. *Enzyme and Microbial Technology* **38**, 610–616.

84. Gökmen, V., Palazoğlu, T.K. and Şenyuva, H.Z. (2006) Relation between the acrylamide formation and time-temperature history of surface and core regions of French fries. *Journal of Food Engineering* **77**, 972–976.

85. Lisińska, G. and Leszczyński, W. (1989) *Manufacture of Potato Chips and French Fries in: Potato Science and Technology*. Elsevier Applied Science, London.

86. Lantz, I., Ternit, R., Wilkens, J., Hoenicke, K., Guenther, H. and Van Der Stegen, G.H.D. (2006) Studies on acrylamide levels in roasting, storage and brewing of coffee. *Molecular Nutrition & Food Research* **50**, 1039–1046.

87. Bagdonate, K., Derler, K. and Murkovic, M. (2008) Determination of acrylamide during roasting of coffee. *Journal of Agricultural and Food Chemistry* **56**, 6081–6086.

88. Granby, K. and Fagt, S. (2004) Analysis of acrylamide in coffee and dietary exposure to acrylamide from coffee. *Analytica Chimica Acta* **520**, 177–182.

89. Murkovic, M. and Derler, K. (2006) Analysis of amino acids and carbohydrates in green coffee. *Journal of Biochemical and Biophysical Methods* **69**, 25–32.

90. Schenker, S., Handschin, S., Frey, B., Perren, R. and Eschere, E. (2000) Pore structure of coffee beans affected by roasting conditions. *Journal of Food Science* **65**(3), 452–457.

5　酶在乳品生产中的应用

Barry A. Law

5.1　概述

在食品制造业中,乳品行业是酶的传统使用方,其中最有名的乳品酶制剂是皱胃酶。它是一类商品酶制剂的集体名称。这类商品酶制剂的特点是都含有从动物组织中提取出的酸性蛋白酶。牛乳中酪蛋白以酪蛋白胶粒形式存在,而 κ-酪蛋白主要位于酪蛋白胶粒表面。皱胃酶将 κ-酪蛋白多肽链中携带高电荷的肽段(酪蛋白巨肽/糖巨肽/κ-酪蛋白多肽链 C 端部分)从酪蛋白胶粒中移出,并释放到乳清中。κ-酪蛋白剩下的部分被称为副-κ-酪蛋白。它仍然保留在酪蛋白胶粒中。这时的酪蛋白胶粒被称为副酪蛋白胶粒。而副酪蛋白胶粒会发生絮凝,最后使整体积的液态乳变成牛乳凝胶。在皱胃酶之前添加的乳酸菌发酵剂会在牛乳中代谢产生乳酸。这会促进牛乳凝胶脱水收缩,从而有利于干酪凝块的制备。虽然这类酶的凝乳效果在乳品行业中首屈一指,但是现代酶工程技术的进步已使其他来源皱胃酶(现在被称为凝乳剂)的应用成为可能,从而满足不断变化的需求。例如,在英国和美国,由于牛犊数量的短缺,造成了来源于牛犊的传统皱胃酶的短缺。这就推动了凝乳剂生产技术的进步,即主要采用酵母菌和霉菌来生产凝乳剂。在这两个国家中,超过半数的凝乳剂来源于微生物。在凝乳剂生产微生物中,大多数微生物是转基因酵母菌和霉菌。它们当中含有生产凝乳酶(chymosin)的牛犊基因拷贝。凝乳酶是皱胃酶中参与凝乳的主要酸性蛋白酶。其他主要的微生物皱胃酶(现在被称为凝乳剂)来源于非转基因霉菌——米黑根毛霉(*Rhizomucor miehei*)。乳品行业中凝乳剂的生产和应用将会在下文进行详细的介绍和讨论。

除了在干酪制作中使用的凝乳酶之外,乳品行业还使用其他酶,例如脂肪酶、非凝乳性蛋白酶、氨肽酶、乳糖酶、溶菌酶、乳过氧化物酶和谷氨酰胺转氨酶。在这些酶的应用中,一些酶的应用属于传统应用,例如采用脂肪酶来增强干酪风味,而另一些酶的应用属于相对较新的应用,例如用于乳糖水解,加速

93

干酪成熟,控制微生物引发的干酪腐败和蛋白质改性。所有这些应用将会在下文进行详细讨论。表 5.1 总结了乳品行业中使用的酶及其应用。

表 5.1　乳品行业中使用的酶

酶	应　用　实　例
酸性蛋白酶	牛乳凝乳
中性蛋白酶和肽酶	加速干酪成熟和脱苦,酶改性干酪,低致敏性牛乳制品的生产
脂肪酶	加速干酪成熟,酶改性干酪,干酪的风味改善,乳脂产品的结构改性
β-半乳糖苷酶(乳糖酶)	减少乳清制品中的乳糖
乳过氧化物酶	牛乳的冷杀菌
溶菌酶	替代凝块水洗类干酪(如高达干酪)和多孔类干酪(如埃门塔尔干酪)中使用的硝酸盐

5.2　牛乳凝结酶

5.2.1　皱胃酶和凝乳剂的种类和特性

作为商品化皱胃酶制剂鼻祖,丹麦科汉森公司于 1874 年最早开始标准化动物性皱胃酶的生产和销售。该产品可能是史上第一款工业化生产的酶制剂。随后它被定义成一种反刍动物皱胃提取物。现在它的定义仍是如此。它的主要成分是凝乳酶,是一种完美的牛乳凝结酶。它特异性地水解 κ-酪蛋白,从而造成酪蛋白失稳。尽管如此,皱胃酶会或多或少含有另一种酸性蛋白酶——胃蛋白酶。胃蛋白酶比例的高低取决于皱胃酶提取时牛犊的生长期。胃蛋白酶底物特异性较宽,从而可作用不同类型的酪蛋白。凝乳酶和胃蛋白酶,甚至所有在干酪生产中使用的牛乳凝结酶都被归类为天冬氨酸蛋白酶类(EC 3.4.23)。因为当前市场上存在几种不同类型和来源的牛乳凝结酶,所以国际乳业联盟(IDF)颁布官方定义以示区分:"rennet(皱胃酶)"这个词特指从反刍动物胃中提取的牛乳凝结酶,而其他来源的牛乳凝结酶(主要来源于微生物)应被称为"coagulant(凝乳剂)"。

对干酪技师来说,利用来源将皱胃酶和凝乳剂进行分类的最大用处不是区分它们动物性、植物性、微生物性(传统微生物和转基因微生物)的来源,而是为任一特定干酪品种选出最合适的牛乳凝结酶。这是干酪制造技术中一个非常重要的方面。这关系到干酪产率、干酪保存期和干酪成品的风味和质地。本章 5.4.3 节将会详细讨论它们之间的相互关系,接下来讨论表 5.2 中列出的皱胃酶和凝乳剂。

表 5.2 干酪制作中使用的凝乳酶(皱胃酶和凝乳剂)的主要类型和来源

类型	来源	酶的成分	产品特征
动物性			
牛犊皱胃酶成年牛皱胃酶	牛胃	凝乳酶 A、凝乳酶 B、胃蛋白酶和胃亚蛋白酶	高度特异性地作用于 κ-酪蛋白;水解酪蛋白;获得最高的干酪产率;形成硬质干酪和半硬质干酪特有的质地和风味
皱胃酶液	牛犊、羊羔或绵羊胃	皱胃酶+前胃脂肪酶	优秀的凝乳能力和较高的干酪产率,并有助于增强干酪的辛辣味
绵羊、猪和羊羔皱胃酶	绵羊、猪或羊羔的胃	凝乳酶、胃蛋白酶和胃亚蛋白酶	没有得到广泛的使用;最好使用在与其动物来源相同的动物乳中
植物性			
植物性	南欧刺棘蓟	刺棘蓟蛋白酶,天冬氨酸肽酶	在某些地区,小规模用于手工干酪的制作
微生物性			
L 型、TL 型和 XL 型米黑根毛霉凝乳剂	米黑根毛霉(*Rhizomucor miehei*)	米黑根毛霉(*R. miehei*)天冬氨酸蛋白酶	天然 L 型凝乳剂耐热性太强,在硬质干酪制造过程中,用于乳蛋白的凝乳;不耐热的 TL 型和 XL 型凝乳剂由 L 型凝乳剂经化学修饰而来,使用在硬质干酪制造过程中(详细内容见 5.4.3 节)
微小根毛霉凝乳剂	微小根毛霉(*Rhizomucor pusillus*)	微小根毛霉(*R. pusillus*)天冬氨酸蛋白酶	与上文中 L 型凝乳剂性质类似,但对 pH 更敏感
栗疫霉凝乳剂	栗疫霉(*Cryphonectria parasitica*)	栗疫霉(*C. parasitica*)天冬氨酸蛋白酶	非常耐热,只限于使用在埃门塔尔酪之类的高烫洗温度的干酪
发酵生产的凝乳酶(Chymax™;Maxiren™)	乳酸克鲁维酵母(*Kluyveromyces lactis*)[①];黑曲霉(*Aspergillus niger*)[①]	牛犊凝乳酶	在各方面与牛犊凝乳酶一致

① 转基因表达牛犊凝乳酶原基因。

5.2.2 不同来源牛乳凝结酶（皱胃酶和凝乳剂）的主要特征

在动物性皱胃酶中,牛犊(小牛)皱胃酶被普遍认为是制作干酪最完美的牛乳凝结酶。这是出于人们对牛犊皱胃酶的使用习俗。历经长时间的运用,人们对它有天然的亲近性。尽管如此,这种偏好也有着确凿的科学依据:它当中通常含有80%~90%凝乳酶(Chymosin:EC 3.4.23.4)。这意味着,大多数酪蛋白水解仅特异性地发生于 κ-酪蛋白,而不是其他类型酪蛋白。正是由于 κ-酪蛋白的水解造成了干酪槽中牛乳的凝结。在干酪凝块形成过程中,α-酪蛋白和 β-酪蛋白非特异性水解会造成酪蛋白氮损失,从而造成干酪产率降低。牛犊皱胃酶中还含有另一种蛋白酶——胃蛋白酶(EC 3.4.23.1)。传统干酪技师认为胃蛋白酶在干酪成熟过程中发挥重要作用,但是没有过硬的证据来支持这种观点。事实上,当前干酪技师仅使用纯凝乳酶也能制作出质量优良的长成熟期干酪(特别是切达干酪)。这种纯凝乳酶主要通过转基因酵母和霉菌表达克隆的凝乳酶(原)基因来产生。

绵羊、山羊和猪也能提供酶解机制类似于牛犊皱胃酶的牛乳凝结酶产品,但是它们不是理想的牛乳凝结酶。皱胃酶液采用新生牛犊或羊羔胃浸出液制成。这是一种粗制皱胃酶产品,当中含有前胃脂肪酶,从而使得加工出的干酪产品具有特殊而浓郁的辛辣风味。皱胃酶液主要使用在传统意大利干酪制作中。

许多从植物中提取的蛋白酶也能凝结牛乳。尽管如此,植物性凝乳剂没有付诸工业化生产,而是小范围(主要位于葡萄牙)手工作坊式生产。它们主要用于手工干酪制作。这些特种干酪中使用的主要植物性凝乳剂提取自南欧刺棘蓟的花。最近有研究结果表明,在以山羊乳为基底的干酪制作中,可应用这种植物性凝乳剂来加速干酪成熟。然而,直至本章撰写时,仍没有标准化南欧刺棘蓟凝乳剂产品问世。葡萄牙当地的使用者仍然在作坊中制作供他们自己使用的植物性凝乳剂。

最负盛名且使用最广泛的微生物性凝乳剂产自米黑根毛霉(表5.2)。现在它的使用量已超过提取的天然牛犊皱胃酶。这种商品化凝乳剂是数种天门冬氨酸蛋白酶组成的混合物。米黑根毛霉产生的牛乳凝结酶有三种类型。天然且未经改性的米黑根毛霉牛乳凝结酶(L型)热稳定性较高。它能水解包括 κ-酪蛋白在内的所有酪蛋白。虽然运用它已经成功地制作出短期成熟的软质干酪品种,但是,对于半硬质和硬质干酪来说,由于它们的干酪凝块在乳清中停留时间过长,那这种非特异性蛋白水解行为会造成这两类干酪产率的下降。而对于长期成熟的干酪品种来说,这种特异性差的缺点会导致干酪出现苦味。对于将乳清加工成食品原辅料的干酪工厂来说,该酶的耐热性也是一个隐患。热处理无法将它完全灭活。当乳清蛋白作为原辅料应用在香肠、肉饼和汤料等食品中时,乳清蛋白当中残留的蛋白酶活会分解这些食品中的其他蛋白质。

91

为了克服这些缺点,通过使用化学氧化来修饰米黑根毛霉牛乳凝结酶(L 型)蛋氨酸侧链,乳品酶制剂生产商降低了该酶的热稳定性,并开发出了不耐热的升级版(TL 型和 XL 型)。当对乳清进行巴氏灭菌时,就能使它们失活,但是它们与蛋白质特异性结合程度弱于天然凝乳酶,即它们特异性较差。在制造"素食"干酪时,它们是微生物性凝乳酶(见下文,即发酵生产的凝乳酶)的良好替代品。尽管如此,与微生物性凝乳酶制作的硬质干酪相比,利用它们制作的硬质干酪更易碎,并且硬质干酪的风味也不完全相同。

在全球干酪行业中,使用最广泛的牛犊皱胃酶替代品是发酵生产的凝乳酶(FPC)。现在世界上有一半的酶凝乳干酪通过它来制作。它由转基因乳酸克鲁维酵母(*Kluyveromyces lactis*)或黑曲霉(*Aspergillus niger*)进行大规模发酵生产而来。科学家利用基因重组技术对这两种微生物进行改造。将牛犊凝乳酶原基因整合到受体微生物中,并选用一个合适的启动子来保证向培养基中分泌凝乳酶的效率。不仅如此,使用这两种微生物生产的凝乳酶更容易提取和纯化。这与早期使用的大肠杆菌存在显著差异。大肠杆菌虽然也能表达凝乳酶原基因,但是表达产物是不溶性包涵体,从而导致凝乳酶下游处理变得非常复杂。

最近,一种新的发酵生产的凝乳酶(FPC)上市。它的凝乳酶原基因来源于单峰骆驼。有文献表明,它特别适合用来制作切达干酪。与凝乳酶原基因来源于牛犊的 FPC 相比,它的 C/P 比值(即凝乳活力与非特异蛋白水解活力的比值)更高,从而使得干酪的产率更高。

有关使用各种不同的皱胃酶和凝乳剂来制作干酪的细节已脱离了本章的主题。若想全面了解这方面的内容,读者可参阅 *Technology of Cheesemaking* 这本书。

5.2.3　牛乳凝结酶(皱胃酶和凝乳剂)的制备

动物性皱胃酶是以没有活力的凝乳酶原和胃蛋白酶原的形式被胃黏膜组织分泌到胃中。采用水、稀盐水或缓冲溶液对皱胃进行浸提,随后就可轻松提取出凝乳酶原和胃蛋白酶原。在该阶段(浸提环节),通常会添加一种防腐剂(一般为苯甲酸钠)来抑制微生物在下一阶段(生产环节)的生长。皱胃酶的生产环节包括浸提液过滤和酸化。浸提液酸化的目的在于激活两种酶原并使之转化成凝乳酶和胃蛋白酶。随后将浸提液 pH 提高至 5.5,再进行第二次过滤来澄清浸提液。接下来进行标准化,无菌过滤和包装就可制成一种需低温运输和保存的液体酶产品。标准化的目的在于将凝乳活力调整至"宣称"的水平。事实上,动物性皱胃酶不仅仅含有凝乳酶和胃蛋白酶。它当中含有动物被屠宰时胃黏膜组织分泌的所有酶。尽管如此,牛犊皱胃酶可称得上质量最好的动物性皱胃酶。它当中主要含有凝乳酶和胃蛋白酶,并且制备工艺极其简单。

微生物性凝乳剂由根毛霉属(*Rhizomucor*)或栗疫属(*Cryphonectria*)微生物进行补料分批式液体发酵生产而来。发酵过程通常持续数天。在发酵结束之后,先对发酵液进行粗滤来提取酶,随后进行超滤来浓缩酶,最后进行酶的标准化。生产商并不打算通过除去脂肪酶和淀粉水解酶之类的其他副酶来进一步纯化凝乳剂,况且选育的生产菌株已将这些杂酶的产生控制在最低水平。尽管如此,值得注意的是,来源于根毛霉属微生物的凝乳剂中含有数量显著的淀粉水解酶,并且它们会随着乳清一起被排出干酪体系,从而残留在乳清当中。关键是乳清加工也无法令它们失活。因此,在使用微生物凝乳剂的干酪工厂中,干酪加工的副产物——乳清有可能受到淀粉水解酶污染。那用该乳清制成的浓缩乳清蛋白(WPC)就有可能含有淀粉水解酶。在某些使用浓缩乳清蛋白的汤料和其他食品中,当使用淀粉作为增稠剂时,就要避免使用这种浓缩乳清蛋白。

发酵生产的凝乳酶(FPC)主要来源于转基因酵母(乳酸克鲁维酵母)或转基因丝状真菌(黑曲霉)。这两种微生物在食品发酵和食品酶生产中均有悠久的安全使用历史。FPC 中使用的转基因技术被欧洲和北美充分肯定为安全的状态。Law 和 Goodenough 总结了如何运用转基因技术使这些微生物分泌牛犊凝乳酶。Harboe 和 Budtz 介绍了用于凝乳剂产品发酵和分离的通用生产方案。这与微生物性皱胃酶生产使用的方案类似。在 FPC 生产工艺中,酸化步骤值得特别强调。在凝乳酶从发酵液中分离出来之前,发酵液酸化操作能确保杀灭生产微生物和分解它们的 DNA。科汉森公司的 FPC 来源于曲霉属微生物。该公司采用色谱技术来纯化 FPC 以将当中的杂酶(非凝乳酶)活力控制在最低水平,从而为干酪生产商和消费者提供纯度更高且更可靠的凝乳剂产品。

5.2.4 牛乳凝结酶(皱胃酶和凝乳剂)的制剂化和标准化

皱胃酶和凝乳剂最常见的形态是液态。这种形态的产品生产成本不高。在制作干酪时,它们易于称量、添加和混合。所有不同来源的皱胃酶和凝乳剂产品都以类似的方法进行配制,并且使用相同的稳定剂(氯化钠、缓冲剂、山梨醇和丙三醇)。唯一允许使用的防腐剂是苯甲酸钠,但是也有一些生产商使用微孔滤膜过滤酶液来除去当中的微生物,从而更有效地防止微生物在液体酶产品储存期间的生长。一些皱胃酶和凝乳剂也被制成固体粉剂或片剂的形态进行出售。当皱胃酶和凝乳剂要被运输和销售到热带国家时,这两种形态的产品特别有利于酶活的保存。不管液体形态还是固体形态,所有的皱胃酶和凝乳剂都要进行标准化,从而使特定体积或质量的产品具有相同的凝乳活力或"强度"。国际乳业联盟(IDF)、国际标准化组织(ISO)和美国分析化学家协会(AOAC)共同开发出一个测定皱胃酶/FPC 强度的国际标准方法——IDF 157 标准。根据该标准,当测定皱胃酶/FPC 样品凝乳活力或强度时,需在 pH

为 6.5(牛乳正常 pH)和 32℃条件下测定,并以 IMCU/mL 或 IMCU/g 来表示测定结果。IDF 157 标准使用牛犊皱胃酶标准样品作为参照样品来对皱胃酶和 FPC 进行标准化。对于微生物性凝乳剂来说,其凝乳活力依据 IDF 176 标准来测定。该标准规定的凝乳活力测定方法与 IDF 157 标准有一定的相似之处,皱胃酶组成依据 IDF 110B 标准来测定,并以凝乳酶或胃蛋白酶的活力占总活力的百分比来表示测定结果。皱胃酶和凝乳剂的应用技术和酶学知识是一个宏大的课题。由于本章篇幅有限,难以详细而深入地讨论这个课题。若想全面了解这方面的内容,读者可参阅 *Technology of Cheesemaking* 这本书。

5.3 乳过氧化物酶

乳过氧化物酶(LPO/EC 1.11.1.7)是存在于鲜牛乳、牛初乳和唾液中的一种天然抗菌物质。它重要的生物学意义在于参与构建哺乳动物天然防御系统。它在哺乳动物肠道中抑制有害菌生长繁殖,从而防止哺乳动物肠道被有害菌感染。乳过氧化物酶能杀死革兰氏阴性细菌,并能抑制革兰氏阳性细菌。乳过氧化物酶使用过氧化氢(H_2O_2)来将硫氰酸根离子(SCN^-)氧化成次硫氰酸根离子($OSCN^-$),并由此产生抑菌活性。Law 和 John 发现乳过氧化物酶体系(LPS:LP+SCN^-+H_2O_2)会不可逆地抑制革兰氏阴性细菌 D-乳酸脱氢酶的活力,进而阻碍了革兰氏阴性细菌的新陈代谢作用,引起细胞死亡。然而,乳过氧化物酶体系(LPS)只能可逆地抑制革兰氏阳性细菌 ATP 酶(ATPase)的活力。因此,对于革兰氏阳性细菌来说,只能抑制它们生长,而不能引起它们死亡。

虽然所有鲜牛乳中都含有乳过氧化物酶(LPO)和硫氰酸盐,但是鲜牛乳中自然存在的过氧化氢浓度不足以激活乳过氧化物酶体系。在某些国家,在原料乳待加工或直接饮用之前,由于没有足够的能源对原料乳进行热处理来延长原料乳的保存期限,研究人员已经构想出几种方法来提高原料乳中过氧化氢浓度,从而构建出一种"冷杀菌"体系。Reiter 和 Marshall 证实,当鲜牛乳在 4℃保存时,这种"冷杀菌"体系能高效杀灭嗜冷革兰氏阴性腐败菌。在某些国家,虽然过氧化氢本身就可以作为防腐剂在原料乳中单独使用,但是浓度要达到 300~500 mg/L 才有效,并且如此高浓度的过氧化氢既会破坏牛乳中某些维生素,又会导致牛乳蛋白质功能性受损。对于乳过氧化物酶体系来说,在牛乳中使用葡萄糖氧化酶可就地产生过氧化氢。不仅如此,生成的游离过氧化氢浓度非常低,从而对牛乳没有任何有害的影响。即使在牛乳中直接添加过氧化氢来替代葡萄糖氧化酶的使用,也仅需添加 10 mg/L 过氧化氢就足以激活乳过氧化物酶体系。Law 和 Goodenough 已经总结出了提高原料乳中过氧化氢浓度的方法。

93

5.4 干酪促熟酶

5.4.1 市售干酪促熟酶的类型

通常用于促进或加速干酪成熟的酶和酶系不单单只有一类酶组成。为了阐述清楚,在此将它们统一归成一种技术类别来讨论,而不是将它们划分成单独的类别来讨论。工业化干酪促熟技术中使用的酶中包括许多水解酶,例如以蛋白酶、肽酶和脂肪酶为代表的水解酶。不仅如此,如果当前的研究能取得成功,那这份酶录可能会很快延伸至新陈代谢酶类,例如乙酰辅酶 A 合成酶和氨基酸异化酶。它们的作用是促进挥发性酯和含硫化合物的生成。

虽然全球在研究酶促干酪成熟方面付出了大量的努力,并发表了众多的论文,但是只有少数几家公司成功地开发出了用于这方面的商品酶系。这非常引人注意。当然,用于加速酶改性干酪(EMC)成熟的酶技术不包括在内。酶改性干酪是通过酶解工艺生成的浓缩干酪风味物质。它主要用于增强再制干酪和干酪类似物风味强度。

出现这种情况,一方面是由于缺乏专门用于加速干酪成熟的商品酶制剂,另一方面是实际效果不明显。在研究文献中,有数百篇报告是有关酶加速知名天然干酪品种成熟的小试实验和中试实验,但是鲜有推向市场的酶产品。因此,与酶改性干酪生产中广泛使用的动物性(牛、猪和羊)和真菌(曲霉属、假丝酵母属和根毛霉属)脂肪酶和蛋白酶情况不同,仅有一款商品化酶系(酶包)——Accelase® 在既定的干酪品种和它们的低脂变种中被广泛试用。

这款商品化酶系(酶包)由 IBT Ltd. 开发。现在该公司已经被丹尼斯克公司收购。本章编者长期研究(辅助)发酵剂产酶和细胞自溶在干酪风味形成中的作用。Accelase® 的开发理念就来自该作用的基础研究和应用研究。Smith 曾发表论文论述了 Accelase® 酶系(酶包)的效果。Accelase® 酶系由三大部分组成:第一部分是对干酪中所有酪蛋白组分都有活力的食品级微生物内肽酶(蛋白酶);第二部分是来源于乳酸菌(LAB)的特异性和非特异性氨肽酶;第三部分是乳酸菌(LAB)细胞匀浆中存在的酯酶和风味酶,但是它们的种类和数量尚不清楚。来源于商品干酪生产的大量试验结果表明,当 Accelase® 酶系(酶包)被添加到干酪凝块中时,干酪的成熟时间从原先的 9 个月缩短至现在的 5 个月。除此之外,据称还有以下两种益处:脱除由某些发酵剂产生的苦味和提高某些风味化合物的浓度,例如挥发性含硫化合物、脂肪酸类化合物和醛类化合物(成熟切达干酪)。目前风味强度增强的精确机制尚不清楚。尽管如此,就如 Accelase® 酶系(酶包)研究原型一样,在有乳酸菌(LAB)生物质存在的情况下,Accelase® 能增加干酪氨基酸库中成员数量,使干酪变得更美味和增加风味前体物质供应量。有关乳酸菌(LAB)氨基酸异化酶的最新研究结果表明，Accelase® 可能不但增加干酪氨基酸库成员数量，而且提高了氨基酸酶法转化为风味物质的速率。

虽然像"Rulactine®"（罗纳-普郎克公司）和"Flavorage®"（科汉森公司）之类的酶制剂已经作为干酪成熟酶产品上市销售，但是对它们的功效和市场接受度仍然一无所知。Rulactine® 是一种来源于微球菌属微生物的蛋白酶产品。Flavorage® 当中含有一种脂肪酶和多种蛋白酶，其中脂肪酶来源于曲霉属微生物。

代谢氨基酸的酶类能将氨基酸转化成挥发性含硫化合物、酯类化合物、醛类化合物、胺类化合物和脂肪酸类化合物。有朝一日，干酪加工商必将从此类酶中获益。尽管如此，在此类酶的商业化道路上仍存在许多障碍。主要障碍有两方面：一方面与产酶的天然微生物有关，即这类酶的产量低，并且酶活不稳定；另一方面在于以上某些氨基酸代谢反应需要酶/辅助因子复合物（全酶）催化才能进行。这意味着这些反应只有在完整的细胞环境中才能持续地进行。使用基因工程菌株可能是解决该类技术难题的唯一路线，即对干酪野生型细菌菌株在氨基酸代谢方面进行基因改良，从而获得选择性地提高某些氨基酸代谢酶活的基因工程菌株。

在离开本节之前，有一种有趣的酶促干酪成熟的方法，非常值得一提。那就是在制作干酪的牛乳中添加外源性尿激酶以将牛乳内源性血纤维蛋白溶酶原激活成血纤维蛋白溶酶。在干酪成熟过程中，提高血纤维蛋白溶酶活力会增强蛋白酶解作用，从而加速硬质和半硬质干酪质地的形成。如果这种酶技术在经济上可行，那就能很好地与各种不同形式的肽酶富集体（Accelase® 和改良肽酶基因的基因工程菌株）配合使用。在排乳清和凝块成形之后，作为干酪成熟体系中一种内源性蛋白酶，血纤维蛋白溶酶的激活也可克服一项实际困难，即酶怎样均匀地分布在干酪组织中。这将在下一节中进行详细讨论。

5.4.2 酶的添加阶段

正如大多数先进的科学思想所遇到的情况，新技术在转移到工艺革新和产品制造的真实世界中会经常出现不寻常且无法预料的困难。因此，当蛋白酶被引入干酪制造工艺中时，情况也是如此。图 5.1 说明了在硬质和半硬质干酪制造工艺中有机会添加促熟酶的阶段。这幅图适用于任何酶。尽管如此，在蛋白酶范例中，添加阶段显得更重要，因此在此特别强调。

所有酶都是生物催化剂，并且少量酶就能转化大量底物。蛋白酶也是如此。因此，对于添加到干酪中用于分解酪蛋白的蛋白酶来说，仅需要少量蛋白酶就能完成任务。从成本和转化率来看，这非常好。然而，这又意味着成吨的干酪中混合着数克活性蛋白酶。将外源酶类均匀分布在复杂的干酪组织中本身就是一件非常困难的事情。将蛋白酶添加到图 5.1 中 A 处，即添加在原料乳中，从逻辑上看非常理想。这是由于发酵剂和皱胃酶也在此处添加，并能完全混匀。尽管如此，不同于配方中这些传统使用的配料（如发酵剂和皱胃酶），

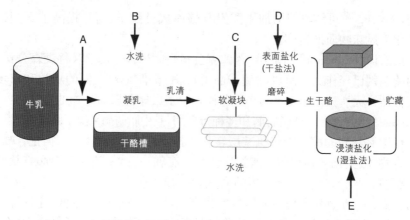

图 5.1　在硬质和半硬质干酪制造过程中,可能添加促熟酶的阶段

促熟蛋白酶会马上着手从酪蛋白中移除可溶性肽类。当干酪凝块从乳清中分出时,这些肽类也一并被排入乳清中,从而导致干酪产率出现难以接受的损失。不仅如此,酪蛋白过早地分解不但会打乱它们的有序结构和妨碍稳固胶状凝块的形成,而且使凝块质地过于松软,以至于凝块在后续的酸化、盐化(加盐)和成形压榨阶段变得无法处理。除了这些问题之外,促熟蛋白酶损耗非常高,以至于大约 95% 蛋白酶会随着乳清一起排出干酪体系。因此,非常清楚的是,在牛乳中直接添加蛋白酶是一种不可行的方案。如果蛋白酶制剂价格不是那么昂贵的话,它们的这种添加方式也许可行,但是大多数大型干酪工厂会将乳清制成乳清浓缩蛋白,然后将它们出售给食品生产厂家,最后它们作为一种功能性成分被添加到食品中。乳清在加工和出售之前,当中携带的所有促熟酶类务必除去或灭活。

　　微胶囊化的酶类显然是一种解决上述问题的方案。这种方案既能保护牛乳中的酪蛋白,又能将酶保留在胶状凝块组织中。微胶囊壁材的选择有脂肪、淀粉和明胶等物质,但是无一物质在干酪中有令人满意的酶类释放效果。本章编者的研究团队开发出一种特殊的微胶囊壁材物质——磷脂脂质体,并以此作为一种有效的方法来克服这个技术障碍。先将蛋白酶和肽酶包埋在脂质体中,然后将此微胶囊化的酶类添加到干酪原料乳中。大多数促熟酶类会被包埋在凝块粒子之间的孔隙中,从而流失到乳清中的量非常少。在干酪凝块从乳清中分出之后,脂质体会在干酪组织中自然地降解。这会使得干酪凝块中的蛋白质和促熟蛋白酶之间进行充分的接触。尽管如此,虽然该项技术已经被应用于无数的干酪小试实验中,但是,为了制作出稳定且容量高的脂质体,就必须使用成本昂贵的纯磷脂,从而妨碍了它成为一种大规模商用技术。最近,法国 Lucas Meyer 推出了商用的脂质体产品(Pro-Lipo^TM Duo)。该产品中脂质体存在形式为脂质体前体物质。应用它为微胶囊壁材,然后将促熟酶类包埋在其中。该微胶囊化的酶类最终被应用在切达干酪中。尽管如此,与早期"自制"脂质体制备的微胶囊化酶类相比,这项技术的经济性评估工作还没开展。Kailasapathy 和 Lam 总结了其他蛋白酶微胶囊化的方法,其中就有使用食品级亲水胶体为微胶囊壁材的方法。该方法看起来为干酪类似品带来了新的机遇。然而,在主要的干酪生产国中,当前的干酪法规不允许在天然干酪中使用亲水胶体。

在以高达干酪(Gouda)和爱达姆干酪(Edam)为代表的半硬质干酪生产工艺中,其中有一个"水洗"凝乳块的步骤。该处理的目的是减少凝乳块中的乳糖含量从而有利于降低干酪酸度。虽然此阶段(图 5.1 中 B 处)和软凝块阶段(图 5.1 中 C 处)再一次为促熟酶类均匀分布在干酪组织中提供了机会,但是,如果在这两个阶段添加促熟酶类,就会引起新鲜凝块质地软化,干酪产率降低和凝块中"非包埋"酶类流失等问题。半硬质干酪属于浸渍盐化的干酪,不属于表面盐化的干酪。因此,这可能又提供了一次添加促熟酶类的机会(图 5.1 中 E 处)。尽管如此,由于生干酪质地紧密,研究者们认为酶从盐水渗透进生干酪中的量肯定非常少。因此,这也是一种不可行的方案,从而使得半硬质干酪非常难以用外源促熟酶类来处理。

在表面盐化的干酪品种,例如切达干酪,促熟酶类可以和干盐一起加入磨碎的凝块中(图 5.1 中 D 处,随后马上进行压榨定型)。这最初被建议用于小试规模级的干酪制作,并且该工艺的应用规模已经成功扩大到了 180 L 级干酪槽。尽管如此,此项技术还是难以适应和放大来匹配自动加盐装置(加盐枪)。由于大型干酪工厂使用自动加盐装置加盐,此项技术的应用受到了限制。虽然促熟酶类可与干盐一起进行颗粒化处理,但是这是一种昂贵的工艺,从而无法得到广泛的应用。最近有一种干酪促熟酶类添加方法获得了专利。过程如下:先将凝块与酶在容器中混匀,随后对该容器施以"负压"处理,这样酶就被"吸入"凝块组织中。尽管如此,目前还不清楚此项发明如何解决酶的均匀分布和凝块水分和结构改变的问题。Wilkinson 和 Kilcawley 在他们发表的综述中提出一种新的干酪促熟酶类添加方法——将酶直接机械注射到成品干酪中。但是目前市场上这样的技术还没成熟。

无论采用哪种物理方法来将酶添加到干酪凝块中,总归需要某些载体来分散它们。这些载体可能是水,或者是干酪天然组成成分(盐和乳脂肪等)。

因此,关于干酪促熟酶类添加技术的整块领域迫切需要利用基础研究结果来创新,但是研究者们也需要从干酪技师和企业经营人员那里得到相关反馈。例如,利用分子酶学和应用酶学方面的丰富知识来将无细胞提取物或整个细胞包埋在合适载体中,从而创造出微胶囊化的酶复合体。这种微胶囊化的酶复合体既可释放氨基酸、脂肪酸和糖(单糖和寡糖),又可将它们代谢成已知的风味物质。这方面技术已经在低水相酶学、固定化酶学、细胞酶学和膜学中产生,但是至今人们还没动力来将这方面技术应用在酶促干酪成熟的研究中。在当前情况下,这可以理解。怎样在干酪中方便地使用微胶囊化的酶复合体？符合常理的做法是使用全细胞技术。大自然已经为人类做了这项工作,为什么还要做呢？最简单的答案是大自然设计出的微生物细胞是为了有效的生命活动,不是为了有效地促进干酪成熟。不仅如此,天然的微生物细胞代谢活动和结构需要经过修饰才能与干酪促熟技术有效地结合在一起。在全细胞技术范畴内,基因工程能为我们做到这点。然而,无论这样做有多安全,媒体和消费者的主流意见是坚决反对沿着这种路线发展。虽然如此,全细胞技术方案仍不失为一类可行的方案。在这类方案中,一些方案采用了基因工程技术,另一些方案未采用基因工程技术。对于开发干酪促熟酶体系的公司来说,它们目前比较青睐全细胞技术方案。

5.4.3 酶改性干酪技术

从传统天然干酪的角度来看,酶改性干酪不是真正的干酪。作为一种浓缩干酪风味物质,它常被用于制作再制干酪,干酪风味零食和干酪蘸酱。它的制作过程简述如下：先制备经过乳化的干酪浆,随后往干酪浆中添加动物来源或 GRAS(公认安全的)微生物来源的脂肪酶和蛋白酶,并在一定温度下进行保温酶解数天后制得。这项技术于 1969 年率先被美国批准使用,随后这种产品于 1970 年开始大规模地用于再制干酪的生产。现在所有的乳品原辅料主流供应商都有大面积且相对先进的酶改性干酪产品生产线。虽然他们的生产方法都建立在专利和大量知识产权的基础上,但是大体上生产工艺流程如图 5.2 所示。

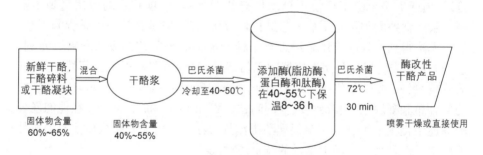

图 5.2　酶改性干酪的生产流程图

生产酶改性干酪常用的原料有新鲜硬质或半硬质干酪,干酪碎料或新鲜盐渍切达干酪凝块。原料在粉碎之后先和乳化盐以及水混合成半流动状态的干酪浆(固体物含量 40%～45%),再进行巴氏杀菌(72℃/10 min),随后进行冷却以准备用于酶解处理。酶解反应温度取决于生产目标产品所需的风味反应。例如,要生产出蓝纹干酪风味产品,那娄地青霉(*Penicillium roque forti*)霉菌发酵剂生理活动温度就需要控制在 25～27℃。在该温度范围内,既有利于它的生长繁殖,又有利于它将牛乳脂肪酸代谢成甲基酮这种特征性风味物质。尽管如此,为了加速形成蓝纹干酪风味,最好事先采用某种脂肪酶对干酪浆进行预处理以生成充足的短链和中链游离脂肪酸。该酶解反应温度需要控制在 40～45℃。

酶改性干酪(EMC)生产中使用的乳化剂和稳定剂通常包括单、双硬脂酸甘油酯,磷酸盐,柠檬酸和黄原胶。抗氧化剂通常以植物油或脂溶性维生素(例如生育酚)的形式加入酶改性干酪中。酶解反应生成的醛类、内酯类和醇类这样的特征性风味物质既可使用与它们天然等同的食品级风味物质来"补充",又可使用乳酸菌和霉菌之类的乳品发酵剂发酵来完善。

切达干酪、帕马森干酪、罗马诺干酪、瑞士型干酪和高达干酪风味的酶改性干酪需要使用复合酶来处理,即使用脂肪酶、蛋白酶和肽酶来形成特征性的咸味、辛辣味和脂解类风味。酶解反应温度的选择对于这些风味之间的均衡性至关重要。通常酶解反应温度位于 40~55℃。较高的酶解反应温度能提高工艺效率,缩短酶解时间和抑制污染菌生长;较低的酶解反应温度能避免酶蛋白变性和反应停滞。因此,酶解反应温度的选择需在这两方面达成折中。酶改性干酪生产商倾向使用鲁棒性更强的微生物酶制剂。它们能在数小时内将原料转化成所需的风味物质。即使反应温度高至 70℃,它们依然能够发挥作用。尽管如此,由于酶改性干酪中残留酶活,这可能产生新的问题,如产品在货架期内发生变化和给下游用户使用带来不便。目前,在酶解反应完成之后,会对干酪浆进行巴氏杀菌(72℃/30 min)来破坏残留酶活和杀灭污染微生物。

最后根据水分含量、消费者喜好或食品用途,将干酪浆进行喷雾干燥或直接以膏体形式包装,从而制得酶改性干酪产品。

5.5 溶菌酶

溶菌酶(EC 3.2.1.17)是一种广泛分布于自然界的水解酶。由于溶菌酶能分解革兰氏阳性细菌的细胞壁,它对革兰氏阳性细菌的抑菌效果最为显著。溶菌酶又被称为肽聚糖 N-乙酰胞壁质水解酶。一般商品化溶菌酶多来源于鸡蛋清或溶壁微球菌(*Micrococcus lysodeikticus*)。食品级溶菌酶多提取自鸡蛋清。

高达干酪、丹博干酪、帕达诺干酪、埃门塔尔干酪以及其他重要的半硬质和硬质干酪品种常出现一种质地缺陷现象——后期膨胀(后期产气),即丁酸发酵使干酪产生裂缝和不规则孔洞。具体来说,这种干酪质地缺陷现象是干酪原料乳被酪丁酸梭菌(*Clostridium tyrobutyricum*)污染所致。传统的防止方法是向干酪原料乳中添加硝酸钾,但是各大乳品酶制剂供应商出售的溶菌酶可替代硝酸钾来抑制酪丁酸梭菌的生长,从而防止半硬质和硬质干酪出现这种质地缺陷现象。不仅如此,由于添加硝酸钾可能会导致致癌物质的产生,这种传统方法会逐步被淘汰。因此,添加溶菌酶已成为防止干酪后期膨胀(后期产气)的首选方法。酪丁酸梭菌是一种能形成芽孢的革兰氏阳性细菌。巴氏杀菌并不能杀灭它的芽孢,只能降低其数量。正因为如此,需要使用别的方法来处理原料乳。溶菌酶既能杀灭营养细胞(细菌繁殖体),又能抑制干酪中芽孢(细菌休眠体)的萌发。溶菌酶能在干酪组织中长时间地保持稳定。由于

98

溶菌酶与干酪凝块结合在一起,几乎没有溶菌酶被排入乳清中。在干酪制作中,虽然溶菌酶会抑制作为发酵剂使用的乳酸菌,但它们对溶菌酶的敏感程度要比梭菌属细菌低很多。当溶菌酶在原料乳中添加量达到 500 U/mL 时,对细菌就具有足够选择性。商品化溶菌酶制剂的酶含量大约为 20 000 U/mg。虽然在帕达诺干酪制作中使用的某些嗜热性乳杆菌对溶菌酶非常敏感,但是可通过如下方法来筛选出耐受溶菌酶的嗜热性乳杆菌:让它们在含有溶菌酶的培养基中反复生长以筛选出目标菌。

在高酸度(pH<5.0)条件下,溶菌酶也能抑制酸乳和新鲜干酪中单核细胞增生李斯特菌(*Listeria monocytogenes*)的生长。尽管如此,当溶菌酶应用在商品化发酵乳制品中时,它的抑菌效果始终没达到足以令人放心的地步。甚至可以说,通常这些发酵乳制品本身的高酸度就足以抑制这些病原菌。

5.6 转谷氨酰胺酶

转谷氨酰胺酶(蛋白质-谷氨酰胺-γ-谷氨酰胺转移酶,谷氨酰胺转氨酶;EC 2.3.2.13)能促使酪蛋白和乳清蛋白之间发生交联作用,最近随着微生物来源的转谷氨酰胺酶的商品化,人们对它们在乳品加工中的应用产生了非常大的兴趣,但是该应用仍没得到普及。不仅如此,转谷氨酰胺酶能有效地减少酸乳凝胶乳清析出和脱水收缩现象,并作为一种改善酸乳质地和延长酸乳货架期的方法被广泛研究。特别是,转谷氨酰胺酶已被证实具有增强牛乳蛋白乳化性能,增加酸乳黏度和提高酸乳持水性的作用。

5.7 脂肪酶

作为干酪酶促成熟体系的一部分,本章已经讨论过脂肪酶在干酪风味强化中的应用。尽管如此,也能应用它们来生产改性乳脂类产品。这些产品可以应用在咖啡伴侣、糖果和焙烤食品中。

5.7.1 酶解乳脂类产品

牛乳脂肪经脂肪酶作用后,会释放出短链脂肪酸、中链脂肪酸和它们的衍生物。这些风味物质赋予了酶解乳脂类产品(LMF)浓郁的奶香。通常采用炼乳或黄油为原料来生产 LMF。先将它们进行乳化。这不但使脂肪球表面积最大化,而且为后续脂肪酶作用创造有利条件。接着添加脂肪酶,并将反应条件调整至该脂肪酶最适作用条件。随后让酶和底物充分接触和反应,直至生成所需的风味/香气或者达到预先设定的酸价(酸值)。后者相当于测定脂肪酸的释放量。

在达到反应终点之后,进行巴氏杀菌来灭活脂肪酶。如果成品是固体形态,就对酶解产物进行喷雾干燥;如果成品是液体形态,就将酶解产物标准化至规定的固形物含量。最后进行包装。酶解乳脂类产品包括巧克力涂层和糖衣，人造黄油和人造稀奶油中使用的黄油香精，咖啡伴侣中使用的奶味香精和干酪香精中使用的奶味香料。

用于生产酶解乳脂类产品的脂肪酶类型取决于它们预期的应用。一般而言，应用在焙烤制品中的高质量酶解乳脂类产品会采用猪胰脂肪酶，羊羔或牛犊前胃酯酶或来源于黑曲霉，白地霉，娄地青霉的真菌/霉菌脂肪酶来生产。某些细菌脂肪酶也能使用，例如来源于解脂无色杆菌和假单胞菌属的脂肪酶，但是用于面包制作的酶解乳脂类产品不能由无色杆菌属、青霉属或地丝菌属来源的脂肪酶来制备，否则会使面包产生皂味和霉味。另外，由前胃酯酶制备的酶解乳脂类产品含有高比例的丁酸。当这种酶解乳脂类产品用于制作面包时，会使面包产生腐臭味和汗味。

最近已有论文全面回顾了这方面的技术和应用。感兴趣的读者能从该论文中阅读到更详细的内容（见参考文献[39]）。

5.7.2　乳脂酶法改性

在乳脂理化/功能性质改进方面，虽然化学酯交换、酸解和醇解等方法已被运用了很多年，但是最近兴起的脂肪酶技术已逐步取代了这些化学改性技术，从而使乳脂改性变得更精准和清洁。尤其是利用脂肪酶技术已成功制备出了乳脂替代物。这种乳脂替代物已能部分替代婴儿食品中的普通乳脂。尽管如此，在乳品行业中，在乳脂改性方面，首选的工业化生产方案是采用油脂分提这种物理改性技术。本章有关乳脂酶法改性方面的内容的介绍就到此为止。感兴趣的读者可参考本章引用的有关综述。

5.8　乳糖酶

乳糖酶（β-半乳糖苷酶；EC 3.2.1.23）将乳糖水解成它的单糖组成成分——半乳糖和葡萄糖。虽然动物体内普遍含有乳糖酶，但是直到微生物来源的乳糖酶成为稳定的产品之后，乳糖酶的重要性才体现出来。主要的商品化乳糖酶制剂来源于黑曲霉、米曲霉、假热带假丝酵母和乳酸克鲁维酵母。乳糖酶的应用存在两种方式：游离酶和固定化酶。前者来源于克鲁维酵母属微生物；后者来源于曲霉属微生物。

乳糖不耐症是由于人体消化道缺乏乳糖酶而无法正常代谢乳糖后产生的腹泻、腹胀或腹绞痛等症状。例如，美国就有3 000万～5 000万的人受到乳糖不耐症的困扰。而以片剂形式存在的乳糖酶（例如Lactaid®）就是一种口服治疗乳糖不耐症的药品。乳糖在肠腔内的积累就会造成人体出现腹泻、腹胀或腹绞痛这样的临床症状。Lactaid®片剂会在肠腔中释放出活性乳糖酶来分解人体摄入的乳糖，从而起到缓解乳糖不耐症的作用。

乳清是干酪或干酪素生产过程中得到的副产物,可利用乳清来生产乳清水解糖浆。乳糖水解工序既可直接作用于乳清本身,又可作用于 WPC(浓缩乳清蛋白)生产过程中得到的副产物——超滤(UF)透过液。超滤透过液仍然含有一些乳清蛋白,但是当中乳糖含量更丰富。先将乳清超滤透过液浓缩为总固形物含量达到 15%～20% 的溶液,随后从离子交换、电渗析或纳滤这三种技术中选用一种来进行脱盐处理,接着根据乳糖酶应用方式来选择加热温度。乳糖水解工序既可选用克鲁维酵母属来源的游离乳糖酶,又可选用曲霉属来源的固定化乳糖酶反应柱,并且后者乳糖水解效率更高。同样以乳清超滤透过液为原料,固定化乳糖酶反应柱最高的乳糖水解度能达到 90%,而游离乳糖酶最高的乳糖水解度仅能达到 70% 左右。尽管如此,游离乳糖酶也能催化生成足量的游离葡萄糖和半乳糖,从而使乳糖水解物甜度升高。当将乳糖水解物进一步蒸发至总固形物含量达到 60% 的成品糖浆时,乳糖水解物的甜度会变得更高。乳清水解糖浆的典型生产工艺如图 5.3 所示。

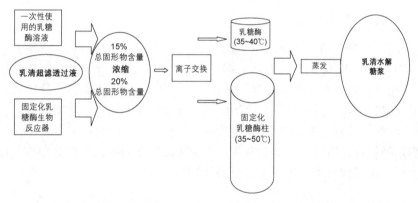

图 5.3　分别使用游离酶和固定化酶工艺生产乳清水解糖浆的流程图

由于乳清水解糖浆中含有高浓度的葡萄糖和半乳酶,这会导致乳清水解糖浆变得黏稠,从而无法对其进行干燥处理,因此只能以液体的形式进行销售和使用。在像冰淇淋、牛奶布丁和沙拉酱之类的许多食品生产中,可用乳清水解糖浆替代甜炼乳、白砂糖和脱脂牛乳的使用。乳清水解糖浆焦糖风味比较突出,从而可作为甜味剂/黏结剂应用在谷物棒中。

参考文献

1. Harboe, M. and Budtz, P. (1999) The production, action and application of rennet and coagulants. In: *Technology of Cheesemaking* (ed. B.A. Law). Sheffield Academic Press, Sheffield, pp. 33–65.
2. Lomholt, S.B. and Qvist, K.B. (1999) The formation of cheese curd. In: *Technology of Cheesemaking* (ed. B.A. Law). Sheffield Academic Press, Sheffield, pp. 66–98.
3. Foltmann, B.F. (1992) Chymosin: a short review on foetal and neonatal gastric proteases. *Scandinavian Journal of Clinical and Laboratory Investigation* **52**, 65–79.
4. Fernandez-Salguero, J., Tejada, L. and Gomez, R. (2002) Use of powdered vegetable coagulant in the manufacture of ewe's milk cheese. *Journal of the Science of Food and Agriculture* **82**, 464–468.

5. Galan, E., Prados, F., Pino, A., Tejada, L. and Fernandez-Salguero, J. (2008) Influence of different amounts of vegetable coagulant from cardoon *Cynara cardunculus* and calf rennet on the proteolysis and sensory characteristics of cheese made with sheep milk. *International Dairy Journal* **18**, 93–98.

6. Tejeda, L., Abellan, A., Cayuela, J.M., Martinez-Cacha, A. and Fernandez-Salguero, J. (2008) Proteolysis in goats' milk cheese made with calf rennet and plant coagulant. *International Dairy Journal* **18**, 139–146.

7. Harboe, M., Broe, M.L. and Qvist, K.B. (2009) The production, action and application of rennets and coagulants. In: *Technology of Cheesemaking* (eds B.A. Law and A. Tamime). Wiley Blackwell, Oxford (in press).

8. Goodenough, P.W. (1995) Food enzymes and the new technology. In: *Enzymes in Food Technology*, 2nd edn (eds G.A. Tucker and L.F.J. Woods). Blackie Academic & Professional, Glasgow, pp. 41–113.

9. Bansal, N., Drake, M.A., Pirainoc, P., Broe, M.L., Harboe, M, Fox, P.F. and Mc Sweeney, P.H.L. (2008) Suitability of recombinant camel (*Camelus dromedarius*) chymosin as a coagulant for Cheddar cheese. *International Dairy Journal* **18** (in press).

10. Law, B.A. (ed.) (1999) *Technology of Cheesemaking*. Sheffield Academic Press, Sheffield.

11. Law, B.A. and Goodenough, P.W. (1995) Enzymes in milk and cheese production. In: *Enzymes in Food Technology*, 2nd edn (eds G.A. Tucker and L.F.G. Woods). Blackie Academic & Professional, Glasgow, pp. 114–143.

12. International Dairy Federation (2007) *Standard 157 Determination of Total Milk-Clotting Activity of Bovine Rennets*. International Dairy Federation, Brussels.

13. International Dairy Federation (1996) *Provisional Standard 176. Determination of Total Milk Clotting Activity of Microbial Coagulants*. International Dairy Federation, Brussels.

14. International Dairy Federation (1997) Standard 110 B. Calf Rennet and Adult Bovine Rennet: Determination of Chymosin and Bovine Pepsin Contents (Chromatographic Method). International Dairy Federation, Brussels.

15. Law, B.A. and John, P. (1981) Effect of LP bactericidal system on the formation of the electrochemical proton gradient in *E. coli*. *FEMS Microbiology Letters* **10**, 67–70.

16. Reiter, B. and Marshall, V.M. (1979) Bactericidal activity of the lactoperoxidase system against psychrotrophic *Pseudomonas* spp. in raw milk. In: *Cold Tolerant Microbes in Spoilage and the Environment* (eds A.D. Russel and R. Fuller). Academic Press, London, pp. 153–164.

17. Law, B.A. (2001) Controlled and accelerated cheese ripening: the research base for new technologies. *International Dairy Journal* **11**, 383–398.

18. West, S. (1996) Flavour production with enzymes. In: *Industrial Enzymology*, 2nd edn (eds T. Godfrey and S. West). Macmillan Press/Stockton Press, Basingstoke/New York, pp. 209–224.

19. Kilcawley, K.N., Wilkinson, M.G. and Fox, P.F. (1998) Enzyme-modified cheese. *International Dairy Journal* **8**, 1–10.

20. Law, B.A., Sharpe, M.E. and Reiter, B. (1974) The release of intracellular dipeptidase from starter streptococci during Cheddar cheese ripening. *Journal of Dairy Research* **41**, 137–146.

21. Law, B.A. and Wigmore, A.S. (1983) Accelerated ripening of Cheddar cheese with commercial proteinase and intracellular enzymes from starter streptococci. *Journal of Dairy Research* **50**, 519–525.

22. Smith, M. (1997) Mature cheese in four months. *Dairy Industries International* **62**, 23–25.

23. Barrett, F.M., Kelly, A.L., McSweeny, P.L.H. and Fox, P.F. (1999) Use of exogenous urokinase to accelerate proteolysis in Cheddar cheese during ripening. *International Dairy Journal* **8**, 421–427.

24. Law, B.A. and King, J.C. (1985) The use of liposomes for the addition of enzymes to cheese. *Journal of Dairy Research* **52**, 183–188.

25. Kirby, C.J., Brooker, B.E. and Law, B.A. (1987) Accelerated ripening of cheese using liposome-encapsulated enzyme. *International Journal of Food Science and Technology* **22**, 355–375.

26. Skie, S. (1994) Development in microencapsulation science application to cheese research and development: a review. *International Dairy Journal* **4**, 573–595.

27. Laloy, E., Vuillemard, J.C. and Simard, R.E. (1998) Characterisation of liposomes and their effect on Cheddar cheese properties during ripening. *Le Lait* **78**, 401–412.

28. Kailasapathy, K. and Lam, S.H. (2005) Application of encapsulated enzymes to accelerated cheese ripening. *International Dairy Journal* **15**, 929–939.

29. Kosikowski, F.V. (1976) Flavour development by enzyme preparations in natural and processed cheese. US Patent 3,975,544.

30. Law, B.A. and Wigmore, A.S. (1982) Accelerated cheese ripening with food grade proteinases. *Journal of Dairy Research* **49**, 137–146.

31. Rhodes, K. (1999) System and method of making enhanced cheese. World Patent, 09921430A1.

32. Wilkinson, M.G. and Kilcawley, K.N. (2005) Mechanisms of incorporation and release of enzymes into cheese during ripening. *International Dairy Journal* **15**, 817–830.

33. International Dairy Federation (1990) Use of enzymes in cheesemaking. *IDF Bulletin* **247**, 24–38.
34. Motoki, M. and Seguro, K. (1998) Transglutaminase and its use in food processing. *Trends in Food Science and Technology* **8**, 204–210.
35. Hinz, K., Huppertz, T., Kulozic, U. and Kelly, A.L. (2007) Influence of enzymatic cross-linking on milk fat globules and emulsifying properties of milk proteins. *International Dairy Journal* **17**, 288–293.
36. Ozer, B., Kirmaci, H.A., Oztekin, S., Hayaloglu, A. and Atamer, M. (2007) Incorporation of microbial transglutaminase into non-fat yogurt production. *International Dairy Journal* **17**, 199–207.
37. Kilara, A. (1985) Enzyme-modified lipid food ingredients. *Process Biochemistry* **20**, 33–45.
38. Dziezak, J.D. (1986) Enzyme modification of dairy products. *Food Technology* **40**, 114–120.
39. Balcao, V.M. and Malcata, F.X. (1998) Lipase catalysed modification of milk fat. *Biotechnology Advances* **16**, 309–341.
40. Macrae, A.R. and Hammond, R.C. (1985) Present and future applications of lipases. *Biotechnology and Genetic Engineering Reviews* **3**, 193–217.
41. Pandey, A., Benjamin, S., Soccol, C.R., Nigam, P., Krieger, N. and Soccol, V.T. (1999) The realm of microbial lipases in biotechnology. *Biotechnology and Applied Biochemistry* **29**, 119–131.
42. King, D.M. and Padley, F.B. (1990) Fat composition. European Patent 0209327.
43. Wigley, R.C. (1996) Cheese and whey. In: *Industrial Enzymology*, 2nd edn (eds T. Godfrey and S. West). Macmillan Press/Stockton Press, Basingstoke/New York, pp. 133–154.

6 酶在面包焙烤中的应用

Maarten van Oort

6.1 概述

焙烤食品是采取焙烤加工手段来对谷物原料进行熟制的一类食品,主要包括面包类、蛋糕类、糕点类、饼干类、松饼类和玉米饼类等食品,其中面粉是这些食品中最重要的原料,并且是酶所作用底物的主要来源。小麦能生长在多种不同的温度、土壤、地区和季节下,因而是一种被广泛种植的农作物。

按植物学分类,所有的小麦都属于禾本科小麦属。普通小麦和硬质小麦是两种主要用于食品加工的小麦品种。面包是一类以面粉、水、盐、酵母和其他配料为原料,经过焙烤制成的食品。面包制作的基本工艺包括混合之前所述的原辅料,直至面粉形成面团,随后将面团焙烤成面包。

面包制作工艺的目标是形成易于发酵和具有良好加工性能的面团,从而实现为消费者提供高品质面包的目的。为了制作出高品质面包,任一工艺制作出的面团必须具有良好的延伸性,使得面团在发酵时能够膨胀。面团也必须具有弹性。富有弹性的面团有足够的强度锁住发酵时产生的气体,并能稳定地保持面包形状和气孔结构。

6.1.1 小麦

小麦是世界上一种主要的农作物,其年产量大约为 5.5 亿吨。玉米、小麦或大米是不同地区人们的主要粮食。

与大米或玉米相比,小麦中的蛋白质最特别,它当中含有能形成面筋网络结构的蛋白质,这和焙烤食品有着本质的联系。

6.1.2 面粉的组成

胚乳位于小麦籽粒的内部,占小麦籽粒的质量分数大约为 83%,一旦将其磨成粉,就成了人们熟知的面粉。

面粉中大部分是淀粉,但是面粉中其他成分也会显著影响面粉的性质。

面粉中主要成分有淀粉(70%~75%)、蛋白质(9%~14%)、脂类(1%~3%)、非淀粉多糖(1%~2%)、灰分(0.5%左右)和水分(13%~14%)。

6.1.3　淀粉

淀粉是谷物籽粒中含量最丰富的成分,并且是当中最重要的能量储存物质。淀粉分子主要是由 D-吡喃葡萄糖通过 α-1,4 糖苷键和 α-1,6 糖苷键连接而成的高分子化合物。淀粉分子中糖苷键是 α 构型,这由吡喃糖环中 C1 上的羟基(—OH)的方向决定。α 构型的糖苷键使得淀粉这种高分子化合物形成螺旋结构。当淀粉分子与纤维素分子进行比较时,它们就会清晰地显示出螺旋几何学方面的差异性。纤维素分子是由 D-吡喃葡萄糖通过 β-1,4 糖苷键连接而成的高分子化合物。由于纤维素分子中糖苷键是 β 构型,纤维素分子形成折叠结构,而淀粉分子通常形成螺旋结构,这对它们的理化性质和对酶的敏感性有强烈的影响。

淀粉中有两种类型高分子化合物:直链淀粉和支链淀粉。

图 6.1　直链淀粉分子示意图

直链淀粉基本上是一种链状高分子(图 6.1),但实际上直链淀粉分子链中存在着少数小的支链。从直链淀粉分子链空间形状来看,非常清楚的是该分子形成了螺旋结构,这是由于它是由 α-糖苷链连接而成的高分子。

支链淀粉是一种分支状高分子[图 6.2(a)和图 6.2(b)]。它的平均相对分子质量要远远高于直链淀粉。

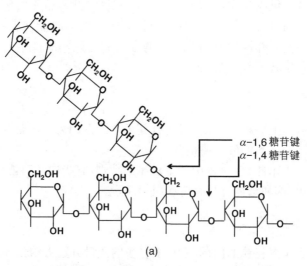

α-1,6 糖苷键
α-1,4 糖苷键

(a)

图 6.2　支链淀粉分子示意图[(a)列出了 α-1,4 糖苷键和 α-1,6 糖苷键;(b)糖苷键对整个支链淀粉分子结构的意义]

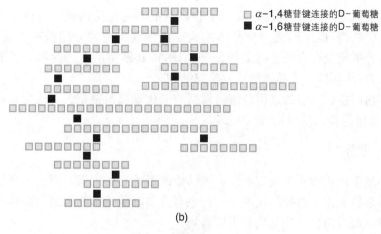

□ α-1,4糖苷键连接的D-葡萄糖
■ α-1,6糖苷键连接的D-葡萄糖

(b)

续图 6.2

这两种高分子之间的结构差异性决定了淀粉性质和淀粉功能之间的差异。表 6.1 列出了它们之间的一些差异性。

表 6.1　直链淀粉和支链淀粉之间的差异性

性　　质	直 链 淀 粉	支 链 淀 粉
分子结构形状	基本上呈直链形	高度分支
连接键	$\alpha-1,4$ 糖苷键（$\pm 1/1\,000$ $\alpha-1,6$ 糖苷键）	$\alpha-1,4$ 和 $\alpha-1,6$ 糖苷键（$\pm 1/25$）
相对分子质量	通常 $10^5\sim10^6$	$10^7\sim10^9$
成膜形	强	弱
形成的凝胶质构	坚实	不形成凝胶/柔软
与碘的显色	蓝色	红褐色

虽然直链淀粉分子通常被图示为直链形状,但其空间结构通常为螺旋结构。该螺旋内部含有氢原子,因此其内部被认为是疏水性区域。这能使得直链淀粉与游离脂肪酸,某些脂类中的脂肪酸成分,某些醇和碘形成复合物。

与脂类形成复合物是直链淀粉分子被熟知的性质,这能明显地改变淀粉的糊化温度、黏度和回生(老化)等性质。

天然的淀粉粒不溶于冷水,但其与水一起被加热时,淀粉粒会发生重大的变化,导致其性质和性能完全改变。这种不可逆的过程被称为淀粉糊化。小麦淀粉的糊化发生在 52~85℃。

在淀粉粒与水一起加热时,链状的直链淀粉分子开始从淀粉粒中游离出,经过持续地加热后,剩余的直链淀粉分子和支链淀粉分子也从淀粉粒中游离出。

在加热之后,溶出的淀粉高分子和剩下的不溶性淀粉粒片段重新排列成一种有序结构,最终形成一种晶体结构。这种现象被称为淀粉回生或老化。与相对分子质量较大的支链淀粉分子相比,链状结构的直链淀粉分子更容易重新缔合,从而转变成晶体结构或凝胶结构。

淀粉回生(老化)的过程与焙烤食品的老化现象紧密相关。这会在后面的6.2节中进行深入的讨论。

6.1.4 面筋

小麦蛋白质被视为决定面包焙烤品质的最重要的因素。面粉中高比例的蛋白质含量是面包焙烤品质的保证。也有许多其他的影响因素与面粉中蛋白质质量一起对面包焙烤品质有重要影响。

小麦籽粒中有 80% 的蛋白质存在于胚乳。面粉中蛋白质根据溶解性质不同被分为可溶于水的清蛋白、可溶于盐溶液的球蛋白、可溶于 70% 乙醇的麦胶蛋白(醇溶蛋白)和可溶于稀酸或稀碱溶液的麦谷蛋白。面粉中蛋白质主要由麦胶蛋白和麦谷蛋白组成。以上四类蛋白质组分覆盖面较广,包含了多种类型蛋白质,表明了不同类型蛋白质之间的复杂性和差异性。上述四类蛋白质组分(根据 Osborne 提出的植物蛋白质分类方法)含量与面包最终焙烤品质之间只存在着有限的关联。

面粉与水混合之后,会形成一种具有黏弹性的团块。淀粉能从该团块中洗去,然后剩下的部分称为湿面筋。去掉水分的面筋称为干面筋。干面筋含有 70%~85% 蛋白质,5%~15% 碳水化合物(包括淀粉和非淀粉多糖),3%~10% 脂类和 1%~2% 灰分。

面筋蛋白质中含有含量相对较高的谷氨酸(以谷氨酰胺的形式存在于小麦籽粒)、脯氨酸、疏水性氨基酸和含硫的半胱氨酸。谷氨酰胺和疏水性氨基酸在面团调制过程中能确保形成大量的氢键,这有助于形成包围小气泡的膜。环状结构的脯氨酸会干扰蛋白质高分子中 α-螺旋结构的形成,这会促进形成较高比例的 β-折叠结构,从而使面筋具有良好的弹性。含硫氨基酸能确保蛋白质多肽链之间和多肽链内形成二硫键,从而使蛋白质网络具有较高的强度。

所有的这些氨基酸同时作用的效果就是快速形成大量的面筋薄膜,从而使面团具有独特的黏弹性和保持气体的能力。

小麦面筋具有的黏弹性使小麦蛋白质有别于其他谷物蛋白质或其他来源的植物蛋白质。面筋的形成是麦胶蛋白和麦谷蛋白这两种面粉中主要的蛋白质之间相互作用的结果。面粉与水混合形成的黏弹性团块在很大程度上要归因于这种相互作用。

富含硫的麦谷蛋白能形成聚合体结构。含硫较少的麦胶蛋白主要以单体形式存在。麦谷蛋白由高分子量麦谷蛋白亚基和低分子量麦谷蛋白亚基组成。这两个亚基通过二硫键连接形成聚合体结构。麦胶蛋白表现为黏稠的液体,而麦谷蛋白表现为具有黏弹性的固体。在面筋网络中,这些性质结合在一起形成了具有黏弹性的蛋白质网络,从而使小气泡在面包烤制过程中保留在面团内。这种高度特异性使面粉能用于生产多种由酵母或化学物质发酵的焙烤食品。

面筋的组成和强度(质量)部分取决于当中存在的丰富的麦谷蛋白亚基。每个亚基的相对含量取决于小麦基因、生长条件和施肥情况。麦谷蛋白聚合体在组成和粒度分布方面非常多样化。高分子量麦谷蛋白亚基的某些组分与面包体积高度相关,而当中的其他组分与此无关。不溶于十二烷基硫酸钠(SDS)溶液的麦谷蛋白组分被称为麦谷蛋白大聚合体(GMP)。该组分已被详细研究,并有证据表明它可作为一个衡量小麦籽粒品质的参数。

大多数高分子量麦谷蛋白亚基已被测序。不同蛋白质之间和蛋白质不同组分之间的关系已经建立。麦谷蛋白亚基和它们之间的组合对面包焙烤品质的影响已经有一些研究结果。然而,还有许多未知的内容,这主要是由于面筋网络的复杂性和该网络中存在着大量不同的麦谷蛋白亚基。

氧化剂和还原剂被已证明对面筋结构有影响。作为面团改良剂的抗坏血酸、溴酸钾和半胱氨酸已被使用了几十年。改变二硫键或巯基的氧化还原状态会显著改变小麦面筋中麦谷蛋白亚基的聚合作用。因此这会影响面团的力学性能和黏弹性。

6.1.5 非淀粉多糖

非淀粉多糖(NSP)存在于小麦籽粒胚乳和糊粉层细胞壁。非淀粉多糖代表了不同的多糖。这一群多糖由戊糖和少数已糖构建而成。这些多糖被称为戊聚糖,其主要成分是阿拉伯糖(A)和木糖(X)这两种戊糖。阿拉伯木聚糖(AX)结构是木糖残基通过 β-1,4 糖苷键连接而成一条线性主链,并且木糖残基在 C3 位被阿拉伯糖残基单一取代,也可在 C2 和 C3 位同时被阿拉伯糖残基双取代。阿拉伯木聚糖相对分子质量为 20 000～5 000 000。阿拉伯木聚糖、纤维素、β-葡聚糖、阿拉伯木聚糖肽和其他的一些次要成分(如半乳甘露聚糖、葡甘聚糖和木葡聚糖)一起统称为非淀粉多糖。一些阿拉伯糖残基会被阿魏酸(FA)酯化。虽然面粉和面筋中都发现了游离态阿魏酸,可溶性结合态阿魏酸和不溶性结合态阿魏酸的存在,但是阿魏酸是水溶性阿拉伯木聚糖(WE-AX)和水不溶性阿拉伯木聚糖(WU-AX)中的天然组分。

尽管戊聚糖在面粉中含量很低(通常提取率为 2%～3%),但是它们对面团性质、面筋质量和成品面包品质有着非常重要的影响。由于阿拉伯木聚糖具有较高的持水性,它们在面包制作过程能起到调节水的作用,而且面筋性质和面团性质会受到蛋白质和戊聚糖之间相互作用的影响。

水溶性阿拉伯木聚糖具有一些独特的理化性质,比如最高能结合自身质量 10 倍的水,形成高黏度的水溶液和通过共价连接形成凝胶。所有的这些性质对面筋质量和面团性质均有直接的功能意义。人们通常认为水溶性阿拉伯木聚糖面包对焙烤品质具有积极作用,而据报道水不溶性阿拉伯木聚糖对面包焙烤品质具有强烈的消极作用。但 Wang 认为水溶性阿拉伯木聚糖和水不溶性阿拉伯木聚糖对面筋生成率、麦谷蛋白大聚合体(GMP)生成率、面筋和 GMP 的组成、面筋和 GMP 的性质具有相似的影响。

改性阿拉伯木聚糖的酶被成功应用在全球几乎所有的面包焙烤步骤中,其主要原因是水不溶性阿拉伯木聚糖或水溶性阿拉伯木聚糖对面包焙烤品质具有消极的作用。

戊聚糖通过阿魏酰加合物进行氧化胶凝(图6.3)。水溶性阿拉伯木聚糖和水不溶性阿拉伯木聚糖的氧化胶凝性都得到了广泛的研究。在多种不同的氧化体系中,过氧化物酶和漆酶被成功地应用为阿拉伯木聚糖溶液的胶凝剂。

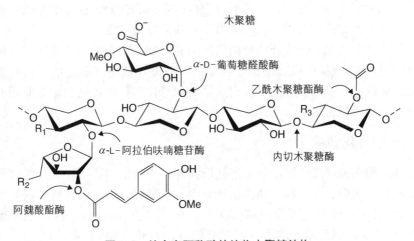

图6.3 结合有阿魏酸的植物木聚糖结构

通常认为该氧化作用通过游离阿魏酸残基交联发生。

一种可能的氧化胶凝机制是相邻阿拉伯木聚糖链中阿魏酸残基相互连接形成阿魏酸二聚物所导致的结果。由于阿拉伯木聚糖凝胶中含有大约25%蛋白质,并且该凝胶能被蛋白酶溶解,那说明也有蛋白质参与到凝胶过程中。这表明阿魏酸残基也会与蛋白质结合,并且最有可能与酪氨酸残基和/或半胱氨酸残基结合。总共提出了三种不同的可能机制来解释这种现象:两个阿魏酸残基通过它们各自的芳香环部分形成交联;一个阿魏酸残基的芳香环部分与酪氨酸的芳香环部分形成交联或者两个酪氨酸残基通过它们各自的芳香环部分形成交联。

借助于阿魏酸酯二聚物的形成,漆酶能催化阿魏酸阿拉伯木聚糖形成凝胶。虽然没有证据表明巯基化合物与苯氧基自由基形成了交联,但是已经有科学家提出了阿魏酸残基中苯氧基自由基被漆酶氧化之后,参与到巯基化合物转变成二硫键的反应中。因此在面团中使用漆酶之后,就会看到面团会变得更紧实。

6.1.6 脂类

面粉中的脂类形成了一类化学结构和成分高度异质性的分子群。脂类可被分为游离态脂类和结合态脂类。这两种脂类都含有极性和非极性脂类。极性脂类又可分为糖脂类和磷脂类。面粉中的糖脂类主要由单半乳糖基甘油二酯(MGDG)和双半乳糖基甘油二酯(DGDG)组成,而面粉中的磷脂类主要由溶血磷脂酰胆碱(LPC 或溶血卵磷脂)和磷脂酰胆碱(PC 或卵磷脂)组成。就酯化脂肪酸位置和结构而言,这两类脂类也显示出高度异质性。非极性脂类主要由甘油三酯组成。面粉中不同脂类中的脂肪酸主要以亚油酸为主,而像棕榈酸和油酸这样的其他脂肪酸含量比较低。

结合态脂类主要与淀粉结合,也有小部分与蛋白质结合。淀粉脂(大约占淀粉总量的三分之一)主要由溶血卵磷脂组成。在淀粉糊化期间,这些面粉中的脂类与直链淀粉形成包埋复合物,其中溶血卵磷脂的脂肪酸链部分嵌入直链淀粉 α-螺旋的疏水内腔,据此形成复合物。这些复合物也可能已经存在于天然淀粉。因此在大部分淀粉糊化之前,这些脂类无法得到有效利用。

非淀粉脂由含量相似的极性和非极性脂类组成。部分非淀粉脂最有可能与蛋白质结合。

众所周知极性脂类在面团稳定性和酵母发面焙烤食品的加工耐受性方面起着重要作用。面粉中极性脂类在气/液界面形成脂单层的能力被认为对面团保气性具有积极作用,并且面粉中极性脂类也会和面筋蛋白质相互作用。这种相互作用也被认为对面团保气性具有积极作用。

6.2 酶在面包焙烤中的应用

在过去的 10 年间,焙烤食品的品质有了根本性的进步,尤其是在风味、质地(质构)和货架期方面。这些进步的最大贡献者就是酶。焙烤行业中使用的酶制剂几乎占整个食品酶制剂市场份额的三分之一。

焙烤酶制剂能当面粉添加剂使用。它们能使用在面团改良剂中以取代化学物质的使用,从而以一种"标签友好"的方式来发挥作用。

焙烤行业中主要使用五类酶(表 6.2)。淀粉酶类用于将淀粉转变成糖类和糊精。氧化酶类用于面团的增筋和增白。半纤维素酶类和蛋白酶类是对小麦面筋有作用的酶类。半纤维素酶类能提高面筋强度,而蛋白酶类能降低面筋弹性。所有的这些酶类在面包体积保持,面包瓤的柔软度,面包皮的酥脆度,面包皮的上色或褐变和面包新鲜度保持方面共同发挥着重要作用。

表 6.2 不同的酶在面包制作中的大致作用

	改善面筋网络	保气性/增大体积	改善颜色和风味	改善面包瓤结构	改善货架期性质
淀粉酶类	—	✓	✓	✓	✓
蛋白酶类	✓	—	—	—	—
木聚糖酶类	✓	✓	—	—	—
氧化酶类	✓	✓	—	—	—
脂肪酶类	✓	✓	✓	✓	—

6.2.1 淀粉酶类

α-淀粉酶是焙烤行业中最常用的酶。这是因为它们对面包体积、面包瓤纹理、面包皮颜色、面包风味形成和抗老化方面具有积极作用。还有证据表明淀粉酶类对面团形成有作用。

6.2.2 分类

基于分子结构和氨基酸序列的相似性,淀粉酶类属于糖苷水解酶家族。糖苷水解酶 13,14 和 15 家族中发现有多种淀粉酶。除了 α-淀粉酶(1,4-α-D-葡聚糖-葡聚糖水解酶;EC 3.2.1.1)之外,麦芽糖淀粉酶(EC 3.2.1.33)、β-淀粉酶(EC 3.2.1.2)、淀粉葡萄糖苷酶(也称为葡萄糖淀粉酶,EC 3.2.1.3)、普鲁兰酶(EC 3.2.1.41)和异淀粉酶(EC 3.2.1.68)也属于这些糖苷水解酶家族。图 6.4 以示意图的形式概述了这些淀粉酶对淀粉分子的作用模式。

α-淀粉酶是一种内切酶,随机地水解淀粉分子中的 α-1,4 糖苷键,从而产生短链的糊精。α-淀粉酶将面粉中的损伤淀粉分解成 DP2～DP12 的短链糊精。这些低聚合度的糊精可以让酵母在面团发酵,醒发期间和焙烤初期阶段持续地利用,从而能改善面包体积和面包瓤质地(质构)。除此之外,像葡萄糖和麦芽糖这样的由淀粉酶产生的单糖和双糖能增强美拉德反应的程度,从而加深面包皮的褐变和增强面包的焙烤风味。如果淀粉酶含量较低,则会产生较少的糊精和气体,这会导致面包体积缩小和面包皮上色不足,从而产生品质低劣的面包。然而,这不是 α-淀粉酶的唯一作用。正如 Pritchard 证实的那样,α-淀粉酶的一项主要作用在于降低淀粉糊化期间面团的黏度。非损伤淀粉粒会在 55℃ 时开始糊化。这会导致直链淀粉分子从淀粉粒中游离出和支链淀粉微晶束初步溶融。这些淀粉变化会导致面团黏度急剧上升,从而会影响面包的入炉急胀性。当 α-淀粉酶攻击糊化淀粉时,会提高面包的入炉急胀性,显著增大成品体积。

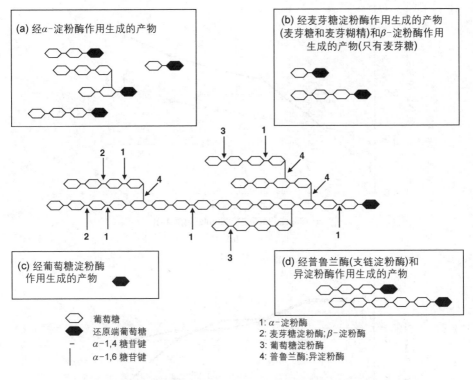

图6.4 不同淀粉分解酶的攻击位点和生成的产物

小麦和面粉中含有内源酶,其中淀粉酶是内源酶的重要组成部分。然而有一些面粉中α-淀粉酶含量有时候非常低,因此有必要在面粉中补充α-淀粉酶。这能以麦芽粉或真菌淀粉酶的形式进行添加。自1960年以来,考虑到天气条件之类的影响因素会造成面粉中α-淀粉酶含量的差异性,为了使这种α-淀粉酶含量天然差异性降至最低程度,面包师会在面粉中补充α-淀粉酶。

6.2.3 淀粉酶在面包焙烤中的作用

α-淀粉酶属于内切淀粉酶。这意味着它们可随机水解淀粉分子中α-1,4糖苷键。淀粉酶仅能作用于损伤淀粉或糊化淀粉,这是由于它们易受酶的攻击。损伤淀粉的量取决于小麦品种和研磨条件,特别受后者影响。英国标准面粉中损伤淀粉比例较高以提高面团的持水性。用量合适的真菌淀粉酶,能改善面团性质和提高面包品质,使之达到所需的要求。然而α-淀粉酶含量过高会过度降解损伤淀粉,这样会导致面团发黏。

在使用两种不同质量面粉的情况下,提高某种真菌α-淀粉酶用量对面包比体积、面包瓤结构和面团黏性的影响显示于图6.5(a)和图6.5(b)。

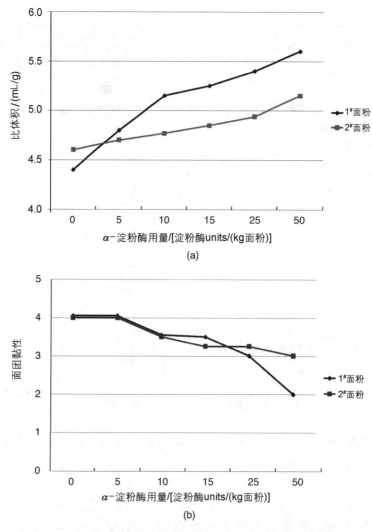

图6.5　(a)真菌 α-淀粉酶用量对比体积的影响;(b)真菌 α-淀粉酶
用量对面团黏性的影响(5代表无黏性;0代表黏性最高)

　　随着面粉中淀粉酶用量的提高,面包比体积和面包瓤结构得到了明显的
改善。虽然淀粉酶作用的程度跟面粉自身有关,但是采用不同类型面粉时,能
见到这种现象。即使这些积极作用随着淀粉酶用量提高而提高,但其也有一
个最适用量,这是因为面团的黏性也随淀粉酶用量提高而提高,在较高淀粉酶
用量下,1# 面粉会形成一种无法操作的面团,如图 6.5(a)和图 6.5(b)所示。

6.2.4　其他淀粉酶

　　普鲁兰酶和异淀粉酶是两种最有名的淀粉脱支酶。这两种酶都能水解淀
粉分子中 α - 1,6 糖苷键,因此能从分支状的支链淀粉分子中释放出侧链。

β-淀粉酶和葡萄糖淀粉酶是典型的外切酶,是从淀粉分子链的非还原性末端开始作用于 α-1,4 糖苷键,分别依次将 β-麦芽糖和 β-葡萄糖水解下来。β-淀粉酶遇到 α-1,6 糖苷键(分支点)就停止作用(不能切开或绕过 α-1,6 糖苷键),但葡萄糖淀粉酶能切开 α-1,6 糖苷键。因此,理论上,葡萄糖淀粉酶可将淀粉完全水解成 β-葡萄糖。这四类淀粉酶都对面团性质和面包品质影响有限。

6.2.5 抗老化淀粉酶

面包会很快失去新鲜,并且易受微生物污染而腐败变质。除了由微生物导致的腐败变质之外,面包在储存期间发生的风味和质地(质构)变化,通常称为老化。这种使面包变硬和变干的现象通常归因于淀粉回生(老化)。观察到的变化有面包瓤变得硬而脆,面包瓤不透明度增加,面包皮酥脆性降低,面包新鲜风味消失和老化味出现。所有这些因素会令消费者难以接受这样的面包。

每年用于焙烤面包的面粉有 8 500 万吨。添加乳化剂或酶之类的老化延迟剂能使面包保持较长时间的新鲜。据估计每年有 10%～15% 的面包被丢弃。这是因为它们不能满足消费者对面包品质、面包瓤柔软性和面包风味等方面的要求。如果面包能保存数日之久而不失去原有的性质,那每年可节省 200 万吨面粉。而这是美国年均面粉消费量的 40%。 |112|

淀粉回生(老化)被视为造成上述观察到的面包变化的主要因素。然而少数研究者认为除了淀粉回生(老化)因素之外,面筋、脂类和(或)特定的糊精在面包老化中也起着重要作用,而且有少数其他因素也会影响面包瓤柔软性。这并不都由淀粉回生(老化)造成。

(1)就内源酶活和损伤淀粉比例这两方面的面粉质量因素而言,它们对淀粉酶总体作用效率有影响,从而对面包品质有影响。

(2)众所周知,面包体积与面包瓤柔软性有明确关系。面包比体积越大,|113|面包瓤越柔软。颗粒和气孔细小的面包瓤要比颗粒粗糙和气孔大的面包瓤柔软。

(3)面包配方对面包老化也有明确影响。这是由于起酥油之类的辅料对面包体积有影响,从而对面包瓤柔软性有影响。

(4)面包制作工艺对面包老化也有明确影响。与直接发酵法相比,中种发酵法制作的面包具有不同的组织和柔软性。同样地,制作面包时采用的转面团这一步骤也对面包瓤柔软性有积极作用,将会产生组织更细腻且更均匀的面包瓤。

(5)面包储存条件会影响到面包老化。低温储存会增强淀粉回生(老化),因此面包储存条件对面包瓤柔软性有明显的影响。

21 世纪初美国提出延长货架期(ESL)概念。为了在工业化的面包生产中获得巨大的进步,此概念使用已经存在的酶技术。这些取得的进步显著延长了商品化面包的货架期。货架期最长能达到 11 d。这大大减少了老化面包的退货。并且由于运输班次的减少,这也显著降低了物流的复杂性和费用。

ESL 最显眼的应用是在面包中,也有少部分应用在零食蛋糕中。然而ESL 也可能在从曲奇、蛋糕到冷冻面团制品之类的其他谷物制品中取得重要的进步。

在取得这些进步之后,对更长货架期的需求显得迫在眉睫。开发更深层次 ESL 的目标主要在以下四个领域展开:质地(质构)、风味、微生物稳定性和面包瓤膨润性。

随着像细菌淀粉酶或中温麦芽糖淀粉酶这些特异性酶的使用,面包瓤能获得足够的柔软性,但是难以获得足够的弹性。由于难以确定究竟是哪些结构影响面包瓤弹性,面筋、淀粉、支链淀粉、改性支链淀粉等都有可能影响到面包瓤弹性,因此非常难以找出对面包瓤弹性有积极作用的酶和(或)辅料。

当面包放置较长时间后,会失去其新鲜时的风味和香味,并散发令人不快的老化气味。去除或掩盖这种老化气味是实现 ESL 的前提。使用合适的酶可使面包保持较长时间的柔软,但是微生物引起的变质遏制了这种行为。提高面团中丙酸盐用量的方法并不可取,这样做会影响面包味道和酵母生长。长时间的储存会增加面包瓤水分的蒸发。面包瓤中水分会通过面包皮迁移到外部,从而剩下不受欢迎的干硬面包瓤。为了防止这种现象出现,需要采取特别的措施。

而且 ESL 的发展将会给焙烤行业带来非常好的机会。目前正在讨论焙烤行业的产品销售(例如在商店和超市中对面包进行商品化展示),库存管理(正如在曲奇和饼干上所做的一样)和产品物流方面的进一步优化。

真菌淀粉酶对面包老化控制作用有限。这种酶主要作用于损伤淀粉。但是在淀粉开始糊化的温度下,真菌淀粉酶已经失活。因此当淀粉能被作用时,它们已经不能作用于淀粉。

细菌淀粉酶耐热性更强。这种酶对糊化淀粉粒无定形区(非结晶区)具有显著的作用。对糊化淀粉进行改性能产生明显的抗老化作用。然而,由于细菌淀粉酶非常耐热,这种酶在面包焙烤之后仍会残留部分活力,这会导致淀粉过度降解,从而引起面包在储存期出现顶部塌陷问题。只有在用量非常低的情况下,细菌淀粉酶才能安全地使用,但是用量过高造成的风险仍需注意。

麦芽糖淀粉酶(EC 3.2.1.33)产生 α-构象麦芽糖(和一些长链的麦芽糊精)。该酶最适作用温度为 60~70℃。在该温度区间,活力最高。与真菌淀粉酶或 β-淀粉酶相比,该酶能更大程度分解支链淀粉。

图 6.6(a)显示了几种不同淀粉酶对面包瓤新鲜度的影响。

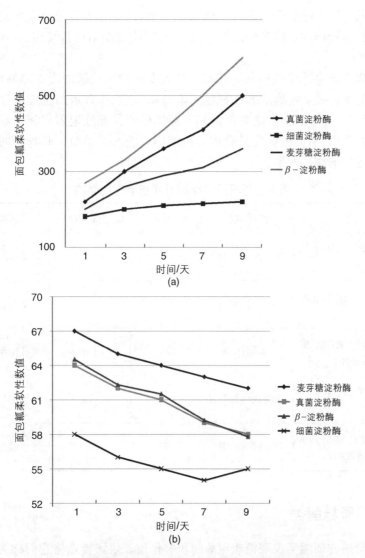

图 6.6 (a) 随着时间变化，不同淀粉酶对面包瓤柔软性影响；
(b) 随着时间变化，不同淀粉酶对面包瓤弹性的影响

从图 6.6 中可以看出，随着面包储存时间的增加，中温麦芽糖淀粉酶对面包瓤柔软性具有显著的积极作用。一种特异性的细菌淀粉酶对面包瓤柔软性的积极作用更大，但是该酶完全破坏了面包瓤弹性[图 6.6(b)]，而麦芽糖淀粉酶即使在面包长期储存以后仍能赋予面包瓤相对良好的弹性。

真菌淀粉酶和 β-淀粉酶对面包瓤柔软性和弹性的作用效果非常有限。这两种酶的作用效果与分子蒸馏单甘酯作用效果相当。

麦芽糖淀粉酶热稳定性介于真菌淀粉酶和细菌淀粉酶之间，因此该酶能够减缓支链淀粉回生(老化)。在面包焙烤过程中，它在失活之前，能水解糊化

淀粉的糖苷键。该酶会在面包焙烤末期失活,因此它不会过分水解淀粉。该酶除了具有较佳的热稳定性之外,与真菌淀粉酶或细菌淀粉酶相比,还有其他益处。

该酶能将直链淀粉和支链淀粉降解成麦芽糖和长链的麦芽糊精,并且分解淀粉时不需要从畅通的非还原性末端开始,这意味着该酶也能通过内切机制攻击淀粉。除此之外,这些生成的麦芽糊精能特异性地阻碍淀粉和面筋之间的相互作用,从而被认为具有抗老化作用。表6.3总结了几种不同淀粉酶对面包老化的作用效果。

表6.3 不同淀粉酶对面包老化的影响

酶	作用机制	热稳定性	面包瓤柔软度	面包瓤弹性
α-淀粉酶(来源于米曲霉)	以内切作用为主	低	+	非常有限的作用
α-淀粉酶(来源于黑曲霉)	以内切作用为主	中等	+	几乎没有作用
α-淀粉酶(来源于解淀粉芽孢杆菌)	内切作用	高	++++	消极作用
α-淀粉酶(麦芽糖α-淀粉酶)	外切和内切作用	中等	++++	积极作用
β-淀粉酶(来源于小麦之类的植物)	外切作用	低	+	几乎没有作用

6.3 木聚糖酶类

大量研究证明了戊聚糖改性酶的积极作用。焙烤行业将它们称为戊聚糖酶、木聚糖酶、阿拉伯木聚糖酶和(或)半纤维素酶。本章将它们称为木聚糖酶。这些酶被认为起作用的方式是降低水不溶性阿拉伯木聚糖持水性和将水不溶性阿拉伯木聚糖和水溶性阿拉伯木聚糖溶解成较小的分子。木聚糖酶另一项作用是将戊聚糖水解到一定程度,这样由戊聚糖造成的面筋凝固弱化就可得到恢复,从而使该负面效应不再发生。Hamer报道了在面糊中使用木聚糖酶能显著改善面筋凝固,所形成的面筋也显示出了非常好的面包焙烤品质。剩下的面筋中不含有任一种可检测的戊聚糖,而通常会有2%～3%戊聚糖连接在面筋上,这就解释了该作用的发生。这些连接在面筋上的戊聚糖被认为对面筋凝固具有空间位阻效应。目前,根据该原理,出售到淀粉加工业中的商品化木聚糖酶被用于面筋和淀粉的分离。

6.3.1　分类

基于氨基酸序列同源性,糖苷水解酶已被分为 93 个家族,每一个家族的酶成员具有相同的空间结构和反应机制。

木聚糖酶(内切 $1,4-\beta-D-$ 木聚糖酶,EC 3.2.1.8)至少有三种分类方法。第一种分类方法是基于相对分子质量和等电点(pI)。一类是相对分子质量较小但等电点较高(碱性)的木聚糖酶另一类是相对分子质量较大但等电点较低(酸性)的木聚糖酶。第二种分类方法是基于蛋白质晶体结构。这可通过DNA 序列测定来间接推导。内切 $1,4-\beta-$ 木聚糖酶通常分布在糖苷水解酶 5,8,10(先前 F 家族),11(先前 G 家族),16,26 和 43 家族。而大多数木聚糖酶分布在糖苷水解酶 10 和 11 家族,并且发现它们的等电点和相对分子质量通常会呈反比例关系。10 家族中的木聚糖酶通常要比 11 家族中的木聚糖酶更大更复杂。第三种分类方法是基于动力学性质、底物特异性或产物情况。几乎所有的木聚糖酶都是内切的作用方式,这很容易通过色谱测出,但是有关木聚糖酶动力学性质,作用于不同底物的相对反应速率和中间产物生成的动力学方面更详细的测定不太常见。

遗憾的是,只开展了很少量研究以将酶的氨基酸序列或家族成员空间结构与其作用模式、底物特异性和功能性(例如在面包焙烤中)联系起来。

10 家族中的木聚糖酶偶尔会表现出一定的内切纤维酶活力;它们的相对分子质量通常较大,并且它们偶尔会含有一个纤维素结合结构域。通常认为该家族中的木聚糖酶特异性较低。

10 家族中的木聚糖酶成员(包括所有植物木聚糖酶,例如来源于谷物的木聚糖酶)都能作用于对硝基苯-木二糖(PNP-xylobiose)和对硝基苯-纤维二糖(PNP-cellobiose),但该家族中的木聚糖酶对 PNP -木二糖的总催化效率大约是 PNP -纤维二糖的 50 倍。这意味着 10 家族中的木聚糖酶主要作用于木聚糖。10 家族中的木聚糖酶直接攻击紧邻侧链的糖苷键,并且在侧链之间,内切木聚糖酶需要两个未被取代的木吡喃糖基残基。

即使所有木聚糖酶都是以内切方式作用,但是它们的水解产物呈现出了多样性。一些木聚糖酶主要生成木糖和木二糖,其他一些木聚糖酶主要生成木三糖或一系列寡糖。10 家族中木聚糖酶相对分子质量相对较大,并且它们趋向于生成低聚合度的寡糖。再由 β -木糖苷酶(EC 3.2.1.37)作用于这些低聚木糖的非还原端,并将这些短链低聚木糖降解成木糖。

11 家族中的木聚糖酶是真正的木聚糖酶。它们没有纤维素酶活力且相对分子质量一向较小。它们当中有的木聚糖酶等电点高,有的木聚糖酶等电点低。它们可由细菌和真菌产生。来源于细菌(环状芽孢杆菌)和真菌(哈茨木霉)的 11 家族木聚糖酶中许多氨基酸位置基本相同。因此,11 家族木聚糖酶在进化过程中极大地保留了催化部位的基本结构。当在面包焙烤中应用以上两类木聚糖酶时,要考虑到它们功能的差异性,这很值得注意。11 家族中的内切木聚糖酶需要三个连续未被取代的木吡喃糖基残基,由此,可与 10 家族中的木聚糖酶进行区分。

已鉴定出某些木聚糖酶属于糖苷水解酶(GH)5,8 和 43 家族(查看参考文献[6]中关于木聚糖酶的概述)。它们还没被详细研究,并且它们在面包焙烤中的应用潜力尚未详细阐明。在这些木聚糖酶中,其中有一种来源于 *Pseudoalteromonas haloplanktis* TAH3a(一种交替假单胞属细菌菌株)的木聚糖酶,它属于糖苷水解酶(GH)8 家族。这种木聚糖酶是一种典型的嗜冷酶。它在低温下具有很高的活力。它与 10 或 11 家族中的木聚糖酶不同源,但与 8 家族(先前 D 家族)中的成员具有 20%～30%同源性。该家族主要由内切葡聚糖酶组成,但也含有地衣酶和壳聚糖酶。

6.3.2 作用机理

木聚糖酶在面包制作中的作用机理仍未完全阐明。已经有众多不同类型的半纤维素酶制剂用于上述提到的应用,并且都已商品化。它们由广泛的微生物发酵产生。它们当中有许多木聚糖酶产自转基因微生物。所有记载的木聚糖酶的商业化使用都与之前定义的糖苷水解酶(GH)10 或 11 家族中的木聚糖酶有关。商品化的木聚糖酶通常来源于芽孢杆菌属、木霉属、腐质霉属和曲霉属微生物。

长期以来,人们一直认为需要选择性地水解水溶性阿拉伯木聚糖或水不溶性阿拉伯木聚糖这两者中的一种,这取决于具体的应用,而无须水解两者中的另一种。在面包焙烤中,对水不溶性阿拉伯木聚糖有特异性的木聚糖酶被认为是有益的。因此底物选择性方面的差异是一项重要的开发和选择合适木聚糖酶的参数。对于一种芽孢杆菌属来源和另一种曲霉属来源的木聚糖酶来说,它们在底物选择性和活力方面的差异显示出芽孢杆菌属来源的木聚糖酶对水不溶性阿拉伯木聚糖具有明显的特异性,而曲霉属来源的木聚糖酶更偏好水解水溶性阿拉伯木聚糖。然而,这两种木聚糖酶在面包焙烤中都具有一定的积极作用(虽然积极作用不同),这证实了 Wang 的发现,即水溶性阿拉伯木聚糖和水不溶性阿拉伯木聚糖都以一种类似的消极方式影响面筋网络的形成。这意味着水解两者中的一种都有着积极作用。

图 6.7 显示了当采用低筋面粉制作面包时,木聚糖酶的积极作用会更明显。

这再一次证实了 Wang 的发现。与高筋面粉相比,低筋面粉中木聚糖对面筋形成造成的负面影响将更加难以处理。因此抵消低筋面粉中木聚糖产生的负面影响将会显得更有意义。

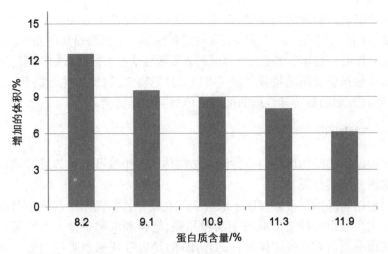

图 6.7 在体积增加方面,木聚糖酶对蛋白质含量不同的面粉的影响

6.3.3 木聚糖酶类在面包焙烤中的作用

木聚糖酶广泛应用于面包焙烤。根据不同应用,通常选择一种合适的木聚糖酶或几种不同木聚糖酶混合物来改善面团加工性能、面团稳定性、面团入炉急胀性和面包体积。这直接表明没有一种单一木聚糖酶在任一应用中能实现所有预期的目标,但也表明在每一应用中,需优化木聚糖酶类型、用法和用量。

尽管对木聚糖酶做了大量研究,并且广泛接受了这类酶,但是不同木聚糖酶机理和作用仍不明确。以下的一组实验(结果未列出)凸显了木聚糖酶在面包制作过程中机理和作用的不确定性。在该组实验中,采用不同的应用对比以下四种不同的木聚糖酶:曲霉属木聚糖酶(单组分,来源于转基因微生物)、曲霉属木聚糖酶(产自固态发酵工艺,因此含有许多不同的副酶活)、细菌(芽孢杆菌属)木聚糖酶和真菌(木霉属)木聚糖酶。当在不同应用中检测这四种木聚糖酶时,尽管它们用量相似,但是这当中的每一种木聚糖酶对面团性质和面包品质各有不同的影响,并随着面团搅拌时间、加水量、调粉机类型和面包类型的不同而变化。这表明没有一种单一木聚糖酶在任何情况下所起的效果都一样良好。面包坊和面包改良剂公司需要为每种应用确立最适的用量和木聚糖酶配比,这只能通过试错来完成。没有方法来预测某一木聚糖酶的性能。

6.4 脂肪酶类

近几年以来,人们认识到脂肪酶(甘油酯水解酶,EC 3.1.1.3)和磷脂酶(A_2 型,EC 3.1.1.4;A_1 型,EC 3.1.1.32)不仅是一种额外的改善面包焙烤品质的工具,而且在面团性能调整方面具有强大和积极的作用。

脂肪酶水解甘油酯分子中的酯键,使其产生甘油单酯(单酰基甘油),甘油二酯(二酰基甘油)和游离脂肪酸,有时候也会催化产生甘油。脂肪酶优先水解甘油三酯分子中的 sn-1 和 sn-3 位置的酯键。脂肪酶通常在油-气或油-水界面处起作用。通常存在于这些界面的表面活性剂能大幅提高脂肪酶的活力。

通常根据脂肪酶的特异性将它们分为四类:底物特异性脂肪酶、区域选择性脂肪酶、脂肪酸特异性脂肪酶和立体特异性脂肪酶。

6.4.1 作用机理

面包面团的结构可视为一种泡沫结构体。单个气孔会被连续并镶嵌有淀粉粒的面筋薄膜分隔开。

面包焙烤品质在很大程度上取决于气孔稳定性。面团中气泡的分布以及它们的大小在很大程度上取决于面粉品质、辅料和调制条件。有些研究一直集中在面筋蛋白质对气体保留性的作用,但是也有证据表明包围着气孔的脂类薄膜也有助于气孔稳定性的提高。表面活性剂(乳化剂)能抑制气孔的不稳定性。事实上,这些辅料通过稳定界面来防止气孔聚集和不均匀。

脂肪酶分解甘油三酯(三酰基甘油)这样的非极性脂类,从而去除了面团中的这一消极成分。这一假设初步解释了脂肪酶在面包焙烤中的积极作用。从图 6.8 中可以看出,非极性脂类通常对面包焙烤品质产生不良影响。甘油三酯无法在油-气界面处形成稳定的单分子层,这是众所周知的事实。依循这样的逻辑,就能理解甘油三酯的分解被认为具有积极意义。1,3-特异性脂肪酶也被认为不会去攻击极性脂类,这看似对面包焙烤品质有积极作用。

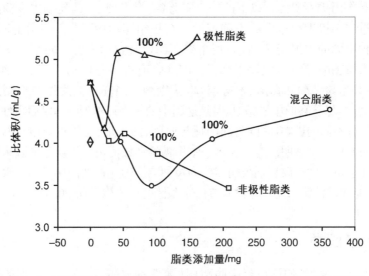

图 6.8　添加不同的小麦脂类对面包体积的影响(转载自参考文献[97])

最新一代的脂肪酶既能水解极性脂类,又能水解非极性脂类(图 6.9),其产物与双乙酰酒石酸单甘油酯(DATEM)和硬脂酰乳酸钠(SSL)这些常见的

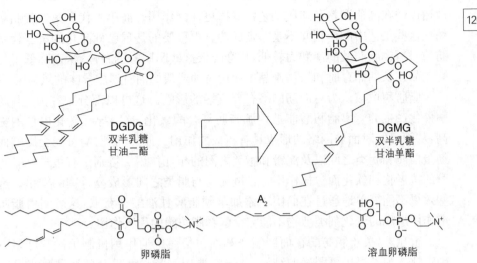

图 6.9　小麦中不同脂类在脂肪酶水解前后的分子结构(转自参考文献[105])

乳化剂具有明显的结构相似性。利用这种方式,脂肪酶的作用能导致气孔的稳定。然而,在作用于极性脂类方面,1,3-特异性脂肪酶与具有其他特异性的脂肪酶之间具有明显的差异。

图 6.9 显示了小麦中不同脂类分别在脂肪酶和磷脂酶水解前后的分子结构。双半乳糖甘油二酯(DGDG)被转变成双半乳糖甘油单酯(DGMG)。磷脂酰胆碱(卵磷脂)被转变成溶血磷脂酰胆碱(溶血卵磷脂)。

6.4.2　脂肪酶类在面包焙烤中的应用

1,3-特异性脂肪酶能改善面团加工性能,提高面团强度和稳定性,改善面团机械性质和提高面团入炉急胀性。除此之外,这种脂肪酶也能改善面包瓤组织结构和白度。焙烤行业中使用的第一代脂肪酶,几乎都是这种类型,它们还可以作为化学氧化剂和乳化剂的替代物。然而,其技术方面和商业方面的益处都很有限。焙烤行业中使用的第二代脂肪酶是一些特异性更广且能作用于极性脂类的酶。这些酶既具有磷脂酶活力又具有脂肪酶活力。磷脂酶扮演的更多的是乳化剂替代物的角色。虽然结果显示这两种类型脂肪酶都能增加气孔的表面压力,但是磷脂酶在这方面的作用更加显著。添加双乙酰酒石酸单甘油酯也能获得相似的表面压力增加。表面压力的增加会形成更小且更稳定的气孔,并使气孔的分布更合理,从而产生更柔软、更细腻且颜色更白的面包瓤组织,更佳的面团加工性能和从某种程度上而言,更大的面包体积。然而,单就表面压力这方面而言,无法说明脂肪酶或乳化剂的积极作用。需要更深入的研究来阐明各种脂肪酶的反应机理,它们催化分解生成的产物和这些产物在面包焙烤过程中所起的作用。

目前第三代脂肪酶正进入焙烤制品市场。利用蛋白质工程对脂肪酶进行改造以便在高速调粉和速成工艺中发挥更佳的作用。而第一代和第二代脂肪酶在这些工艺中的作用并不是非常成功。更重要的是现已商品化的第三代脂肪酶对短链脂肪酸的亲和力较低,这会降低这些脂肪酸的释放,从而降低了焙烤制品在长期储存时和焙烤制品中使用黄油或淡奶油时形成异味的风险。

脂肪酶也被认为对面筋网络有着直接的影响。这可以部分解释为:脂肪酶催化产生的游离脂肪酸能被内源脂肪氧合酶氧化,这会导致氧化电位的提高,从而可能对面筋网络的形成具有积极的作用。此外,脂肪酶可能会影响面筋蛋白质和脂类之间以及淀粉和脂类之间的相互作用。特别是有报告称脂肪酶的抗老化和软化面包瓤作用是直链淀粉与脂类之间形成复合物的结果。这些效果不能简单地通过在面团中添加单硬脂酸甘油酯来获取,这表明由脂肪酶作用形成的乳化剂类似物不能完全解释脂肪酶的积极作用。

很显然,关于脂肪酶在面团制作和面包焙烤中的作用机制仍然有许多不确定性。为了得出更明确的结论,甚至需要用到特异性更高的脂肪酶来进行更深入的研究。

6.5 氧化还原酶类

氧化还原酶广泛分布于微生物、植物和动物。这类酶催化供体分子和受体分子间电子或氧化还原当量的交换。这发生于那些涉及电子转移、去质子、脱氢、氢转移、加氧或其他关键步骤的反应。通常发生两个半反应——一个氧化反应和一个还原反应,并且至少有两个底物(一种还原底物和一种氧化底物)被活化或转换。

为了实现这一生理功能,氧化还原酶含有多种不同的氧化还原活性中心。常见的氧化还原活性中心含有氨基酸、金属离子、配位化合物(例如铁硫簇、血红素簇)或辅酶(例如 FAD、NAD、蝶呤和 PQQ)。

像碳水化合物、不饱和脂肪酸、酚类和含硫蛋白质之类的众多氧化还原酶底物都是面粉的重要成分。它们经氧化还原酶改性后,可能会产生新功能,从而达到提高质量和(或)降低成本的目的。

6.5.1 分类

根据氧化还原酶的氨基酸序列、三维结构或应用,后者又指酶催化反应的类型(由辅助因子决定),可将它们进行分类。在最后一种分类方式中,即根据氧化还原酶的应用来分类,可分成以下四类。

(1) 氧化酶类;

(2) 过氧化物酶类;

(3) 氧合酶类;

(4) 脱氢酶/还原酶类。

以上每一类都存在多种不同的亚类,这主要取决于它们活性中心的差异。在焙烤行业中,已研究过几种不同的氧化酶,并且其中某些氧化酶已有商业化应用。

6.5.2 氧化酶类在面包焙烤中的应用

在面包焙烤中,面包改良剂和面团调节剂被广泛地使用和接受。这些改良剂的主要作用是帮助面筋网络和麦谷蛋白大聚合体(GMP)的重塑,从而达到改善面包质地(质构)、体积、新鲜度以及面团机械性质和稳定性的目的。面团调节剂特指面团强筋剂。强化面筋有助于改善面团流变学特性和加工性能。这些调节剂在面包焙烤中也具有悠久的使用历史,并且广为人知。像碘酸钾、氧化剂、L-抗坏血酸、溴酸钾(已禁用)和偶氮甲酰胺(ADA)之类的非特异性面团调节剂都具有面筋强化功能。它们通过诱导蛋白质-蛋白质连接键形成来实现其面筋强化的作用,从而达到强化面筋和稳定面团的目的。

不溶于十二烷基硫酸钠(SDS)溶液的麦谷蛋白亚基组分(凝胶蛋白质或麦谷蛋白大聚合体)与面包各种不同的质量参数息息相关。它们在面包制作过程一直在变化。在面团调制过程中,麦谷蛋白大聚合体(GMP)会部分解聚,这会产生更多溶于SDS溶液的麦谷蛋白。在面团熟化期间,这些溶于SDS溶液的麦谷蛋白会再次聚合,从而再次提高了麦谷蛋白大聚合体(GMP)的量(图6.10)。这种麦谷蛋白解聚和重塑的过程会受到搅拌时间长短的影响,但是整个过程由氧化还原反应催化而成。

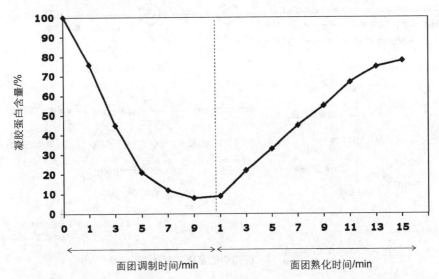

图6.10 凝胶蛋白在面团调制和熟化期间的解聚和重塑(转载自参考文献[17])

面团性质和面团中三维蛋白质网络被公认为取决于二硫键和蛋白质巯基的排列和数量。面团流变学特性方面的研究揭示了二硫键对面团稳定性具有

131

重要作用。具体地说,这些反应基团正是氧化剂或氧化酶的作用目标。

在面筋网络被机械扩展之后,蛋白质三维结构需要被氧化剂稳定。应用少量的溴酸钾或脱氢抗坏血酸之类的氧化剂,能改善面团加工性能和面粉的焙烤特性。也能增大面包体积和改善面包内部组织与结构。溴酸钾被认为能将相对分子质量较小的含巯基肽(谷胱甘肽)氧化成二硫键。换句话说,少量的半胱氨酸或还原型谷胱甘肽能大幅提高面团延伸性。添加这些还原剂有助于提高面团形变所需的黏性和弹性组分。

总之,由于面包制作过程中发生了大量且复杂的氧化还原反应,人们对氧化剂的作用还是知之甚少。

使用酶来替代化学性面团调节剂也能获得相似的氧化效果。表 6.4 列出了焙烤行业中目前使用或正被详细研究而打算用于该行业的众多氧化酶。可以看出,这些来源于不同亚类的氧化酶品种非常丰富,并且都被宣称其在面包制作中能起到有益的作用。表 6.4 中大多数酶催化发生于面团的反应中,如图 6.11 所示。

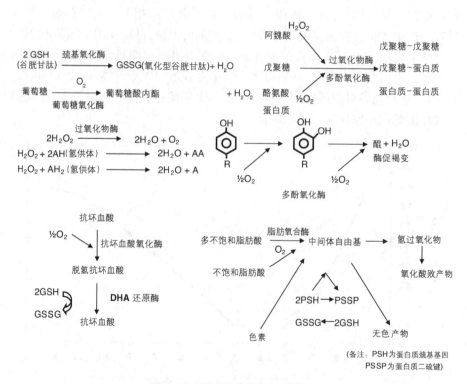

图 6.11 面团中的氧化还原体系

葡萄糖氧化酶和己糖氧化酶非常有可能遵循相似的反应机制来催化它们的反应。葡萄糖氧化酶高度特异性地结合 β-D-吡喃葡萄糖(β 构型),将其氧化成葡萄糖酸内酯,随后葡萄糖内酯会立即转变成葡萄糖醛酸。该酶促反应

表 6.4　焙烤行业中应用的已被商业化或(和)正被研究的氧化酶

酶	EC 编号
葡萄糖氧化酶	1.1.3.4
己糖氧化酶	1.1.3.5
吡喃糖氧化酶	1.1.3.10
巯基氧化酶	1.8.3.2
谷胱甘肽氧化酶	1.8.3.3
谷胱甘肽脱氢酶(脱氢抗坏血酸还原酶)	1.8.5.1
二苯基氧化酶(儿茶酚氧化酶)	1.10.3.1
漆酶	1.10.3.2
抗坏血酸氧化酶	1.10.3.3
过氧化物酶	1.11.1.7
谷胱甘肽过氧化物酶	1.11.1.19
脂肪氧合酶	1.13.11.12
酪氨酸酶(多酚氧化酶)	1.14.18.1

需要氧气的参与。氧气充当电子受体。该酶促反应中生成了过氧化氢。在内源过氧化物酶存在的情况下,面粉中自然发生着以下的反应,即过氧化氢既能促进面筋网络中巯基(—SH)氧化成二硫键(S—S)的反应,又能促进水溶性戊聚糖形成凝胶的反应,这是对该酶促反应机理的一种解释。另一种解释为过氧化氢降低了还原型谷胱甘肽含量,而还原型谷胱甘肽通常会破坏面筋网络结构。

面筋网络的增强会导致面团中面筋网络结构强度的提高。这会改善面团稳定性,降低面团黏性和改善面团机械性质。而这些改善又能增大面包体积,改善面包瓤组织与结构,增加面包柔软度。然而,也有研究不支持这些理论,这是因为没有发现任何增强或改变面筋网络结构的证据。葡萄糖氧化酶和己糖氧化酶之间主要的差异在于后者能利用多种不同的单糖甚至寡糖(低聚糖)作为底物。

脂肪氧合酶(LOX)能特异性催化含顺,顺-1,4-戊二烯结构的多不饱和脂肪酸生成脂肪酸过氧自由基。该酶促反应也需要氧气的参与。游离自由基进一步反应生成具有共轭双键的单氢过氧化物,并且这些化合物能进一步与面团中多种不同组分发生反应。

在面包制作过程中,含脂肪氧合酶的大豆粉已被使用了几十年。脂肪氧合酶不仅具有漂白面粉令面包瓤变得更白的功效,而且具有改善面团流变性(黏弹性)和耐揉性,增大面包体积和提高面筋稳定性的功效。氢过氧化物能

124

与面粉中天然存在的黄色素——类胡萝卜素反应,这会降低黄色素含量。不仅如此,已有科学家宣称脂肪氧合酶具有直接氧化面筋蛋白质的功效。该功效不能归结于氢过氧化物,这是因为添加脂类氢过氧化物没有显示任何功效。面团调制过程中摄入的大多数氧是由于多不饱和脂肪酸及酯的氧化。因此脂肪氧化酶氧化面筋蛋白质的功效可能是由于不饱和脂肪酸酶促氧化产生的氧化中间产物进入面筋蛋白非水区域,使巯基氧化,这会令面筋蛋白质氧化。面粉自身也含有脂肪氧合酶,但是面粉中天然存在的脂肪氧合酶仅能作用于游离亚油酸、亚麻酸及含这些脂肪酸的甘油单酯。

目前,除了来源于大豆粉和少量来源于其他豆粉(例如蚕豆)的脂肪氧合酶,并没有其他商业化来源的脂肪氧合酶。随着当前趋势朝着水基或油基这两种液态面包改良剂的方向发展,大豆粉由于溶解性差,其使用规模正在逐步缩小。这增加了微生物来源的脂肪氧合酶的必要性。但是,要寻找一种特异性非常适合于面包制作使用的脂肪氧合酶绝非易事。而且大豆粉中有三种脂肪氧合酶的同工酶(LOX1、LOX2 和 LOX3),其中只有 LOX1 和 LOX3 对面包体积有积极的功效。而 LOX2 是造成面团和面包中出现不良气味的元凶。

酶促褐变反应通常与多酚氧化酶(PPO)有关。酶促褐变指酚类物质被酶氧化成醌类物质,醌类物质再进一步氧化聚合形成褐色色素。这些色素的颜色强度变化多端。

多酚氧化酶(PPO)又称酚酶、甲酚酶、酪氨酸酶、二酚酶、儿茶酚酶和漆酶等。根据官方命名规则,多酚氧化酶可分为两大类。第一类为儿茶酚氧化酶(或邻二酚氧化酶)(EC 1.10.3.1),在有氧的条件下,催化两种不同的反应:单酚羟基化为邻二酚和邻二酚氧化为邻醌。这两种不同反应都需要氧气。第二类为漆酶,能分别将邻二酚和对二酚氧化成相应的喹啉类化合物。不仅如此,漆酶也能作用于单酚。其实还存在着第三类多酚氧化酶,它是对混乱的多酚氧化酶类命名法的补充:酪氨酸酶(EC 1.14.18.1)。这类酶也能催化酚类物质氧化,但是催化机制与上述两类酶不同,涉及两个电子转移。蛋白质中酪氨酸芳香环的氧化也能导致与半胱氨酸这样的氨基酸残基形成新的共价键,这会导致面团流变学性质的改变。尽管酪氨酸酶具有积极作用,但是目前没有用于焙烤行业的商品化酪氨酸酶。

漆酶(EC 1.10.3.2)是一类含铜的多酚氧化酶。虽然该酶在焙烤应用中已进行过广泛的测试,但是没有一款成功的商品酶问世。漆酶被宣称其能提高面团稳定性和面筋网络结构强度,并能降低面团黏性。漆酶和过氧化物酶(参见下文)都能在模型系统中催化阿拉伯木聚糖氧化胶凝。在面包体系中,已经证明漆酶会降低阿拉伯木聚糖可萃取性,这是阿魏酸残基二聚化引起阿拉伯木聚糖分子链交联造成的结果。也有科学家认为漆酶仅能催化阿拉伯木聚糖网络的形成,而不能催化面筋网络的形成。但更有可能出现的情况是半胱氨酸和酪氨酸残基也会参与阿拉伯木聚糖氧化交联反应中。在该反应中,漆酶被认为能催化巯基自由基的形成，这是形成酚氧自由基造成的结果。最后，借助于蛋白质分子中酪氨酸或半胱氨酸残基与阿拉伯木聚糖侧链上阿魏酸残基之间的相互作用，蛋白质分子也有可能与阿拉伯木聚糖分子链结合在一起。

目前，已有数种商品化漆酶问世（使用在纺织、果汁和啤酒行业），但是没有一款商品化漆酶直接用于焙烤行业，因此在焙烤行业中，几乎没有商品化漆酶的销售。

过氧化物酶（EC 1.11.1.7）也能催化酚基氧化。过氧化物酶使用过氧化氢作为电子受体，并能作用于多种不同底物，生成的自由基能进一步与其他底物进行非酶促反应。通过这种方式，过氧化物酶显示增强面团筋力的功效，从而可增大面包体积和改善面包瓤特性。过氧化物酶能催化面粉中水溶性阿拉伯木聚糖（戊聚糖）氧化胶凝。这种借助于过氧化氢促进的戊聚糖氧化胶凝要归因于阿魏酸残基。一种可能的机理是相邻的阿拉伯木聚糖分子链通过阿魏酸残基的二聚化进行交联。由于这种戊聚糖凝胶中含有 25% 左右的蛋白质，蛋白质也参与到这种胶凝过程中。在这种情况下，机理是通过阿魏酸残基与蛋白质分子链中酪氨酸或半胱氨酸残基结合在一起进行交联。

虽然有商品化的过氧化物酶，但是唯一一种食品级过氧化物酶来源于植物（大豆壳），而微生物来源的商品化过氧化物酶主要应用于非食品领域，例如应用于纺织材料生产。

巯基氧化酶（EC 1.8.3.2）催化巯基形成二硫键。该酶最初用于超高温灭菌乳，用来去除蒸煮味。据推测，巯基氧化酶作用机理与化学氧化剂类似，即促进蛋白质分子链之间形成二硫键。为此，该酶已被广泛研究以了解它在面包制作中的作用。然而发现该酶对面包体积、面团筋力、面团稳定性和耐揉性没有影响。结论是巯基氧化酶对蛋白质分子链中巯基几乎没有亲和力，仅对小分子中巯基有亲和力。

该酶与葡萄糖氧化酶具有协同增效作用，早已商品化多年。不过，现今该酶已从焙烤酶制剂市场中撤出。

抗坏血酸氧化酶（EC 1.10.3.3）和谷胱甘肽脱氢酶（又称脱氢抗坏血酸还原酶，EC 1.8.5.1）是前文提及的与面团中抗坏血酸氧化和还原以及谷胱甘肽氧化有关的两种酶。抗坏血酸的积极作用是通过脱氢抗坏血酸氧化来调节。后者能氧化两个巯基形成一个二硫键。虽然许多研究人员已经描述了面粉中抗坏血酸氧化酶的特征，但是不能排除其他酶催化的抗坏血酸氧化或者抗坏血酸非酶促氧化的情况。

脱氢抗坏血酸还原成抗坏血酸以及同时发生的由巯基形成二硫键的过程是一种酶促反应，特别是当巯基来源于谷胱甘肽时。谷胱甘肽脱氢酶（脱氢抗坏血酸还原酶）存在于小麦粉（面粉）和小麦麸皮。该酶特异性地作用于谷胱甘肽，对半胱氨酸和其他含半胱氨酸的肽没有作用。

尽管这些酶对于面团中氧化还原体系具有明显的作用,但是它们当中无一商品化酶问世。

最后,对氧化酶类的总结如下:尽管全球对氧化酶类做了广泛的研究,但是到目前为止,此类酶在商业应用上的成功案例寥寥无几。常被提及的一个原因是氧化酶类的作用需要分子氧。面团中氧气量有限,并且氧气也会被酵母菌利用,这解释了为什么氧化酶类只取得有限的成功。尽管如此,氧化酶类偶尔会获得非常积极的结果。再加上对面团中发生的氧化过程缺乏全方位的了解,因此会得出以下结论:氧化酶类的积极功效一定存在。最有可能的情况是,适合在面包焙烤中应用的氧化酶类仍然需要加以探索,并使之商品化。

6.6 蛋白酶类

蛋白酶也被称为蛋白水解酶或肽酶,是催化蛋白质肽键水解的一类酶。自然界中蛋白酶种类繁多,广泛存在于植物、动物和微生物。商业上,蛋白酶已成为目前应用最广的一类酶。

商品蛋白酶来源于谷物(或其他植物)、动物、真菌或细菌。与淀粉酶这类酶不同,蛋白酶在热稳定性方面差别不大,但它们在作用的最适 pH 和催化特异性方面差别显著,尤其是后者。

6.6.1 分类

蛋白酶可分成两个亚类:内切蛋白酶和外切蛋白酶。第一类蛋白酶(内切蛋白酶)水解蛋白质多肽链内部的肽键,从而生成相对分子质量较小的多肽,甚至有时也能生成游离氨基酸。内切蛋白酶可被进一步细分成以下四类。

(1) 丝氨酸蛋白酶(如 EC 3.4.21…)

(2) 半胱氨酸蛋白酶(如 EC 3.4.22…)

(3) 天冬氨酸蛋白酶(如 EC 3.4.23…)

(4) 金属蛋白酶(如 EC 3.4.24…)

(…表示存在着多种不同成员)

这种分类是基于蛋白酶的催化机理和催化活动涉及的特异性功能基团或分子。

外切蛋白酶或肽酶切开蛋白质多肽链末端肽键,从而生成游离氨基酸,有时也会生成相对分子质量较小的多肽。外切蛋白酶通常进一步细分成两类,每类都有多种不同的成员。

(1) 羧肽酶(如 EC 3.4.16…,EC 3.4.17…,EC 3.4.18…);

(2) 氨肽酶(如 EC 3.4.11…)。

这种细分是基于外切蛋白酶的特异性,即从蛋白质多肽链氨基末端或是羧基末端开始水解肽键。

6.6.2　蛋白酶类在面包焙烤中的应用

面粉中最重要的功能成分是面筋。影响面筋网络或改性面筋蛋白，进而影响面筋网络形成能力的任何因素都对面团和面包品质有强烈的影响。面筋蛋白的降解会直接影响面筋网络中共价键的形成。

蛋白酶在面包制作中有着悠久的使用历史，传统上用于处理由筋力过高和弹性太强的面粉制成的"硬脆性"面团。最初，添加蛋白酶的目的是增加面团柔软性，改善面团加工性能和面团机械性质。不仅如此，蛋白酶还具有更多的功能性作用，具体有：缩短面团调制时间；提高面团持气能力，这得益于面团延伸性的增强；改善小甜面包和小圆面包(餐包)焙烤过程中烤盘流动性；改善面包瓤颗粒和组织结构；改善面包水分吸收；改善面包颜色和增强面包香气。

当添加蛋白酶获得这些面团特性变化时，就体现出添加某种内切蛋白酶的意义。与使用外切蛋白酶(外肽酶)移除蛋白质多肽链末端氨基酸相比，水解位于蛋白质多肽链内部的肽键将导致更显著的流变学特性的变化。

除了在面包制作中添加蛋白酶获得的益处之外，还有无数那些来源于被害虫感染小麦，酸面团中乳酸菌的蛋白酶以及发芽小麦中内源蛋白酶所产生害处的报告。小麦被田间害虫感染会使蛋白酶活力急骤增加，这会过度降解小麦胚乳蛋白质，从而降低小麦储存蛋白质含量，降低面团稠度(硬度)，提高面团延伸的阻力和降低面包体积。

6.6.2.1　蛋白酶类的作用——改善面包风味

就像在酸面团中见到的那样，蛋白质的适度水解对面包风味具有积极作用。面包瓤风味在很大程度上由 2-乙酰六茜素决定，而面包皮风味在很大程度上由面团发酵过程中形成的少量挥发性物质决定。大多数这样的挥发性物质来源于脂肪酸氧化或微生物代谢产生的氨基酸。酸面团中游离氨基酸含量远远少于正常面团，并且酸面团中某些氨基酸(如鸟氨酸、亮氨酸和苯丙氨酸)经微生物转化能改善面包风味。酸面团中程度较高的蛋白质水解会生成较高含量的游离氨基酸，并且与酵母发酵的面团相比，酸面团感官特性得到了显著的改善。在蛋白质水解过程中，主要水解的蛋白质是高分子量麦谷蛋白亚基，这会提高麦谷蛋白溶解性，降低其形成面筋网络的能力。

蛋白酶的作用很大程度依赖于面包制作方法，面粉质量和其他存在的功能性辅料。在快速发酵法工艺中，蛋白酶对面团调制的作用微乎其微，而蛋白酶用量对面包体积和面包评分方面影响很大：在较低的用量下，蛋白酶对面包体积和面包评分有着明显的改善；而在特别高的用量下，总体上，面包评分大大降低。另外，在中种发酵工艺中，蛋白酶能大大降低面团调制时间。在长货架期面包体系中，与其他酶相比，蛋白酶更能降低面包瓤硬度，也能降低水

128

分迁移。在这两个例子中,蛋白酶对面包体积影响有限,但能大幅度降低面包瓤硬度。

上述提到的诸多作用都源于对面筋蛋白的改性。蛋白质的适度水解(蛋白质水解度:0~5%)能提高面筋的溶解性,并能改善面筋的乳化性和起泡性。释放出的可溶性多肽功能性较弱。

蛋白酶的缺点也很明显。蛋白酶的作用时间必须严格控制,否则它们会在面团调制之后继续作用,弱化面团结构。这种现象增加了面团弱化的风险,并提高了面团黏性。在面团发酵过程中,随着面团 pH 降低,蛋白酶的作用有时会增加。在面包焙烤中使用蛋白酶时,需严格控制面团发酵和醒发条件。几乎所有的蛋白酶会在面包焙烤阶段失活。当使用中性的芽孢杆菌属蛋白酶或木瓜蛋白酶时,必须严格控制它们的用量,过量添加会导致面团变得松弛。这会造成面团在焙烤前出现塌陷,面包体积变小,并导致面包瓤颗粒粗糙,形成气孔。由于欧洲面粉筋力低于加拿大或美国面粉,因此,在欧洲,蛋白酶用量过高非常容易导致上述风险出现。不仅如此,从面筋中释放出来水与蛋白酶作用会增加面团黏性。这意味着实际上欧洲在制作面包过程中几乎不会使用蛋白酶。

6.6.2.2 蛋白酶类的作用——保持面包新鲜度

蛋白酶在保持面包新鲜度方面的作用也被研究过。如上所述,有一些辅料(如乳化剂、脂肪、单糖和寡糖)和加工助剂(特异性淀粉酶)具有延缓面包老化的作用。由于淀粉结构和面包老化之间并不总是呈良好的相关性,有必要对其他面粉成分进行研究。已经研究了面粉蛋白质在面包瓤硬度变化过程中所起的作用,但是发现它们所起的作用没有淀粉重要。

然而,当在焙烤制品中使用中温或高温蛋白酶时,发现它们对面包瓤柔软度具有明显的作用,并能延缓焙烤制品老化。所使用的蛋白酶需具有以下特性:对面团的流变学特性、面包瓤组织结构或面包体积无任何副作用;在室温下活力较低;在最适作用温度下活力相对较高。这样的活力模式保证了蛋白质在面团调制和醒发期间仅发生适度水解,而在面团焙烤初期,发生较高程度的水解。在一系列的焙烤制品中,此类蛋白酶的使用显示出了相似的作用。

6.7 其他酶类

除了淀粉酶类、木聚糖酶类、脂肪酶类、氧化酶类和蛋白酶类之外,少数其他酶类在面包制作中所起的作用也被研究过,并且有报告表明以下提到的少数其他酶类对面团或面包的一项或多项特性具有有益的作用,而且它们之中有一些酶已被商品化。

6.7.1 谷氨酰胺转氨酶（转谷氨酰胺酶，TGase）

当利用弱筋小麦粉(低筋粉)制作酵母发面的焙烤制品时,面团的稳定性通常不能令人满意。这样的面团无法保留发面过程中产生的二氧化碳气体。为此,通常会往面粉中添加化学氧化剂来提高面团抗拉伸阻力。由于人们努力减少往食品中添加化学物质,代之以酶这样的更天然的加工助剂来解决提高面团抗拉伸阻力的问题,而不是以添加无机化学物质的方式来解决这样的问题。已经发现谷氨酰胺转氨酶能提高面团抗拉伸阻力,特别对于酵母发酵的面团来说,其效果堪比溴酸钾。谷氨酰胺转氨酶(EC 2.3.2.13)是一种来源广泛且较易得到的酶。它广泛分布于动物界和植物界。人们知道谷氨酰胺转氨酶具有一种交联蛋白质的作用,并且该作用的发挥不依赖于面团中氧化还原体系,与面团中巯基和二硫键无关。其催化的基本反应见图6.12。

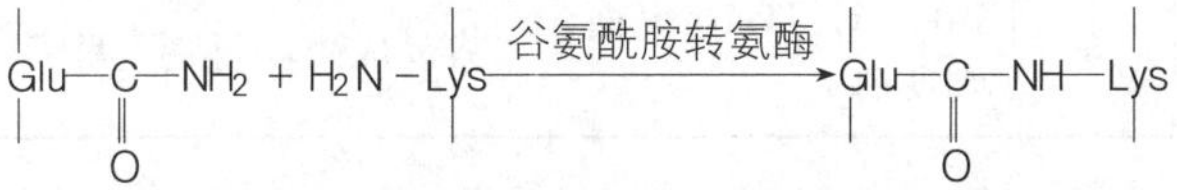

但是谷氨酰胺转氨酶对面团流变学特性的影响与氧化反应类似,并且后者作用的发挥是二硫键数量增加的结果。

$$Glu-\underset{\underset{O}{\|}}{C}-NH_2 + H_2N-Lys \xrightarrow{\text{谷氨酰胺转氨酶}} Glu-\underset{\underset{O}{\|}}{C}-NH-Lys$$

图 6.12　谷氨酰胺转氨酶催化反应示意图

在某些情况下,利用谷氨酰胺转氨酶来改善面团拉伸性能的需求取决于面粉性质。谷氨酰胺转氨酶能以多种不同方式添加在焙烤制品制作过程中。该酶制剂可与某种面包改良剂体系中其他成分一起使用,也能预混在面粉中。后一种做法的好处在于可依据面粉性质确定谷氨酰胺转氨酶制剂添加量,即基于面粉当中面筋性能。通过这种方式,总能将焙烤性能稳定的面粉供应到面包师手中。因此,谷氨酰胺转氨酶最好添加在弱筋小麦粉(低筋粉)中以增强其面筋性能。

谷氨酰胺转氨酶对面团性质的影响可通过一种拉伸图呈现出来(表6.5)。

表 6.5　谷氨酰胺转氨酶对面团性质的影响

面 团 性 质	对　　照	2 000 U TGase/kg	2 000 U TGase/kg＋0.3 g 蛋白酶/kg
吸水率/%	54.1	54.2	54.1
面团抗拉伸阻力/BU	230	510	400
延伸性/mm	182	120	170
拉伸比值	1.30	4.25	2.35
面团能量/cm²	80	75	122

谷氨酰胺转氨酶的添加大大提高了面团的抗拉伸阻力,并降低了面团的延伸性。联合使用谷氨酰胺转氨酶与蛋白酶能克服这两种酶单独使用时呈现

出的缺点。谷氨酰胺转氨酶的添加对面包品质影响的结果见表 6.6。

表 6.6　谷氨酰胺转氨酶对面包品质的影响

编号	添加量/(kg 面粉)	面 团 质 量	体积/(mL/10 个)	面包瓤气孔
1	0	稀软	1 850	气孔大
2	500 U TGase	容易成团,不黏手,紧实	2 000	细腻均匀
3	2 000 U TGase	容易成团,不黏手,延伸性差	1 750	结构密实
4	2 000 U TGase+0.3 g 蛋白酶	容易成团,不黏手	2 200	细腻均匀
5	500 U TGase+0.2 g 抗坏血酸	容易成团,不黏手,紧实	2 100	细腻均匀
6	1 000 U TGase+面包改良剂	容易成团,不黏手,紧实	2 300	细腻均匀

　　除了在面团抗拉伸阻力方面达到预期的提高之外,当测试面团延伸性时,有时还观察到延伸性的下降,这可导致面团较早地出现破裂。人们已发现这个不良的副作用可通过联合使用谷氨酰胺转氨酶与蛋白酶来排除。不仅如此,蛋白酶的使用可增大焙烤制品体积,并可改善面包瓤性质。在常规条件下,使用谷氨酰胺转氨酶制备的面团可制作出高品质的焙烤制品,如代表性的小麦面包、小圆面包(餐包)和多种不同类型面包。

　　乳糜泻是一种慢性肠病,是由摄入小麦、黑麦、大麦,甚至燕麦之类的谷物制品中的面筋蛋白质引起的疾病。对于患乳糜泻(麸质过敏症)的病人来说,摄入面筋蛋白质会引起小肠炎症反应,这会破坏病人小肠绒毛结构。目前,对于乳糜泻唯一有效的治疗方法是严格地避免摄入含麸质(面筋)的食物。谷物制品是许多国家主食的一部分,尤其是面包这样的谷物制品,因此这些国家对无麸质面包需求量很大。

　　面筋不但是形成面包结构的主要成分,而且具有黏弹性。鉴于这两个事实,要生产出高质量的无麸质面包,将面临巨大的技术挑战。在模仿面筋性能方面,已经评估过多种不同原料(如亲水胶体、乳粉、大米、高粱和淀粉)。在无麸质食品生产中,酶(如淀粉酶,木聚糖酶和蛋白酶等)也被评估过。

　　与无麸质面包相关的一项主要难题是获得良好结构。谷氨酰胺转氨酶有可能是一种合适的改善无麸质面包的工具。随着蛋白质网络的稳固形成,这些面包的质量得到显著增强。当该酶与合适的蛋白质底物(如牛奶蛋白质和鸡蛋蛋白质)一起使用时,就能形成蛋白质网络,从而起到改善无麸质面包体积,内部组织结构和总体品质的作用。

6.7.2 内切糖苷酶类

Ⅱ型内切糖苷酶是一类水解酶。它们能够特异性水解糖蛋白内部的糖苷键。这些内切糖苷酶作用于某种糖蛋白中全部或部分糖链，这取决于糖蛋白中参与反应的糖苷键位置。Ⅱ型内切糖苷酶包括内切- N -乙酰- β - D -葡糖胺糖苷酶(内切糖苷酶 D、内切糖苷酶 H、内切糖苷酶 L、内切糖苷酶 C Ⅰ、内切糖苷酶 C Ⅱ 和内切糖苷酶 F)、内切- N -乙酰- α -氨基半乳糖苷酶、内切- N - β -半乳糖苷酶和 N -糖酰胺酶 F 等。

从某种程度上来说，小麦面筋蛋白也是糖基化蛋白质。在麦胶蛋白和麦谷蛋白多肽链中，都检测到聚糖的存在。由共价键连接而成的低分子量麦谷蛋白聚合物被证明含有木糖单元构成的 N-聚糖，这证明了低分子量麦谷蛋白在高尔基体中被分选过。

使用经过纯化的内切糖苷酶进行测试，结果表明它们对面团具有松弛作用。据推测，面筋蛋白中的侧链可能会妨碍面筋网络的构建，而内切糖苷酶移除其侧链后，就能形成性能更佳的面团，从而解释了上述作用的发生。

因为内切糖苷酶几乎是所有木聚糖酶、纤维素酶、葡聚糖酶和果胶酶中固有的副酶，所以大量生产该类酶的商业利益有限。在过去的十年中，越来越多的酶通过转基因生物生产而来，甚至采用蛋白质工程生产酶，这就导致了酶制剂公司能生产出"单组分"木聚糖酶，即生产技术的进步使木聚糖酶的纯度变得更高。根据前面小节的内容，几种不同的木聚糖酶作用效果存在差异，这很可能是由它们当中非木聚糖酶活存在与否导致的，因此上述趋势可能会提高这些内切糖苷酶的商业价值。

6.7.3 纤维素酶类

对于纤维素的降解来说，需要几种酶联合作用。纤维素酶(内切- 1,4 - β - D -葡聚糖酶，EC 3.2.1.4)就是最关键的一种酶。根据催化反应的类型，纤维素酶大致分成以下五类。

(1) 内切纤维素酶破坏纤维素分子链间和链内氢键来瓦解纤维素微纤丝晶体结构，从而暴露出单个纤维素分子链。

(2) 外切纤维素酶从内切纤维素酶作用后暴露出的纤维素分子链末端依次切下 2~4 个葡萄糖单元，从而生成纤维二糖或纤维四糖。外切纤维素酶(EC 3.2.1.91)主要有两种类型：一种是逐步从纤维分子链还原性末端作用；另一种是逐步从纤维素分子链非还原性末端作用。

(3) 纤维二糖酶或 β -葡萄糖苷酶将外切纤维素酶的产物水解成单个葡萄糖。

(4) 纤维二糖脱氢酶之类的氧化纤维素酶通过自由基反应来解聚纤维素分子链。

(5) 纤维素磷酸化酶利用磷酸盐代替水的方式来解聚纤维素分子链。纤维素分解如图 6.13 所示。

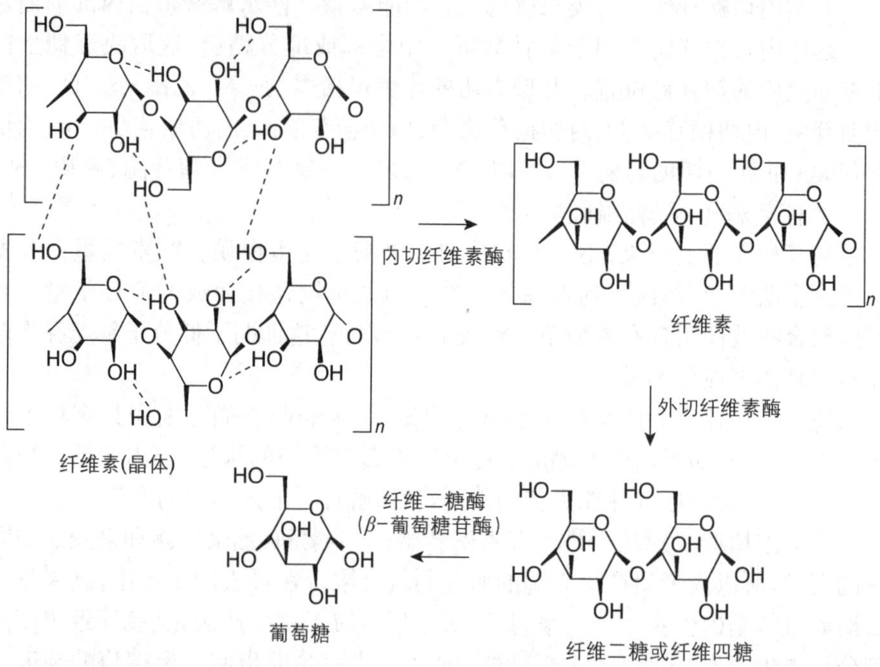

图 6.13　内切纤维素酶,外切纤维酶和纤维二糖酶协同解聚纤维素

大多数真菌纤维素酶分子含有一个催化结构域和一个纤维素结合结构域,这两个结构域之间由一段连接肽相连。这种结构适宜作用于水不溶性底物,并且使得酶分子在底物分子表面以履带的方式进行二维扩散。尽管如此,也有纤维素酶(大多数为内切纤维素酶)缺乏纤维素结合结构域。这些纤维素酶可能具有一种纤维素溶胀功能。

全麦面包的配方不同于普通白面包。前者中纤维成分(水溶性和水不溶性)含量较高。水溶性纤维包括水溶性阿拉伯木聚糖和 β-葡聚糖,而水不溶性纤维由木质素、纤维素和半纤维素(水不溶性阿拉伯木聚糖)组成。全麦粉包含小麦籽粒全部成分,因此对人体健康有益的抗氧化剂、维生素和纤维物质都得到了保留。而精制面粉通常是将小麦籽粒麸皮和胚除去,仅用剩下的胚乳研磨而成,它用于普通白面包的制作。

全麦面包较高的纤维含量可能会影响面团稠度,弱化面筋结构。这最终会导致面团水分吸收的增加、延伸性的丧失和发酵弹性的降低。最后可能会导致面包体积减小,面包瓤硬度增加,并在口感和风味上有所缺失。除此之外,全麦的面包瓤不像普通白面包的那样洁白。

因此,在全麦面包制作中,焙烤酶制剂的添加可改善面团和面包特性。除了上述提到的酶之外,纤维素酶正在慢慢被纳入某些焙烤应用中。纤维素酶的添加可以改善面包内部组织结构,使面包瓤组织更细腻,孔洞更规则,并由此改善面包内部颜色。

纤维素酶的积极作用归因于其对纤维素微纤丝的分解,这能促进面筋扩展和结合,由此能提高面团醒发稳定性和发酵弹性,从而增大全麦面包体积,改善其质地和提高其吸引力。

在常规的纤维素酶制剂中,一种关键的酶是外切纤维素酶,它具有改善面包品质的功能。它最重要的功效是增大面包体积,改善面包内部组织结构,并且不会使面团软化发黏,降低面团加工性能。

表 6.7 外切纤维素酶对面团性质和面包体积的影响

酶	用量/(mg/kg)	面团质量	体积分数/%	面包瓤结构
对照	0	0	100	0
木聚糖酶	50	0	107	+
木聚糖酶	100	+	112	+
外切纤维素酶(CBH)	5	+	107	+
外切纤维素酶(CBH)	10	+++	110	++
木聚糖酶+外切纤维素酶	50+5	+++	112	++
木聚糖酶+外切纤维素酶	50+10	+++	115	+++

与食品工业中大多数行业一样,消费者对富含营养且有益健康的食品需求的增长推动着焙烤行业往健康方向发展。因为食用全谷物食品具有改善心血管健康,降低某些癌症的患病风险和降血压等功效,所以对该健康食品的追求促进了近些年全谷物和高纤维面包销量的快速增长,并使得所有的大生产商在它们核心面包品牌下推出全麦面包来跟上这种需求。

6.7.4 甘露聚糖酶类

β-甘露聚糖酶$(1,4-\beta-D-$甘露聚糖-甘露聚糖水解酶,EC 3.2.1.78)催化水解β-甘露聚糖分子主链中$\beta-1,4$甘露糖苷键。这类多糖存在于多种不同的种子和豆类,并且它们具有亲水性能。这既能赋予种子和豆类细胞壁机械强度,又能在种子和豆类发芽(萌发)过程中发生的吸胀作用方面起着重要作用。甘露聚糖也是软木半纤维素的主要组分。

甘露聚糖的完全降解和转化需要几种其他甘露聚糖酶的参与:例如外切-β-甘露聚糖酶$(1,4-\beta-D-$甘露聚糖-甘露糖水解酶,EC 3.2.1.××——未分配),外切-甘露二糖水解酶$(1,4-\beta-D-$甘露聚糖-甘露二糖水解酶,EC 3.2.1.100)和β-甘露糖苷酶(EC 3.2.1.25)。

半乳甘露聚糖和半乳葡甘聚糖组成了植物细胞壁中第二大半纤维素类物质。它们是裸子植物细胞壁中主要的半纤维素组分,大概占其细胞壁生物质的 12%～15%。半乳甘露聚糖是豆科植物籽实中最常见的半纤维素类物质,最高含量占其籽实干重的 38%,也存在于柿科和棕榈科之类的其他植物果实中。它们的结构是 D-甘露糖残基通过 β-1,4 糖苷键连接而成一条线性主链,D-半乳糖残基通过 α-1,6 糖苷键连接于主链中的 D-甘露糖残基[图 6.14(a)和(b)]。甘露糖/半乳糖的质量比在 1.0～5.3 变动,这取决于半乳甘露聚糖的来源。

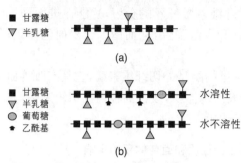

图 6.14　(a) 半乳甘露聚糖结构;
(b) 半乳葡甘聚糖结构

甘露糖
半乳糖
甘露糖
半乳糖
葡萄糖
乙酰基
水溶性
水不溶性

半乳葡甘聚糖是软木细胞壁中主要的半纤维素组分。这类多糖被鉴定为有两种不同结构。它们的主链都由 D-甘露糖残基通过 β-1,4 糖苷键连接而成,其主链上通过 α-1,6 糖苷键连有单个 D-半乳糖残基。半乳葡甘聚糖分子主链也含有 β-1,4 糖苷键连接的 D-葡萄糖残基。水溶性半乳葡甘聚糖中的半乳糖含量要高于水不溶性半乳葡甘聚糖。除此之外,水溶性半乳葡甘聚糖分子主链还含有乙酰基残基,其主链中大约有 20%～30%葡萄糖残基或甘露糖残基的 C2 或 C3 位被乙酰基酯化。

甘露聚糖酶在某些工业生产过程中具有用武之地,例如用于某些豆科植物籽实的油脂萃取或速溶咖啡生产过程中咖啡提取物黏度的降低。在制浆和造纸工业中,甘露聚糖酶能与木聚糖酶协同作用,一起对软木纸浆进行生物酶促漂白,这能降低软木纸浆漂白过程中氯的用量,从而显著降低漂白过程对环境的污染程度。然而,尽管这些有趣的应用潜力巨大,但是这类酶高昂的生产成本限制了它们的广泛应用。

甘露聚糖酶能由霉菌或酵母之类真菌微生物生产,也能由枯草芽孢杆菌、气单胞菌属、肠球菌属、假单胞菌属和链球菌属细菌生产。一些高等植物或动物也能产生甘露聚糖酶。常用木霉属或曲霉属真菌微生物生产甘露聚糖酶。

已有人描述过甘露聚糖酶在面包制作中的商业化应用。在焙烤制品的制作过程中,在面团改良剂中使用甘露聚糖酶能改善面团性质和面包品质。在面团方面,甘露聚糖酶既能改善面团发酵弹性,又能改善面团流动性和黏性等加工性能。在面包方面,甘露聚糖酶能延缓面包老化和改善面包瓤组织结构。有趣的是,当甘露聚糖酶与瓜尔豆胶或魔芋胶之类的半乳甘露聚糖和/或葡甘聚糖一起使用时,甚至能进一步改善面团性质和目标产品品质。这可从表 6.8 和表 6.9 中看出。

表6.8　β-甘露聚糖酶和瓜尔豆胶对面包抗老化性质的影响

编　号	木聚糖酶	甘露聚糖酶	瓜尔豆胶	新鲜度(4 d)	面团稠度
1	39.000	62	0	1	2
2	39.000	0	0.1%	2	3
3	39.000	62	0.1%	1	1

表6.9　不同的酶方案对面团特征和形状的影响

改　良　剂	面　团		不同醒发时间下的形状		不同醒发时间下的比体积	
	稠度(硬度)	稳定性	50′	65′	50′	65′
KBrO₃(溴酸钾)	1	—	6	4	100	100
木聚糖酶(Xyl.)	4	+	7	5	104	103
Xyl.＋葡萄糖氧化酶	2	+	7	5	106	105
Xyl.＋β-甘露聚糖酶	3	+	7	5	106	105
Xyl.＋β-甘露聚糖酶＋葡萄糖氧化酶	2	++	7	6	107	107

6.8　结语

　　以上内容从酶的分类、作用机制、功效和商业前景角度全面阐述了用于焙烤的酶。当谈起商品酶制剂时,这些酶制剂通常被称为脂肪酶、木聚糖酶或淀粉酶等诸如此类的称呼。然而,商品酶制剂中很少有单一酶制剂(即只含一种酶活)的情况出现。在大多数情况下,商品酶制剂中混合了数种酶活(即复合酶制剂)。对于复合酶制剂来说,除了赋予酶制剂名称的主酶活之外,还存在数种其他酶活。这些其他酶活要么是在微生物生产主酶活时天然产生的副酶活,要么是被人为加入酶制剂中。这就使得商品酶制剂之间的对比显得困难重重,特别是在我们仅关注主酶活的情况下。为了更好地对比酶制剂,在对比它们酶活、用量或价格之前,绝对有必要在最终的应用中对比酶制剂的性能。

参考文献

1. Cura, J.A., Jansson, P.-E. and Krisman, C.R. (1995) Gelatinization of wheat starch as modified by xanthan gum, guar gum, and cellulose gum. *Starch* **47**, 207–209.
2. Atwell, W.A., Hood, L.F., Lineback, D.R., Varriano-Marston, E. and Zobel, H.F. (1988) Technology and methodology associated with basic starch phenomena. *Cereal Foods World* **33**, 306–311.
3. Schofield, J.D., Bottomley, R.C., Timms, M.F. and Booth, M.R. (1983) The effect of heat on wheat gluten and the involvement of Sulfhydryl-disulphide interchange reactions. *Journal of Cereal Science* **1**, 241–253.
4. Shewry, P. R. (1995) Plant storage proteins. *Biological Reviews* **70**, 375–426.
5. Wrigley, C.W. and Bietz, J.A. (1988) Proteins and amino acids. In: *Wheat Chemistry and Technology*, Vol. **1** (ed. Y. Pomeranz). AACC Inc., St. Paul, MN, pp. 159–275.
6. Finney, K.F. and Barmore, M.A. (1948) Loaf volume and protein content of hard winter and spring wheats. *Cereal Chemistry* **25**, 291–312.
7. Osborne, T.B. (1907) *The Proteins of the Wheat Kernel*. Publications of the Carnegie Institution Washington Judd and Detweiler, Washington, D.C.
8. Orth, R.A. and Bushuk, W. (1972) A comparative study of the proteins of wheats of diverse baking qualities. *Cereal Chemistry* **49**, 268–275.
9. Hoseney, R.C. (1994) *Principles of Cereal Science and Technology*, 2nd edn. Association of Cereal Chemists, Inc., St. Paul, MN, pp. 81–101, 229–273.
10. Kahn, K. (2006) Shelf life of bakery products. In: *Bakery Products, Science and Technology* (ed. Y.H. Hui). Blackwell Publishing Company, Ames, IA.
11. Belton, P.S. (1999) On the elasticity of wheat gluten. *Journal of Cereal Science* **29**, 103–107.
12. Dimler, R.J. (1963) Gluten, the key to wheat's utility. *Baker's Digest* **37**, 52–57.
13. Moonen, J.H.E., Scheepstra, A. and Graveland, A. (1986) Use of the SDS sedimentation test and SDS polyacrylamide gel electrophoresis for screening breeder's samples of wheat for bread making quality. *Euphytica* **31**, 677–690.
14. Payne, P.I., Nightingale, M.A., Krattiger, A.F. and Holt, L.M. (1987) The relationship between HMW glutenin subunit composition and the bread making quality of British-grown wheat varieties. *Journal of the Science of Food and Agriculture* **40**, 51–65.
15. Weegels, P.L., Hamer, R.J. and Schofield, J.D. (1996) Depolymerization and re-polymerization of wheat glutenin during dough processing I. Relationships between glutenin macropolymer content and quality parameters. *Journal of Cereal Science* **23**, 103–111.
16. Weegels, P.L., Hamer, R.J. and Schofield, J.D. (1997) Depolymerization and re-polymerization of wheat glutenin during dough processing II. Changes in composition. *Journal of Cereal Science* **25**, 155–163.
17. Bekes, F., Gras, P.W. and Gupta, R.B. (1994) Mixing properties as measurement of reversible reduction and oxidation of dough. *Cereal Chemistry* **71**, 44–50.
18. Jelaca, S.L. and Hlynca, I. (1971) Water binding capacity of wheat flour crude pentosans and their relation to mixing characteristics of dough. *Cereal Chemistry* **48**, 211–222.
19. Rattan, O., Izydorczyk, M. and Biliaderis, C.G. (1994) Structure and rheological behaviour of arabinoxylans from Canadian bread wheat flours. *Food Science and Technology* **27**, 350–355.
20. Sosulski, F., Krygier, K. and Hogge, L. (1982) Free, esterified and insoluble-bound phenolic acid. III. Composition of phenolic acids in cereal and potato flours. *Journal of Agricultural and Food Chemistry* **30**, 337–340.
21. Delcour, J.A., Vanhamel, S. and Hoseney, R.C. (1991) Physicochemical and functional properties of rye non-starch polysaccharides. II. Impact of a fraction containing water soluble pentosans and proteins on gluten-starch loaf volumes. *Cereal Chemistry* **68**, 72–76.
22. Michniewicz, J., Biliaderis, C.G. and Bushuk, W. (1991) Effects of added pentosans on physical and technological characteristics of dough and gluten. *Cereal Chemistry* **68**, 252–258.
23. Labat, E., Morel, M.H. and Rouau, X. (2000) Effects of laccase and ferulic acid on wheat flour dough. *Cereal Chemistry* **77**, 823–828.
24. Wang, M.W. (2003) Effect of pentosans on gluten formation and properties. PhD Thesis, Wageningen University.

136

25. Patil, S.K., Tsen, C.C. and Lineback, D.R. (1975) Water soluble pentosans of wheat flour. I. Viscosity properties and molecular weights estimated by gel filtration. *Cereal Chemistry* **52**, 44–56.

26. Geissmann, T. and Neukom, H. (1973) On the composition of the water soluble wheat flour pentosans and their oxidative gelation. *Lebensmittel-Wissenschaft und Technologie* **6**, 59–62.

27. Hoseney, R.C. and Faubion, J.M. (1981) A mechanism for the oxidative gelation of wheat flour water-soluble pentosans. *Cereal Chemistry* **58**, 421–424.

28. Izydorczyk, M.S., Biliaderis, C.G. and Bushuk, W. (1990) Physical properties of water-soluble pentosans from wheat. *Journal of Cereal Science* **11**, 153–169.

29. Rouau, X., El-Hayek, M.L. and Moreau, D. (1994) Effect of an enzyme preparation containing pentosanases on the bread making quality of flours in relation to changes in pentosans properties. *Journal of Cereal Science* **19**, 259–272.

30. Jelaca, S.L. and Hlynca, I. (1972) Effect of wheat flour pentosans in dough, gluten and bread. *Cereal Chemistry* **49**, 489–495.

31. Kim, S.K. and D'Appolonia, B.L. (1977a) Bread staling studies I: effect of protein content on staling rate and bread crumb pasting properties. *Cereal Chemistry* **54**, 207–215.

32. Kim, S.K. and D'Appolonia, B.L. (1977b) Bread staling studies II: effect of protein content and storage temperature on the role of starch. *Cereal Chemistry* **54**, 216–224.

33. Weegels, P.L., Marseille, J.P. and Hamer, R.J. (1992) Enzymes as processing aid in the separation of wheat flour into starch and gluten. *Starch* **44**, 44–48.

34. Jackson G.M. and Hoseney, R.C. (1986) Effect of endogenous phenolic acids on the mixing properties of wheat flour doughs. *Journal of Cereal Science* **4**, 79–85.

35. Neukom, H. and Markwalder, H.U. (1978) Oxidative gelation of wheat flour pentosans: a new way of cross-linking polymers. *Cereal Foods World* **23**, 374–376.

36. Figueroa-Espinoza, M.C., Morel, M.-H. and Rouau, X. (1998) Oxidative cross-linking of pentosans by a fungal laccase and horse radish peroxidase. Mechanism of linkage between feruloylated arabinoxylans. *Cereal Chemistry* **75**, 259–265.

37. Moore, A.M., Martinez-Munoz, I. and Bushuk, W. (1990) Factors affecting the oxidative elation of wheat water-solubles. *Cereal Chemistry* **67**, 81–84.

38. Oudgenoeg, G., Dirksen, E., Ingemann, S., Hilhorst, S.R., Gruppen, H., Boeriu, C.G., Piersma, S.R., Berkel, W.J.H., Laane, C. and Voragen, A.G. (2002) Horseradish peroxidase catalyzed oligomerization of ferulic acid on a template of a tyrosine containing tripeptide. *Journal of Biological Chemistry* **277**, 21332–21340.

39. Oudgenoeg, G., Hilhorst, R., Piersma, S.R., Boeriu, C.G., Gruppen, H., Hessing, M., Voragen, A.G. and Laane, C. (2001) Peroxidase mediated cross-linking of a tyrosine containing peptide with ferulic acid. *Journal of Agricultural and Food Chemistry* **49**, 2503–2510.

40. Vinkx, C.J.A., Van Nieuwenhove, C.G. and Delcour, J.A. (1991) Physicochemical and functional properties of rye non-starch polysaccharides III. Oxidative gelation of a fraction containing water-soluble pentosans and proteins. *Cereal Chemistry* **68**, 617–622.

41. Pomeranz, Y. and Chung, O.K. (1978) Interactions of lipids with proteins and carbohydrates in bread making. *Journal of the American Oil Chemists' Society* **55**, 285–289.

42. MacMurray, T.A. and Morrison, W.R. (1970) Composition of wheat flour lipids. *Journal of the Science of Food and Agriculture* **21**, 520.

43. Eliasson, A.-C. and Larsson, K. (1993) *Cereals in Bread Making. A Molecular Colloidal Approach.* Marcel Dekker Inc., New York, p. 376.

44. Morrison, W.R., Law, R.V. and Snape, C.E. (1993) Evidence for the inclusion complexes of lipids with V-amylose in maize, rice and oat starches. *Journal of Cereal Science* **18**, 107–109.

45. Chung, O.K. (1986) Lipid protein interactions in wheat flour, dough, gluten and protein fractions. *Cereal Foods World* **31**, 242–246.

46. Larsson, K. (1983) *Lipids in Cereal Technology.* Academic Press, London, pp. 237–251.

47. Gan, Z., Ellis, P.R. and Schofield, J.D. (1995) Amylose is not strictly linear. *Journal of Cereal Science* **21**, 215–230.

48. Kragh, K. (2002) Amylases in baking. In: *Recent Advances in Enzymes in Grain Processing* (eds C.M. Courtin, W.S. Veraverbeke and J.A. Delcour). Catholic University Leuven, Belgium, pp. 221–227.

49. Qi Si, J. (1996) New enzymes for the baking industry. *Food Technology Europe* **3**, 60–64.

50. Martinez-Anaya, M.A., Devessa, A., Andreu, P., Escriva, C. and Collar, C. (1999) Effects of the combination of starters and enzymes in regulating bread quality and shelf life. *Food Science and Technology International* **5**, 263–273.

51. van Duijnhoven, A.M. (2008) Personal Communication.

137

52. AFMB-CNRS-Universités Aix-Marseille I & II (1999) http://afmb.cnrs-mrs.fr/CAZY/

53. Qi Si, J. and Simmonsen, R. (1994) Functional mechanism of some microbial amylases antistaling effect. In: *Proceedings of the International Symposium on New Approaches in the Production of Food Stuffs and Intermediate Products from Cereal Grains and Oilseeds*. Beijing, China.

54. Pritchard, P. (1986) Studies on the bread-improving mechanism of fungal alpha amylase. *FMBRA Bulletin* **5**, 208–211.

55. van Dam, H.W. and Hille, J.D.R. (1992) Yeast and enzymes in bread making. *Cereal Foods World* **37**, 245.

56. Svensson, B. (1995) Protein engineering in the α-amylase family: catalytic mechanism, substrate specificity. *Plant Molecular Biology* **25**, 141–157.

57. Bowles, L.K. (1996) Amylolytic enzymes. In: *Baked Goods Freshness, Technology, Evaluation and Inhibition of Staling* (eds R.E. Hebeda and H.F. Zobel). Marcel Dekker Inc., New York, pp. 105–129.

58. Kulp, K. and Ponte, J.G. (1981) Staling of white pan bread: fundamental causes. *CRC Critical Reviews Food Science and Nutrition* **15**, 1–48.

59. Schoch, T.J. and French, D. (1947) Studies on bread staling. I: the role of starch. *Cereal Chemistry* **24**, 231–249.

60. MacRritchie, F. (1980) *Advances in Cereal Science and Technology III* (ed. Y. Pomeranz). American Association of Cereal Chemists, St. Paul, MN, Chapter 7.

61. Dragsdorf, R.D. and Varriano-Marston, E. (1980) Bread staling: X-ray diffraction studies on bread supplemented with α-amylases from different sources. *Cereal Chemistry* **57**, 310–314.

62. Martin, M.L. and Hoseney, R.C. (1991b) A mechanism of bread firming. II: role of starch hydrolysing enzymes. *Cereal Chemistry* **68**, 503–507.

63. Martin, M.L., Zeleznak, K.J., Hoseney, R.C. (1991a) A mechanism of bread firming. I: role of starch swelling. *Cereal Chemistry* **68**, 498–503.

64. Akers, A.A. and Hoseney, R.C. (1994) Water soluble dextrins from α-amylase treated bread and their relationship to bread firming. *Cereal Chemistry* **71**, 223–226.

65. Qi Si, J. (1994) Novo Nordisk applicant: use of laccase in baking. International Patent Application, WO 9428728.

66. Gerrard, J.A., Every, D., Sutton, K.H. and Gilpin, M.J. (1997) The role of maltodextrins in the staling of bread. *Journal of Cereal Science* **26**, 201–209.

67. Qi Si, J. and Lustenberger, C. (2002) Enzymes for bread, pasta and noodle products. In: *Enzymes in Food Technology* (eds R.J. Whitehurst and B.A. Law). CRC Press, Sheffield, pp. 19–57.

68. Anon. (2003) E.S.L. revolution/evolution. *Milling and Baking News*, March.

69. van Duijnhoven, A.M., Sturkenboom, M. and De Levita, P. (2005) Pan release agent. WO2005/094599.

70. Schieberle, P. (1990) The role of free amino acids present in yeast as precursors of the odorants 2-acetyl-pyrroline and 2-acetotetrahydropyridine in wheat bread crust. *Zeitschrift fur Lebensmittel Untersuchung und Forschung* **191**, 206–209.

71. Martinez-Anaya, M. and Jimenez, T. (1997) Functionality of enzymes that hydrolyses starch and non-starch polysaccharides in bread making. *Zeitschrift fur Lebensmittel Untersuchung und Forschung* **205**, 209–214.

72. Qi Si, J. (1988) Novamyl, a true antistaling enzyme. *Proceedings of IATA Meeting*, Valencia, Spain.

73. Anon. (2001) Novamyl is a maltogenic α-amylase. *Novozymes product sheet B547*.

74. Christophersen, C., Otzen, D.E., Norman, B.E., Christensen, S. and Schaefer, T. (1998) Enzymatic characterization of maltogenic alpha amylase, a thermostable α-amylase. *Starch* **50**, 39–45.

75. McCleary, B.V., Gibson, T.S., Allen, H. and Gams, T.C. (1986) Enzymic hydrolysis and industrial importance of barley glucans and wheat flour pentosans. *Starch* **38**, 433–437.

76. Maat, J., Roza, M., Verbakel, J., Stam, H., Santos da Silva, M.J., Bosse, M., Egmond, M.R., Hagemans, M.L.D., van Gorcom, R.F.M., Hessing, J.G.M and van den Hondel, C.A.M.J.J. (1992) Xylanases and their application in bakery. In: *Xylans and Xylanases* (eds G.B.J. Visser, M.A. Kusters-van Someren and A.G.J. Voragen). Elsevier Science Publishers, Amsterdam, Netherlands, pp. 349–360.

77. Gruppen, H., Kormelink, F.J.M. and Voragen, A.G.J. (1993) Water-unextractable cell wall material from wheat flour. III. A structural model for arabinoxylans. *Journal of Cereal Science* **19**, 11–18.

78. Rouau, X. and Moreau, D. (1993) Modification of some physicochemical properties of wheat flour pentosans by an enzyme complex recommended for baking. *Cereal Chemistry* **70**, 626–632.

79. Hamer, R.J. and Lichtendonk, W.J. (1987) Structure-function studies on gluten proteins. In: *Proceedings of the 3rd International Workshop on Gluten Proteins* (eds R. Lasztity and F. Bekezs). Budapest, Hungary, p. 227.

138

80. Courtin, C.M., Roelants, A. and Delcour, J.A. (2001) The use of two endoxylanases with different substrate selectivity provides insight into the role of endoxylanases in bread making. *Journal of Agricultural and Food Chemistry* **47**, 1870–1877.

81. Hamer, R.J. (1991) Enzymes in the baking industry. In: *Enzymes in Food Processing* (eds G.A. Tucker and L.F.J. Woods). Blackie, Glasgow, pp. 168–193.

82. Weegels, P.L. and Hamer, R.J. (1989) Predicting the baking quality of gluten. *Cereal Foods World* **34**, 210–212.

83. Wong, K.K.Y., Tan, L.U.L. and Saddler, J.N. (1988) Multiplicity of β-1,4-xylanase in microorganisms: functions and applications. *Microbiological Reviews* **52**, 305.

84. Jeffries, T.W. (1996) Biochemistry and genetics of microbial xylanases. *Current Opinion in Biotechnology* **7**, 337–342.

85. Biely, P., Vranska, M., Tenkanen, M. and Kluepfel, D. (1997) Endo-beta-1,4-xylanase families: differences in catalytic properties. *Journal of Biotechnology* **57**, 151–166.

86. Subramaniyan, S. (2000) Studies on the production of bacterial xylanases. PhD Thesis, Cochin University of Science and Technology, Kerala, India.

87. Bailey, M.J., Buchert, J. and Viikari, L. (1993) Effect of pH on production of xylanase by Trichoderma reesei on xylan and cellulose based media. *Applied Microbiology and Biotechnology* **40**, 224.

88. Subramaniyan, S. and Prema, P. (2003) Biotechnology of microbial xylanases: enzymology, molecular biology and application. *Critical Reviews in Biotechnology* **22**, 33–64.

89. Henrissat, B. and Bairoch, A. (1993) New families in the classification of glycosyl hydrolases based on amino acid sequence similarities. *The Biochemical Journal* **293**, 781–788.

90. Coutinho, P.M. and Henrissat, B. (1999) Carbohydrate-active enzymes: an integrated database approach. In: *Recent Advances in Carbohydrate Bioengineering* (eds H.J. Gibert, G. Davies, B. Henrissat and B. Svensson). The Royal Society of Chemistry, Cambridge, pp. 3–12. http://afmb.cnrs-mrs.fr/CAZY

91. Collins, T., Gerday, C. and Feller, G. (2005) Xylanases, xylanase families and extremophilic xylanases. *FEMS Microbiology Reviews* **29** (1), 3–23.

92. Collins, T., Meewis, M.A., Stals, I., Claeyssens, M., Feller, G. and Gerday, C. (2002) A novel family 8 xylanase, function and physicochemical characterization. *Journal of Biological Chemistry* **277**, 35133–35139.

93. Collins T., Gerday, C. and Feller, G. (2003) Xylanases, xylanase families and extremophilic xylanases. *Journal of Molecular Biology* **328**, 419.

94. van Petegem, F., Collins, T., Meewis, M.A., Feller, G. and van Beeumen, J. (2003) The structure of a cold adapted family 8 xylanase at 1.3 Å resolution, structural adaptations to cold and investigation of the active site. *Journal of Biological Chemistry* **278**, 7531–7539.

95. Courtin, C.M., Roelants, A. and Delcour, J.A. (1999) Fractionation reconstitution experiments provide insight into the role of endoxylanases in bread making. *Journal of Agricultural and Food Chemistry* **47**, 1870–1877.

96. Moers, K., Courtin, C.M., Brijs, K. and Delcour, J.A. (2002) A screening method for endo-beta-1,4 xylanase substrate selectivity. In: *Recent Advances in Enzymes in Grain Processing* (eds C.M. Courtin, W.S. Veraverbeke and J.A. Delcour). Catholic University Leuven, Belgium.

97. Guy, R.C.E. and Sahi, S.S. (2002) Comparison of effects of xylanases with fungal amylases in five flour types. In: *Recent Advances in Enzymes in Grain Processing* (eds C.M. Courtin, W.S. Veraverbeke and J.A. Delcour). Laboratory of Food Chemistry, Catholic University Leuven, Belgium.

98. Sprössler, B.G. (1997) Xylanases in baking. In: *1st European Symposium on Enzymes in Grain Processing* (eds S.A.G.F. Angelino, R.J. Hamer, W. van Hartingsveldt, F. Heidekamp and J.P. van der Lugt). TNO Food & Nutrition, Zeist, Netherlands, pp. 177–187.

99. Mathewson, P.R. (1998) Common enzyme reactions. *Cereal Foods World* **43**, 798–803.

100. Verger, R. and De Haas, G.H. (1973) Enzyme reactions in a membrane model. 1. A new technique to study enzyme reactions in monolayers. *Chemistry and Physics of Lipids* **10**(2), 127–136.

101. Brockerhof, H. and Jensen, G. (1974) In: *Lipolytic Enzymes* (eds J. Caro, M. Boudouard, J. Bonicel, A. Guidom and J. Desnuelle). Academic Press, New York.

102. Primo-Martin, C., Hamer, R.J. and de Jongh, H.H.J. (2006) Surface layer properties of dough liquor components: are they key parameters in gas retention in bread dough? *Food Biophysics* **1**, 83–93.

103. van Vliet, T., Janssen, A.M., Bloksma, A.H. and Walstra, J. (1992) Strain hardening of dough as a requirement for gas retention. *Journal of Texture Studies* **23**, 439.

104. Gan, Z., Angold, R.E., Pomeranz, Y., Shogren, M.D. and Finney, K.F. (1990) Response to shortening addition and lipid removal in flours that vary in bread making quality. *Journal of Cereal Science* **12**, 15–24.

139

105. Macritchie, F. and Gras, P.W. (1973) The role of flour lipids in baking. *Cereal Chemistry* **50**, 292–297.
106. Lundkvist, H., Arskog, P.B., Erlandsen, L., Ipsen, R. and Wilde, P (2007) Interfacial properties of dough liquor from lipase modified dough. In: *AACC C&E Spring Meeting*. Montpellier, France, 2–4 May.
107. Olesen, T. and Qi Si, J. (1994) Use of lipase in baking. International Patent Application, WO 94/0403035.
108. Qi Si, J. (1997) Synergistic effects of enzymes for bread making. *Cereal Foods World* **42**, 802–807.
109. Christiansen, L. (2006) Novozymes A/S (2001). Lipopan™ F BG Product Sheet.
110. Castello, P., Baret, J.L., Potus, J. and Nicolas, J. (2000) Technological and biochemical effects of exogenous lipases in bread making. In: *2nd European Symposium on Enzymes in Grain Processing* (eds T. Simoinen and M. Tenkanen). Espoo, Finland, pp. 193–200.
111. Castello, P., Jollet, S., Potus, J. and Nicolas, J. (1998) Effects of exogenous lipase on dough lipids during mixing of wheat flours. *Cereal Chemistry* **75**, 595–601.
112. Johnson, R.H. and Welch, E.A. (1968) Baked goods dough and method. US Patent Application, WO 3,368,903.
113. Poulsen, C. and Borch Søe, J. (1997) Effect and functionality of lipases in dough and bread. In: *1st Symposium of Enzymes in Grain Processing* (eds S.A.G.F. Angelino, R.J. Hamer, W. van Hartingsveldt, F. Heidekamp and J.P. van der Lugt). TNO Nutrition and Food Research Institute, Zeist, Netherlands, pp. 204–214.
114. Xu, F. (2005) Application of oxidoreductases: recent progress. *Industrial Biotechnology* **1**, 38–50.
115. Munro, A.W., Taylor, P. and Wilkinshaw, M.D. (2000) Structures of redox enzymes. *Current Opinion in Biotechnology* **11**, 369–376.
116. Dong, W. and Hoseney, R.C. (1995) Effects of certain bread making oxidants and reducing agents on dough rheological properties. *Cereal Chemistry* **72**, 58–64.
117. Bloksma, A.H. (1972) The relation between thiol disulfide contents of dough and its rheological properties. *Cereal Chemistry* **49**, 104–117.
118. Jorgensen, H. (1939) Further investigations into the nature of the action of bromate and ascorbic acid on the baking strength of wheat flour. *Cereal Chemistry* **16**, 51–60.
119. Bloksma, A.H. and Bushuk, W. (1988) Rheology and chemistry of dough. In: *Wheat Chemistry and Technology*, Vols. 1 and 2 (ed. Y. Pomeranz). AACC, St. Paul, MN.
120. Oort, M.G. van (1996) Oxidases in baking. *International Food Ingredients* **4**, 42–47.
121. Nicolas, J. and Potus, J. (2000) Interactions between lipoxygenase and other oxidoreductases in baking. In: *2nd European Symposium on Enzymes in Grain Processing* (eds T. Simoinen and M. Tenkanen). VTT Symposium, Espoo, Finland, pp. 103–120.
122. Wieser, H. (2003) The use of redox agents. In: *Bread Making: Improving Quality* (ed. S.P. Cauvain). Woodland Publishing Ltd., Cambridge, pp. 424–446.
123. Vermullapalli, V. and Hoseney, R.C. (1980) Glucose oxidase in bread making systems. *Cereal Chemistry* **75**, 439–442.
124. Primo-Martin, C., Valera, R. and Martinez-Anaya, M.A. (2003) Effect of pentosanase and oxidase on the characteristics of dough and the glutenin macropolymer (GMP). *Journal of Agricultural and Food Chemistry* **51**, 4673.
125. Mitani, M., Maeda, T. and Morita, N. (2003) Effects of various kinds of enzymes on dough properties and bread qualities. In: *Recent Advances in Enzymes in Grain Processing* (eds C.M. Courtin, W.S. Veraverbeke and J.A. Delcour). Laboratory of Food Chemistry, Leuven, Belgium, pp. 295–302.
126. Rosell, C.M., Wang, J., Aja, S., Bean, S. and Lockhart, G. (2003) Wheat flour proteins as affected by transglutaminase and glucose-oxidase. *Cereal Chemistry* **80**, 52–55.
127. Matheis, G. and Whitaker, J.R. (1987) A review: enzymatic cross-linking of food proteins applicable to foods. *Journal of Food Biochemistry* **11**, 309–327.
128. Haas, L.W. (1934) Bleaching agent and process of preparing bleached bread dough. United States Patent 1957334.
129. Hoseney, R.C., Rao, H., Faubion, J. and Sighu, J.S. (1980) Mixograph studies. IV. The mechanism by which lipoxygenase increases mixing tolerance. *Cereal Chemistry* **57**, 163–166.
130. Addo, K., Burton, D., Stuart, M.R., Burton, H.R. and Hildebrand, D.F. (1993) Soybean flour lipoxygenase isozyme mutant effects on bread dough volatiles. *Journal of Food Science* **58**, 583–585.
131. Delcros, J.F., Rakotozafy, L., Boussard, A., Davidou, S., Porte, C., Potus, J. and Nicolas, J. (1998) Effect of mixing conditions on the behaviour of lipoxygenase, peroxidase and catalase in wheat flour dough. *Cereal Chemistry* **75**, 85–93.
132. Junqueira, R.M., Rocha, F., Moreira, M.A. and Castro, I.A. (2007) Effect of proofing time and wheat flour strength on bleaching, sensory characteristics and volume of French breads with added soybean lipoxygenase. *Cereal Chemistry* **84**, 443–449.

140

133. Logan, J.L. and Learmonth, E.M. (1955) Gluten oxidizing capacity of soya. *Chemistry And Industry* **39**, 1220.
134. Grosch, W. (1986) Redox systems in dough. In: *The Chemistry and Physics of Baking: Materials, Processes and Products* (eds J.M. Blanshard, P.J. Frazier and T. Galliard). Royal Society of Chemistry, London, pp. 155–169.
135. Koch, R.B. (1956) Mechanisms of fat oxidation. *Bakers Digest* **30**, 48–53.
136. Dahle, L.K. and Sullivan, B. (1963) The oxidation of wheat flour. V. Effect of lipid peroxides and antioxidants. *Cereal Chemistry* **40**, 372–384.
137. Smith, D.E. and Andrews, J.S. (1957) The uptake of oxygen by flour dough. *Cereal Chemistry* **34**, 323–326.
138. Graveland, A. (1970) Enzymatic oxidations of linoleic acid and glycerol-1-monolinoleate in dough and flour water suspensions. *Journal of the American Oil Chemists' Society* **47**, 352–361.
139. Graveland, A. (1973) Analysis of lipoxygenase non volatile reaction products of linoleic acid in aqueous cereal suspensions by urea extraction and gas chromatography. *Lipids* **8**, 599–605.
140. Tait, S.P.C. and Galliard, T. (1988) Oxidation of linoleic acid in dough and aqueous suspensions of wholemeal flours: effect of storage. *Journal of Cereal Science* **8**, 55–67.
141. Levavasseur, L., Rakotozafy, L., Manceau, E., Louarne, L., Robert, H., Bartet, J-L., Potus, J. and Nicolas, J. (2006) Discrimination of wheat varieties by simultaneous measurements of oxygen consumption and consistency of flour during mixing. *Journal of the Science of Food and Agriculture* **86**, 1688–1698.
142. Tsen, C.C. and Hlynka, I. (1963) Flour lipids and oxidation of sulfhydryl groups in dough. *Cereal Chemistry* **40**, 145.
143. Tsen, C.C. (1965) The improving mechanism of ascorbic acid. *Cereal Chemistry* **42**, 86–96.
144. Bloksma, A.H. (1963) Oxidation by molecular oxygen of thiol groups in unleavened dough from normal and defatted wheat flours. *Journal of the Science of Food and Agriculture* **14**, 529–535.
145. Graveland, A. (1971) Modification of the Lipoxygenase reaction by wheat glutenin. PhD Thesis, University Utrecht, Utrecht.
146. Avram, E., Boussard, A., Potus, J. and Nicolas, J. (2003) Oxidation of glutathione by purified wheat and soybean Lipoxygenase in the presence of linoleic acid at various pH. In: *Recent Advances in Enzymes in Grain Processing* (eds C.M. Courtin, W.S. Veraverbeke and J.A. Delcour). Katholieke Universiteit, Leuven, Belgium.
147. Kiefer, R., Mattheis, G., Hofmann, G. and Belitz, H.D. (1982) *Zeitschrift Lebensmittel Untersuchung und Forschung*, **75**, 5–7.
148. Fukushige, H., Wang, C., Simpson, T., Gardner, H. and Hildebrand, D. (2005) Purification and identification of linoleic acid hydroperoxides generated by soybean seed lipoxygenases 2 and 3. *Journal of Agricultural and Food Chemistry* **53**, 5691–5694.
149. Nicolas, J., Richard-Forget, F., Goupy, P., Amiot, M.J. and Aubers, S. (1994) Enzymatic browning reactions in apples and apple products. *Critical Reviews in Food Science and Nutrition* **34**, 109–157.
150. Zawistowski, J., Biliaderis, C.G. and Eskin, N.A.M. (1991) Polyphenol oxidase. In: *Oxidative Enzymes in Foods* (eds D.S. Robinson and N.A.M. Eskin). Elsevier Applied Science Chemistry, London, pp. 217–273.
151. Kuninori, T., Nishiyama, J. and Matsumoto, H. (1976) Effect of mushroom extract on the physical properties of dough. *Cereal Chemistry* **53**, 420–428.
152. Takasaki, S. and Kawakishi, S. (1997) Formation of protein bound 3,4-dihydroxy-phenylalanine and 5-cysteinyl-3,4-dihydrophenylalanine as new cross-linkers in gluten. *Journal of Agricultural and Food Chemistry* **45**, 3472–3475.
153. Takasaki, S., Kawakishi, S., Murat, M. and Homma, S. (2001) Polymerization of gliadin mediated by mushroom Tyrosinase. *Lebensmittel Wissenschaft Technologie*, **34**, 507–512.
154. Tilley, K.A. (1999) Method of dough manufacture by monitoring and optimizing gluten protein linkages. US patent No 6.284.296.
155. Tilley, K.A., Benjamin, R.E., Bagorogoza, K.E., Okot-Kolber, B.M., Prakash, O. and Kwen, H. (2000) Tyrosine cross links: The molecular basis of gluten structure and function. *Journal of Agricultural and Food Chemistry* **49**(6), 2627–2632.
156. Hillhorst, R., Gruppen, H., Orsel, R., Laane, C., Schols, H.A. and Voragen, A.G.J. (2000) On the mechanism of action of peroxidase in wheat dough. In: *2nd European Symposium on Enzymes in Bread Making* (eds T. Simoinen and M. Tenkanen). Techn. Research Centre of Finland VTT, Espoo, Finland, pp. 127–132.
157. Reinikainen, T., Lantto, R., Niku-Pavoola, M-L. and Buchert, J. (2003) Enzymes for cross-linking of cereal polymers. In: *Recent Advances in Enzymes in Grain Processing* (eds C.M. Courtin, W.S. Veraverbeke and J.A. Delcour). Laboratory of Food Chemistry, Leuven, Belgium, pp. 91–99.

141

158. Oort, M.G. van, Hennink, H. and Moonen, H. (1997) Peroxidases in bread making. In: *First European Symposium on Enzymes in Grain Processing* (eds S.A.G.F. Angelino, R.J. Hamer, W. van Hartingsveldt, F. Heidekamp and J.P. van der Lugt). TNO Nutrition and Food Institute, Zeist, The Netherlands, pp. 195–203.

159. Dunnewind, B., Vliet, T. van and Orsel, R. (2002) Effect of oxidative enzymes on bulk rheological properties of wheat flour dough. *Journal of Cereal Science* **36**, 357–366.

160. Swaisgood, H.E. (1980) Oxygen activation by sulfhydryl oxidase and the enzyme's interaction with peroxidase. *Enzyme and Microbial Technology* **2**, 265–272.

161. Kaufman, S.P. and Fennema, O. (1987) Evaluation of sulfhydryloxidase as a strengthening agent for wheat flour dough. *Cereal Chemistry* **64**, 172–176.

162. Fok, J.J., Hille, J.D.R. and Ven, B. Van Der (1993) Yeast derivative to improve bread quality. European Patent 0588426A1.

163. Grosch, W. and Wieser, H. (1990) Redox reactions in wheat dough affected by ascorbic acid. *Journal of Cereal Science* **29**, 1–16.

164. Grant, D.R. and Sood, V.K. (1980) Studies in the role of ascorbic acid in chemical dough development. II. Partial purification and characterization of an enzyme oxidizing ascorbic acid in flour. *Cereal Chemistry* **57**, 46–49.

165. Every, D., Gilpin, M.J. and Larsen, N.G. (1995) Continuous spectroscopic assay and properties ascorbic acid oxidizing factors in wheat. *Journal of Cereal Science* **21**, 231–239.

166. Every, D., Gilpin, M.J. and Larsen, N.G. (1996) Ascorbic acid oxidase levels in wheat and relationship to baking quality. *Journal of Cereal Science* **23**, 145–151.

167. Cherkiatgumchai, P. and Grant, D.R. (1986) Enzymes that contribute to the oxidation of L-ascorbic acid in flour-water systems. *Cereal Chemistry* **63**, 197–200.

168. Grant, D.R. (1974) Studies in the role of ascorbic acid in chemical dough development. I. Reaction of ascorbic acid with flour water suspensions. *Cereal Chemistry* **51**, 584–592.

169. Sarwin, R., Laskawy, G. and Grosch, W. (1993) Changes in the levels of glutathione and cysteine during the mixing of dough with L-threo- and D-erythro-ascorbic acid. *Cereal Chemistry* **70**, 553–557.

170. Kanht, W.D., Murdy, V. and Grosch, W. (1975) Verfahren zur bestimmung der aktivität des glutathiondehydrogenase (EC 1.8.5.1.). Vorkommen des enzymes in verschiedenen weizensorten. *Zeitschrift Lebensmittel Untersuchung und Forschung* **158**, 77–82.

171. Arnaut, F., De Meyer, K. and Van Haesendonck, I. (2005) Bakery products comprising carbohydrate oxidase. European Patent EP1516536.

172. McDonald, E.C. (1969) Proteolytic enzymes of wheat and their relation to baking quality. *Baker's Digest* **43**, 26–28, 30 and 72.

173. Mathewson, P.R. (2000) Enzymatic activity during bread baking. *Cereal Foods World* **45**, 98–101.

174. Lindahl, L. and Eliasson, A.-C. (1992) Influence of added enzymes on rheological properties of a wheat flour dough. *Cereal Chemistry* **69**, 542–546.

175. Stauffer, C.E. (1987) Proteases, peptidases and inhibitors. In: *Enzymes and Their Role in Cereal Technology* (eds J.E. Kruger, D. Lineback and C.E. Stauffer). AACC Inc., St. Paul, MN, pp. 166–169.

176. Stauffer, C.E. (1994) In: *The Science of Cookie and Cracker Production* (ed. H. Faridi). Chapman & Hall, New York, pp. 237–238.

177. Nightingale, M.J., Marchylo, B.A., Clear, R.M., Dexter, J.E. and Preston, K.R. (1999) Fusarium head blight: effect of fungal proteases on wheat storage proteins. *Cereal Chemistry* **76**, 150–158.

178. Rosell, C.M., Aja, S., Bean, S. and Lookhart, G. (2002) Effect of Aelia spp. and Eurygaster spp. damage on wheat proteins. *Cereal Chemistry* **79**, 801–805.

179. Thiele, C., Gänzle, M.G. and Vogel, R.F. (2002) Contribution of sourdough Lactobacilli, Yeast and cereal enzymes to the generation of amino acids in dough relevant for bread flavour. *Cereal Chemistry* **79**, 45–51.

180. Barbeau, W.E., Griffey, C.A. and Yan, Z. (2006) Evidence that minor sprout damage can lead to significant reductions in gluten strength of winter wheats. *Cereal Chemistry* **83**, 306–310.

181. Schieberle, P. (1996) Intense aroma compounds – useful tools to monitor the influence of processing and storage on bread aroma. *Advances in Food Science* **18**, 237–244.

182. Gobetti, M., Simonetti, M.S., Rossi, J., Cossignani, L., Corsetti, A. and Damiani, P. (1994) Free D- and L-amino acid evolution during sourdough fermentation and baking. *Journal of Food Science* **59**, 881–884.

183. Hansen, A., Lund, B. and Lewis, M.J. (1989) Flavour of sourdough rye bread crumb. *Lebensmittel Wissenschaft und Technologie* **22**, 141–144.

184. Loponen, J., Mikola, M., Sontag-Strohm, T. and Salovaara, H. (2002) Degradation of high molecular weight glutenin subunits during wheat sourdough fermentation. In: *Recent Advances in Enzymes in*

142

Grain Processing (eds C.M. Courtin, W.S. Veraverbeke and J.A. Delcour). Lab. Food Chem, Kath. University Leuven, Leuven, Belgium, pp. 281–287.

185. Harada, O., Lysenko, E.D. and Preston, K. R. (2000) Effects of commercial hydrolytic enzyme additives on Canadian short process bread properties and processing characteristics. *Cereal Chemistry* **77**, 70–76.

186. Harada, O., Lysenko, E.D., Edwards, N.M. and Preston, K.R. (2005) Effects of commercial hydrolytic enzyme additives on Japanese style sponge and dough bread properties and processing characteristics. *Cereal Chemistry* **82**, 314–320.

187. Barrett, A.H., Marando, G., Leung, H. and Kaletunc, G. (2005) Effect of different enzymes on textural stability of shelf stable bread. *Cereal Chemistry* **82**, 152–157.

188. Linares, E., Larre, C., Lemeste, M. and Popineau, Y. (2000) Emulsifying and foaming properties of gluten hydrolysates with an increasing degree of hydrolysis: role of soluble and insoluble fractions. *Cereal Chemistry* **77**, 414–420.

189. Cluskey, J.E. (1959) Relation of the rigidity of flour, starch, and gluten gels to bread staling. *Cereal Chemistry* **36**, 236–246.

190. Arnout, F., Verte, F. and Vekemans, N. (2003) Method and composition for retarding staling of bakery products by adding a thermostable protease. European Patent EP1350432.

191. Pomeranz, Y. (1971) *Wheat Chemistry and Technology*. AACC, St. Paul, MN, p. 700.

192. Gottmann, K. and Sproessler, B. (1994) Baking products and intermediates. US Patent 5279839.

193. Gottmann, K. and Sproessler, B. (1995) Baking agent and process for the manufacture of dough and bakery products. European Patent EP 0492406.

194. Shan, L., Molberg, O., Parrot, I., Hausch, F., Filiz, F. and Gray, G.M. (2002) Structural basis for gluten intolerance in celiac sprue. *Science* **297**, 2275–2279.

195. Feighery, C. (1999) Fortnightly review: celiac disease. *British Medical Journal* **319**, 236–239.

196. Toufeili, I., Dahger, S., Shadarevian, S., Noureddine, A., Sarakbi, M. and Farran, M.T. (1994) Formulation of gluten-free pocket-type flat breads. Optimization of methylcellulose, gum Arabic and egg albumen levels by response surface methodology. *Cereal Chemistry* **71**, 594–601.

197. O'Brien, C.M., von Lehmden, S. and Arendt, E.K. (2002a) Development of gluten free pizzas. *Irish Journal of Agriculture and Food Research* **42**, 134–137.

198. O'Brien, C.M., Schober, T. and Arendt, E.K. (2002b) Evaluation of the effect of different ingredients on the rheological properties of gluten-free pizza dough. *AACC Annual Meeting*. Published online at http://www.scioc.org/aacc/meeting/2002/abstracts. AACC International, St. Paul, MN.

199. Gallagher, E., Gormley, T.R. and Arendt, E.K. (2003) Recent advances in the formulation of gluten-free cereal based products. *Trends in Food Science & Technology* **15**, 143–152.

200. Gallagher, E., Gormley, T.R. and Arendt, E.K. (2004) Crust and crumb characteristics of gluten-free breads. *Journal of Food Engineering* **56**, 153–161.

201. Guarda, A., Rosell, C.M., Benedito, C. and Galotto, M.J. (2003) Different hydrocolloids as bread improvers and antistaling agents. *Food Hydrocolloids* **18**, 241–247.

202. Moore, M.M., Heinbockel, M., Dockery, P., Ulmer, H.M. and Arendt, E.K. (2006) Network formation in gluten-free bread with application of transglutaminase. *Cereal Chemistry* **83**, 28–36.

203. Laurière, M. and Denery, S. (2005) Céréales et dérivés. In: *Méthodes D'analyses Immunochimiques Pour le Contrôle de Qualité Dans les IAA* (eds J. Daussant and P. Arbault). Lavoisier, Ed Tec et Doc, Paris, pp. 293–328.

204. Maat, J. and Roza, M. (1995) Cellulase bread improvers e.g., xylanase include an oxidase or peroxidase. European Patent EP0396162.

205. van Beckhoven, R.F.W.C. (2003) Bread improving composition. US Patent 6656513.

206. van Duijnhoven, A.M. (1993) Enzyme containing baking improver. European Patent EP0529712.

143

7 酶在非面包类小麦制品中的应用

Caroline H. M. van Benschop 和 Jan D. R. Hille

7.1 概述

小麦是全球最主要的粮食作物之一。就 2008 年而言,全球共生产了大约 6.58 亿吨的小麦,其中 4.53 亿吨小麦被人类食用,1.18 亿吨作为动物饲料。人均每年的小麦的消费量在 67 kg 左右,其中大部分小麦被制成面包和意粉供人类食用,小部分小麦被制成饼干、曲奇、薄饼、蛋糕等焙烤制品供人类食用。尽管如此,在世界某些国家和地区,当地人以其他谷物例如大米和黑麦为主食。

当前,大部分焙烤酶制剂应用在面包的生产中,然而焙烤酶制剂在其他谷物制品中的应用正在迅速增长。在本章中,将会概述酶在非面包类的小麦制品中的应用。

7.2 酶在非面包类小麦制品生产中的功能性

几个世纪以来,采用焙烤或蒸煮进行熟制的小麦制品一直存在于人类的日常饮食中。在世界各地,小麦(面粉)衍生品以诸多不同的形式被人类食用,并且不同地区不同文化背景的人所食用的小麦粉(面粉)衍生品的形式不尽相同,但都代表着是被食用最多的食物。

现今,这类食品包含了诸多不同的产品,如面包类、蛋糕类、松饼类、甜甜圈类、曲奇类、薄饼类、饼干类、意粉类、面条类、玉米饼类、早餐谷物类以及许多其他类的产品。根据产品的类型(甜或不甜),膨松的方法(生物膨松、化学膨松或不使用膨松的工艺)将以上产品进行分类,或者从技术的角度而言,根据它们的 pH、水分含量和水分活度进行分类。

许多在面包制作中使用的酶也能应用在以上所提到的其他小麦制品中。根据这些小麦制品使用的原料,可使用淀粉酶、半纤维酶、脂肪酶、氧化酶、交联酶和蛋白酶来改善这些焙烤制品的品质或修饰它们的质构(质地)。

7.3 酶在蛋糕和松饼生产中的应用

蛋糕和松饼采用以下基本原料进行制作：小麦粉(面粉)、蔗糖和鸡蛋。除此之外在重油蛋糕的配方中还会加入油脂。海绵蛋糕和重油蛋糕的制作方式如下：将以上配料混合在一起搅拌成液体面糊，并将空气裹挟在内形成泡沫。在蛋糕焙烤过程中，空气会膨胀，并且泡沫会转变成海绵。后者是淀粉糊化引起黏度增高所致。

蛋糕或松饼的面糊可被认为是一种水包油乳状液，并且这种乳状液能被乳化剂稳定。鸡蛋和添加的乳化剂能起到稳定该乳状液的作用。鸡蛋中的脂类由甘油三酯和磷脂组成。后者具有表面活性剂的作用，并且可作为乳化剂来稳定水包油型的乳状液。

鸡蛋中磷脂的主要成分是磷脂酰胆碱(卵磷脂)和磷脂酰乙醇胺(脑磷脂)。这些脂类具有乳化性，并且当有一部分卵磷脂被水解成溶血卵磷脂时，能增强这些脂类的乳化性。这种水解反应在磷脂酶 A_1 或 A_2 的作用下催化进行。在相同的作用温度下(20℃)，图 7.1 显示了不同用量的磷脂酶 A_2 获得的鸡蛋磷脂酰胆碱(卵磷脂)转化率。

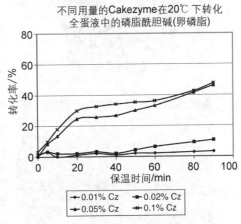

不同用量的Cakezyme在20℃下转化全蛋液中的磷脂酰胆碱(卵磷脂)

图 7.1 用磷脂酶 A_2 转化鸡蛋脂类

图 7.1 清楚地显示了在产生面糊所需的正常操作时间内，添加 2 500~5 000 CPU磷脂酶 A_2/(kg 全蛋液)就已经能水解 30％左右的脂类。与磷脂酰胆碱(卵磷脂)相比，生成的溶血磷脂酰胆碱(溶血卵磷脂)具有更强的乳化性能，这有助于提高蛋糕的品质和(或)降低蛋糕生产成本，后者是蛋糕配方中减少鸡蛋用量所致。

图 7.2 显示了海绵蛋糕面糊稳定性提高的效果。在图 7.2 中，(a)和(b)图片显示了面糊在水浴中加热 5 min 之后的形态。(a)是对照样品，在(b)样品中，添加了 1 250 CPU 磷脂酶 A_2/(kg 全蛋液)。与对照面糊样品(a)相比，可以清晰地看出面糊样品(b)更稳定。

将对照面糊样品(a)和面糊样品(b)在标准烤箱中进行焙烤。图 7.3(a)和图 7.3(b)显示了这些蛋糕的蛋糕瓤的 C-cell 照片；图 7.3(c)和图 7.3(d)显示了对照蛋糕样品和经过磷脂酶 A_2 处理的蛋糕样品的微观结构图。面糊在经过磷脂酶 A_2 处理过后，烤制生成的蛋糕形成了更规则和更细腻的蛋糕瓤结构。

图 7.2　海绵蛋糕面糊在水浴中加热 5 min 之后稳定性对比：
(a) 对照样品；(b) 添加了 Cakezyme™

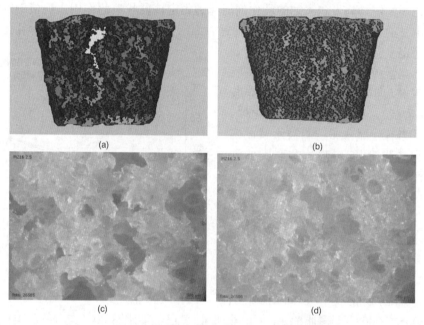

图 7.3　(a)和(b)分别是对照蛋糕样品和添加 1 250 CPU 磷脂酶 A₂/(kg 全蛋液)的
蛋糕样品的 C-cell 照片；(c)和(d)分别是(a)和(b)的显微图像

　　早在 1987 年,就有科学家描述过在海绵蛋糕中使用磷脂酶 A₂ 有助于改善海绵蛋糕的质构,但是在这份专利中,在蛋液与其他原料一起搅拌成面糊之前,蛋液在 50℃ 先经磷脂酶 A₂ 作用 4 h,然后再在 60℃ 经磷脂酶 A₂ 作用 30 min。在之前描述的蛋糕生产工艺中,磷脂酶是一种食品配料,按照制订好的蛋糕标准生产工艺添加顺序,直接混合进面糊中。

　　乳化剂通常是蛋糕和松饼配方中的一部分。添加乳化剂有助于融合空气,改善脂肪在面糊中分散效果,并且当面糊在焙烤时,乳化剂也有助于稳定膨胀的气泡。Guy 和 Sahi 做了这样的实验:在重油蛋糕生产中,用商品化的磷脂酶来替代这些乳化剂。在重油蛋糕面糊中添加商品化的脂肪酶,能降低面糊中空气/水界面处的表面张力和表面黏度。这表明生成了能替代空气/水界面处蛋白质的表面活性剂。焙烤后得到的蛋糕在体积方面有了明显的增大，同时也有着细腻的蛋糕瓤结构。在将该重油蛋糕冷藏 14 d 之后，其食用品质和可感知的新鲜度均有明显的改善。

当在蛋糕配方中减少鸡蛋使用量时，通常蛋糕品质会下降。这种品质的下降可通过在面糊中添加磷脂酶 A_1 或 A_2 来予以抵消。这可以通过蛋糕体积的增大以及蛋糕在储藏期间黏聚性、弹性等性能的提升看出来。在这份专利中，甚至描述了用磷脂酶 A_2 替代 50% 的鸡蛋用量，但为了能达到对照蛋糕样品的体积和品质，必须在蛋糕配方中添加大豆蛋白（用量为所替代鸡蛋的干物质量）或乳清蛋白（用量为所替代鸡蛋的干物质量的 50%）。

除了脂肪酶之外，淀粉酶已被应用在蛋糕的生产中。在 1980 年，就有科学家描述应用淀粉酶来阻止蛋糕老化。在 2004 年，丹尼斯克（Danisco）推出一款含有高度特异性（专一性）淀粉酶的产品，并宣称能将蛋糕货架期延长一倍。在 2005 年，有科学家描述了一款蛋糕改良剂。它里面含有细菌淀粉酶、硬脂酰乳酸钾（CSL）、硬脂酰乳酸钠（SSL）和单甘酯（GMS）。总体上而言，它能提升蛋糕的品质，更具体地说，它能提高蛋糕瓤的柔软度和延长产品的货架期。在 2006 年，诺维信（Novozymes）发表了一项专利。该专利描述了一种能在高糖环境下使用的独特麦芽糖淀粉酶。这种酶非常适合在蛋糕生产中使用。最近又开发出了一种独特的淀粉酶——麦芽糖转葡萄糖基酶。麦芽糖转葡萄糖基酶或 $[\alpha-(1,4)]-[\alpha-(1,4)]$ 葡萄糖基转移酶是一种高温淀粉酶。它能从直链淀粉中水解出寡糖，随后将这些寡糖结合在支链淀粉侧链的末端。已经在马铃薯淀粉中应用麦芽糖转葡萄糖基酶，将其分支成一种能在水中形成热可逆凝胶的产品。这种产品能在蛋糕之类的食用复合体中形成微区，其作用跟脂肪球类似。换句话说，由麦芽糖转葡萄糖基酶生成的产物能在蛋糕中作为脂肪替代品和口感改良剂使用。

已经使用蛋白酶来降低面粉悬浮液的黏度，并且能够避免饼干在焙烤期间出现表面网状裂纹的现象（见 7.5 节），但是现今也应用蛋白酶来延缓蛋糕瓤的老化。Arnaut 等认为使用中温碱性蛋白酶（例如角蛋白酶和耐热蛋白酶）对面团的流变学性质没有明显的影响，但对蛋糕的柔软度有积极的影响，并且能延缓蛋糕瓤变硬的时间，从而延长了蛋糕的货架期，也可运用一些特异性的蛋白酶来改善蛋糕的风味。

7.4　酶在意粉和面条生产中的应用

意粉和面条在全球人口的日常饮食中也起着重要的作用。它们易于烹饪，且富含营养，因此非常受欢迎。中国和东南亚地区的居民主要食用湿面条、干面条以及方便面。北美、南美和欧洲国家的居民主要食用意粉。

意粉制作的方式如下：先将由杜伦小麦磨成的粗面粉与水混合，形成一种干面团(水分含量为 25%～35%),随后使用模具将这种干面团挤压成所需的形状,最后进行干燥以利于产品的稳定和保存。

面条制作的方式如下:将由普通小麦磨成的面粉与盐水(制作白面条)或碱水(制作黄面条)混合,形成松散的面团,随后将面团置于一系列的压延辊筒之间进行压延,生成面带。在面团压延工艺中,会形成面筋网络,这有助于改善面条的质构。面带再被切成面条,然后面条就可以出售,或者进行进一步的加工以延长面条的货架期,改善面条的食用品质或由消费者自己进行加工。生鲜面条可以干燥成干面条,或者将其行热风干燥或油炸成方便面。

干燥的意粉和面条的重要特征是具有机械强度、无暗裂现象(产品形成发丝状裂纹)、表面平整且具有明亮的颜色。干燥的意粉和面条必须在包装和运输期间保持它们的大小和形状。裂纹的存在可能会降低意粉和面条的机械强度。大多数暗裂的产生可能由不恰当干燥条件造成。意粉或面条表面水分蒸发过快会导致表面的硬化,随着意粉或面条的内部的干燥,其内部无法承受应力,从而出现暗裂。对于面条来说,暗裂也会使其内部产生气泡。

一篇由 Matsuo 发表的综述讨论了酶在意面和面条生产中的应用。它们的颜色被认为是主要的质量因素。意粉必须呈亮黄色;对于生鲜面条和干面条来说,越白越好。对于方便面来说,面条颜色显得不太重要。在下面的内容中,首先会讨论酶在由杜伦小麦粗面粉制成的意粉生产中的作用,随后讨论酶在面条生产中的作用。

7.4.1 酶在意粉生产中的作用

杜伦小麦制品呈现出的亮黄色是这种小麦中天然存在的类胡萝卜色素所致。色素的损失是内源的脂肪氧合酶催化的氧化降解反应所致。色素的损失主要发生在意粉的加工过程中,特别是在面团的搅拌阶段。在这个阶段,色素的含量会大幅度地下降。脂肪氧合酶催化亚油酸之类的不饱和脂肪酸发生过氧化反应,生成共轭单氢过氧化物。随后这些单氢过氧化物会和类胡萝卜素反应,造成发色基团的损失。在真空条件下搅拌,使用高温干燥(60～85℃),最近兴起的超高温干燥(85～110℃)和减少加工时间都能改善意粉的颜色,但是较高的干燥温度使得美拉德反应的风险增大。

杜伦小麦粉中除了由类胡萝卜素呈现的黄色之外,还有另一种颜色——褐色,这是天然存在的物质,酶促褐变反应和非酶促褐变反应所致。多酚氧化酶被认为是造成意粉和其他小麦制品脱色的一个主要因素。多酚氧化酶催化单酚发生羟基化反应,生成 o-二酚("单酚酶"活力),并将 o-二酚氧化成 o-醌("二酚酶"活力),随后生成的醌会和许多功能性基团,如胺、硫醇和酚发生反应,生成黑色素,这是一类复杂的呈色产物。然而,最近的一项研究表明虽然多酚氧化酶引起了意粉的褐变,但是还有一种不为人所知的褐变机制也很有可能参与其中。小麦制品中这些褐变机制可能源于酶促褐变,也有可能源于非酶促褐变。一种可能的酶促反应机制是由于小麦自身存在的过氧化物酶,但它的作用机制仍然不清楚。

采用高温干燥或超高温干燥技术,已使加工商能够利用面筋强度较差的小麦原料生产出质量较好的意粉产品。Edwards 等检测了由不同面筋强度的杜伦小麦粗粉制成的面团的黏弹性。从这些蠕变性能的分析中,他们总结出面筋强度高的杜伦小麦面团的高稳态黏性和相对的低延伸性与杜伦小麦面筋的强度一致,而这种面筋强度是面团中存在的内在交联密度的主要功能性表现。由于这个原因,谷氨酰胺转氨酶在很多时候被描述为一种交联剂,但是像葡萄糖氧化酶、过氧化物酶、脱氨酶和内酯水解酶之类的氧化酶也被认为具有改善意粉面团的面筋强度和意粉整体质量的功能。

高温干燥或超高温干燥也能弥补小麦发芽造成的损失。小麦的发芽导致小麦中 α-淀粉酶和蛋白酶之类的酶活显著增加。对于这两类酶来说,它们在意粉生产中所起的作用在文献中是有争议的。然而,这些文献中并没有描述这两类酶的积极作用。由于该原因,在这些酶对意粉质量造成消极作用之前,利用超高温干燥这一技术来灭活它们。

内切木聚糖酶被认为对意粉的干裂现象具有显著的影响。它们能够水解结合水能力非常强的水不溶性阿拉伯木聚糖。当内切木聚糖酶作为意粉配方的一部分时,水的用量可以减少,从而能显著地降低干裂现象的发生。Brown 和 Finley 解释了这种酶的作用,它们具有降低意粉面团黏度的能力,从而能显著地降低面团的压位差,并能显著地提高意粉挤压机的生产量。

最近有科学家概述了脂肪酶在非杜伦小麦粉制成的意粉生产中所起到的有益作用,并且还概述了非杜伦小麦意粉的质量特征,如其颜色、咬劲、黏性和耐煮性等。也有科学家描述了脂肪酶在杜伦小麦意粉生产中的应用。添加脂肪酶,能延长意粉的货架期,并能长时间保持意粉黄色的特征。然而,意粉中残留的脂肪酶活必须非常低($<$100 LU/kg),这可以在面团挤压前通过热处理实现。

7.4.2　酶在面条生产中的作用

面条的颜色,外形和煮后质地对于面条生产商和消费者来说显得非常重要。然而,在亚洲存在着许多具有地方特色的各种各样的面条,这归因于不同的文化、气候、区域和许多其他因素。每种类型的面条都有着自身独特的颜色和质地特征。影响面条颜色的重要因素有面粉颜色、蛋白质含量、灰分含量、黄色色素和多酚氧化酶的活力。淀粉的特性以及蛋白质的含量和质量在面条煮后质地的调节方面起着主要的作用。然而,淀粉和蛋白质的相对重要性随着面条类型的不同而变化极大。在以质地柔软有弹性为特征的日本和韩国面条中,淀粉的糊化特性是决定它们食用品质的主要因素,而在需要紧实耐嚼质地的中国式面条(中式面条)中,蛋白质的含量和强度对它们非常重要。

先用融合有软质小麦、半硬质小麦和硬质小麦为原料生产出的面粉,与盐或碱盐以及少量的水(吸收范围 26%～36%)混合在一起,随后将这些原料搅拌成一种松软的面团,再置于一系列压延辊筒之间,将面团压延成面带,最后将这些面带切成面条的形式,这样就生产出了面条。

150

在生面条生产期间或其货架期内,生面条或生产面条的面带所出现的一个普遍问题是它们会出现褐变现象。在这儿,多酚氧化酶也被认为是造成该现象的元凶。虽然在小麦种质方面,科学家们已经付出大量的努力从基因水平上来降低多酚氧化酶的活力,但是问题依然存在。在生面条生产中,使用真菌脂肪酶有助于防止生面条在货架期内出现褐变现象。

另一种在大多数面条品种中出现的普遍问题是染斑现象,就是面条上出现小的黑点,其数量主要取决于面粉的制粉水平和面粉中灰分含量。在面条配方中添加真菌脂肪酶,随着面条储存时间的延长,能显著降低黑点生成的数量。

单独使用脂肪酶,或者联合使用脂肪氧合酶和脂肪酶,也能使煮后的面条更紧实,更顺滑,并且能降低煮后面条的黏性,从而使面条不易缠结在一起,进而改善了面条的食用品质。该作用最有可能的机理是在脂肪酶作用下,将甘油三酯水解成甘油单酯。这些甘油单酯会和具有 α-螺旋结构的直链淀粉分子形成稳定的复合物,从而能防止淀粉颗粒在烹饪期间出现过度膨胀的现象。直链淀粉从淀粉颗粒中浸出的越少,面条的质地越紧实,表面越顺滑,同时面条黏性越低。除了脂肪酶之外,应用其他的磷脂酶或半乳糖脂酶,也能获得相似的效果。

在许多论文和专利(主要来自日本)中,科学家们已经描述在面条的生产中,单独使用谷氨酰胺转氨酶,或者联合使用谷氨酰胺转氨酶与额外添加的小麦面筋蛋白或酪蛋白水解物。将谷氨酰胺转氨酶与面粉混在一起,或者作为扑粉的一部分应用在面条加工中,它能使面团中面筋和其他蛋白质片段形成内部交联,这会使面条的弹性更强,从而改善了面条的质地、韧性和口感。也能使用葡萄糖氧化酶来增强面团成分间的交联。据描述,使用葡萄糖氧化酶能改善不同类型面条的硬度、弹性、表面性质和耐煮性(图 7.4)。当使用低质量面粉来生产面条时,在面条配方中加入葡萄糖氧化酶的使用,可以提升面粉的质量。

在 pH 低于 8 的面条面团中添加葡萄糖氧化酶,能较好地控制面条表面斑点的形成,并能长期保持面条的外形。

在表面经过预糊化的面条中应用真菌 α-淀粉酶,即便处理过的面条在长时间储存之后,也能防止熟面条的黏结,并能改善面条的风味和质地。葡萄糖淀粉酶则可替代 α-淀粉酶应用在油炸方便面的生产中。

151

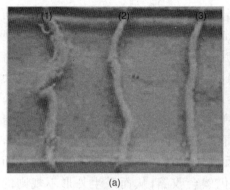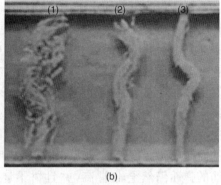

(a)   (b)

图 7.4 　速食面条分别烹煮 3 min(a)和 7 min(b)之后，采用玻璃板按压得到的图片[(1) 对照样品；(2) 添加 45 SRU 葡萄糖氧化酶/(kg 面粉)的面条样品；(3) 添加 75 SRU 葡萄糖氧化酶/(kg 面粉)的面条样品]

7.5　酶在饼干生产中的应用

"Biscuit"这个词来源于法语，意思是再次焙烤的面包。现今，只有非常少的饼干会经过两次焙烤，大部分的饼干只经过一次焙烤。

在欧洲，"Biscuit"这个词是指用油糖含量较高，水分含量较低的面团制成的产品，而这种产品在美国被称为"cookie"。

在饼干的制造中，使用的主要原料有面粉、油脂和蔗糖。水在饼干的制作过程中起着重要的作用，但在焙烤时，大部分的水被除去。饼干的生产工艺通常包含以下几个步骤：面团调制，静置，成形和最后的焙烤。

总的来说，有两种类型的饼干面团：韧性面团和酥性面团。欧洲将韧性面团称为"hard dough"，酥性面团称为"short dough"；而美国将韧性面团称为"hot dough"，将酥性面团称为"rotary dough"。

这两种类型饼干面团的差异性由面团制作所需的用水量决定，为了制作出供焙烤使用的饼干坯，调制出的面团需具有令人满意的操作性能。

韧性面团与面包面团相似，具有较强的韧性和延伸性。韧性面团中会形成面筋，从而显示出黏弹性的流变学行为。因为韧性面团中面筋形成时会产生摩擦力，从而会产生热量，所以又将韧性面团称为"热粉"。韧性饼干产品实例有小黄油饼干和玛丽饼干。另外，酥性面团含有更少的水和含量相对较高的蔗糖和油脂。酥性面团的稠度看起来更像湿沙子，里面没有面筋的形成和热量的产生。酥性饼干的初始结构通过油脂将面粉和蔗糖结合在一起形成。随后，在焙烤过程中以及之后的时间里，酥性饼干结构的形成是取决于蔗糖的结晶化，以及蔗糖的结晶化程度。酥性饼干产品实例有线切饼干，挤条饼干以及像姜饼和酥饼之类的挤浆成形饼干。

在这两种类型的饼干中,只有少部分的淀粉会糊化。大多数饼干由低筋粉制成。高筋粉会束缚混合物,从而使饼干坯在烤箱中无法胀发,这恰恰是绝大部分饼干类型所需的变化。如果形成的面筋强度过高,在面团调制时就需要更多的水,那面团的体积会大幅增加,在辊轧(压面)和辊切之后,饼干坯会发生收缩现象,那饼干也会出现收缩变形的现象,产生不均匀的底面或表面。饼干不规则的外形是小麦面筋过高的弹性导致,特别是面筋蛋白中的麦谷蛋白,需要将其水解。然而,这必须非常仔细地进行;水解程度过高会液化面团,从而使面团变得无法辊轧和辊切。相反地,如果麦谷蛋白水解程度不足,那面筋的弹性仍然会非常高,并且饼干坯仍然会收缩,从而产生外形不规则的饼干。

在焙烤行业中,当前使用焦亚硫酸钠(SMS)来松弛饼干面团。SMS能降低饼干坯的收缩变形,减少饼干的不规则外形的出现。现在已知的是SMS与面筋蛋白反应,阻止它们形成分子间的二硫键。面团中亚硫酸盐的作用几乎立竿见影,从而产生失去延伸性和弹性的面团。也有人提出亚硫酸盐可能会激活小麦当中的蛋白酶,从而增强了分解面筋结构的效应。

可使用L-半胱氨酸盐酸盐来替代SMS,并且它被允许用在饼干生产中。然而,与SMS相比,L-半胱氨酸盐酸盐相对较高的价格妨碍了它的日常使用。

使用蛋白酶修饰面筋质量已被人们知晓了很长一段时间。来源于黑曲霉的标准蛋白酶片剂已经商品化,可以应用在海绵脆饼的生产中以提高其面团的延伸性。它能使饼干生产商彻底地控制面团的稠度。

与亚硫酸盐相比,蛋白酶的作用方式截然不同。蛋白酶水解面筋蛋白质内部的肽键,而SMS通过破坏二硫键来提高面团的延伸性。应用蛋白酶制得的饼干质地也更柔软,且更受欢迎。

与亚硫酸盐相比,蛋白酶的作用与pH、温度和时间有关;因此,与韧性面团(热粉)相比的话,蛋白酶在酥性面团(冷粉)中用量应该更高。另外,饼干面团中存在的碳酸盐会引起pH的升高,可能会降低蛋白酶的活力。

在水解面筋网络方面,可使用不同类型的蛋白酶;然而,最普遍使用的蛋白酶是细菌蛋白酶,例如来自解淀粉芽孢杆菌的蛋白酶。

表7.1列出了SMS,L-半胱氨酸和细菌蛋白酶在玛丽饼干中的应用效果。采用一个标准的配方来制作玛丽饼干。在35℃下,将面团揉捏25 min之后,进行辊轧和辊切,然后在280℃下焙烤5 min。在测量成品饼干外形之前,先将出炉的成品饼干在室温下冷却30 min。从表7.1中可以看出,含有细菌蛋白酶的面团制成的饼干外形与含有80 mg/kg L-半胱氨酸的面团制成的饼干外形一致,并且这两者的饼干外形与含有20 mg/kg SMS的面团制成的饼干外形非常接近。

表 7.1 细菌蛋白酶、L-半胱氨酸和 SMS 在玛丽饼干中应用效果对比

加工助剂	用　　　量	饼干特性	
		长度/cm	密度/(g/cm³)
对照	0	29.2	1.30
细菌蛋白酶	16 800 PC·kg⁻¹	29.5	1.21
L-半胱氨酸	80 mg/kg	29.5	1.21
焦亚硫酸钠(SMS)	220 mg/kg	29.7	1.22

然而,微生物蛋白酶会随着时间的延长一直作用下去,这方面不太容易操控,从而使得制造商在面团静置时间方面没有自由度。

在 1997 年,Souppe 等建议联合使用木瓜蛋白酶之类的易氧化蛋白酶与氧化酶(例如葡萄糖氧化酶)来产生一种氧化剂,这能使饼干制造商来模拟硫在面团中的作用。

要是能有一种蛋白酶,使用它时,它只在面团制备的初期有作用,从而能降低面团的收缩情况,并能使饼干之类的焙烤制品获得更规则的外形。随后,该蛋白酶的作用活力会随着氧化剂的生成而下降,当氧化剂的浓度达到一定程度时,该蛋白酶就会失活。剩下的面团混合到新面团会起到意想不到的效果。

图 7.5(b)清晰地显示出木瓜蛋白酶将面筋水解成如此的程度,以至于产生的面团根本不适于用来焙烤饼干。当联合使用木瓜蛋白酶和氧化酶[图 7.5(c)]时,能将面团的稠度快速降低到所期望的程度上,并且这种程度随着时间的延长几乎不发生变化。整体结果表明葡萄糖氧化酶随着时间的延长能够降低木瓜蛋白酶持续作用的效应。

通过在面团中添加半纤维酶和纤维素降解酶,能改善面团的性质,也能获得更均匀的焙烤效果。Haarasilta 等认为半纤维素酶和纤维素降解酶能使面团更柔软,降低水的用量和能量输入,最终会使工厂的产能增加。

α-淀粉酶在饼干制造中只起到很小的作用。由于这样的一个事实即 α-淀粉酶能从损伤淀粉中产生糊精,所以它们能使饼干在焙烤时产生酶促褐变的效果,从而生产出颜色较深的饼干。

薄脆饼干属于韧性面团饼干的范畴,其面团要么经过酵母发酵要么采用添加化学膨松剂的方式代替发酵。苏打饼干或撒盐苏打饼干是一种发酵型的脆面包片,由经过压延的面团生产而来,并且面团的调制和发酵采用两次发酵法的工艺。在漫长的发酵过程中,细菌会产生酸,会将面团的 pH 从 6 降到 4,这会激活面粉中存在的蛋白酶。这种蛋白酶会修饰面筋,使面筋更具延伸性,从而更易于辊轧。除此之外,发酵有助于形成苏打饼干所需的那种口味和风

153

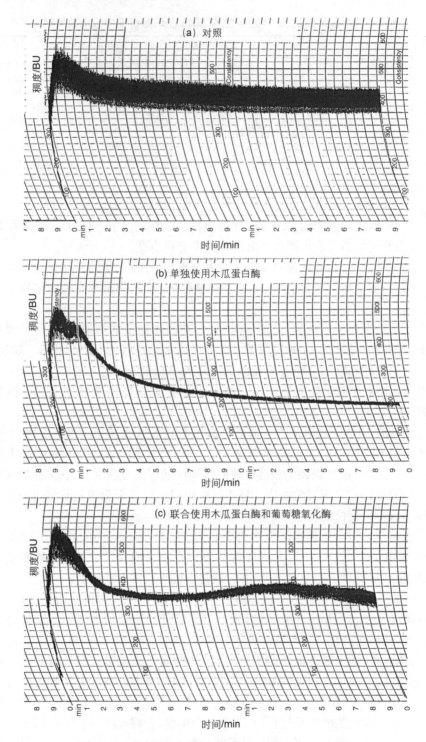

图 7.5　(a) 对照；(b) 单独使用木瓜蛋白酶；(c) 联合
使用木瓜蛋白酶和葡萄糖氧化酶

味。随后将余下的配料添加到发酵的面团中去(pH 将会升高到 7～8,这是添加了碳酸氢钠所致),然后进入第二次发酵阶段,酵母继续进行发酵。发酵结束之后,将面团进行辊切和成形。苏打饼干是在高温(230～315℃)下焙烤大约 2.5～6 min 制得。

休闲脆饼也是由压延的面团生产而来的,但是在其中添加了香料,并且这类饼干的发酵时间更短,采用所谓的一次发酵法工艺。与苏打饼干 3～4 h 的面团调制和发酵时间相比,这种一次发酵法工艺仅需 0.5～2 h,因此常使用L-半胱氨酸和焦亚硫酸钠作为还原剂来部分分解面筋和松弛面团。

如上所述,已经有科学家尝试在饼干的生产中使用酶来替代焦亚硫酸钠,并且通常包括蛋白酶在内。使用频率最高的是细菌蛋白酶,但是由于细菌蛋白酶连续的水解作用,因此在使用时,需要良好的工艺控制。在饼干的制作中,木瓜蛋白酶是一种有意义且值得使用的蛋白酶。它不仅对麦谷蛋白有强烈的水解作用,而且能在面团的自然氧化下自发地终止作用。也许,当在面团中添加葡萄糖氧化酶时它会和当中的葡萄糖反应释放出过氧化氢,而过氧化氢会以不可逆的方式来灭活木瓜蛋白酶。这对于在面团中使用木瓜蛋白酶来说,具有非常大的安全性,而不用担心其产生的任何负面作用。

如表 7.2 所示,单独使用木瓜蛋白酶的效果接近于使用 SMS 的效果,然而,像预期的那样,单独使用葡萄糖氧化酶达不到前两者所显示的效果。非常有可能的是,联合使用木瓜蛋白酶和葡萄糖氧化酶将会达到与 SMS 相似的效果。正如图 7.5 中所示的那样,葡萄糖氧化酶将会终止木瓜蛋白酶的作用活力。

表 7.2　木瓜蛋白酶、葡萄糖氧化酶和 SMS
在薄脆饼干面团中的应用效果对比

加工助剂	用　　量	饼 干 特 性		
		长度/cm	宽度/cm	厚度/cm
木瓜蛋白酶	7 680 NFU・kg^{-1}	4.9	6.6	0.67
葡萄糖氧化酶	750 SRU・kg^{-1}	4.3	7.2	0.65
焦亚硫酸钠(SMS)	1 200 mg/kg	4.9	6.8	0.63

在苏打饼干面团中使用半纤维素酶也非常有用。部分水解水溶性半纤维素将会降低它们的持水性,产生更多的水,从而使面团更柔软,因而可降低面团制备所需的水量。此外,也能减少焙烤时间,而且还能改善苏打饼干的质量,即通过更均匀的焙烤来减少饼干暗裂现象的发生。

这也已经被 Nabisco 证实,该公司声称能通过使用戊聚糖酶降低水分含量的方式来减少饼干暗裂现象的发生,并且在低脂和(或)高纤的配方中显得特别有用。如果面团中的脂肪含量较低或者纤维含量较高时,在面团制备过程中就需要增加水的用量以便获得良好的操作性能。添加的水也需要在焙烤过程中除去,这样就会导致较长的焙烤时间。添加半纤维素酶会降低面团中半纤维素的持水性,从而有更多的水可以利用,便于随后更轻松地加工。

同样,添加(真菌)α-淀粉酶也能防止暗裂现象的发生,并且能达到一种发酵膨松的效果并能改善饼干的风味。淀粉酶作用于损伤淀粉粒,从而能为酵母菌提供食物来产生二氧化碳,同时又能从损伤淀粉中释放出水,这能改善面团中水的分布,使水的分布更均匀,从而减少饼干在焙烤之后暗裂现象的发生。

7.6 酶在威化饼干生产中的应用

威化饼干主要由面粉和水制成,当中可能会添加其他少量的辅料,其制造工艺由浆料的制备构成,威化饼干的浆料中通常含有40％～50％的面粉以及油脂、乳化剂、糖、蛋、盐、碳酸氢钠和(或)酵母之类的辅料。威化饼干浆料通常在威化烧模中成形,并在高温下进行短时焙烤。生产出的威化片应含有较低的水分含量,继而被进一步冷却,最后根据目标产品的要求被加工成成品。较低的浆料黏度和所有辅料均匀的分散都是制造出结构均匀的威化饼干必不可少的因素。面筋丝的形成具有不良的影响,这是因为它们会堵塞筛孔和浇料喷头。

蛋白酶特别是细菌蛋白酶,可以添加在威化饼干浆料中,这样能防止面筋的形成和液化面筋,从而产生一种均匀的混合物,并且具有良好的流动性能。液化的蛋白质会结合更少的水,从而有机会去减少添加在威化饼干浆料中的水。结果是,浆料中水分含量越低,所需的焙烤时间越短。添加能水解半纤维素的内切木聚糖酶能加强这种作用。最好使用来自木霉属的内切木聚糖酶。它能够水解阿拉伯木聚糖的主链,从而释放出适量的水,这是半纤维素持水性下降造成的结果。

图7.6显示酶在威化饼干浆料中的应用效果,清楚地表明了联合使用来自解淀粉芽孢杆菌的蛋白酶和来自长枝木霉的内切木聚糖酶能迅速降低其浆料黏度。这表明浆料持水性能下降,水被释放到浆料中。这能使威化饼干生产商减少5％～10％水的用量(具体的数字取决于面粉的等级),最终降低蒸发所需的能源,并起到节省能源的效果,并且威化饼干质构(质地)的变化也会提高它的质量。由于降低了所需的水量,所需蒸发的水也相应减少,这样会产生更致密的结构,因此,威化饼干的脆度会增加,也会变得更紧实。在威化饼干的制造过程中应用细菌蛋白酶和木聚糖酶已被广泛接受。

S. A. Nestec在2004年发表了一份专利。该专利描述了使用高温α-淀粉酶来操纵威化饼干之类的小麦制品的质构属性,但不会导致其浆料黏度的上升。而且,浆料的黏性没有发生变化,仍然可方便地进行加工。

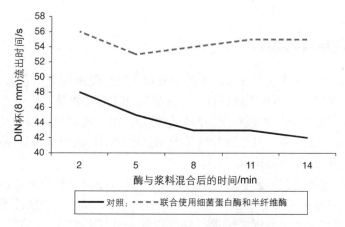

图 7.6 细菌蛋白酶和内切木聚糖酶在
威化饼干浆料中的应用效果

7.7 酶在墨西哥面粉薄饼生产中的应用

墨西哥面粉薄饼是一类由面粉或玉米粉制成的未发酵且扁而圆的烙饼。它们是墨西哥和中美洲地区人们最主要的食物。事实上,目前在美国,制作墨西哥面粉薄饼所使用的面粉量已经超过制作白面包所使用的面粉量。

墨西哥面粉薄饼由面粉、水、起酥油、食盐、防腐剂、膨松剂、还原剂和乳化剂制成。这种烙饼形状扁而圆,通常其直径为 100～700 mm,厚度为 1～5 mm。墨西哥面粉薄饼的面团结构由面筋维持,并且绝大部分墨西哥面粉薄饼含有化学膨松剂。在面团调制过程中,面团里面会形成微小气泡,并且这些微小气泡会均匀地分散在整个面团中。

墨西哥面粉薄饼的质构取决于面筋结构的保气性。质量良好的墨西哥面粉薄饼应具有良好的柔顺性,呈不透明状,易于弯曲,并且折叠时不能有裂纹出现。

在墨西哥面粉薄饼的面团中添加低活力的细菌淀粉酶能显著地减轻其老化现象,而且还能显著改善墨西哥面粉薄饼的柔顺性。从前,有人曾提出细菌淀粉酶通过水解支链淀粉来影响淀粉的结构,并且这种抗老化作用很可能是淀粉水解产物干涉支链淀粉回生(老化)所致。

最近的观点认为墨西哥面粉薄饼的老化现象涉及无定形态的淀粉,并且与结晶态支链淀粉没有显著关联。有人提出细菌 α-淀粉酶会部分地水解直链淀粉,从而将淀粉的结晶区和伸出的支链淀粉侧链桥接在一起。淀粉的水解会降低淀粉高分子在储存期间的刚性结构和塑性。墨西哥面粉薄饼的柔顺性是其储存期间直链淀粉凝胶和支链淀粉固化淀粉粒共同作用的结果。

157

7.8 酶在早餐谷物生产中的应用

即食的早餐谷物几乎在全世界的早餐桌上被广泛地接受。它们被定义为"适合人们食用而无须在家进行进一步烹饪的加工谷物食品"。

因此,所有谷物早餐最重要的原料是谷物。最普遍使用的谷物是玉米、小麦、燕麦、大米和大麦。其他在谷物早餐制造中使用的辅料有食盐、甜味剂、调味剂、维生素、矿物质和防腐剂。

谷物早餐的制造工艺包含了几个步骤。根据谷物早餐的类型,可使用整粒的谷物,或者需要对谷物进行进一步的加工,通常包括一个破碎步骤,即将整粒谷物放在大型金属辊之间进行破碎以除去外层的麸皮,然后将整粒谷物或粗粒部分与水在内的其他辅料进行混合,以便蒸煮成所需的状态。蒸煮好的坯料会被烘干至所需的柔软度,但是容易成型的固体坯料通常经过调质才能进入烘干阶段,调质的目的是冷却坯料中的谷物,并稳定坯料中每粒谷物的水分含量。

由于技术的进步,挤压技术是谷物蒸煮工艺中最常采用的技术,也是谷物产品成型工艺中经常采用的技术。挤压技术的主要优势在于具有实现精确工艺要求的能力,从而大大缩短了整个加工时间。

小麦可作为几种不同类型酶的作用底物。因此,在即食谷物早餐的制造工艺使用酶早就被人们熟知了很长一段时间。Fritze 等报道了一种工艺,使用一种 α-淀粉酶,最好选用高温淀粉酶来糖化谷物中所含的淀粉,使之生成葡萄糖,并宣称目标产品具有良好的风味,且产生的葡萄糖是一种能被人体直接吸收的糖。然而,包括大部分淀粉被糖化在内的工艺很难提供谷物坯料所需的基质成型性。对于定量的淀粉转化来说,如果产生果糖,那会带来更高的甜度,因此会有更多的淀粉或相对分子质量较大的糊精可能被保留以发挥它们的基质成型能力,并能改善谷物坯料可加工性以便坯料的成型。

在 1989 年,Maselli 等报道了一种方法,该方法联合使用葡萄糖淀粉酶和葡萄糖异构酶,也可选择加入 α-淀粉酶的使用,其生产出的果糖是一种天然的甜味剂,能使谷物产品变得更甜。

葡萄糖淀粉酶使用谷物胚乳中存在的淀粉,能将其转变成葡萄糖。因此,使用葡萄糖异构酶,能将一部分葡萄糖转变成果糖。可选择性地使用高温 α-淀粉酶来配合这些酶。它能将淀粉转化为糊精。在添加葡萄糖淀粉酶和葡萄糖异构酶之前添加 α-淀粉酶,会获得最佳的结果。

由淀粉酶法转化生成的果糖的量,再加上淀粉酶解过程中产生的其他还原糖的量,已能提供足够的甜味。

Antrim 和 Taylor 报道了在小麦片的生产过程中使用 R-酶。R-酶,也称为淀粉脱支酶或普鲁兰酶。它会加速淀粉的老化,从而缩短谷物静置步骤所需的时间。

7.9 其他应用

丙烯酰胺被认为具有神经毒性,并在 1994 年被国际癌症研究机构(IARC)列在 2A 组中,是一种对人体致癌可能性较高的物质。因此瑞典国家食品管理局在 2002 年发表的关于富含碳水化合物的食物在高温加工时会产生高含量的丙烯酰胺的报告,引起了全世界严重的担忧,因为无论是工业化生产的食品,还是饭店或在家制作的食物,当中所含的丙烯酰胺含量会在 10^{-9} 数量级以上,甚至高于 3 mg/kg,这是很明显的事实。这些食物包括像面包、薯条和咖啡之类的主食,像薯片、饼干、曲奇饼干、脆面包片之类的零食和其他经过热处理的食品。食品中丙烯酰胺形成的主要机制是由还原糖与游离天冬酰胺参与的美拉德反应。在许多食物的烹饪过程中,美拉德反应是主要反应,决定了食物的颜色、风味和质地。该反应是基于所有相关食物中普遍存在的营养物质——氨基酸和还原糖发生的非常复杂的反应。焙烤、煎炸和微波等烹调工艺本身的影响似乎有限,而热量的输入是至关重要的:即食物在烹调过程中所施加的温度和加热时间。当温度高于 120℃时,就会生成丙烯酰胺。

将丙烯酰胺的生成反应从主要的美拉德反应过程中分离出来是非常困难的事情,因此必须考虑任何能干扰降低丙烯酰胺生成量的因素。就焙烤食品而言,丙烯酰胺的生成与水分含量和焙烤温度/时间这两方面的综合因素紧密相关。如果能将焙烤温度控制在较低的情况,并保持较高的水分含量,即使焙烤了较长时间,丙烯酰胺的生成量也会降低。然而,根据这样的焙烤参数制作出的焙烤食品会在整体质量(如颜色、风味、质地等)方面大打折扣。

在半甜饼干的制作中,添加柠檬酸来降低 pH 丙烯酰胺的生成量可减少 20%~30%,但是在大多数情况下,添加酸化剂,会对目标产品的感官特征造成影响。模型试验的结果也表明在某些焙烤制品中,较低的 pH,再加上发酵,会导致另一种不希望出现的物质的含量增加,即 3-氯-1,2-丙二醇(3-MCPD)。

在许多焙烤食品中,会使用碳酸氢铵作为膨松剂。然而,已经证明碳酸氢铵(和其他的铵盐)非常有助于丙烯酰胺的生成。用碳酸氢钠来替代碳酸氢铵可降低丙烯酰胺的含量;然而,在大多数情况下,这会导致产品的质量发生显著的变化。

在 2004 年,研究表明天冬酰胺酶在降低丙烯酰胺含量方面表现出色,并且不会改变产品质量。在某些类型的焙烤制品中,在不改变生产工艺的情况下,天冬酰胺酶最高能减少 95% 的丙烯酰胺生成量。天冬酰胺酶催化天冬酰胺转变成天冬氨酸;而天冬氨酸无法和还原糖生成丙烯酰胺。该酶已于 2007 年商业化,并在同年被添加到 CIAA(欧盟食品饮料业联盟)丙烯酰胺"工具箱"中。

想要进一步了解使用天冬酰胺酶来减少丙烯酰胺生成的细节，可参考本书的第4章。

参考文献

1. Dawn (2008) Wheat production to drop slightly, http://www.dawn.com/2008/05/23/nat10.htm
2. Guy, R.C.E. (1995) In cereal processing: the baking of bread, cakes and pastries, and pasta production. In: *Physico-Chemical Aspects of Food Processing* (ed. S.T. Beckett). Blackie A&P, Glasgow, pp. 258–274.
3. Notomi, T., Ichimura, T., Furukoshi, O. and Kamata, M. (1987) Manufacture of sponge cakes with improved texture using phospholipase-treated egg. Patent Application JP63258528.
4. Guy, R.C.E. and Sahi, S.S. (2006) Application of a lipase in cake manufacture. *Journal of the Science of Food and Agriculture* **86**, 1679–1687.
5. Haesendonck, I. and Kornbrust, B.A. (2008) Method of preparing a cake using phospholipase. Patent Application WO 2008/025674.
6. Mastenbroek, J., Hille, J.D.R., Terdu, A.G. and Sein, A. (2008) Novel method to produce cake. Patent Application WO 2008/092907.
7. Nippon Shinyaku Co (1980) Prevention of cake staling. Patent Application JP58032852.
8. Danisco Media Relations (2004) New Danisco enzyme keeps cakes fresh, 31 August.
9. Liu, X. (2005) Cake powder conditioner containing calcium stearoyl lactate and sodium stearoyl lactate. Chinese Patent Application 1830265.
10. Beier, L., Friis, E. and Lundquist, H. (2006) Method of preparing a dough-based product. Patent Application WO 2006/032281.
11. Kaper, T., Leemhuis, H., Uitdehaag, J.C.M., Van Der Veen, B.A., Dijkstra, B.W., Van Der Maarel, M.J.E.C. and Dijkhuizen, L. (2007) Identification of acceptor substrate binding subsites +2 and +3 in the amylomaltase from *Thermus thermophilus* HB8. *Biochemistry* **46**, 5261–5269.
12. Claassen, V. (2008) White biotechnology: challenges and opportunities, http://www.bio.org/ind/wc/08/breakout_pdfs/20080429/Track4_Marquette/Session6±230pm400pm/Claassen_Marquette_Tue.pdf
13. Arnaut, F., Vekemans, N. and Verte, F. (2007) Method and composition for the prevention or retarding of staling and its effect during the baking process of bakery products. Patent Application EP1790230.
14. Edens, L. and Hille, J.D.R. (2005) Method to improve flavor of baked cereal products. Patent Application WO 2005117595.
15. Boot, J., Boot, J.H.A., Deutz, I.E.M., Ledeboer, A.M., Leenhouts, C.J. and Toonen, M.Y. (1993) Proline imino-peptidase polypeptide-genetically prepared and useful for modifying flavour of food products. Patent Application EP700431.
16. Brennan, C.S., Kuri, V. and Tudorica, C.M. (2004) Inulin-enriched pasta: effects on textural properties and starch degradation. *Food Chemistry* **86**, 189–193.
17. Abecassis, J., Abbou, R., Chaurand, M., Morel, M.-H. and Vernoux, P. (1994) Influence of extrusion conditions on extrusion speed, temperature, and pressure in the extruder and on pasta quality. *Cereal Chemistry* **71**, 247–253.
18. Hoseney, R.C. (1994) Pasta and noodles. In: *Principles of Cereal Science and Technology*, 2nd edn (ed. R.C. Hoseney). AACC Inc., St. Paul, MN, pp. 321–334.
19. Hummel, C. (1966) *Macaroni Products: Manufacture, Processing and Packaging*. Food Trade Press, London, pp. 250–264.
20. Feillet, P. and Dexter, J.E. (1996) Quality requirements of durum wheat for semolina milling and pasta production. In: *Pasta and Noodle Technology* (eds J.E. Kruger, R.B. Matsuo and J.W. Dick). AACC Inc., St. Paul, MN, pp. 95–131.
21. Sugisawa, K., Matsui, F., Yamamoto, Y., Nakanaga, R., Takeda, N., Fujii, Y. and Hirano, Y. (1982) A method for producing dried instant noodles containing less than 15% moisture as a final product. US Patent Application 4483879.
22. Matsuo, R.R. (1987) The effect of enzymes on pasta and noodle products. In: *Enzymes: Their Role in Cereal Technology* (eds J.E. Kruger, D. Lineback and C.E. Stauffer). AACC, St. Paul, MN.
23. Fares, C., Maddalena, V., De Leonardis, A. and Borrelli, G.M. (2001) Lipoxygenase influence on durum wheat quality characteristics. *Tecnica Molitoria* **52**, 231–235.

24. Irvine, G.N. and Winkler, C.A. (1950) Factors affecting the color of macaroni. 11. Kinetic studies of pigment destruction during mixing. *Cereal Chemistry* **27**, 205–209.
25. Burov, L.M., Medvedev, G.M. and Ilias, A. (1974) Lipoxygenase, carotenoids and the colour of macaroni products. *Khlebopekanaya i Konditerskaya Promyshlennost* **11**, 25 (Chem. Abstr. 82, 56221h (1975)).
26. Dexter, J.E. and Marchylo, B.A. (2000) Recent trends in durum wheat milling and pasta processing: impact on durum wheat quality requirements. In: *Proceedings of the International Workshop on Durum Wheat, Semolina and Pasta Quality: Recent Achievements and New Trends*. INRA, Montpellier, France, 27 November, pp. 77–101.
27. Morris, C.F. (1995) Breeding for end-use quality in the Western U.S.: a cereal chemist's view. In: *Proceedings of the 45th Australian Cereal Chemistry Conference* (eds Y.A. Williams and C.W. Wrigley). Royal Australian Chemical Institute, North Melbourne, pp. 238–241.
28. Whitaker, J.R. and Lee, C.Y. (1995) Recent advances in chemistry of enzymic browning: an overview. In: *Enzymatic Browning and its Prevention* (eds C.Y. Lee and J.R. Whitaker). American Chemical Society, Washington, DC, pp. 2–7.
29. Fuerst, E.P., Anderson, J.V. and Morris, C.F. (2006) Delineating the role of polyphenol oxidase in the darkening of alkaline wheat noodles. *Journal of Agricultural and Food Chemistry* **54**, 2378–2384.
30. Fraignier, M.-P. (1999) A study of durum wheat peroxidases. Involvement in enzymatic browning of pasta products. PhD Thesis, Université de Montpellier, Montpellier, France.
31. Feillet, P., Autran, J.-C. and Verniere, C.-I. (2000) Pasta brownness: an assessment. *Journal of Cereal Science* **32**, 215–233.
32. Malcolmson, L.J., Matsuo, R.R. and Balshaw, R. (1993) Textural optimization of spaghetti using response surface methodology: effects of drying temperature and durum protein level. *Cereal Chemistry* **70**, 417–423.
33. Edwards, N.M., Peressini, D., Dexter, J.E. and Mulvahey, S.J. (2001) Viscoelastic properties of durum wheat and common wheat dough of different strengths. *Rheologica Acta* **40**, 142–153.
34. Hondo, K., Ishii, C., Soeda, T. and Kuhara, C. (1996) Stabilised transaminase preparation obtained by drying solution containing protein material and enzyme useful in food products, e.g. sausages, ice cream, yoghurt, bread and spaghetti, stable for a long time at room temperature. Patent Application WO 9611264.
35. Motoki, M. and Kumazawa, Y. (2000) Recent research trends in transglutaminase technology for food processing. *Food Science and Technology Research* **6**, 151–160.
36. Kuraishi, C., Yamazaki, K. and Susa, Y. (2001) Transglutaminase: its utilization in the food industry. *Food Reviews International* **17**, 221–246.
37. Takács, K., Gelencsér, É. and Kovács, E.T. (2008) Effect of transglutaminase on the quality of wheat based pasta products. *European Food Research and Technology* **226**, 603–611.
38. Resmini, P. and De Bernardi, G. (1973) Proteic denaturation induced by the glucoxidase enzyme in macaroni production. In: *Proceedings of the Symposium on Genetics and Breeding of Durum Wheat* (ed. G.T. Scarascia-Mugnozza). Università di Bari, Italy, p. 539.
39. Si, J. and Qi Si, J. (1994) Microbial peroxidase dough/bread or pasta – improvers – giving better volume, freshness, structure, softness, stability, and dough stickiness. Patent Application WO 9428729.
40. Ingelbrecht, J. (2001) Arabinoxylans in durum wheat: characterization, behaviour during spaghetti processing and influence on spaghetti processing and quality. PhD Thesis, Katholieke Universiteit Leuven, Belgium.
41. Wagner, P. and Xu, F. (1999) Methods for preparing an improved dough and/or baked product, e.g. bread, roll, cookie, and pasta. Patent Application WO 199957986.
42. Xu, F. (2001) Preparing dough useful for preparing baked products such as bread, roll, pasta, tortilla taco, cake, biscuit, cookie, pie crust, and steamed and crisp bread, involves incorporation of lactonohydrolases into dough. Patent Application WO 2001035750.
43. Brown, P.H. and Finley, J.W. (2002) Enzymic improvement of pasta processing. US Patent Application 2002102328.
44. Qi Si, J. and Drost-Lustenberger, C. (2002) Enzymes for bread, pasta and noodle products. In: *Enzymes in Food Technology* (eds R.J. Whitehurst and B.A. Law). Sheffield Academic Press, Sheffield, pp. 19–56.
45. Halden, J.P., Realini, A., Juillerat, M.A. and Hansen, C.E. (2001) Pasta manufacturing process. US Patent Application 6326049.
46. Hou, G. (2001) Oriental noodles. *Advances in Food and Nutrition Research* **43**, 143–193.

160

171

47. Guttieri, M., McLean, R., Stark, J.C. and Souza, E. (2005) Managing irrigation and nitrogen fertility of hard spring wheats for optimum bread and noodle quality. *Crop Science* **45**, 2049–2059.
48. McLean, R., O'Brien, K.M., Talbert, L.E., Bruckner, P., Habernicht, D.K., Guttieri, M.J. and Souza, E.J. (2005) Environmental influences on flour quality for sheeted noodles in idaho 377s hard white wheat. *Cereal Chemistry* **82**, 559–564.
49. Katakura Kagaku Kogyo Kenkyusho KK (2001) Cereal processed food such as noodles with improved disentanglement. Patent Application JP2001327257.
50. Nisshin Flour Milling Co (2001) Preparation of noodles for use as foodstuff. Patent Application JP2001169738.
51. Christiansen, L., Ross, A. and Spendler, T. (2002) Production of fried flour-based product, e.g. noodles. WO Patent Application 2002065854.
52. Murofushi, K., Kajio, F., Fujita, A. and Hirasawa, F. (1997) Processes for the production of noodles by machines. US Patent Application 6197360.
53. Yamazaki, K., Sakaguchi, S. and Soeda, T. (1999) Enzyme preparations and process for producing noodles. US Patent Application 6432458.
54. Yamazaki, K., Naruto, Y. and Soeda, T. (1996) Transglutaminase in the preparation of noodle. Patent Application JP08051944.
55. Tanaka, K. and Kanaya, M. (1997) Dusting powder containing transglutaminase for producing noodles. Patent Application JP11009209.
56. Feng, W. (2000) Application of glucose oxidase in noodle processing. *Shipin Gongye Keji* **21**, 67–68.
57. Gao, H. and Zhang, S. (2005) Effect of glucose oxidase compound conditioner on baking quality of wheat flour. *Shipin Gongye Keji* **26**, 64–67.
58. Nisshin Flour Milling Co (1999) Noodles having good appearance with controlled speck formation. Patent Application JP11137196.
59. Endo, S., Daihara, H., Okayama, T.M. and Akashi, H. (2000) Production of cooked noodle. Patent Application JP2000106836.
60. Endo, S. and Yamada, T. (2000) Wheat flour composition for oil-fried instant noodles. Patent Application JP2000333629.
61. Cookies and Biscuits (1997) Cookie and biscuit production. In: *Lallemand Baking Update*, Vol. **2**(19) .
62. Manley, D. (1998) Ingredients. In: *Biscuit, Cookie and Cracker Manufacturing Manuals*. Woodhead Publishing Limited, Cambridge.
63. Fok, J.J. (1990) *Internal Memo; Biscuit, wat is dat en wat kunnen we ermee*. Gist-brocades, Delft, The Netherlands.
64. http://www.haas.com/en/products/haas/biscuit-plants/hard-dough-biscuits.html
65. Manley, D. (2000) Part 3: types of biscuits. In: *Technology of Biscuits, Crackers and Cookies* 3rd edn. Woodhead Publishing Ltd., Abington, Cambridge.
66. Popper, L. (2002) Enzymes for cookies and wafers. *Baking +Sweets* **04**/02, 23–25.
67. Matz, S.A. and Matz, T.D. (1978) A procedure for partial purification of proteases. In: *Cookie and Cracker Technology*, 2nd edn (ed. S.A. Matz). Avi Publishing Co, Westport, CT, p. 131.
68. Staufer, C.E. (1994) Redox system in cracker and cookie dough. In: *The Science of Cookie and Cracker Production* (ed. H. Faridi). Chapman & Hall, New York/London, Chapter 6, pp. 237–238.
69. Oliver, G., Wheeler, R.J. and Thacker, D. (1996) Semi-sweet biscuits. 2. Alternatives to the use of sodium metabisulphite in semi-sweet biscuit production. *Journal of the Science of Food and Agriculture* **71**, 337–344.
70. Souppe, J. and Naeye, T.J.-B. (1997) A novel enzyme combination. Patent Application EP0796559.
71. Haarasilta, S., Pulllinen, T., Tammersalo-Karsten, I., Vaisanen, S. and Franti, H. (1993) Methods of improving the production process of dry cereal products by enzyme addition. Patent Application US5176927.
72. Slade, L., Levine, H., Craig, S. and Arciszewski, H. (1994) Reduced checking in crackers with pentosanase. Patent Application US5362502.
73. Nicolas, P. and Hansen, C.K. (2004) Flour based food product comprising thermostable alpha-amylase. Patent Application EP1415539.
74. Popper, L. *Enzymes-Best Friends of Flours*. Mühlenchemie GmbH, Germany. http://muehlenchemie.de/downloads-expertenwissen/mc-enzyme-popper-eng.pdf
75. Manley, D. (1998) *Biscuit Cookie and Cracker Manufacturing Manuals*. Manual 1; Ingredients. Woodhead Publishing Limited, Cambridge, p. 22.
76. van Wakeren, J. and Popper, L. (2004) Replacing sodium metabisulfite with enzymes in hard biscuit dough formulations. *Cereal Foods World* **49**(2), 62–64.

172

77. Arora, S. (2003) The effect of enzymes and starch damage on wheat flour quality. Master Thesis, Texas A&M University.

78. McDonough, C.M., Seetharaman, K., Waniska, R.D. and Rooney, L.W. (1996) Microstructure changes in wheat flour tortillas during baking. *Journal of Food Science* **61**, 995–999.

79. Waniska, R.D. (1999) Perspectives on flour tortillas. *Cereal Foods World* **44**, 471–473.

80. Alviola, J.N. and Waniska, R.D. (2008) Determining the role of starch in flour tortilla staling using alpha-amylase. *Cereal Chemistry* **85**, 391–396.

81. Fast, R.B. (2000) Manufacturing technology of ready-to-eat cereals. In: *Breakfast Cereals and How They Are Made* (eds R.B. Fast and E.F. Caldwell). AACC, St Paul, MN.

82. Secrest, R. (1995) Cereal. In: *How Products Are Made*, Vol. **3** (eds J.L. Longea and N. Schlager). Gale, Detroit.

83. Buhler, A.G. (2000) Breakfast cereals: production plants from a single source. In: *Breakfast Cereals*. http://www.buhlergroup.com

84. Fritze, H., Koenemann, K., Koenemann, R. (1991) Process for producing a foodstuff of cereal. Patent Application US42541450.

85. Fulger, C.V. and Gum, E.K. (1987) Process for preparing an all grain, enzyme-saccharified cereal and product produced. Patent Application US4656040.

86. Maselli, J.A., Neidleman, S.L., Antrim, R.L. and Johnson, R.A. (1989) Method for making cereal products naturally sweetened with fructose. Patent Application US4857339.

87. Antrim, R.L. and Taylor, J.B. (1990) R-Enzyme-treated breakfast cereal and preparation process. Patent Application CA2016950.

88. Spendler, T. and Nielsen, J.B. (2003) Enzymatic treatment of starchy food products for shortening the tempering step. Patent Application WO/2003/024242.

89. International Agency for Research on Cancer (1994) *Acrylamide. IARC Monographs on the Evaluation of the Carcinogenic Risk of Chemicals to Humans*. IARC, Lyon, France, pp. 389–433.

90. Tareke, E., Rydberg, P., Karlsson, P., Eriksson, S. and Törnkvist, M. (2002) Analysis of acrylamide, a carcinogen formed in heated foodstuffs. *Journal of Agricultural and Food Chemistry* **50**, 4998–5006.

91. CIAA (2005) The CIAA acrylamide "toolbox" Rev. 6. 23 September, http://www.ciaa.be

92. Taeymans, D., Ashby, P., Blank, I., Gondé, P., van Eijck, P., Lalljie, S., Lingnert, H., Lindblom, M., Matissek, R., Müller, D., O'Brien, J., Stadler, R.H., Thompson, S., Studer, A., Silvani, D., Tallmadge, D., Whitmore, T. and Wood, J. (2004) A review of acrylamide: an industry perspective on research, analysis, formation, and control. *CRC Critical Reviews in Food Science and Nutrition* **44**, 323–347.

93. CIAA Technical Report (2005) 'Acrylamide status report December 2004'. A summary of the efforts and progress achieved to date by the European Food and Drink Industry (CIAA) in lowering levels of acrylamide in food. Brussels, http://www.ciaa.be

94. FIAL (2005) FIAL meeting. ETH Zürich.

95. Stadler, R.H. (2006) The formation of acrylamide in cereal products and coffee. In: *Acrylamide and Other Hazardous Compounds in Heat-Treated Foods* (eds K. Skog and J. Alexander). Woodhead Publishing, Cambridge, pp. 23–40.

96. RHM Technologies (2005) RHM Technologies presentation at the UK FSA Process Contaminants meeting. 19 April, London.

97. Graf, M., Amrein, T.M., Graf, S., Szalay, R., Escher, F. and Amadò, R. (2006) Reducing the acrylamide content of a semi-finished biscuit on industrial scale. *LWT – Food Science and Technology* **39**, 724–728.

98. Amrein, T.M., Schönbächler, B., Escher, F. and Amadò, R. (2004) A method for the determination of acrylamide in bakery products using ion trap LC-ESI-MS/MS. *Journal of Agricultural and Food Chemistry* **52**, 4282–4288.

99. Boer, L. de (2004) Reduction of acrylamide formation in bakery products by application of Aspergillus niger asparaginase. In: *Using Cereal Science and Technology for the Benefit of Consumers*. Proceedings of 12th International ICC Cereal and Bread Congress, 24–26 May 2004, Harrogate, Part 10.

100. Vass, M., Amrein, T.M., Schönbächler, B., Escher, F. and Amadò, R. (2004) Ways to reduce the acrylamide formation in cracker products. *Czech Journal of Food Sciences* **22**, 19–21.

101. DSM Food Specialties (2007) Preventase™ – The proven solution to acrylamide, http://www.dsm.com/en_US/html/dfs/preventase_welcome.htm

102. Novozymes (2007) Acrylaway® – A natural solution to a natural problem http://www.acrylaway.novozymes.com/en/MainStructure/Acrylaway±applications/index.html

103. CIAA Acrylamide Toolbox key updates (2007) http://www.ciaa.be/documents/brochures/CIAA_Acrylamide_Toolbox_Oct2006.pdf

162

8 酶在啤酒酿造中的应用

Eoin Lalor 和 Declan Goode

8.1 概述

酿造啤酒所需的基本原料有水、大麦芽(麦芽)谷物辅料(如大麦、玉米、大米、小麦和高粱等)、啤酒花(酒花)和酵母。啤酒酿造工艺包含了从麦芽和辅料中提取和分解碳水化合物和蛋白质的过程,这会产生一种富含碳水化合物和蛋白质的溶液,它可以作为酵母发酵所需的营养物质来源。

啤酒酿造过程中的主要生物化学反应由麦芽和酵母各自天然产生的酶来催化。大麦中与啤酒酿造有关的主要成分是淀粉、β-葡聚糖、戊聚糖、脂类和蛋白质,而大麦发芽所形成的麦芽含有所有分解这些成分所需的酶。

当在啤酒酿造过程中使用了溶解不良的麦芽或高比例的辅料时,商品酶制剂的添加就显得尤为重要。商品酶制剂能允许酿造商在使用价格较低,质量较差的原料方面有一定的自由度,它们能提高原料利用率和成品啤酒的质量指标。

本章的目的是让读者逐步了解从大麦的发芽到啤酒的最终稳定这一啤酒生产过程(表 8.1)中所涉及的由酶主宰的主要步骤。读者可参考更多的啤酒酿造方面的资料来了解每个酿造步骤背后的更深入的科技方面的知识。

表 8.1 啤酒酿造工艺中主要步骤的简明总结

工艺领域	主要步骤	工 艺 描 述	主要目的或结果
麦芽制造	浸麦工序	将大麦籽粒浸渍在水中,使其吸收充足的水分,水合大麦胚,刺激大麦籽粒开始发芽	① 唤醒大麦胚的活力; ② 酶会均匀地分布于整个大麦籽粒
麦芽制造	发芽工序	大麦籽粒被置于发芽箱,温度维持在 14~16℃,空气相对湿度维持在 100%。糊粉层受到刺激会产生酶,其中某些酶会起到破碎大麦细胞壁结构的作用,从而确保产生良好的麦芽溶解效果	① 糊粉层受到刺激产生酶; ② 大麦籽粒中的蛋白质,碳水化合物,半纤维素和脂类会被酶水解; ③ 控制麦芽的溶解度

工艺领域	主要步骤	工　艺　描　述	主要目的或结果
麦芽制造	干燥工序	在一个可控的模式下(温度,风量,相对湿度和时间),将麦芽的温度从 15℃升高到 85℃(制造浅色麦芽)	① 当达到所需的麦芽质量时,终止发芽过程; ② 将绿麦芽转变成稳定的且可储存的产品; ③ 产生特定的麦芽色泽和风味; ④ 稳定和保存麦芽中的酶活; ⑤ 除去生青味
麦汁制备	粉碎工序	将麦芽破碎成颗粒。当使用过滤槽作为糖化醪的过滤设备时,总的麦芽粉碎要求是麦芽壳破而不碎,使其作为过滤的介质,而麦芽的淀粉质胚乳要尽可能碎(辊式粉碎机);当使用压滤机作为糖化醪的过滤设备时,粉碎要求是将整个麦芽粒粉碎到尽可能细的程度(锤式粉碎机)	① 小的麦芽颗粒意味着麦芽中的酶能完全无障碍地作用于麦芽中的成分; ② 麦芽的粉碎度对糖化时间,浸出率,麦汁收率,糖化醪过滤时间,啤酒的可过滤性等指标均有影响
麦汁制备	糖化工序	经过粉碎的麦芽与水混合,并在特定的温度下保温一段时间,并加以轻微的搅拌。特定的保温温度为麦芽中不同酶的最适作用温度。一个典型的糖化温度如下:蛋白质水解温度 50℃,淀粉糊化/液化温度 62℃,淀粉糖化温度 72℃,糖化终了和麦芽中酶失活的温度 78℃	① 分解麦芽中的物质,使之溶解于水; ② 破坏麦芽细胞壁结构; ③ 浸出和水解淀粉,糖类,蛋白质和非淀粉多糖; ④ 产生可供酵母利用和发酵的糖; ⑤ 产生可供酵母利用的氮类物质
麦汁制备	过滤工序	采用过滤槽或压滤机来过滤糖化醪,将麦汁(溶于水的浸出物)和麦糟分离(78℃),随后用热水洗涤麦糟,以尽可能多地洗出吸附于麦糟中的可溶性浸出物	获得澄清透明的麦汁
麦汁制备	煮沸工序	将麦汁在 100℃煮沸,在煮沸期间添加酒花	① 蒸发水分; ② 絮凝蛋白质; ③ 使酒花的苦味物质发生异构化反应; ④ 灭活麦汁中全部的酶; ⑤ 对麦汁进行热杀菌; ⑥ 挥发不良气味; ⑦ 加深麦汁色泽,形成风味物质

工艺领域	主要步骤	工 艺 描 述	主要目的或结果
麦汁制备	回旋沉淀槽分离/麦汁冷却/酵母添加工序	将热麦汁用泵打入回旋沉淀槽中,使不可溶物质沉积在槽底中心与麦汁分离。温度降至酵母接种温度(<20℃)	① 去除絮凝的蛋白质和酒花糟; ② 将温度降低至酵母接种温度; ③ 将酵母添加到无菌的冷麦汁中
发酵	主发酵/后发酵工序	酵母利用麦汁中的糖和蛋白质来产生酒精,CO_2 和风味物质。Lager 型啤酒的发酵温度为 8~15℃,Ale 型啤酒的发酵温度为 14~20℃。啤酒在主发酵结束之后,会被缓慢降温至-2℃,悬浮的酵母会沉淀于发酵罐底部,从而能被顺利除去。低温能促进蛋白质沉淀和啤酒的澄清	① 产生酒精; ② 产生风味物质; ③ 产生 CO_2; ④ 在发酵的末期,酵母凝聚沉淀,从而易于除去; ⑤ 低温后酵和储酒有利于促进啤酒澄清
过滤	滤酒工序	使用硅藻土过滤作为粗滤;使用孔径 10 μm,1.5 μm 和 0.2 μm 的微孔薄膜作为精滤	获得稳定和澄清的啤酒
灭菌	巴氏杀菌工序	在啤酒包装前,使用瞬时巴氏杀菌工艺(72℃ * 30 s),这通常用于桶装啤酒之类的大型包装啤酒的杀菌或者在啤酒包装后,使用隧道式喷淋巴氏杀菌工艺(62℃ * 30 min),这通常用于瓶装啤酒之类的小型包装啤酒的杀菌	获得生物稳定性较高的啤酒
包装	装桶/装瓶/装罐工序	将啤酒灌装至啤酒桶,啤酒瓶或啤酒罐之类的成品啤酒包装中	获得即将销售的啤酒产品

8.2　麦芽制造（制麦）：从原料大麦到富含酶活的麦芽的转变

在未经制麦工序处理(通过大麦籽粒的可控发芽来刺激其内源酶的产生)或人为添加外源酶的情况下,以天然形式存在的原料大麦不能用于啤酒的酿造。本节主要关注麦芽制造工艺。

麦芽制造工艺模仿了大麦籽粒自然发芽过程,这原本是在泥土中进行,但工业化的制麦过程与大麦籽粒自然发芽过程有两个重要的不同点：① 大麦籽粒的生长条件受到人工操纵以刺激其糊粉层产生酶，同时将由呼吸作用和胚芽生长带来的内容物损失降至最小；② 对发芽的大麦籽粒进行温和的干燥来尽可能地保存其中的酶活。

制麦的目的是用来激化大麦籽粒中内源的植物激素和酶，从而能更可控地从大麦籽粒中提取淀粉/碳水化合物，后续进行的麦芽粉碎进一步促进了它们的提取，这通常称为麦芽溶解。要获得良好的麦芽溶解，在大麦转变为麦芽的过程中，必须满足以下诸多条件。

（1）大麦籽粒胚乳细胞壁必须被充分降解以方便麦芽的粉碎和淀粉粒的酶解。β-葡聚糖必须被充分降解以防止形成黏稠的麦汁，否则会影响麦汁的流速。

（2）必须产生充足的淀粉水解酶，这样胚乳中的淀粉在糖化期间就能被酶解。

（3）大麦籽粒中储存的蛋白质必须被充分降解以提供酵母在发酵期间生长所需的氨基酸。

（4）必须去除与原料大麦有关的糠味或生青味，取而代之的是麦芽的风味。

（5）大麦籽粒必须保留各自的完整性，并且必须充分干燥以保持化学性质和生物性质的稳定性，同时也要保留酶活。

全面的制麦工艺不是本章的主题，因此读者可查阅更多综合性的参考文献来详细了解制麦技术、设备和科学知识。本节主要关注酶参与的过程，这主要发生在麦芽制备的步骤中。制麦主要分成三个步骤：① 浸麦；② 发芽；③ 干燥。

8.2.1 浸麦

在浸麦步骤中，大麦籽粒被浸没在大约 12～15℃ 的水中，这会使大麦籽粒的水分含量从 10% 提高到 45%。为了确保不形成无氧状态，在浸麦期间要么断水通气，要么直接通入空气，这对于维持胚的新陈代谢来说非常重要。典型的浸麦步骤可能要持续 40～68 h，这取决于通气的次数和持续时间。在浸麦期间，大麦籽粒通过其珠孔来吸收水分。浸麦的主要目的是为胚提供水分，并激活当中的酶，同时也能将酶均匀分布于整个大麦籽粒，从而确保麦芽溶解的均一性。

8.2.2 发芽

大麦籽粒充分吸水之后，就开始准备发芽。将大麦籽粒从浸麦槽中移出，置于发芽箱中。温度一直保持在 14～16℃，相对湿度维持在 100% 以防止大麦籽粒水分的散失。正在发芽的大麦籽粒要进行定期地翻转以防止大麦籽粒发芽长成的根芽的缠绕，这样也能控制发芽床的温度并利于 CO_2 的排出，否则就会抑制大麦籽粒的新陈代谢活动。吸过水的胚利用大麦籽粒储存的脂类和糖分进行呼吸作用，并产生赤霉素。当糊粉层细胞使用内部能量储存物质来合成酶时,它们的呼吸作用会加强(表8.2)。盾状体也能产生酶,但需要外部提供营养物质。这些糊粉层细胞生成的酶先扩散进胚乳中,随后这些酶给大麦籽粒带来了一系列变化,这些变化被称为麦芽溶解。麦芽溶解过程中最重要的部分是酶促胚乳细胞壁的分解。胚乳细胞壁分解的内容将会在本章的后面小节中进行详细的讨论。

表8.2 制麦过程中涉及的主要酶类[①]

酶	底 物	作 用	来 源	重 要 性
羧肽酶(通常称为 β-葡聚糖溶解酶)	胚乳细胞壁	去除胚乳细胞壁外层的蛋白质	原料大麦	使 β-葡聚糖更容易被 β-葡聚糖酶接触和作用
乙酰木聚糖酯酶	胚乳细胞壁	从阿拉伯木聚糖中释放出乙酸	原料大麦;也形成于糊粉层	在释放 β-葡聚糖酶方面起着一定作用,从而使 β-葡聚糖更容易被 β-葡聚糖酶接触和作用
阿魏酸酯酶	胚乳细胞壁	从阿拉伯木聚糖中释放出阿魏酸	原料大麦;也形成于糊粉层	在使 β-葡聚糖被 β-葡聚糖酶接触和作用方面,其作用有限
木聚糖酶	胚乳细胞壁	水解阿拉伯木聚糖的主链	原料大麦;也形成于糊粉层	水解大麦细胞壁中 β-葡聚糖层周围的戊聚糖,从而暴露出 β-葡聚糖,这样使其更容易被 β-葡聚糖酶水解
α-L-阿拉伯呋喃糖苷酶	胚乳细胞壁	水解阿拉伯木聚糖的侧链	原料大麦;也形成于糊粉层	水解大麦细胞壁中 β-葡聚糖层周围的戊聚糖,使得 β-葡聚糖更容易被 β-葡聚糖酶水解
内切-β-1,3-葡聚糖酶	溶解出的 β-葡聚糖	β-1,3 糖苷键	糊粉层	降低麦汁黏度;改善糖化醪和啤酒的可过滤性
内切-β-1,4-葡聚糖酶	溶解出的 β-葡聚糖	β-1,4 糖苷键	糊粉层	降低麦汁黏度;改善糖化醪和啤酒的可过滤性
内切-β-葡聚糖酶	溶解出的 β-葡聚糖	混合糖苷键(β-1,3 : 1,4-糖苷键)	糊粉层	降低麦汁黏度;改善糖化醪和啤酒的可过滤性
内肽酶	不溶性的大麦醇溶蛋白	水解蛋白质多肽链	糊粉层	分解淀粉粒周围的蛋白质;改善糖化醪的浸出;提高啤酒泡沫的稳定性

酶	底 物	作 用	来 源	重 要 性
外肽酶	大麦醇溶蛋白被水解后产生的可溶性寡肽	从寡肽分子的末端移除出氨基酸	原料大麦	释放大麦胚所需的氨基酸,并且这些氨基酸最终被酵母所利用
β-淀粉酶	淀粉粒	α-1,4糖苷键(从淀粉分子链末端移除出一对葡萄糖单元)	原料大麦;形成于大麦发芽前	快速地溶解淀粉,提高发酵度
α-淀粉酶	淀粉粒	淀粉分子内部的 α-1,4糖苷键	糊粉层	提高发酵度
α-葡萄糖苷酶	淀粉	α-1,4糖苷键或 α-1,6糖苷键	原料大麦;少数形成于大麦发芽前;多数形成于糊粉层	提高发酵度
支链淀粉酶(界限糊精酶)	淀粉	水解支链淀粉中 α-1,6糖苷键	原料大麦;少数形成于大麦发芽前;多数形成于糊粉层	提高发酵度

① 在制麦过程中,也发生了由酸性和碱性磷酸酶、过氧化物酶、过氧化氢酶、多酚氧化酶、脂肪氧合酶、磷脂酶和植酸酶等内源酶催化的酶促反应。

在大麦籽粒发芽过程中,一些直接受赤霉酸(GA3)这种植物激素影响的内源酶(表8.3)会水解胚乳细胞壁中的蛋白质,β-葡聚糖和阿拉伯木聚糖。赤霉酸的主要作用是刺激正在发芽的大麦籽粒糊粉层细胞来合成酶。赤霉素是五类协调植物生长的激素中的一类,它们不但会影响成熟植物的生长,而且对植物种子的发芽起着重要作用。胚一旦充分吸水,其初始反应就是产生和分泌赤霉素。这些赤霉素类激素通过盾状体扩散进糊粉层细胞,并刺激糊粉层细胞生成与大麦籽粒发芽相关的酶。大麦籽粒中赤霉酸的作用是促进糊粉层细胞核中的 DNA 生成更多负责形成特异性酶的信使 RNA(mRNA)。它通过打开先前被其他物质抑制的特异性基因来形成特异性酶。

169

表8.3　由赤霉酸刺激而生成的内源酶

形成于糊粉层的酶
β-淀粉酶
内切-β-1,3:1,4-葡聚糖酶
内切蛋白酶(内肽酶)
戊聚糖酶
支链淀粉酶
纤维二糖酶(β-葡聚糖苷酶)
昆布二糖酶

8.2.2.1　大麦籽粒发芽过程中胚乳细胞壁的分解

大麦籽粒淀粉质胚乳细胞壁含有 75％β-1,3:1,4 葡聚糖,20％阿拉伯木聚糖和 5％蛋白质,此外还有痕量的其他成分如乙酸和阿魏酸。如果细胞壁多糖在制麦和随后的糖化过程中没有被充分水解,那它们将不利于啤酒的酿造。图 8.1 列出的简单模型既能解释大麦籽粒细胞壁结构,又能解释大麦籽粒细胞壁降解过程中涉及的复杂的酶系和过程。一些研究阐述了里氏木霉如何自然地分解有机物(这普遍发生于自然界)。当里氏木霉生长在经过处理的天然大麦细胞壁中,并以此作为唯一的碳源和能源时,它会产生一系列的酶。首先大量启动的酶是内切木聚糖酶,这凸显了分解 β-葡聚糖之前去除戊聚糖的必要性。在研究中,也很早检测出了羧肽酶,它会分解大麦籽粒胚乳细胞壁中的蛋白质,从而有助于释放出 β-葡聚糖。随后按顺序依次检测出的是内切-β-1,4-葡聚糖,阿拉伯呋喃糖苷酶和普通的酯酶(木糖乙酰酯酶和阿魏酰酯酶)。阿拉伯呋喃糖苷酶从木聚糖主链中释放出阿拉伯糖,随后之前提到的木糖乙酰酯酶和阿魏酰酯酶也分别从阿拉伯木聚糖中释放出乙酸和阿魏酸,因此这些酶使 β-葡聚糖更易于受到酶的分解。它们在内切-大麦-β-葡聚糖形成之前所起的作用显得非常重要。内切-β-葡聚糖酶作用于大麦籽粒胚乳细胞壁 β-葡聚糖分子中的 β-1,3 糖苷键和 β-1,4 糖苷键(图 8.2),这提高了 β-葡聚糖的溶解性,将会减轻啤酒酿造期间麦汁和啤酒过滤的困难,这些下游处理的困难通常与质量不好或溶解不良的麦芽有关。

当使用完整的大麦籽粒作为研究对象时,结果表明在制麦过程中,酶的合成顺序也支持了里氏木霉研究中提出的模型,即起初合成木聚糖酶和羧肽酶,随后合成 β-葡聚糖酶和阿拉伯呋喃糖苷酶,最后合成淀粉酶,这也支持了阿拉伯木聚糖这一外层覆盖物的模型,即它在胚乳细胞壁中覆盖在β-葡聚糖上,因此为了让 β-葡聚糖酶更顺利地进入细胞壁的核心,必须先水解外层的阿拉伯木聚糖。

170

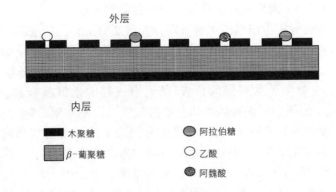

大麦细胞壁组成:

1. 75% β-1,3:1,4-葡聚糖
2. 20%阿拉伯木聚糖
3. 50%蛋白质

里氏木霉攻击模式:

1. 内切木聚糖酶
2. 羧肽酶
3. 内切-β-1,4-葡聚糖酶,阿拉伯呋喃糖苷酶,
   木糖乙酰酯酶,阿魏酸酯酶
4. 内切-大麦-β-葡聚糖酶

图 8.1 大麦籽粒胞壁的模型、组成和里氏木霉的攻击模式(来自参考文献[5])

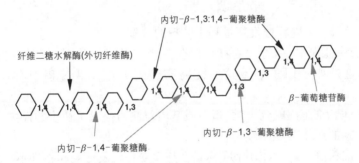

图 8.2 酶促水解 β-葡聚糖示意图

更深入地解释图 8.1 中的模型:戊聚糖层位于胚乳细胞壁的外部区域,使它能接触到木聚糖降解酶,并且它能限制 β-葡聚糖的溶解,但是它并没有完全覆盖 β-葡聚糖,这就使得 β-葡聚糖酶能接触到它们的底物,从而会有相对分子质量较小的酶解产物顺利地透过戊聚糖覆盖层渗出。这样的结构组成就可以利用荧光物质来染色 β-葡聚糖,并会有一部分可溶的 β-葡聚糖进入不含酶活的染色剂溶解水中。分解阿拉伯糖基、乙酰基和阿魏酰基这三种堵塞物的酶能进一步提高 β-葡聚糖酶与其底物的接触,这三种堵塞物的身后是隐藏在细胞壁中更为坚固的戊聚糖层。该模型较好地说明大麦籽粒胚乳细胞壁的复杂性,同时也能让读者直观地理解使用未发芽的辅料和溶解不良的麦芽所造成的困难。这就简单解释了商品化酶制剂成分复杂的原因,这些酶制剂中含有 β-葡聚糖酶、木聚糖酶和纤维素酶等多种酶,与单一的纯酶如 β-葡聚糖酶相比,它们能更好地解决啤酒厂所遇到的下游加工问题。

171

8.2.2.2 大麦籽粒发芽过程中蛋白质的分解

发芽过程中蛋白质的水解有两方面重要的意义：① 去除包裹淀粉粒的蛋白质基质；② 为胚的生长提供氮源类的营养物质。这种能量储存物质的变化可分为三个不同的阶段：① 盾状体和糊粉层中的蛋白质分解成短肽和氨基酸，它们主要用于水解酶的合成，随后合成好的水解酶会被分泌到胚乳中。② 胚乳中的蛋白质先被盾状体分泌的酸性蛋白酶水解。随后在发芽过程中，糊粉层受到赤霉素诱导，会往胚乳中分泌巯基内切蛋白酶和羧肽酶。胚乳蛋白质不会被完全分解，但会产生氨基酸和短肽的混合物。③ 盾状体吸收短肽和氨基酸，随后短肽被进一步分解成氨基酸。麦汁中大约70%氨基氮在发芽过程中产生。这种氨基氮通常被称为游离氨基氮(FAN)，它关系到酵母在后续的发酵工艺中是否表现优异。

8.2.2.3 大麦籽粒发芽过程中脂肪的分解

脂肪的分解很重要，它能为胚合成叶芽和根芽提供最初的能量来源。储存的甘油三酯被分解成甘油二酯、甘油单酯、脂肪酸和甘油。大麦籽粒也存在着脂肪氧合酶，然而它们的含量在发芽过程中也会提高。它们与啤酒风味的老化有关，并且在麦芽粉碎和糖化期间，在氧气存在的情况下，它们会产生负面作用。

8.2.2.4 大麦籽粒发芽过程中淀粉的分解

在发芽过程中，尽管大麦籽粒存在一些淀粉降解酶，但是只有少量淀粉被降解，这是如下因素导致这些淀粉酶丧失了在发芽过程中有发挥显著作用。

(1) 胚乳细胞内的葡聚糖/蛋白质基质对淀粉提供了初步的保护；

(2) 酶的产生有顺序性；

(3) 淀粉酶的最适作用 pH 和温度与大麦籽粒发芽期间条件不一致；

(4) 干燥终止了淀粉酶的活动。

在大麦籽粒发芽过程中，这些淀粉酶会有限作用于小淀粉粒。大麦籽粒中淀粉粒有两种不同粒径。大淀粉粒和小淀粉粒分别被称为 A 型和 B 型淀粉粒。通常小淀粉粒(B 型)的直径小于 6 μm(通常大部分直径 2～4 μm)，它们占淀粉粒总数量的 80%～90%，但通常只占淀粉粒总质量的 10%～15%。大淀粉粒(A 型)直径 10～30 μm，通常大部分直径 15～20 μm，它们占淀粉粒总数量的比例较低(10%～20%)，但占淀粉粒总质量比例较高(85%～90%)。在制麦过程中，小淀粉粒会被分解。由于淀粉未被糊化，淀粉的分解比较缓慢，并且似乎支链淀粉的分解程度要高于直链淀粉。研究者认为 α-葡萄糖苷酶的存在有助于α-淀粉酶和β-淀粉酶对淀粉粒的作用。在发芽的末期，当将大麦籽粒置于电镜下观察时，许多小淀粉粒消失了，大淀粉粒表面出现了凹陷(小孔)。少量产生的可溶性糖可通过冷水浸出物来测量。这提供了一种检测麦芽溶解度的方法。

172

8.2.2.5 大麦籽粒发芽过程中外源赤霉酸的应用

在大麦籽粒发芽的早期,添加外源赤霉酸(缩写为 GA 或 GA3),具有缩短大麦籽粒休眠期和加速并突出大麦籽粒自然产生的内源赤霉酸的作用。必须在大麦籽粒发芽的早期应用外源赤霉酸以发挥出赤霉酸的最大作用。在将浸渍后的大麦籽粒投到或转移到发芽箱期间,通常可将赤霉酸均匀地喷在大麦籽粒上。赤霉酸不会均等地刺激所有酶的产生。在赤霉酸作用下,产生的降解淀粉和蛋白质的酶的量要多于内切-β-葡聚糖酶。应用赤霉酸时,必须要小心,虽然添加过量赤霉酸会加速蛋白质分解但是会导致胚乳细胞壁降解不完全,这可能会影响随后的麦汁过滤。

8.2.3 绿麦芽的干燥

干燥的目的是烘干绿麦芽(水分含量 40%~45%),除去绿麦芽多余的水分,将其水分含量降低到可控的范围,即 5% 以下,同时也能终止胚的生长,这能保证有价值的麦芽浸出物不被耗尽。根据所需酿造的啤酒类型,可通过干燥温度来控制麦芽的颜色和酶活。通常深色麦芽的内源酶活较低,这是由于它们在较高的干燥温度下被生产出来。

绿麦芽干燥的目的总结如下。

(1) 在麦芽质量达到最优时,终止发芽过程;

(2) 将绿麦芽转变成稳定和可储存的产品(低水分含量),便于后续进行的粉碎工序;

(3) 产生麦芽特有色泽和风味;

(4) 稳定和保存酶的活力(表 8.4);

(5) 除去不需要的风味。

表 8.4 麦芽中主要的酶类在干燥期间的稳定性等级

酶	稳 定 性
α-葡萄糖苷酶	最不稳定
β-葡聚糖酶	在干燥期间任一阶段都会受到破坏
支链淀粉酶	在深色麦芽中,活力几乎完全丧失
内肽酶	在浅色麦芽中,保持一定的活力
β-淀粉酶	在干燥期间,损失一部分活力
β-葡聚糖溶解酶	在干燥期间,能基本保持全部活力
α-淀粉酶	在干燥期间,活力非常稳定

通过热量、气流和相对湿度(RH)的应用来实现绿麦芽干燥的目的。绿麦芽的干燥从本质上来讲可描述为传热和传质之间的平衡,这随着所生产的麦

173

芽类型的不同而改变。在一个可控的模式下(如可控的温度、相对湿度、气流和时间),在绿麦芽干燥期间,将温度从15℃提高到85℃。除了深色麦芽和特种麦芽之外,为了保存麦芽中的酶活,现代绿麦芽干燥工艺均在低温下采用高速气流来快速干燥。虽然麦芽中的酶活在较高的焙焦温度下有所损失,但是大部分麦芽中的酶活能在控制合理的干燥工艺中得到保存。焙焦的温度越高,时间越长,麦芽中的酶活损失就越大。对于酿造蒸馏酒所使用的高酶活麦芽来说,其干燥温度通常不高于55~60℃,这样做是为了尽可能保存最多的酶活。

8.2.4 制麦工艺中商品酶制剂的应用

外源酶也能应用于制麦工艺,主要有两种方式:① 在制麦过程中,将微生物培养物接种在大麦籽粒上;② 直接在大麦籽粒上应用商品酶制剂。在这两种情形下,有多处潜在的应用点。微生物培养物或商品酶制剂可:① 添加到浸麦水中;② 在发芽期间,喷在大麦籽粒上;③ 应用在干燥后的麦芽中。通常大多数在制麦工艺中使用的外源酶都属于葡聚糖酶、纤维素酶和木聚糖酶族。这些外源酶对于麦芽制造商来说,有两方面益处:一方面这些酶在制麦工艺中能加速麦芽溶解;另一方面在干燥后的麦芽中应用这些酶将会提高酶活,使麦芽在后续的糖化浸出期间获得较优的加工性能。

8.3 啤酒酿造工艺

8.3.1 麦芽与谷物辅料的粉碎

啤酒厂收到麦芽或谷物辅料后,对它们第一步的加工就是粉碎。粉碎是将谷物破碎成颗粒的工艺,这能使谷物具有较大的比表面积,从而保证糖化过程中谷物和水充分的结合,并使得麦芽中的酶更易于接触它们的底物。谷物粉碎颗粒的质量和粒径分布将会影响:

(1) 糖化工艺和淀粉糖化时间;

(2) 浸出物收率;

(3) 发酵;

(4) 啤酒过滤性能、色泽、风味和总体特征。

麦芽粉碎的总体目标是将其淀粉质胚乳破碎成细颗粒,同时要求麦芽皮壳破而不碎,但皮壳上不能黏附或仅能黏附少许淀粉质胚乳。在采用过滤槽作为糖化醪分离设备的工艺中,麦芽皮壳作为过滤介质。在采用压滤机作为糖化醪分离设备的工艺中,麦芽可被粉碎得更细,这样麦芽中的物质会更容易浸出。有关麦芽与谷物辅料的粉碎技术和设备方面详细论述可参考众多啤酒酿造方面的书籍。

8.3.2 糖化

粉碎工艺之后进行的是糖化工艺。糖化工艺的目标是从谷物(包括麦芽和谷物辅料)中最大限度地萃取出有用成分,同时要求无用或有害的成分溶解最少。大部分的浸出物都由酶的作用产生,因此要创造出有利于各种酶作用的最适条件。酿酒师会优化料液比、糖化过程中的温度、糖化用水(pH 和盐含量)和糖化时间,并且会将糖化过程中的温度调整至麦芽内源酶和有可能添加的外源商品酶的最适作用温度。

糖化过程中主要发生的四类酶促反应有:① 蛋白质水解成肽类和游离氨基酸;② β-葡聚糖分子链的降解;③ 戊聚糖的水解(产物是木糖和阿拉伯糖);④ 糊化淀粉水解成可发酵的碳水化合物(葡萄糖、果糖、蔗糖、麦芽糖和麦芽三糖)。这些转化的发生分别是由蛋白水解酶类、葡聚糖水解酶类、戊聚糖水解酶类和淀粉水解酶类催化进行的反应。为了使上述的每种酶类能在各自最适温度下作用(表 8.5),通常采用提高温度进行连续的休止来操控糖化过程。这里有个简单的代表性糖化过程:在 50℃ 进行第一段休止,用来水解蛋白质、β-葡聚糖和戊聚糖;在 63℃ 进行第二段休止以利于 β-淀粉酶的作用;在 70℃ 进行第三段休止以利于 α-淀粉酶的作用;最后在 78℃ 进行酶的灭活。

8.3.2.1 蛋白质降解

蛋白质是啤酒的主要成分。成品啤酒中的蛋白质含量一般为5 g/L。麦芽中的蛋白质一般占麦芽干重的 9%～11%。蛋白质在啤酒泡沫性能(起泡性和泡持性)方面起着关键作用,对啤酒口感有着积极的影响,并且是酵母营养源中不可或缺的成分。氨基酸、二肽和三肽在酵母的新陈代谢中起着关键作用,从而对发酵过程中形成的风味有着间接的影响。蛋白质也在啤酒胶体稳定性和非稳定性方面起着关键作用。蛋白质会和麦芽中的多酚反应,这会导致成品啤酒浑浊。以明胶澄清剂形式存在的蛋白质(带正电荷的鱼皮胶)应用在嫩啤酒中时,会与带负电荷的酵母细胞反应,这能促进酵母的沉降和更致密的酵母沉淀物的形成。

糖化过程中蛋白水解酶的作用是水解长链的蛋白质大分子,从而使得淀粉分子更容易受到酶的攻击,并且产生足量的氨基酸、二肽和三肽以供后续发酵过程使用。同时,蛋白质的水解会减轻啤酒混浊问题,该问题由蛋白质引起,并能影响啤酒泡沫稳定性(泡持性)。在糖化末期,麦芽中大概 95% 的淀粉会溶解,但仅有 30%～40% 的蛋白质会溶解。麦芽蛋白质分解涉及的主要蛋白水解酶是内切蛋白酶和外肽酶。内切蛋白酶分解蛋白质生成多肽。多肽酶从一个特定的末端攻击多肽,生成氨基酸。内切蛋白酶的最适作用温度相对较低(表 8.5),在较高的糖化温度下,其作用受到抑制,因此大部分的蛋白质分解是在制麦过程中进行的。外肽酶能承受较高的温度(表 8.5),能从多肽链中释放出氨基酸。有两类主要的外肽酶:① 羧肽酶,从多肽链羧基端攻击蛋白质;② 氨肽酶,从多肽链的氨基端攻击蛋白质。羧肽酶可在原料大麦中检测出但含量不高。它会在浸麦阶段快速生成,并在正常麦芽醪 pH 下具有活力。氨肽酶在正常的麦芽醪 pH 下活力非常低,因此没有对糖化过程中蛋白质的分解起到显著作用。

表8.5 麦芽内源酶的最适作用 pH 和温度

酶	最适作用 pH	最适作用温度/℃
α-淀粉酶	5.2	67
β-淀粉酶	5.5	62
蛋白酶	5.5	52
β-葡聚糖酶	6.0	56
内切-β-1,4-葡聚糖酶	4.5~4.8	37~45
内切-大麦-β-葡聚糖酶	4.7~5.0	40
内切蛋白酶	3.9~5.5	45~50
羧肽酶	3.9~5.5	45~50
氨肽酶	4.8~5.2	50

大部分的蛋白质水解反应发生于制麦过程。在没有添加外源蛋白酶的情况下,不可能通过在50℃时延长糖化时间来完全补偿麦芽中可溶性氮的不足。采用较低的蛋白质休止温度(大约45℃),酿酒师会从麦芽内源蛋白酶获益,它们能从蛋白质中释放出氨基酸,从而能将麦汁中的氨基酸含量提高到理想的目标值(12°P 麦汁中 α-氨基氮含量保持在 150 mg/L 为宜)。氨基酸和短肽,既作为酵母的营养源,又通过复杂的美拉德反应和斯瑞克降解反应来影响成品啤酒色泽和风味特征。过度的蛋白水解造成了泡沫活性蛋白质含量的降低,从而对成品啤酒的泡沫稳定性(泡沫持久性)有着消极的影响。过低的蛋白水解将会对成品啤酒的胶体稳定性和发酵特性有着消极的影响。发酵之前的定型麦汁中氨基酸和肽的组成对酵母发酵过程中产生的风味有着重要的影响。

当在糖化工艺中大量使用未发芽谷物/谷物辅料时,通常会添加外源蛋白酶来补充该工艺中有限的蛋白酶含量。在工业化的啤酒酿造工艺中,典型的例子是当完全(或大量)使用大麦或高粱来酿造啤酒时,外源蛋白酶会被用来提高 FAN(游离氨基氮)含量。但是使用外源蛋白酶时要小心,因为这会导致生成过深的色泽(通过美拉德反应),并且可能会影响成品啤酒的泡沫性能。

表 8.6　当使用 100% 原高粱作为啤酒酿造原料时，
添加蛋白酶所起到的作用

酿造过程使用的酶制剂① 方案	FAN(12°P 麦汁)/(mg/L)
Hitempase＋Bioferm FA Conc	38.5
Hitempase＋Bioferm FA Conc＋Bioprotease P1	96.4

① 以上所有提到的酶制剂均来源于 Kerry Bio-Science。

注：1. Hitempase：用于淀粉液化的细菌高温淀粉酶。
　　2. Bioferm FA Conc：用于淀粉糖化的真菌淀粉酶。
　　3. Bioprotease P1：中性蛋白酶。

8.3.2.2　β-葡聚糖和其他非淀粉多糖降解

大麦籽粒或（大）麦芽中除了含有淀粉这样的多糖之外，还存在一些非淀粉多糖。前文已经提到，大麦籽粒或（大）麦芽中最重要的多糖是 β-葡聚糖（图 8.2），大麦籽粒中 β-葡聚糖一般占其干重的 5%，麦芽中 β-葡聚糖和戊聚糖一般占其干重的 1%～3%，麦汁中它们的浓度一般为 200～800 mg/L。在组成大麦籽粒胚乳细胞壁的成分中，β-葡聚糖约占 70%，阿拉伯木聚糖约占 20%。β-葡聚糖分子呈现出一种独特的线性结构，其中含有 70% β-1,4 糖苷键和 30% β-1,3 糖苷键。天然未经水解的 β-葡聚糖相对分子质量大约为 10^6。大麦籽粒胚乳细胞壁中大部分 β-葡聚糖是可溶性的多糖，但是有小部分 β-葡聚糖通过共价键结合于胚乳细胞壁蛋白质。如果麦芽胚乳细胞壁未被充分分解，那每与胚乳细胞内的蛋白质和淀粉的接触就会受到限制，从而造成麦芽浸出物收率偏低。而且未被水解的 β-葡聚糖和相对分子质量较大的 β-葡聚糖片段会提高麦汁的黏度，从而引起糖化醪的过滤问题，延长啤酒的过滤时间，也可能导致成品啤酒出现不良的葡聚糖混浊。如果阿拉伯木聚糖未在制麦或糖化过程中被充分降解，就会出现麦芽浸出和麦汁过滤方面的困难。阿拉伯木聚糖由一条木聚糖主链和若干阿拉伯糖侧链构成，也会以与乙酸和阿魏酸形成酯的形式存在。阿拉伯木聚糖能被以下酶水解：乙酰酯酶和阿魏酰酯酶能从木聚糖主链中切下乙酰基和阿魏酰基；阿拉伯呋喃糖苷酶能从木聚糖主链中切下阿拉伯糖侧链；木聚糖酶能水解木聚糖主链。虽然制麦过程中已经发生了大部分必需的酶解反应，但是不可避免地会残存一些未被分解的胚乳细胞壁物质。如果使用了溶解不良的麦芽或大麦和小麦这样未发芽的谷物辅料，将恶化这一现象。

8.3.2.3　分解胚乳细胞壁的商品酶制剂

真菌葡聚糖酶的最适作用 pH 与麦芽内源葡聚糖酶最相近，也是看起来最稳定的一类葡聚糖酶（表 8.7），因此它们被广泛使用于啤酒酿造业。但是必须指出的是，即使麦芽中 β-葡聚糖含量非常低，也不能保证啤酒酿造中不出问题。β-葡聚糖大分子的尺寸（溶液中的表观分子量）是麦汁过滤、啤酒浑浊和过滤重要影响因素。当碰到这些与 β-葡聚糖相关的问题时,可添加商品化的葡聚糖酶和木聚糖酶,它们有助于水解这些难降解的胶体,从而可以改善糖化车间作业和后续进行的啤酒下游处理工序。表8.8清楚地说明了当糖化工艺中使用了低质量的麦芽时,添加外源葡聚糖酶所获得的效益,除了提高麦汁收率和缩短糖化醪过滤时间外,添加外源葡聚糖酶对滤酒车间作业和硅藻土消耗量也具有显著的影响。

表8.7 不同来源的葡聚糖酶特征(资料来源于 Kerry Bio-Science)

来 源	大麦芽	枯草芽孢杆菌	米曲霉	黑曲霉	木霉属
最适作用 pH	4.5～5.3	4.5～7.0	4.0～6.0	3.0～6.0	4.5～7.0
最适作用温度范围/℃	40～45	45～55	45～55	45～65	45～70
能否降解以下葡聚糖					
大麦 β-葡聚糖	+	+	+	+	+
昆布多糖	+		+	+	+
CMC	+	-	+	+	+
地衣多糖	+	+	+	+	+

表8.8 葡聚糖酶对糖化车间和滤酒车间作业的影响(资料来源于 Kerry Bio-Science)

糖化车间	麦芽/t	麦汁/hL	过滤时间	°P
对照组	10	750	2.45	15
加酶组	10	764	2.15	15
滤酒车间	过滤机类型	清酒/hL (一次预涂)	过滤时间/h	硅藻土消耗量 /(g/hL)
对照组	烛式硅藻土过滤机	5 080	2.45	165
加酶组	烛式硅藻土过滤机	11 400	2.15	79

注:试验用的葡聚糖酶来源于 Kerry Bio-Science。

8.3.2.4 淀粉转化和降解

淀粉是大麦籽粒中最丰富的成分,占其干重的 $54\%\sim65\%$。它由直链淀粉和支链淀粉这两部分组成。淀粉转化(麦芽中的淀粉约占其干重的 60%;其中直链淀粉占淀粉总量的 25%,支链淀粉占淀粉总量的 75%)由一系列淀粉水解酶催化进行。直链淀粉是由葡萄糖单元通过 α-1,4 糖苷键连接而成的线性聚合物;支链淀粉是由葡萄糖单元通过 α-1,4 糖苷键和 α-1,6 糖苷键共同连接而成的带分支的聚合物(图 8.3)。

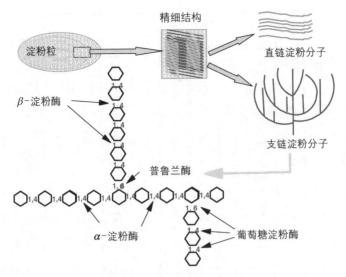

图 8.3 淀粉酶促水解模式

麦芽糖化力是大麦籽粒发芽过程中产生的四种淀粉水解酶活力的总和和 178
平衡：

(1) α-淀粉酶溶解淀粉，释放出浸出物；

(2) β-淀粉酶释放出麦芽糖，提高麦汁的可发酵性；

(3) 界限糊精酶对支链淀粉进行脱支，提高麦汁的可发酵性；

(4) 葡萄糖淀粉酶（α-葡萄糖苷酶）释放出葡萄糖，有助于麦汁的发酵。

在蛋白水解阶段完成之后，采用煮出糖化法或浸出糖化法将糖化醪的温度升高。在此阶段会发生三个重要的过程：淀粉糊化，淀粉液化和淀粉糖化。淀粉糊化温度不仅受淀粉类型（表 8.9）影响，而且受淀粉粒大小和结构影响。前文已经提到过，大麦中淀粉粒有两种不同粒径。大淀粉粒和小淀粉粒分别称为 A 型和 B 型淀粉粒。有观点认为淀粉粒越小，其糊化温度越高。小淀粉粒的消极影响在于较高的糊化温度会导致它们在糖化过程中的消化性较低。除此之外，它们会和其他类型大分子交联，这会妨碍麦汁的过滤。在大多数情况下，与麦芽相比，未发芽的原料大麦小淀粉粒的含量较高，这意味着小淀粉粒在制麦过程中会被优先降解。另外，糖化时未发芽的原料大麦用量比例越高，为了糖化顺利地进行，那就需要越高比例的细粒组分。

淀粉糊化之后进行的是淀粉液化/糖化。淀粉液化是指 α-淀粉酶的液化能力，淀粉糖化是指酶解产生的可发酵性糖。在上一糖化阶段，糖化醪中的淀粉仍保持未糊化的状态，因此不太容易被淀粉酶水解。麦芽淀粉在 61～65℃糊化。淀粉一旦糊化，就会被麦芽中存在的 α-淀粉酶和 β-淀粉酶迅速消化。它们联合作用产生了大量可发酵性糖，尤其是麦芽糖。α-淀粉酶将淀粉随机地水解成糊精。β-淀粉酶从淀粉和糊精的非还原性末端攻击它们，脱下一对葡萄糖分子（麦芽糖）。淀粉糖化阶段的时间很少超过 30 min。为了使麦芽淀

表 8.9　一些辅料的理化性质（资料来源于 Kerry Bio-Science）

谷物类别	水分/%	浸出物含量/%	糊化温度/℃	脂肪含量/%	蛋白质含量/%	淀粉/%	直链淀粉含量/%	淀粉粒径/μm
玉米颗粒（玉米楂）	11~13	88~93	62~75	0.8~1.3	9~11	71~74	24~28	1~5和10~20
玉米淀粉	8~12	101~106	62~74	<0.1	0.2~0.3	71~74	24~28	1~5和10~20
碎米粒	10~13	89~94	61~78	0.2~0.7	6~9	57~88	14~32	2~10
高粱楂	10~12	75~82	68~75	0.5~0.8	6~10	70~74	24~28	0.8~10
小麦淀粉	10~14	101~107	52~75	0.2~0.4	0.4~0.5	67~69	25~28	<10和10~35
大麦	12~16	75~80	57~65	2~3	9~14	54~65	20~24	2~3和12~32
黑小麦	8~14	70~75	55~70	2~4	13~16	63~69	28~29	5和22~36
黑麦	10~15	76~80	55~62	1.5~2.0	8~16	58~62	23~25	2~3和22~36
燕麦	10~16	45~50	55~62	3~7	8~18	40~63	19~28	2~14
小米	10~13	79~84	67~77	3~7	10~14	61~70	17~25	0.8~10
马铃薯淀粉	10~12	101~105	56~69	<0.1	0.05	65~85	20~23	0.8~30
木薯	8~11	87~97	52~70	0.3~0.6	9~12	85~87	15~17	9~20

粉糊化,温度需高于 60℃,这会令麦芽淀粉酶,特别是 β-淀粉酶失活。当淀粉糖化在 65℃进行时,β-淀粉酶几乎在 30 min 内完全失活,α-淀粉酶也会严重失活,但是在糖化末期仍然存在一些残留的 α-淀粉酶活。因此淀粉糖化阶段出现了一种折中,即在需要较高的温度获得淀粉糊化和在较低的温度保存淀粉酶活之间的折中。所选择的淀粉糖化温度虽然保证适当的可发酵性糖的形成,但是会导致淀粉的分解不彻底。必须再次提高糖化醪的温度来彻底地分解淀粉,所以糖化终了温度必须高于 70℃,但是需低于 80℃。麦汁中较低或较高比例的可发酵性糖会影响啤酒中酒精与非发酵性糊精之间的比例。

8.3.2.5　糖化曲线

在糖化过程中,粉碎的谷物在不同温度下与水进行不同时长的混合,这被酿酒师称为糖化曲线。下面是某个啤酒厂酿造全麦芽啤酒所采用的一种典型糖化曲线:首先在 50℃下糖化,此温度下蛋白水解酶(羧肽酶,氨肽酶和二肽酶),内切-β-1,4-葡聚糖酶和戊聚糖酶最为活跃。随后从 50℃升至 63℃进行第二段糖化,麦芽醪的黏度会在 58℃左右迅速升高。需指出的是,这个导致麦芽醪黏度升高的温度正是大麦淀粉的糊化温度。对于绝大多数正常的大麦淀粉样品来说,其在报告中最常见的糊化温度位于 $53\sim58$℃。在淀粉糊化过程中,淀粉粒吸水膨胀,导致黏度迅速升高。淀粉的糊化使得淀粉水解酶(α-淀粉酶和 β-淀粉酶)更易于接触和作用这种淀粉底物。温度升高会导致蛋白酶和 β-葡聚糖酶的失活。随后温度被维持在 63℃。由于 β-淀粉酶的作用,持续产生着麦芽糖。α-淀粉酶和 β-淀粉酶的联合作用进一步促进了糊化大麦淀粉的分解。随后,糖化温度会被升高至 70℃,这会降低 β-淀粉酶的酶活。酶的失活是时间与温度之间相互作用的结果。当糖化温度维持在 70℃左右时,随着时间的延长,β-淀粉酶会完全失活,而 α-淀粉酶会继续分解糊化淀粉,将相对分子质量较大的糊精分解成相对分子质量较小的糊精和葡萄糖。最后将糖化温度升高至 78℃,在此阶段,α-淀粉酶会完全失活。

8.3.3　糖化过程中的生物酸化

有研究表明,麦芽醪和麦汁的生物酸化有利于麦芽醪和麦汁质量的改善。一些论文甚至宣称这样做能最终生产出一种口感更柔和的啤酒。更重要的是,已有研究表明当采用高比例辅料时,生物酸化能补偿因麦芽用量减少而降低的内源酶活。已有研究表明当大麦辅料用量比例为 20% 时,采用食淀粉乳杆菌(*Lactobacillus amylovorus*)发酵产生的酸麦汁来对麦芽醪进行生物酸化有助于提高麦芽浸出率、麦汁的可发酵性和游离氨基氮(FAN),并降低麦汁 β-葡聚糖含量。这不仅能将麦芽醪 pH 降至 5.4,而且将生物酸化麦汁(酸麦汁)中的蛋白水解酶和淀粉水解酶引入麦芽醪中。因此,在采用辅料酿造啤酒的工艺中,生物酸化提供了一种可供选择将额外的酶活引入麦芽醪中的天然方法。生物酸化普遍应用于实行纯酿法的国家,该法规定啤酒仅可由大麦芽,小麦芽,酵母,啤酒花和水来酿造。因为生物酸化麦汁源于大麦芽,并且接种菌株分离自大麦芽表面天然存在的微生物菌群,所以生物酸化麦汁被认为是一种天然的来源于大麦芽的配料。

8.3.4 麦芽醪过滤中酶的应用

麦芽醪的过滤操作(过滤槽法或压滤机法)会在糖化终了温度 75～78℃下进行。麦芽中几乎所有的酶都会在以上温度下失活。当使用相对较低的麦芽醪过滤温度时,会有少量的 α-淀粉酶残留。常用 75～78℃的热水来洗涤麦糟层。由于需要降低麦汁黏度,提高麦汁和麦糟的分离效果和在一定程度上提高原料浸出物收率,常倾向使用较高的喷水洗糟温度,但是不建议温度高于80℃,因为这可能会萃取出过量的多酚,以至于出现涩味,并使成品啤酒在货架期内有可能出现稳定性问题。如果使用了高比例的谷物辅料或溶解不良的麦芽,那淀粉在整个糖化过程中可能会释放得比较晚,这些淀粉是前文中提过的小淀粉粒。而在糖化过程中该阶段,麦芽中天然存在的淀粉水解酶仅残留少许活力。因此,大分子淀粉被携带进麦汁中的风险就显得很高,特别是采用温度高于75℃的洗糟水(麦芽中的 α-淀粉酶在该温度范围会迅速失活)。较低的洗糟水温可能会减少这些问题的出现,但是对麦汁的黏度有消极的影响。糖化过程中添加外源高温 α-淀粉酶(来源于芽孢杆菌属)会解决麦汁中的淀粉问题(表 8.10)。同时,在该酶存在的条件下,酿酒师可使用较高的洗糟水温,并能获得最高的过滤流速和最佳的原料浸出效果。

表 8.10 酶制剂在啤酒酿造中提升的加工能力
(表中的酶制剂均来源于 Kerry Bio-Science)

问 题	症 状	酶 制 剂 介 绍	主 要 益 处
麦芽中淀粉酶失活或活力不足	麦汁呈淀粉阳性且发酵速度慢	Bioferm 是一款真菌淀粉酶产品。它可应用在糖化(或发酵)工序中来将淀粉降解成相对分子质量较小的糊精和麦芽糖	提高麦汁的发酵度
麦汁中酶失活或活力不足	发酵速度慢或发酵不完全	Amylo 是一款真菌葡萄糖淀粉酶产品,能从淀粉分子的非还原端依次水解 α-1,4 糖苷键,也能水解 α-1,6 糖苷键,因此能将淀粉大分子和麦芽糖水解成葡萄糖。在冷麦汁或啤酒中添加 Amylo,能将糊精转变成葡萄糖,从而生产酒精含量高的啤酒	① 采用高比例辅料酿造啤酒时,产生麦芽糖; ② 消除淀粉浑浊; ③ 改善啤酒过滤; ④ 提高麦汁中葡萄糖含量

问　题	症　状	酶　制　剂　介　绍	主　要　益　处
较差的淀粉水解/液化	糖化醪或糊化醪黏度较高,并且麦汁呈淀粉阳性	Hitempase 是一款细菌耐高温 α-淀粉酶产品,能随机地作用于直链淀粉和支链淀粉分子中的 α-1,4 糖苷键,从而将淀粉水解成糊精。该款产品的显著特征是在极高的温度(约 105℃)下保持稳定	① 用于低糖啤酒的生产; ② 提高酒精含量; ③ 改善淀粉液化和提高辅料的利用率; ④ 控制煮沸锅中麦汁呈淀粉阳性的问题
糖化期间释放的非淀粉多糖未经充分水解	糖化醪或啤酒的过滤性差,并产生 β-葡聚糖浊问题	Bioglucanase 是一款内切-β-葡聚糖酶产品,含有地衣聚糖酶活,能水解紧邻 β-1,3 糖苷键处的 β-1,4 糖苷键	降低糖化醪和麦汁黏度;
		Biocellulase 含有纤维酶活、半纤维素酶活和 β-葡聚糖酶活,能有效分解位于植物细胞壁中的复杂多糖	分解麦胶物质,消除 β-葡聚糖浑浊现象
采用高比例的未发芽大麦或其他辅料来酿造啤酒	氮源不足,影响酵母生长,且发酵速度慢	Bioprotease 是一款中性蛋白酶产品	① 改善糖化醪或啤酒过滤; ② 提高浸出率; ③ 降低麦芽质量变化(如产地和季节)对啤酒酿造的影响; ④ 延长啤酒货架期; ⑤ 采用高比例辅料酿造啤酒时,用来优化 FAN 含量
较低的浸出率或采用高比例辅料酿造啤酒过程中出现麦汁过滤性能差的问题	成品啤酒中存在淀粉和 β-葡聚糖	Promalt 是一款复合酶产品,当中含有淀粉酶,葡聚糖酶,纤维素酶和蛋白酶	① 改善糖化醪过滤; ② 提高浸出率; ③ 一次性添加淀粉酶,葡聚糖酶,纤维素酶和蛋白酶; ④ 提高麦汁发酵度; ⑤ 提高麦汁稳定性和澄清度

182

8.4　啤酒酿造中辅料的应用

除了大麦芽之外,酿造辅料是另外一类为麦汁提供碳水化合物和蛋白质来源的原料(表 8.9 和表 8.11)。尽管辅料可以是任意一种提供碳水化合物来源的原料,但当前最常使用的酿造辅料是以下五种谷物:大麦、玉米、大米、高粱和小麦。表8.9概述了主要使用的谷物辅料。它们是当前全球啤酒酿造业常用的辅料。对于单个啤酒厂来说,所使用的辅料类型在很大程度上取决于它所在的地理位置,而且这种辅料的理化性质(表8.9)将会决定它的添加比例,添加时间和加工方式。本节将会介绍啤酒酿造中有关辅料使用的基本知识。为了能更充分理解辅料以及它们在酿造中的作用,读者可参阅更多的啤酒酿造方面的资料。

表8.11 常用的啤酒酿造辅料

酿 造 辅 料	来　　　　源
谷物颗粒	玉米、大米、高粱、大麦
谷物片	玉米、大米、大麦、燕麦
焙烤/微细化谷物	玉米、大麦、小麦
挤压膨化谷物	玉米、大米、高粱、小麦
谷物粉/谷物淀粉	玉米、小麦、大米、马铃薯、木薯、大豆、高粱
糖浆	玉米、小麦、大麦、马铃薯、蔗糖
发芽谷物	小麦、燕麦、黑麦、高粱、小米
发芽伪谷物	荞麦、藜麦

8.4.1　采用原料大麦作辅料的啤酒酿造

与其他谷物辅料相比,使用大麦作为辅料能为啤酒厂提供一些显著的优势。由于大麦中的淀粉糊化温度(53～58℃)与麦芽中淀粉糊化温度(61～65℃)相近,大麦能很容易应用于传统的麦芽糖化工艺。大麦所含有的内源β-淀粉酶能在糖化过程促进麦芽糖的生成。而且,大麦皮壳的存在有助于麦芽醪在传统过滤槽中的过滤。

正如本章之前所披露的那样,原料大麦胚乳细胞壁结构对啤酒厂来说是一项难题。仔细地挑选和应用商品化酶制剂能缓解所遇到的困难,并能确保良好的无水浸出率,加工的便利性和生产出质量良好的啤酒。原料大麦籽粒非常耐磨,难以粉碎,这会产生较高比例的细粉,从而会造成麦芽醪过滤的困难(采用过滤槽法)。由于大麦籽粒中一些重要的酶活(α-淀粉酶,蛋白酶和β-葡聚糖酶)较低,再加上其相对致密的淀粉质胚乳,糖化醪中高比例的原料大麦(>20%)(在没有商品酶制剂帮助的情况下)会导致低浸出率,高黏度的麦汁,低麦汁过滤速率,发酵问题和啤酒浑浊问题等这些困难的产生。近些年以来,随着对大麦籽粒淀粉质胚乳细胞壁膜的结构复杂性以及它们当中含有天然的酶抑制剂知识的深入了解,使得酶制剂生产商开发出一种更特异的方法来提高原料大麦的可加工性。

　　当采用大麦作为辅料与麦芽一起酿造啤酒时,提高大麦辅料的用量比例,在不使用商品酶制剂进行工艺优化的情况下,会导致无水浸出率,麦汁 α -氨基氮和麦汁可发酵性的降低,并导致麦汁黏度和 β -葡聚糖含量的增加。虽然随着麦芽用量的提高,麦汁中氨基酸含量也提高,但是麦芽中的内源酶活在水解原料大麦蛋白质方面表现出非常差的能力。同样地,据资料报道,麦芽内源淀粉酶在水解原料大麦淀粉方面也表现出非常差的能力。随着麦芽用量的提高,它们水解原料大麦的能力却没有提高。

　　虽然麦芽内源酶可担负 20% 左右原料大麦的水解,但是用量比例较高的辅料会将麦芽内源酶稀释至较低的水平,剩余所需的酶可用商品酶制剂来补充或提高。需用外源蛋白酶来瓦解胚乳结构,促进淀粉糖化,释放出被束缚的 β -淀粉酶,并将可溶性氮的比例调整至酵母生长所需的比例。据报道,最适合使用的蛋白酶制剂是一种仅含有由枯草芽孢杆菌产生的细菌中性蛋白酶。添加该中性蛋白酶,能提高麦汁总氮、游离氨基氮(FAN)、浸出物收量和加深麦汁色泽。当使用溶解不良的麦芽或未发芽的原料大麦时,已发现添加芽孢杆菌属、曲霉属、青霉属或木霉属微生物来源的 β -葡聚糖酶、木聚糖酶和纤维素酶能改善糖化醪的过滤。当使用 100% 原料大麦和商品酶制剂一起进行糖化时,外源 β -葡聚糖酶(来源于枯草芽孢杆菌)对糖化醪的过滤几乎没有作用,但它能降低麦汁中高相对分子质量 β -葡聚糖含量。来源于枯草芽孢杆菌的高温 α -淀粉酶被广泛用于降解糊化淀粉和高相对分子质量的糊精,从而生成低相对分子质量的糊精和可发酵性糖。另一种替代方案是使用来源于地衣芽孢杆菌的高温 α -淀粉酶,该酶仅在接近 100℃ 的温度下才会失活。因此,该 α -淀粉酶能水解那些在较高温度下膨胀和糊化的淀粉。当使用 100% 大麦辅料进行糖化时,外源 α -淀粉酶(来源于枯草芽孢杆菌)的添加对糖化醪的过滤产生最大的积极影响。提高外源 α -淀粉酶的用量,会导致麦汁中葡萄糖、麦芽三糖含量的提高和麦芽糖含量的降低。适量添加两种分别来源于地衣芽孢杆菌(表 8.12)和枯草芽孢杆菌的高温 α -淀粉酶,不但能完全转化原料大麦中的淀粉,而且能获得最高的浸出物收量。

表 8.12　不同来源的 α -淀粉酶特征

	米曲霉	芽孢杆菌属	大麦芽	猪胰脏
最适作用 pH	4.8~5.8	5.0~7.0	4.0~5.8	6.0~7.0
pH 稳定性	5.5~8.5	4.8~8.5	4.9~9.1	7.0~8.8
最适作用温度/℃	44~55	60~95	50~65	45~55
有效温度	最高 60℃	最高 100℃①	最高 70℃	最高 55℃

　　① 由于细菌淀粉酶具有非常高的热稳定性,因此它们常被用在糊化锅中来促进高粱,大米和玉米等辅料中淀粉的糊化和液化。

8.4.2　采用玉米或大米作辅料的啤酒酿造

复式糖化法(糖化和煮出)是用来处理含有较高比例(25%～60%)大米粉或脱脂玉米粗粒的酿造原料,并外加酶或富含酶的麦芽来促进上述辅料淀粉的糊化和液化。被适当磨细的辅料和小部分富含酶的麦芽或细菌 α-淀粉酶被投入糊化锅中,在 35℃ 左右开始糖化。将搅拌均匀的辅料糊化醪升温到 70℃ 左右,保持 20 min 之后,升温至 85～100℃,并在该温度下保持 45～60 min,以确保任何没液化的淀粉被糊化。同时,糖化锅中的麦芽在 35℃ 开始糖化,保持 1 h 之后,一边搅拌麦芽糖化醪,一边将辅料糊化醪输送进糖化锅中,从而使糖化醪的最终温度保持在 65℃ 左右。整个过程大概耗时 3.5 h。需谨记的是不同啤酒厂之间实际的糖化温度和时间会有所不同,这取决于辅料的比例、辅料的质量、麦芽溶解程度、外源酶的质量、加工设备和酿酒师具备的能力。

8.4.3　采用高粱作辅料的啤酒酿造

高粱与大麦类似,能以多种形式应用在啤酒酿造中,如高粱芽、高粱糁、挤压高粱米和未发芽的高粱籽粒。每种形式的高粱都有自身的优点和缺点。当在 Lager 型啤酒酿造中使用高粱时,会遇到被广泛报道的障碍,如胚乳细胞壁的不完全降解、浸出率低、麦汁分离性差和啤酒过滤性差。

采用未发芽的高粱作为辅料来酿造啤酒时,会涉及许多技术问题,如糊化锅的容量、能源消耗和较高的高粱淀粉糊化温度(71～80℃)。无论高粱辅料含量对麦芽的比例是多少,都推荐采用适当的淀粉液化措施来产生低黏度的糊化醪,这可以通过在高温细菌 α-淀粉酶存在的情况下,将高粱辅料加热至 80～100℃ 来达到目的。用高粱辅料(含量低于 50%)酿造啤酒会遇到与用大米/玉米作辅料生产啤酒相同的限制性。如果高粱辅料的质量较高,应该不会有过滤方面的问题,这是因为 50% 用量的麦芽就能提供充足的大麦皮壳作为过滤槽中必需的过滤介质。无论在什么情况下,当采用未发芽的高粱进行糖化时,只有在淀粉被充分糊化的情况下,淀粉才能有效地被酶解。当高粱辅料用量较低(5%～10%)时,麦芽的内源酶就足以保证充足的浸出物收量,麦汁游离氨基氮和可发酵糖含量。但是,当高粱辅料用量提高时,就可预见到麦汁过滤速度、色度、黏度、极限发酵度、游离氨基氮(FAN)的降低和麦汁 pH的升高。添加商品酶制剂可缓解这些问题。高温 α-淀粉酶的添加对于有效的淀粉糖化来说必不可少。真菌 α-淀粉酶的添加能使麦汁过滤速率达到采用 100%麦芽时的水平。细菌蛋白酶的添加有助于可溶性氮的提高和多肽的降解。

一种典型的采用高粱作辅料的糖化工艺包括将粉碎后的未发芽高粱辅料投入糊化锅中，在 50℃ 进行糖化,高粱与水的料液比为 1∶3。通过在糊化醪中添加氢氧化钙,使钙离子水平达到 $50\sim150$ mg/L,从而将醪的 pH 调至 $6.5\sim7.0$。在该步,可同时添加中性蛋白酶(用于产生游离氨基氮),高温 α-淀粉酶(用于淀粉液化)和数种 β-葡聚糖酶(用于打开胚乳细胞壁)这些外源商品酶制剂。在 50℃ 保持 30 min(蛋白质休止阶段)之后,将温度缓慢升高至 85℃,并在该温度下保持 30 min 以促进淀粉的液化。麦芽醪可用 20℃ 水来制备,15 min 之后,用部分或全部热的液化高粱糊化醪与冷的麦芽醪混合,并在 50℃ 保持 60 min。在该步,会再次添加淀粉酶用于淀粉的糖化。添加真菌 α-淀粉酶可水解淀粉和糊精分子中 $\alpha-1,4$ 糖苷键,从而促进麦芽三糖、寡糖和大量麦芽糖的生成。同时,也可添加一种混有中性蛋白酶、纤维素酶和葡萄糖淀粉酶的新型商品酶制剂。在 50℃ 保持 60 min 后,糖化醪与剩余的 85℃ 高粱糊化醪混合,随后将温度升高至 75℃。在 75℃ 保持 20 min 后,将糖化醪转移至过滤槽中。需谨记的是不同啤酒厂之间实际的糖化温度和时间会有所不同,这取决于辅料与麦芽之间的比例、辅料的质量、麦芽溶解程度、外源酶质量、加工设备和酿酒师具备的能力。

虽然非洲的一些啤酒厂更普遍地采用 50% 未发芽的高粱和 50% 未发芽的玉米来酿造啤酒,但是采用 100% 未发芽高粱来酿造啤酒也是一种可行的方案。因为未发芽高粱不含有酶,所以必须添加大量的外源酶。欲酿造出高质量的啤酒可通过以下途径来改善:① 调整醪液中钙离子含量,使之达到 200 mg/kg;② 醪液 pH 调至 6.5;③ 使用如下的糖化程序:50℃ 保持 50 min;80℃ 保持 10 min;95℃ 保持 40 min 和 60℃ 保持 30 min;④ 在 50℃ 休止阶段末期,添加高温 α-淀粉酶;在 60℃ 休止阶段初期添加中性蛋白酶和真菌 α-淀粉酶;⑤ 在 60℃ 休止阶段前,将醪液 pH 调至 5.5。添加钙离子可拓宽淀粉酶的作用 pH 范围,从而防止 α-淀粉酶受热失活。α-淀粉酶的稳定能促进淀粉液化,从而可提高高粱辅料的浸出效果。同时也意味着醪液中含有钙离子虽然能得到相同的浸出物收量,但是降低了糊化醪中外源 α-淀粉酶的添加比例。再结合在 80℃ 保持 10 min,就会观察到麦汁过滤性能,浸出物收量和游离氨基氮水平的显著上升。在 60℃ 加热步骤之前,将 pH 从 6.2 调至 5.5,这是真菌 α-淀粉酶的最适作用 pH,并且会提高糖化醪的过滤性能。葡萄糖淀粉酶的添加可显著提高可发酵糖的含量。

8.4.4 其他潜在的辅料来源

在啤酒酿造业中,传统来源辅料的使用已经非常成熟(表 8.11),但还存在着其他潜在的碳水化合物来源,并且有些已经被应用于商业化啤酒酿造。有这样理化组成和结构的碳水化合物来源均有作为酿造辅料使用的潜力,例如甜菜、甘蔗、马铃薯、小米、燕麦、黑麦、木薯、鹰嘴豆、绿豆、藜麦、荞麦、苋菜、大豆、香蕉、蜂蜜和乳糖。随着世界粮食供应的短缺,这些替代性的辅料将会在啤酒酿造业中显现出非常令人感兴趣的前景。为了保证这些辅料在啤酒酿造中的浸出效果,外源酶将会发挥重要的作用。

8.5 酶在啤酒发酵过程中的应用

8.5.1 酵母发酵过程中的酶促过程

在本节内容之前,酶促过程都是受酶(内源和外源)和酿酒师的专业知识控制,这两方面因素在麦汁的质量方面也起着决定性的作用,随后麦汁将用于啤酒发酵。经过预煮灭菌的冷麦汁不会含有残留的酶,然后往麦汁中添加酵母开始发酵。从而一种新来源的酶促转化反应开始生效——酵母自身的酶系统。通过酵母细胞内部的酶促反应,糖分子会被转化为乙醇和 CO_2 ;氨基酸分子会被转化为酵母蛋白质。乙醇通过糖酵解途径生成。理论上,1 g 葡萄糖将会产生 0.51 g 乙醇和 0.49 g CO_2 。

啤酒酵母属于酵母属。啤酒酵母通过外部细胞膜吸收麦汁中溶解的糖、简单的含氮物质(氨基酸和非常简单的肽)、维生素和无机盐等成分。然后它们采用一种连续化的系列反应或代谢途径将这些底物用于自身生长和发酵。两种主要类型的啤酒——拉格型和爱尔型分别由葡萄汁酵母(S. uvarum)和啤酒酵母(S. cerevisiae)发酵。啤酒酵母有能力利用各种不同的糖,例如葡萄糖、果糖、甘露糖、半乳糖、蔗糖、麦芽糖、麦芽三糖和棉子糖。与啤酒酵母不同的是,葡萄汁酵母除了能利用这些糖外,它们还含有 MEL 基因,这意味着它们能通过一种胞外酶(α-半乳糖苷酶也称为蜜二糖酶)来利用蜜二糖(葡萄糖-半乳糖)。而像糊精、β-葡聚糖、可溶性蛋白质这些麦汁成分不会被酵母代谢。

麦汁含有的糖有蔗糖、果糖、葡萄糖、麦芽糖和麦芽三糖,此外还有糊精。酵母利用这些糖的最初步骤通常是糖分子先完整地进入细胞膜或者先在细胞膜外分解,随后糖的部分或全部的水解产物再进入细胞膜。麦芽糖和麦芽三糖是糖分子完整进入细胞膜的例子,而蔗糖需先由一种胞外酶水解,然后其水解产物再进入细胞膜。麦芽糖(占麦汁可发酵糖的 50%~60%)和麦汁三糖(占麦汁可发酵糖的 20%)是麦汁中最主要的糖,因此酵母利用这两种糖的能力至关重要,并且该能力取决于正确的遗传互补。酵母有可能具有单独的摄入机制(麦芽糖和麦芽三糖通透酶)来将这两种糖从细胞膜运送到细胞中。一旦这两种糖进入酵母细胞内,它们会被 α-葡萄糖苷酶(麦芽糖酶)水解成单个葡萄糖。葡萄糖一旦出现在酵母细胞内,就会通过糖酵解途径转化成丙酮酸。酵母的新陈代谢过程中会发生众多的酶促反应,这不是本章的主题,读者们可专阅更多相关的专业资料来获取啤酒发酵领域的知识。

8.5.2 外源酶在啤酒发酵过程中的应用

外源酶(表8.10)除了以上描述的应用领域之外,还可以作为工具应用于啤酒发酵过程,来帮助解决后续可能出现的问题。在下游啤酒过滤困难的例子中,发酵罐(或啤酒后熟过程)中添加 β-葡聚糖酶来帮助降解残余的 β-葡聚糖,否则会造成过滤设备的堵塞,但这是一种万不得已的方法,由于啤酒发酵温度低,酶活也低。糖化阶段应用这些酶显得更经济。另一个在啤酒发酵过程中使用酶的领域是减少成品啤酒中的浑浊,这会在随后的小节中讲述。

如果啤酒过滤困难由蛋白质、淀粉和非淀粉多糖单方面或这三种物质联合导致,则应用相应的酶,采用实验室检测方法来测量啤酒过滤和流动速率,随后就能检测出是哪种物质造成的啤酒过滤困难。图8.4就是这样一幅直观示意图。在该例中,β-葡聚糖酶在将啤酒过滤速度恢复至正常值方面显得非常高效。对照啤酒样品中 β-葡聚糖含量为 $300\ mg/L$。添加 0.025% 的 β-葡聚糖酶后,嫩啤酒的过滤性能得以恢复。同样地,随着 β-葡聚糖酶用量的增加,啤酒过滤速率得以进一步提高。类似地,运用这种方法,可证明蛋白酶、半纤维素酶和淀粉酶在啤酒过滤中的作用。

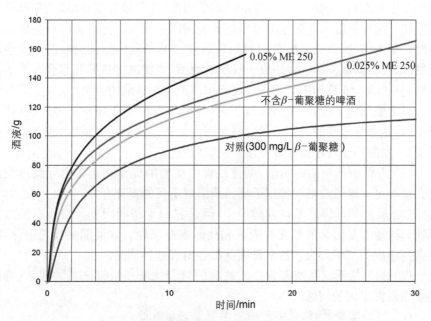

图8.4 β-葡聚糖酶对啤酒过滤速率的影响

8.5.3 低糖啤酒的生产

低糖啤酒通常被称为"低热量啤酒"。它可通过酶的应用来生产。在该例中,酶能应用在麦汁生产或啤酒发酵过程中。支链淀粉分子中的 α-1,6 糖苷键不能被 α-淀粉酶或 β-淀粉酶水解。虽然麦芽能产生将淀粉分解成可发酵糖所需的所有酶类,但是麦芽界限糊精酶无法分解未糊化的淀粉粒。由于麦芽界限糊精酶对温度敏感,所以极易在麦芽干燥和随后的糖化过程中失活。这就意味着啤酒通常的最终发酵度为 70%~82%。未被发酵的糊精加上啤酒中其他成分如蛋白质和单宁形成了啤酒主要的口感、饱满度和甜度;再加上酒精成分,构成了啤酒的热量值。添加真菌 α-淀粉酶来确保淀粉分子中 α-1,4 糖苷键的完全降解,能小幅提高啤酒的发酵度。添加葡萄糖淀粉酶能大幅提升啤酒发酵度,该酶不但会优先水解淀粉分子中 α-1,4 糖苷键来产生葡萄糖,而且也会缓慢水解 α-1,6 糖苷键。低热量或低糖/零糖啤酒(普通啤酒含糖量为 3~7 g/杯)可通过这种方式(在实际生产中,通常会联合使用真菌 α-淀粉酶和葡萄糖淀粉酶)来生产。糖化过程中能添加真菌 α-淀粉酶和葡萄糖淀粉酶,或者直接将葡萄糖淀粉酶添加到发酵罐中。由于糖化过程中酶与底物接触时间比较短,这些酶的添加量要高于啤酒发酵过程中它们的添加量。糖化过程中添加的酶会在较高温度的糖化和煮沸过程中被完全灭活。而葡萄糖淀粉酶在正常的啤酒巴氏杀菌条件下仍能保持稳定,这意味着在啤酒发酵过程中添加酶时,成品啤酒中会有残余的酶活。啤酒发酵过程中添加这些酶的益处在于它们较低的用量和较低的用简单的糖(葡萄糖和麦芽糖)饲喂酵母的可能性。这样做就可以防止酵母出现葡萄糖阻遏效应。如果为酵母提供太多的游离葡萄糖,则就会发生葡萄糖阻遏效应。酵母发生葡萄糖阻遏效应会延缓发酵,甚至抑制发酵。由于以上提到的原因,蒸馏酒酿造师通常会在酒的发酵期间添加酶,而且他们无须担心在酒精蒸馏前灭活酶的问题。

对于酿酒师来说,一个最为棘手的问题是"发酵中止现象"(即所谓的"不降糖"),这会导致啤酒在正常的发酵时间内无法达到最终发酵度(或者根本达不到)。发酵中止现象是由以下诸多因素所致。

(1)麦汁中不均衡的糖谱;糖化过程中淀粉酶促糖化不完全导致可发酵糖含量不足。这通常都与使用了辅料或溶解不良的麦芽有关。

(2)虽然酵母仍悬浮在发酵液中,但是它们无法利用麦汁中所有的可发酵糖。这通常是因为酵母无法吸收和代谢麦芽三糖。这可能是酵母退化,发生突变造成的结果。大多数酵母菌株都会出现这种情况。

(3)酵母缺乏氨基酸和维生素之类的营养物质以及锌之类的辅基(啤酒高浓酿造常出现的问题)。

(4)酵母凝聚性强,造成发酵液中早期絮凝沉淀。

表 8.13 列出了麦汁中典型的平衡糖谱。在啤酒发酵过程中,在外源 α-淀粉酶(作用于淀粉分子中 α-1,4 糖苷键)或一种淀粉脱支酶类型的淀粉酶(某些种类的淀粉脱支酶能作用于淀粉分子中 α-1,4 糖苷键和 α-1,6 糖苷键)的帮助下,麦汁中糖组分失衡的问题能得以控制,从而能对糖化过程中可能出现

的淀粉糖化不完全的情况进行补救。如果发生了麦芽三糖无法代谢的问题（酵母突变），也可使用外源葡萄糖淀粉酶来挽救数批的啤酒。随后麦芽三糖将被降解成更小的糖，进而可被酵母利用。糖化过程中延长蛋白质休止时间或使用外源外肽酶，能克服啤酒发酵过程中可能出现的氨基酸（酵母营养源之一）缺乏问题。

表 8.13　12°P 麦汁中典型的糖谱

糖	麦汁中的含量/%	可 发 酵 性
果糖	0.1～0.2	＋
葡萄糖	0.9～1.3	＋
麦芽糖	5.8～6.8	＋
蔗糖	0.2～0.4	＋
麦芽三糖	1.4～1.7	＋
糊精	1.9～2.4	－

8.6　啤酒的稳定性

啤酒浑浊有生物性和非生物性这两方面的来源。生物浑浊可能是微生物污染所致，并不在本章的讨论范围之内。非生物浑浊可能是降解不彻底的 β-葡聚糖和淀粉这样的多糖所致。正如本章先前内容所讨论的那样，糖化过程中优化内源和外源酶的使用，能预防这些多糖形成浑浊。如果啤酒中检测出浑浊物，酿酒师可应用非常简单的技术来解决问题，并鉴别出浑浊物的来源和性质（图 8.5）。其中一个方法就是应用外源酶对啤酒浑浊物样品进行消浊实验。通过单独应用淀粉酶、β-葡聚糖酶和蛋白酶，能迅速鉴别出由淀粉、β-葡聚糖和蛋白质引起的浑浊。

啤酒浑浊中最常见的形式是那种由麦芽中高相对分子量的蛋白质（大麦醇溶蛋白）交联引起的浑浊。这种糖蛋白组分含有的高比例疏水性氨基酸会和主要由原花色素和儿茶素（黄酮类物质）组成的多酚类物质结合。少量的碳水化合物和痕量的金属离子也参与到这种结合中。起初，形成于啤酒货架期早期的浑浊是可逆的，它会在较高的温度下消失。在啤酒冷藏期间，多酚类物质会和蛋白质缓慢结合形成一种冷浑浊物。当啤酒温度升高时，这种浑浊物会再次溶解。在多酚类物质聚合形成一种不可逆的永久浑浊物方面，氧和特定的氧化过程起着重要作用。多酚类物质通过氧化反应进行聚合来增大分子，然后在室温下变得不可溶，并形成不可逆或永久性浑浊物。

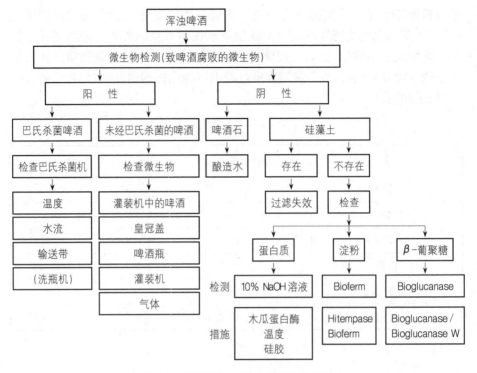

图 8.5　啤酒浑浊的起因以及解决方法

图中的所有提到的商品酶制剂均来源于 Kerry Bio-Science。Hitempase：细菌高温淀粉酶制剂；Bioferm：葡萄糖淀粉酶制剂；Bioglucanase/Bioglucanase W：β-葡聚糖酶制剂

8.6.1　用于补救性措施的酶

为了防止或延缓啤酒浑浊的形成,传统的稳定啤酒的方法是将啤酒在非常低的温度下(最好低于 0℃)储存很长时间。在今天竞争激烈的啤酒市场环境下,这是一种不经济且耗时的解决方法。当前的趋势是去除形成浑浊物的成分(蛋白质和多酚类物质)。在选择性地鉴别和去除这些成分方面,有许多不同的加工助剂(图 8.5)。最常见的用于啤酒消浊处理的酶是一种植物来源的酶——木瓜蛋白酶。木瓜蛋白酶是一种提取自番木瓜果实的蛋白酶。它能防止由蛋白质引起的胶体失稳问题,从而能延长啤酒的货架期。它通过水解蛋白质来起作用,否则蛋白质会和多酚类物质形成复合物,从而产生冷浑浊问题,并最终导致永久性浑浊。该酶是一种含有半胱氨酸蛋白酶的混合物,因此它的特异性较低。它会优先作用于碱性氨基酸(赖氨酸和精氨酸)羧基端。与其他所有的啤酒用酶一样,它的用量也取决于啤酒和使用的原料质量,在发酵转为储酒时或在储酒罐中直接添加该酶。如果啤酒的巴氏杀菌温度高于70℃,该酶将会完全失活。与其他啤酒稳定技术(例如 PVPP)相比,它易于应

用,并被视为一种划算的解决方案。

8.6.2 啤酒的加速成熟

啤酒中有一种重要的风味物质——邻二酮双乙酰。当它的浓度高于0.1 mg/L时,该啤酒会被广泛认为有风味缺陷。双乙酰是一种氨基酸代谢的副产物。在啤酒发酵过程中,它产生于酵母指数生长期,是由 α-乙酰乳酸通过氧化脱羧反应生成的产物。在啤酒发酵末期,酵母能将双乙酰还原成乙偶姻(一种高风味阈值物质)。但是,在这种模式下,双乙酰的自然去除需要健康的酵母、时间(储存容量!)和高温的啤酒成熟阶段。因此,需要开发出一种微生物(芽孢杆菌属)酶来实现这个目标。该酶能在 α-乙酰乳酸转变成双乙酰之前,将其转变成乙偶姻。该酶被称为 α-乙酰乳酸脱羧酶(ALDC)。图 8.6为相应的转化过程示意图。对于酿酒师来说,使用该酶的益处在于它能缩短高温储酒的时间,而这通常是用来减少双乙酰的正常做法。这种酶法不但能提高发酵产能,而且在成品啤酒双乙酰含量控制和啤酒风味干预方面为酿酒师提供了一种备选方法。

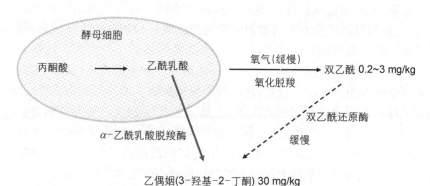

图 8.6 α-乙酰乳酸脱羧酶和双乙酰还原

8.7 酶在啤酒酿造业中的应用前景

酶在催化活力,处理众多不同原料的能力,适应多变的加工条件,pH,温度方面的提高以及更重要的酶成本的降低等因素都推动了酶应用的进展,这方面的进展在很大程度上导致了某些食品加工业或食品配料行业产生了革命性的变化。许多酶应用方面的进展都由引入和使用转基因微生物产生的酶带来。除此之外,新酶开发和酶的新应用方面也有了新的进展。许多近期和正在进行的酶促淀粉水解都与酶(α-淀粉酶,葡萄糖淀粉酶和脱支酶)和小麦、大麦等非玉米谷物的酶促水解的进展有关。蛋白质工程技术方面的进展提升了谷物辅料的加工水平。这样的一个例子是 α-淀粉酶以及它们在糖浆生产方面的应用。1973年引入了能在淀粉加工所需的温度(＞100℃)下使用的细菌淀粉酶,这对于淀粉加工行业来说是革命性的进展。在此之前,淀粉酸法水解是主流工艺。淀粉酸法水解是一种环境不友好的生产工艺,并且会生成含量显著的有害副产物。但是,淀粉酶法水解工艺仍然存在两个基本难题。第一个难题是需将淀粉乳的pH从4.0调至6.0;第二个难题是需添加钙离子来稳定液化淀粉的细菌α-淀粉酶。20世纪90年代中期α-淀粉酶方面取得了一次技术突破,就是首次揭露了来源于芽孢杆菌属的α-淀粉酶三维结构。这意味着利用蛋白质工程能生产出新型的和升级的商品化淀粉酶。淀粉加工行业的下一个突破是开发出了能在低于淀粉糊化温度下进行高效作用的淀粉水解酶。这意味着之前的淀粉水解工艺现在能一步进行,而不需要高温,调pH或添加钙离子。这些技术进展显著降低了淀粉加工的成本,并能生产出性能更独特的液体糖浆产品。

正如本章内容呈现的那样,酶的生物多样性为啤酒酿造业提供了丰富的功能性。由于生物技术进步不但为现有酶的功能提升铺平了道路,而且为设计具有新功能的新酶打开了大门,这既有可能提高谷物辅料在啤酒酿造中的使用比例,又有可能从低质量的麦芽和谷物辅料中获得最高的浸出率。类似地,这也使得性能突出且针对酿酒师所需的优质谷物辅料的生产成为可能,甚至可能会降低谷物辅料的生产成本,从而降低啤酒的生产成本。转基因生物问题在可预见的未来仍将是一个有争议的话题。啤酒酿造业已经从少数使用转基因受体菌生产的酶上获益,这些益处包括酶成本的降低和功能性的增强。随着全球粮食短缺这一问题的出现,食品工业甚至公众消费者可能会被迫去接受转基因生物在抗病性、耐气候性和技术性能方面所提供的技术优势。随着对大麦胚乳细胞壁之类的谷物籽粒结构知识的深入了解,未来生物技术的应用将会专注为啤酒酿造业提供水解特异性更高的定制酶产品。

现今,能采取许多方法来控制啤酒的胶体稳定性,从而确保啤酒产品在长达一年时间内仍保持胶体稳定。但是,控制啤酒口味稳定性的策略仍然缺乏。以前的一个想法是在啤酒中应用一种葡萄糖氧化酶之类的氧清除酶。虽然技术可行,但是成品啤酒中含有酶活的想法不是很有吸引力。与此同时,限制酒瓶中氧含量的一些其他方法(如改善啤酒包装技术)被开发出来。酿酒师们另一个普遍的烦恼是糖化期间发生的氧化危害。人们普遍认为脂肪氧合酶催化的脂肪氧化(和/或脂肪自动氧化)在啤酒老化时产生的纸板味(反式-2-壬烯醛)上发挥了作用。另外,正在开发一种技术,即在限氧条件下进行麦芽粉碎和糖化。目前,正在研究一些投入资本较少的方法,糖化期间添加氧清除酶系就是其中一种。初步研究表明该方法似乎可行。适合使用的氧清除酶可从以下一组酶中选择:葡萄糖氧化酶、己糖氧化酶、巯基氧化酶、超氧化物歧化酶、过氧化物酶和漆酶之类的多酚氧化酶,或者联合使用这些酶。特别是多酚氧化酶,不仅具有清除氧的益处,而且同时能将多酚类物质转变成低溶解度的复合物,随后该复合物会在糖化醪过滤时从麦汁中除去。使用这种新酶系的另一项益处在于它们的耐热性,即使在糖化终了(78℃)后,仍能保持一段时间的活性。由于脂肪氧化反应在这些高温下进行得特别快,而麦汁中残留的这些酶活也能保护麦汁中的脂肪,避免其被氧化。最终,这种酶系会在麦汁煮沸期间被完全灭活。

8.8 结语

不稳定的麦芽质量和酒花供应短缺问题使 2006 年,2007 年和 2008 年成了全球酿酒师铭记的灾难年份。不幸的是,2009 年的前景看起来也不太乐观。当前全球谷物供应的总体特点是产量低且库存量低。也许更大的担忧在于相比于以往更高的谷物需求量,这种较高的谷物需求量不仅来自传统的食品和饮料行业,而且来自生物能源行业。全球食品和饮料行业基本上处于谷物需求量高于供应量的现状,即谷物消费量超过生产量。这就导致了全球范围内对几乎每种农作物都有较高的需求量。因此,大麦、麦芽、小麦、玉米、大米和高粱的价格急剧上涨。而且大自然母亲并不总是一味地善良,恶劣的气候条件会导致农作物的加工性质变差。高蛋白质含量、高 β-葡聚糖含量和麦芽质量的不稳定增加了啤酒的加工难度,从而致使酿酒师被迫改变工艺,并在配方中提高辅料的添加比例。

啤酒酿造工艺是一种自然的生物过程,并且它的效率主要依赖于所使用的原料质量。直接改善原料质量仅能从啤酒厂之外的环境去控制,并且差不多要从大麦和酒花种植这一基本层面开始。除此之外,啤酒厂控制工艺效率和成品啤酒质量的唯一方法是开发新设备、应用加工助剂和配料。本质上,加工助剂优化运用,更确切地说,酶能为酿酒师提供保留和改善工艺的自由,而不论原料初始质量。最适的商品酶用量也意味着成本的节省。

致谢

我们要感谢从事啤酒酿造业务的同事们,他们为本章贡献了大量的啤酒酿造和酶方面的知识和经验,这些是他们过去 30 年的专业积累。我们还要感谢 Kerry Bio-Science 领导们,尤其是 Antonio Occelli,正是由于他的许可,本章的出版才得以成行。

参考文献

1. Moll, M. (ed.) (1991) *Beers (Including Low-Alcohol and Non-Alcoholic Beers) and Coolers, Definition, Manufacture, Composition*. Intercept Ltd, Andover.

2. Kunze, W. (1999) *Technology, Malting and Brewing*. VLB, Berlin.
3. Bamforth, C.W. (2006) *Brewing – New Technologies*. Woodhead Publishing Limited, Cambridge.
4. Briggs, D.E. (1998) *Malts and Malting*. Chapman and Hall, London.
5. Bamforth, C.W. and Kanauchi, M. (2001) A simple model for the cell wall of the starchy endosperm in barley. *Journal of the Institute of Brewing* **107**, 235–240.
6. Kanauchi, M. and Bamforth, C.W. (2002) Enzymic digestion of walls purified from the starchy endosperm of barley. *Journal of the Institute of Brewing* **108**, 73–77.
7. Kuntz, R.J. and Bamforth, C.W. (2007) Time course for the development of enzymes in barley. *Journal of the Institute of Brewing* **113**, 196–205.
8. Goode, D.L. and Arendt, E.K. (2006) Developments in the supply of adjunct materials for brewing. In: *Brewing – New Technologies* (ed. C.W. Bamforth). Woodhead Publishing Limited, Cambridge, pp. 30–67.
9. Goode, D.L., Wijngaard, H.H. and Arendt, E.K. (2005) Mashing with unmalted barley – impact of malted barley and commercial enzyme (Bacillus sp) additions. *Master Brewers Association of the Americas, Technical Quarterly (MBAA TQ)* **42**, 184–198.
10. Smart, K. (2008) *Brewing Yeast Fermentation Performance*. Blackwell Publishing Professional, Oxford.
11. Goode, D.L. and Lalor, E. (2008) The malt and hop crisis technologies to maximise process ability and cost efficiency. *The Brewer and Distiller International* **4**(3), 37–40.

9 酶在食用酒精生产和葡萄酒酿制中的应用

Andreas Bruchmann 和 Céline Fauveau

9.1 用于食用酒精生产的酶

将作为酿酒原料使用的淀粉进行转化（即淀粉水解）是一个复杂的过程。在不同淀粉水解酶的帮助下，该过程需通过几种不同反应来完成。不同来源的淀粉水解酶特性不同，但是它们有时采用相同的名称。表 9.1 概述了淀粉转化中应用到的淀粉水解酶。

表 9.1 淀粉水解酶

谷物淀粉酶	真菌淀粉酶	细菌淀粉酶
α-淀粉酶	α-淀粉酶	α-淀粉酶
β-淀粉酶	界限糊精酶	
界限糊精酶	葡萄糖淀粉酶	
R-酶		
具有异麦芽糖酶作用的 α-葡萄糖苷酶		

9.1.1 淀粉水解酶

人们很久以前就已知道某些酶能催化将淀粉转化成短链糊精的反应。早在 1785 年，J. C. Irvine 就已观察到（大）麦芽水提液有助于淀粉液化。1814 年 G. S. Kirchhoff 在谷物籽粒发现了一种能将淀粉转化成糖的物质。1833 年法国化学家 Payen 和 Perzos 从（大）麦芽中分离出一种液化淀粉的物质，并将其命名为淀粉酶（diastase）。在他们的论文中描述了淀粉酶所有重要的特征，并且提出（大）麦芽可用于糊精的生产。

1878 年 Maercker 认为（大）麦芽淀粉酶含有两种不同的酶，并且该观点在

1886 年被 Lintner 证实。这是一个今天仍被承认的事实。1926 年 Ohlsson 将这两种重要的淀粉水解酶分别命名为 α-淀粉酶(或糊精化淀粉酶,α-amylase)和 β-淀粉酶(或糖化淀粉酶,β-amylase)。后来"diastase"这个术语被改成了正确的说法:amylase(淀粉酶)。

这两种淀粉酶的来源、特性和产物均不同,并且它们也以不同的方式作用于淀粉分子。未发芽大麦籽粒含有活性 β-淀粉酶,也被称为原生淀粉酶或固有淀粉酶,而 α-淀粉酶主要形成于大麦发芽期间。

9.1.1.1 α-淀粉酶

α-淀粉酶(α-1,4-葡聚糖-葡聚糖水解酶)不仅在发芽谷物、霉菌(例如米曲霉)和细菌(例如枯草芽孢杆菌)中被发现,而且在人类和动物唾液(唾液淀粉酶)和胰腺(胰淀粉酶)中被发现。作为内切酶,α-淀粉酶具有快速液化和微弱糖化淀粉的能力。由于 α-淀粉酶随机地切断直链淀粉分子内的 α-1,4 糖苷键,形成无侧链的中链糊精(低聚糖)。直链淀粉分子被 α-淀粉酶催化水解后,得到的稀薄溶液碘试呈阴性。

在 70~75℃,少量 α-淀粉酶会快速液化支链淀粉形成的糊糊。随着支链淀粉分子所谓"分支点"组成的分支片段(α-界限糊精)的形成,就能实现上述快速液化的效果。

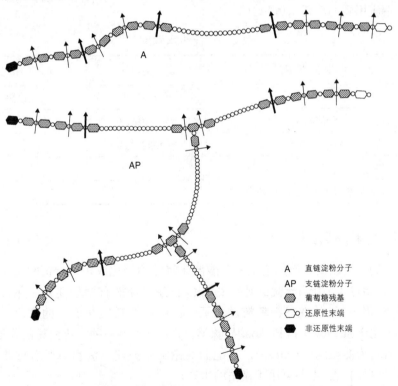

A	直链淀粉分子
AP	支链淀粉分子
⬡	葡萄糖残基
⬡	还原性末端
⬣	非还原性末端

图9.1　α-淀粉酶分解直链淀粉分子(A)和支链淀粉分子(AP)的模式

理论上,α-淀粉酶能将线性的直链淀粉分子转化成 87％麦芽糖分子和 13％葡萄糖分子;而将分支状的支链淀粉分子转化成 73％麦芽糖分子、19％葡萄糖分子和 8％异麦芽糖分子。实际上不可能获得这么多的麦芽糖,原因在于生成的麦芽糖会抑制 α-淀粉酶的作用。只有当麦芽糖发酵开始时,α-淀粉酶才会继续糖化所有残留的糊精。

Kreipe 提到了 α-淀粉酶对于酒精厂淀粉糖化工艺的重要性。

值得注意的是,不同 α-淀粉酶的活力差异巨大,并与温度和 pH 有关。表 9.2 列出了最重要的投入工业应用的 α-淀粉酶平均技术参数值。

表 9.2　不同来源的 α-淀粉酶活力与温度、pH 的关系

α-淀粉酶来源	谷物(麦芽)	细　菌	真　菌
作用 pH	4.5～8.5	4.8～7.5	4.3～6.0
最适作用 pH	5.0～5.6	5.3～6.5	4.5～5.5
作用温度	70～80℃	65～95℃	45～60℃
最适作用温度	～75℃	～70℃	～55℃

由表 9.2 可知不同来源的淀粉酶的作用 pH 差异不大,它们主要的差异在于温度与活力关系。真菌产 α-淀粉酶最适作用温度大约要比细菌产 α-淀粉酶低 20℃。这在实际应用中必须予以考虑。Underkofler 和 Hickey 的观察结果表明细菌 α-淀粉酶生成糊精的速度要快于真菌 α-淀粉酶。

Aschengreen 证实到微生物 α-淀粉酶需要钙离子的存在才能保证其具有最高的活力和活力稳定性。因此,目前在淀粉加工中均会添加适量钙盐,尤其是在土豆加工中。

此外,第一款投入工业应用的 α-淀粉酶最适作用 pH 非常高(在 6 左右)。因此,在大多数情况下,必须提高浆料 pH。熟石灰($Ca(OH)_2$)的应用成功地满足了 α-淀粉酶对 pH 和 Ca^{2+} 这两方面的要求。

如今酒精厂使用的商品化细菌 α-淀粉酶已经无须添加钙离子来保证其最高活力的发挥。不仅如此,由于这些 α-淀粉酶能在低至 5.0 的 pH 和高至 90℃的温度下发挥其最高活力,因此它们非常适合应用在食用酒精生产中。同时,它们也能完美地液化土豆浆料,而且不需要添加钙离子就能实现。由此推断出土豆中存在的钙离子量足以达到这些 α-淀粉酶发挥最高活力所需。

形成大量麦芽糖是来源于米曲霉的真菌 α-淀粉酶特征之一。这非常有利于酒精厂的发酵工艺。在这些 α-淀粉酶的帮助下,发酵阶段的时间可缩短至 34 h。即使采用土豆为原料,也能达到这样的发酵时间。不仅如此,在小麦糖化醪发酵期间,如果之前采用真菌 α-淀粉酶对小麦淀粉进行糖化,那发酵醪顶部坚实发黏泡沫层形成的趋势较低。尽管如此,还需在蒸汽喷射过程中对小麦淀粉进行完美的降解。

9.1.1.2 β-淀粉酶

β-淀粉酶($α$-1,4-葡聚糖-麦芽糖水解酶)作用于淀粉表现出来的特征是具有较高的糖化能力,但不易使淀粉黏度降低,即该酶的淀粉液化作用弱但淀粉糖化作用强,因此它被命名为糖化淀粉酶。在降解天然淀粉的两种成分(直链淀粉和支链淀粉)方面,β-淀粉酶作为一种外切酶,从直链淀粉线性分子链非还原性末端处顺次分解 $α$-1,4 糖苷键,能完全降解直链淀粉分子。在另一方面,β-淀粉酶不能完全降解支链淀粉分子,仅将其一部分降解成麦芽糖分子。这是因为 β-淀粉酶不能降解形成侧链的 $α$-1,6 糖苷键。理论上,将近能生成 65%麦芽糖分子,剩下的产物还有糊精分子和少量其他的糖分子。与 $α$-淀粉酶一样,β-淀粉酶也会被生成的麦芽糖分子抑制,直至它们被发酵所消耗。

β-淀粉酶最适作用温度低于 60℃,并且当温度高于 60℃时,它会快速失活。β-淀粉酶最适作用 pH 在 5.2 左右;更宽泛一点,在 4.8~5.5。β-淀粉酶的 pH 稳定性在 4.5~7.5。值得注意的是,β-淀粉酶仅在大麦、黑麦和小麦之类的高等植物中被发现,并以"原生谷物淀粉酶"的形式存在,但是没在微生物中被发现。

9.1.1.3 界限糊精酶

除了 $α$-淀粉酶和 β-淀粉酶之外,酒精厂也使用界限糊精酶(寡糖-1,6-葡萄糖苷酶)参与原料中的淀粉糖化反应。这类酶可在发芽谷物中被发现,特别是在燕麦芽中,也可在霉菌中被发现。它们无法作用于相对分子质量较大的支链淀粉。相反,来源于大麦芽的界限糊精酶(最适作用 pH 5.1;最适作用温度40℃)主要作用于相对分子质量较小的界限糊精,并生成麦芽糖、麦芽三糖和少许葡萄糖。酸敏真菌糊精酶(最适作用 pH 6.3)能溶解小分子糖的侧链,例如将异麦芽糖这种非发酵糖降解成葡萄糖。

9.1.1.4 R-酶

R-酶(支链淀粉-1,6-葡萄糖苷酶)仅在发芽谷物中被发现,并且能够水解支链淀粉分子中的 $α$-1,6 糖苷键,即所谓的"分支点",从而将大分子降解成小分子产物。该酶无法作用于界限糊精。

9.1.1.5 葡萄糖淀粉酶

葡萄糖淀粉酶($α$-1,4-葡聚糖-葡萄糖水解酶)是一种重要的淀粉糖化酶。该酶也被称为淀粉葡萄糖苷酶,并在黑曲霉之类的霉菌中被发现。葡萄糖淀粉酶作为一种外切酶,从直链淀粉和支链淀粉分子链非还原性末端顺次切下葡萄糖,并且不会受到支链淀粉分子侧链的妨碍。该酶也能将糊精、麦芽三糖和其他糖水解成葡萄糖。而在淀粉加工过程中,为了实现将淀粉全部糖化成葡萄糖的目标,必须采用麦芽中几种淀粉酶多次作用才能实现,而单独使用微生物来源的葡萄糖淀粉酶就可实现。尽管如此,葡萄糖淀粉酶将淀粉全部转化成葡萄糖的过程要比麦芽淀粉酶缓慢得多。原因可能是用于分解的淀粉分子链末端较少。为了达到实际操作中所需的淀粉快速糖化目标,添加一

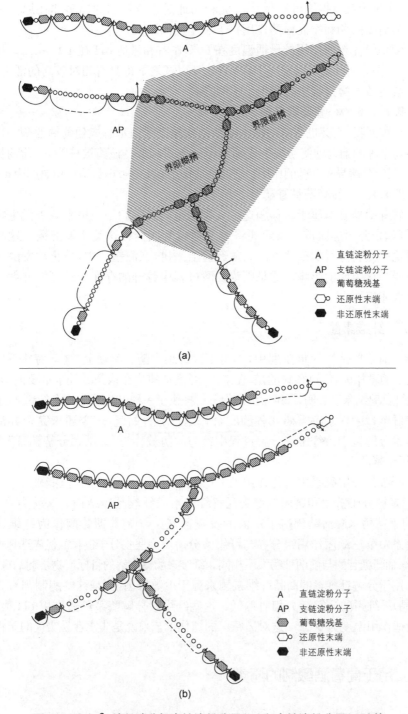

图 9.2 (a) β-淀粉酶分解直链淀粉分子(A)和支链淀粉分子(AP)的
        模式(转载自参考文献[6]);(b) 葡萄糖淀粉酶分解直链淀粉
        分子(A)和支链淀粉分子(AP)的模式(转载自参考文献[6])

种α-淀粉酶就显得不可避免。α-淀粉酶通过生成糊精和增多非还原性末端数量为后续的葡萄糖淀粉酶作用打下了坚实的基础。

葡萄糖淀粉酶作用的最适温度在60℃左右和最适pH在4.0～5.2。尽管如此,该酶在pH 5.5以及之上和pH 3.5以及之下也具有相对较高的活力,但这不会导致发酵过程中有降低pH的需要。

9.1.1.6 α-葡萄糖苷酶

正如所料,麦芽也含有一种将麦芽糖和异麦芽糖水解成葡萄糖的酶。这与微生物来源的葡萄糖淀粉酶生成葡萄糖的方式相似。该酶被称为α-葡萄糖苷酶,并具有分解异麦芽糖的作用。它的最适作用pH为4.6,最适作用温度为45℃。

9.1.1.7 转葡萄糖苷酶

转葡萄糖苷酶属于转移酶这一大类的范畴。它们是一种来源于微生物的酶,例如来源于黑曲霉。该酶能将麦芽糖转变成糊精这类非发酵糖。这与之前讨论的淀粉分解酶截然不同。从经验上来讲,在酒精厂中,糖化和发酵工艺还没受到这类酶的影响。这是因为发酵过程中酵母的存在导致可发酵糖无法被合成糊精。

9.1.2 纤维素酶

在酒精厂使用的重要酶中,不得不提纤维素酶。实际上,这类酶并不属于普通的酒精用酶,但可预料的是,在未来,纤维素酶将在该领域处于重要的地位。探索性试验结果已表明,纤维素的酶促分解提供了一种可能增高酒精产率的方法。

纤维素酶促水解需要几种酶联合作用。尽管如此,迄今还未完全弄清楚纤维素分解机理。纤维素分解过程中参与的酶被称为"纤维素分解酶系"而不是"纤维素酶"。

纤维素分解酶系中首先作用的C1组分不具有水解作用,但能破坏β-1,4-葡聚糖分子链间和链内氢键来瓦解纤维素微纤丝晶体结构。这就为β-1,4-葡聚糖酶水解活动创造了所需的反应区域。β-葡萄糖苷酶作为纤维素分解酶系中第三顺序作用组分参与纤维素分解。在底物分子链长的优先选择性方面,β-葡萄糖苷酶与前两种酶大不相同。纤维素酶促水解的目标产物是葡萄糖。

用于分解纤维素的商品纤维素酶来源于少数霉菌,但是这些酶制剂对天然(结晶)纤维素的分解活力相对偏低。这些纤维素分解酶系最适作用pH为4～6,最适作用温度为60℃。这对酒精厂的糖化工艺来说是非常容易实现的条件。

9.2 用于葡萄酒酿制的酶类

9.2.1 概述

葡萄酒是一种由新鲜葡萄或葡萄汁发酵酿制而成的饮料酒。虽然像苹果和浆果之类的其他水果也能发酵酿制饮料酒,但是制成的饮料酒通常按所使用的水果原料名称来命名(例如苹果酒或接骨木莓酒),并统称为果酒。"wine"这个词的商业使用受到许多国家和地区法律的保护。除去葡萄汁和葡萄浆之外,"国际葡萄与葡萄酒组织(OIV)"统计的 2005 年全球葡萄酒产量大约为 282 亿升,其中欧洲葡萄酒产量为 191 亿升。而新的葡萄酒生产国的葡萄酒产量正在逐年扩大。伴随着这种趋势,全球消费者对葡萄酒口感要求已经发生了变化。

消费者喜欢果香浓郁的葡萄酒。具体到红葡萄酒而言,他们喜欢单宁柔和的红葡萄酒,但是在葡萄酒特征方面,他们最看重的是品质的稳定性。这种趋势不仅导致了葡萄酒酿制工艺的标准化,而且强化了配方的稳定性和酶之类的加工助剂的使用。在 20 世纪 70 年代,葡萄酒酿制工艺中引入了果胶酶的使用以提高葡萄浆的澄清效果。从 20 世纪 80 年代开始,酶就被用于提取色素,改善过滤和释放香气。如今酶不仅用于提高压榨和澄清之类的工艺效率,也用于提高葡萄酒品质,这体现在葡萄酒香气、口感和结构方面。

在将葡萄汁转化为葡萄酒的过程中,虽然葡萄浆果和微生物主导了酶促反应,但是本章仅综述外源商品酶制剂在葡萄酒酿制过程中的应用,并且重点介绍作用于葡萄成分的酶。

9.2.2 葡萄浆果构造和成分

虽然葡萄浆果的成分受葡萄品种、土壤和气候条件影响,但是植物细胞壁构造几乎不受这些因素影响(见第 11 章)。

葡萄皮(果皮部分)占整个葡萄浆果质量的 6%～9%。果皮细胞含有非常重要的物质,例如花色苷(红葡萄酒颜色的主要物质基础)、单宁(红葡萄酒中至关重要的结构成分)和香气(或它们的前体物质)。果皮细胞中由果胶-纤维素构成的厚细胞壁增强了葡萄浆果的机械强度,但是酿制葡萄酒时,这会妨碍果皮细胞内物质扩散进入葡萄浆。

葡萄果肉(果肉部分)占成熟葡萄浆果质量的 75%～85%。该部分由大细胞构成,其中由果胶-纤维素构成的细胞壁较薄,不足以提供足够的机械强度。葡萄浆果丰富的汁液主要存在于果肉细胞内的液泡,并且其中含有可发酵糖、有机酸和某些香气物质(或者它们的前体物质)。果胶位于相邻果肉细胞之间,并存在于果肉细胞壁内的初生细胞壁和胞间层。

9.2.3 果胶

果胶可能是自然界中被发现的一类最复杂的大分子。它在葡萄浆果中的含量会随着葡萄品种和成熟度不同而变化。果胶-纤维素物质构成的细胞壁也是一种复杂的结构。该结构由纤维素微纤丝构成框架,并且通过由木葡聚糖、甘露聚糖、木聚糖(通常被称为半纤素)和果胶形成的基质将它们连接在一起。这种结构再被一种蛋白质网络加固。有几种中性糖(半乳糖和阿拉伯糖)参与构成了果胶分子侧链,并与蛋白质交联形成复合大分子。

9.2.3.1　果胶分子中的三种主要部分

(1) 均聚半乳糖醛酸(HG)是由半乳糖醛酸残基通过 α-1,4 糖苷键连接而成的不含侧链的均聚物,并且其中有部分半乳糖醛酸残基的 C6 位置被甲酯化。该部分也被称为果胶分子中的"平滑区"。

(2) Ⅰ型鼠李糖半乳糖醛酸聚糖(RGⅠ):其主链由鼠李糖残基和半乳糖醛酸残基交替构成;其侧链由阿拉伯聚糖和阿拉伯半乳聚糖构成。该部分也被称为果胶分子中的"毛发区"。

(3) Ⅱ型鼠李糖半乳糖醛酸聚糖(RGⅡ)结构非常复杂,并且无法被酶水解。

202

关于细胞壁中发现的这三个部分是如何组织形成果胶分子的问题,众说纷纭。尽管如此,已有证据表明它们之间通过共价键连接形成果胶分子(图 9.3),而果胶分子链之间通过离子键、静电力或硼酸二酯键进行交联。

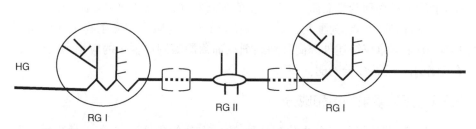

图 9.3　果胶分子结构简化示意图

9.2.3.2　果胶理化性质和它在葡萄酒酿制中所起的副作用

果胶具有凝胶性和保水性。在前发酵和发酵过程中,果胶这两种特性会妨碍酚类物质和香气物质向葡萄浆扩散。

在葡萄浆果破碎之后,溶出的果胶具有较高的黏度。这会妨碍葡萄汁提取、过滤和澄清。

9.2.4　酚类物质

9.2.4.1　葡萄浆果中发现的酚类物质种类

酚类物质赋予了葡萄酒主要的感官特征。具体到红葡萄酒而言,赋予了红葡萄酒颜色和结构。然而,对葡萄酒中酚类物质组成仍然知之甚少。大多数研究都集中在能运用高效液相色谱(HPLC)进行分离和分析的分子种类上,而忽视了不太容易测定的多聚体。不仅如此,酚类物质反应活性高,并且是多种酶良好的作用底物。这些酶包括多酚氧化酶、过氧化物酶、糖苷酶和酯酶。在葡萄酒酿制和陈酿过程中,酚类物质会发生大量的酶促反应和化学反应,但对这些反应生成的产物结构仍然知之甚少。

葡萄酒中酚类物质发生的化学反应特别重要,这是因为葡萄酒在陈酿期间发生的色泽和口感变化都与它们有关。以花色苷、儿茶素和原花色素之类黄酮类化合物以及羟基肉桂酸之类的非黄酮类化合物为代表的葡萄酚类物质大概仅占一瓶 2 年酒龄红葡萄酒中酚类物质含量的一半。而另外一半未知的酚类物质来自葡萄酒酿制和陈酿期间发生的化学反应。葡萄酒红颜色强度测定方法为将葡萄酒用 1‰ HCl 稀释后,运用分光光度计测量稀释酒液的吸光度。HPLC 能测出的单体花色苷只贡献了 50% 红颜色强度。因此,另外一半红颜色强度可能来自花色苷低聚体和多聚体色素的贡献。

9.2.4.2　酚类物质性质

酚类物质是一类品种繁多且结构复杂的化合物。它们中既有呈色物质(黄、橙、红和蓝),又有呈味物质。与酚类物质相关的主要味觉是苦味和涩味。酚类物质其他主要特性包括它们具有清除自由基的能力,即具有抗氧化性质;与蛋白质结合的能力。后者令人产生涩味的感觉(源于单宁和唾液蛋白的结合),并且是葡萄酒形成浑浊和沉淀的原因之一。

9.2.4.3　葡萄浆果中酚类物质分布

酚类物质在整粒葡萄浆果中的分布如下。

(1) 葡萄果核(葡萄籽)中酚类物质占葡萄浆果中酚类物质总含量的 60%。这群酚类物质主要由原花色素(黄烷 - 3 - 醇单体,低聚体和多聚体)组成。葡萄果核表面的蜡质层会阻止它们在酒精浸渍作用下被浸提出(不管有没有酶促浸渍)。

(2) 葡萄果皮中酚类物质占葡萄浆果中酚类物质总含量的 30%。这群酚类物质主要由花色苷和白藜芦醇组成。白藜芦醇是葡萄浆果、红葡萄酒、桑葚和花生仁中被发现的一种抗氧化剂。它已被证明具有抗衰老的积极作用,并在糖尿病、心血管疾病、肥胖症和某些癌症的治疗方面具有功效。例如,黑比诺这种红葡萄品种酿制而成的红葡萄酒中每升含有 3.1 mg 白藜芦醇。葡萄果肉中酚类物质占葡萄浆果中酚类物质总量的 10%。

9.2.5　葡萄酒的品种香气和葡萄浆果中的品种香气前体物质

为了生产出满足消费者期望的葡萄酒,即具有鲜明且浓郁的香气,酿酒师必须将香气和它们的前体物质尽可能多地浸提出。除了麝香葡萄之外,大多数酿造白葡萄酒的葡萄品种香气清淡,但含有大量亲水性香气前体物质。在白葡萄酒酿制过程中,经过一系列自然发生的化学反应和酶促反应,这些香气前体物质被转化成芬芳的香气。一旦释放出,这些分子就变成了葡萄酒的品种香气。在几类这样的分子中,只有以下两类品种香气分子被详细地研究,但确实存在着更多种类的品种香气分子,例如类胡萝卜素衍生物、二甲基硫醚等。它们在葡萄酒香气中所起的作用仍在研究之中。

9.2.5.1　糖基化合物

萜烯醇类化合物的前体物质没有香味,并以糖苷的形式存在于葡萄果皮。

它们的分子组成和含量随着葡萄品种不同而变化。在欧亚种葡萄品种中,单萜类化合物的前体物质与一种双糖结合在一起形成双糖苷。该双糖由葡萄糖和阿拉伯糖、鼠李糖或芹菜糖之类的另一单糖残基组成。在麝香葡萄或雷司令之类的葡萄品种中,芳樟醇、橙花醇和香叶醇的糖基化前体物质含量最为丰富。其中糖基部分由鼠李糖和葡萄糖组成的糖苷被称为芸香苷;糖基部分由阿拉伯糖和葡萄糖组成的糖苷被称为阿拉伯苷,糖基部分由芹菜糖和葡萄糖组成的糖苷被称为芹菜苷。按顺序水解掉这些糖后,会释放出具有浓烈香味的单萜类化合物。一旦这些化合物从结合态变成游离态之后,会赋予葡萄酒种类繁多的香味,例如蜜香、果香和花香等。

9.2.5.2 硫醇类化合物

硫醇类化合物是对长香思(Sauvignon Blanc)、白诗南(Chenin Blanc)、小满胜(Petit Manseng)、大满胜(Gros Menseng)和鸽笼白(Colombard)等葡萄品种酿造的干白葡萄酒和某些干红葡萄酒的风味特性有重要贡献的物质。它们与半胱氨酸在一起以非挥发性的香气前体物质形式存在于葡萄果皮和(或)葡萄果肉。在葡萄浆果成熟过程中,4MMP(4-甲基-4-巯基-2-戊酮)前体物质的出现早于3MH(3-巯基乙醇)。对于某一特定葡萄园来说,这就解释了为什么采摘早的长相思酿制的干白葡萄酒呈现出更浓的黄杨木香气,而采摘晚的长相思酿造的干白葡萄酒呈现出更浓的果香。

有几种技术可单独或联合使用以修饰葡萄酒香气和提高葡萄酒香气强度。以下是可能采用的葡萄酒香气干预技术。

(1)葡萄浆中香气前体物质(半胱氨酸-4MMP和半胱氨酸-3MH)的渗出。可使用一种特异性的浸渍酶来增强香气前体物质的渗出效果。

(2)从香气前体物质中释放出挥发性的硫醇类化合物(4MMP和3MH)。该类反应发生在酒精发酵期间,并由葡萄酒酵母菌株产生的酶来催化。

(3)硫醇类化合物转化(3MHA)。该类反应发生在酒精发酵期间,并由葡萄酒酵母菌株产生的酶来催化。

(4)成品葡萄酒中香气的转化。

9.2.6 关于酶在葡萄酒酿制中应用的法规

9.2.6.1 组织

酶制剂在葡萄酒酿制中的应用必须符合 JECFA 和 FCC(食品化学物质法典)为食品酶制剂制定的通用规范。OIV(国际葡萄与葡萄酒组织)对于葡萄酒酶制剂的分析方法和应用具有决定权。葡萄酒酶制剂也必须符合 FDA(美国食品药品监督管理局)、DGCCRF(法国竞争、消费和反欺诈总局)和 FSANZ(澳新标准局)之类的区域性组织制定的法规要求以确保当地人民的食品安全。

1) OIV(国际葡萄与葡萄酒组织)

按照 2001 年 4 月 3 日的协定,OIV 创立于法国巴黎,并取代该组织的前身——国际葡萄与葡萄酒局。OIV 是一个管理葡萄、葡萄酒、葡萄酒饮料、食用葡萄、葡萄干和其他葡萄制品的政府间国际科技组织。OIV 拥有 44 个会员国。OIV 寻求营建一种有利于国际葡萄栽培和葡萄酒酿造行业科技创新,成果分享和发展的环境。OIV 的目标是促进现存惯例与标准的统一,推动信息和科学知识的分享和改善葡萄和葡萄酒生产和销售境况,从而达到提高葡萄和葡萄酒产品生产力、安全性和质量的目的。

2) 国际葡萄酿酒药典(International enological CODEX)

国际葡萄酿酒药典介绍了葡萄酒酿制和保存中使用的主要化学药品,同时对这些药品的鉴别特征、纯度和最低功效做了详细描述,并列出了每种化学药品的定义和分子式。国际葡萄酿酒法规对这些药品的使用条件、使用方法和使用限量做出了规定。它们的使用需符合当地法律要求。

3) 国际葡萄酿酒法规(International code of oenological practices)

这份法规方面的技术参考资料致力于葡萄栽培和酿酒行业的产品标准化,并可以此为基本依据来制定本国或国际性法规。

4) JECFA

JECFA 是一个国际性的科技专家委员会,并由联合国粮农组织(FAO)和世界卫生组织(WHO)共同管理。它成立于 1956 年。初衷是评价食品添加剂的安全性。它现在的工作也包括对食品中污染物、自然产生的毒素和兽药残留进行评估。

5) FDA(食品药品监督管理局)

FDA 是一个监控药品、食品和化妆品的美国政府机构。

6) DGCCRF(法国竞争,消费和反欺诈总局)

DGCCRF 有一个市场监管职能用于保证市场公平和透明。它通过检查和惩处损害消费者利益的行为来保障消费者经济利益和维护消费者人身安全和健康。

9.2.6.2　目前葡萄酒酿制中被批准使用的酶

OIV 的推荐与欧盟和法国葡萄酒法规相互有交集,但后两者要求更高。国际葡萄酿酒药典和国际葡萄酿酒法规在证实了酶的有效性(OIV oeno 14/2003 决议)前提下,都已经认可了酶在葡萄酒酿制过程中的一系列应用(OIV oeno 11 - 18/2004 决议)。

OIV oeno 11 - 18/2004 决议认可了以下酶在葡萄酒酿制过程中的重要性:果胶裂解酶、果胶甲基酯酶、聚半乳糖醛酸酶、葡萄糖苷酶、半纤维素酶、纤维素酶和 β-葡聚糖酶。OIV 和国际葡萄酿酒法规批准了溶菌酶(OIV oeno 15/2001 决议)和用于降低氨基甲酸乙酯形成风险的脲酶在葡萄酒酿制过程中的应用。

欧盟和法国法规更加严格,并且采用肯定列表制度。葡萄酒酿制中被批准使用的酶涵盖在欧盟 1493/2001 条例中。欧盟 1493/2001 条例只批准了来源于黑曲霉的果胶酶,来源于哈茨木霉的 β-葡聚糖酶,来源于发酵乳杆菌的脲酶和溶菌酶在葡萄酒酿制过程中的应用。

9.2.6.3 可追溯性

从 2005 年 1 月 1 日起,关于食品安全的欧盟 178/2002 条例开始生效。在该条例下,任何从事葡萄栽培和(或)葡萄酒酿制的个人或公司对其生产的产品安全性承担全部责任。这些食品行业的从业方必须证明他们已经竭尽全力去保障产品的安全性。每个生产步骤都要有可追溯性。参与"从田园到餐桌"每个阶段的从业方必须共同努力来保障食品安全领域的完全透明性,特别是在致敏性方面。

受到公众高度关注的食品安全危机(如疯牛病事件、食品过敏事件等)爆发过后,葡萄酒销售渠道实施了控制体系,并要求葡萄酒供应商提供大量担保。采购中心直接对葡萄酒酿制过程中使用的原料和辅料的天然性和可追溯性提出要求。他们的要求往往高于当前法规要求,并且十分严格。

因此,葡萄酒厂必须应对法规和市场管控这两方面的要求,从而不得不对他们自己的供应商(如葡萄种植户、葡萄酿酒辅料制造商等)提出相似的要求。葡萄酿酒辅料制造商和葡萄酒厂在保障葡萄酒安全性方面具有共同的责任。

9.2.6.4 标签

商品化的葡萄酿酒用酶被归类到加工助剂范畴。因此,到目前为止,它们无须在葡萄酒标签上进行标识。

FDA 对加工助剂的定义:加工助剂是由于其自身的功能性或技术性方面的作用被添加到食品加工过程中的物质,一般应在制成最终成品之前除去,如果无法除去,应尽可能降低其残留量,并且其残留量不应对健康产生危害,不应在最终成品中发挥功能性或技术性方面的作用。

当使用提取自鸡蛋清的溶菌酶时,必须标示过敏原信息。从 2009 年 5 月 31 日开始,对于任何使用鸡蛋清衍生产品——清蛋白或溶菌酶处理过的葡萄酒来说,必须在葡萄酒标签上标示声明——含有蛋类。

9.2.7 GMO 透明性

在葡萄酿酒用酶方面讲 GMO,会产生困惑。转基因技术仅应用于生产酶的微生物,而不是酶:酶是蛋白质,不是活体生物。但是,它们既可由传统微生物生产,也可由转基因微生物生产。因此,我们能讲某种酶生产自转基因微生物或者传统微生物。

只有对生产某种酶的微生物菌株身份提出针对性的问题,那才能在是否使用基因工程技术方面获得可靠的信息。

基因工程技术的详情(见第 2 章)和它们在葡萄酿酒中的使用优点不在本章的讨论之中。但是,这些技术的使用必须在客户面前完全透明,并且它们的使用要被市场和消费者普遍接受。

9.2.8 葡萄酿酒用酶的生产

9.2.8.1 微生物发酵生产的酶

为了生产出在葡萄酒酿制过程中使用的酶,需将精选菌株在发酵罐中进行有氧培养。例如,采用黑曲霉生产果胶酶和 β-葡萄糖苷酶;利用哈茨木霉生产 β-葡聚糖酶和利用发酵乳杆菌生产脲酶。

成分明确的生长培养基能诱导生产出所需的酶。例如,一种富含果胶的生长培养基会诱导微生物向培养基中分泌果胶酶。在发酵结束之后,采用离心、超滤和浓缩等下游处理工艺来分离出果胶酶和其他副酶。这些步骤会将微生物完全从终产品中除去。

9.2.8.2 葡萄酿酒用酶的其他生产方式

溶菌酶是一种天然存在的蛋白质,并在 1922 年首次被 Fleming 发现。鸡蛋清溶菌酶是一种广为人知的物质。从 20 世纪 50 年代开始,它就使用在药品和食品中。先采用离子交换树脂处理鸡蛋清,再进行纯化和脱水,就可制得鸡蛋清溶菌酶。

9.2.9 葡萄酿酒用酶的组成和剂型

9.2.9.1 主酶活

葡萄酒酶制剂中的主酶活来源于果胶酶类。该类酶包括果胶裂解酶(或称为果胶裂合酶)、果胶甲基酯酶和聚半乳糖醛酸酶。果胶裂解酶和聚半乳糖醛酸酶都具有解聚果胶分子链的作用。果胶裂解酶切开果胶分子链中两个甲基化半乳糖醛酸残基之间的糖苷键,而聚半乳糖醛酸酶更倾向作用于非甲基化或甲基化度低的果胶类底物。果胶甲基酯酶不会解聚果胶分子链,但会从果胶分子链中甲基化半乳糖醛酸残基释放出甲醇分子。

利用果胶酶类分解果胶确实带来众多显而易见的技术优势,例如加速前发酵,提高自流汁得率,增强压榨和澄清处理效果,提高香气和酚类物质浓度,从而全面提高葡萄浆的质量。

现今,每个酶制剂生产商均使用自己的果胶酶活力测量方法和单位。对于酶制剂生产商来说,这些单位主要为他们建立一个用于比较他们自己生产的不同果胶酶产品的方法,并且用于果胶酶产品标准化和质量控制。不同的果胶酶活力分析方案已被开发出,并且采用甲基化度不同于葡萄果胶的其他不同来源果胶将这些方案进行标准化。这些果胶酶活力测量方法无法衡量酶在葡萄酿酒过程中的作用效率。一款葡萄酒酶制剂的作用效率与其存在的副酶活密切相关。仅依靠主酶活,酶制剂无法发挥它的所有作用。因此,在葡萄酒酶制剂开发阶段,需采用应用实验来检验它们在葡萄酒酿制过程中的作用效率。无法通过酶制剂标签或规格书上的酶活水平来比较生产商不同的葡萄酒酶制剂。

9.2.9.2 副酶活

在利用微生物生产酶时,其生长底物的性质和成分复杂性会诱导产生众多的酶。在获得的酶产品中,除主酶之外,还存在着众多的副酶。具体到酶产品在葡萄酒酿制过程中的应用,这些副酶不但发挥的作用不同,而且作用的重要性也不同。一些副酶在葡萄酒酿制过程中起着非常重要的作用,而另一些副酶作用不明确,甚至带来副作用。帝斯曼(DSM)针对葡萄酒酶制剂的特殊性精心筛选了黑曲霉菌株。在帝斯曼(DSM)葡萄酒酶制剂中,任何不需要的酶活被自然地控制在微不足道的水平。一些副酶可能会在某些类型的葡萄酒中产生不良影响,但在另外一些类型的葡萄酒中起到积极作用。虽然法规中允许这些副酶的存在,但是含有这些副酶的酶制剂会在某些情况下使葡萄酒变质。

(1) 果胶酶制剂中通常存在着或多或少的半纤维素酶和纤维素酶。红葡萄浆果浸渍需要这些酶以尽可能多地浸提出果皮细胞中的物质,而在白葡萄浆果浸渍中,最好避免这些酶的存在以限制果皮撕裂,否则会造成葡萄浆压榨困难。

(2) 白葡萄酒中的肉桂酰酯酶会导致香豆酸和阿魏酸的生成,随后POF+(酚臭味阳性)酵母菌株将这两种酚酸脱羧分别形成4-乙烯基苯酚和4-乙烯基愈创木酚(图9.4)。这些化合物会产生海报颜料和指甲油这样难闻的气味。红葡萄酒中的乙烯基酚类物质与多酚物质反应会形成具有稳定色素作用的化合物。本章已专门设节讨论该反应。分析结果表明 DSM NFCE(天然低肉桂酰酯酶)是市场上同类产品中肉桂酰酯酶活力水平最低的酶制剂。在白葡萄酒的酿制过程中,使用 DSM NFCE 酶制剂会限制挥发性酚类物质的形成,并

将它们的浓度控制在感知阈值之下。

(3) 红葡萄酒中的花色苷酶会将花色素从结合态变成不稳定的游离态,从而造成色素的损失。

9.2.9.3 剂型

葡萄酒酶制剂有液体和微粒化固体这两种剂型。

(1) 微粒化固体剂型的酶制剂具有良好的储存稳定性。当储存在推荐的湿度和温度条件下时,它们当中的酶活非常稳定。在室温下,它们的保质期长达24~36 个月。这种剂型的酶制剂没有被污染的风险,甚至在不含防腐剂且被拆封的情况下,也是如此。

(2) 液体剂型的酶制剂需在低温下储存。当储存在推荐的条件下时,它们的保质期为12~24 个月。它们的微生物稳定性更难以保证,并且这种剂型通常需使用防腐剂。例如,山梨酸钾和氯化钾是被批准使用在液体酶制剂中的防腐剂。液体酶制剂中另一种普遍使用的稳定剂是甘油。虽然甘油不会对葡萄酒质量造成不良影响,但是大多数葡萄酒生产国不允许在葡萄酒酿制过程中添加甘油。

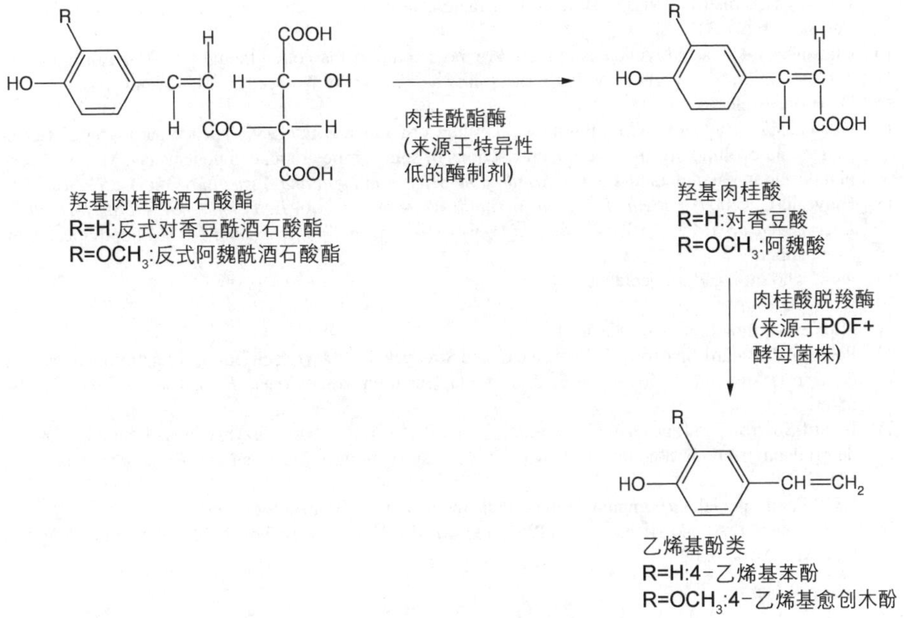

图 9.4 白葡萄酒中乙烯基酚类的形成机理

参考文献

1. Payen, A. and Perzos, J.F. (1833) Mémoire sur la diastase, les principaux produits de ses réactions et leurs applications aux arts industriels. *Annales de Chimie et de Physique* **53**, 73–92.
2. Maercker, M. (1878) Action of diastase on starch. *Journal of the Chemical Society* **34**, 969–970.
3. Lintner, C.J. (1886) Study over diastase. *Journal für Praktische Chemie* **34**, 378–394.
4. Ohlsson, E. (1926) The two components of malt diastase. *Comptes rendus des travaux du Laboratoire Carlsberg* **16**(7), 1–68.
5. Kreipe, H. (1967) alpha-Amylase in saccharification of starch-containing distillery raw materials. *Branntweinwirtschaft* **107**(5), 110–111.
6. Bruchmann, E.-E. (1976) *Angewandte Biochemie*. Eugen Ulmer, Stuttgart, Germany, pp. 101, 103, 105.
7. Aschengreen, N.H. (1969) Laborversuche mit pH-Aenderungen und Kalziumzusatz zur Kartoffelmaische. *Branntweinwirtschaft* **109**(3), 45–48.
8. Jorgensen, O.B. (1963) Barley malt α-glucosidase. II. Studies on the substrate specificity. *Acta Chemica Scandinavica* **17**, 2471–2478.
9. Okazaki, H. (1958) In: *Proceedings of the International Symposium on Enzyme Chemistry, Tokyo and Kyoto 1957*. Organized by Science Council of Japan under the auspices of International Union of Biochemistry. Pergamon press, London, Vol. **2**, p. 494.
10. Bruchmann, E.E. (1978) Lactones, reductones, and enzymic saccharification of cellulose. *Chemiker-Zeitung* **102**(11), 387–389.
    Bruchmann, E.E., Graf, H., Saad, A.A. and Schrenk, D. (1978) Preparation of highly active cellulase preparations and optimization of enzymic cellulose hydrolysis. *Chemiker-Zeitung* **102**(4), 154–155.
    Bruchmann, E.E., Kirsch, B. and Lauster, M. (1975) Production of highly active cellulase preparations and optimization of enzymic cellulose hydrolysis. *Chemiker-Zeitung* **99**(3), 157–158.
11. Organisation Internationale des Vins' (OIV) (2005) www.OIV.org
12. Mourgues, J. (1983) *Doctoral-Engineering Thesis*. University Paul Sabatier, Toulouse.
13. Voragen, A.G.J., Schols, H.A. and Visser, R.G.F. (eds) (2003) *Advances in Pectin and Pectinase Research*. Kluwer Academic Publishers, Dordrecht, pp. 47–59.

210

14. Vidal, S., Williams, P., O'Neil, M.A. and Pellerin, P. (2001) Polysaccharides from grape berry cell walls. Part I: tissue distribution and structural characterization of the pectic polysaccharides. *Carbohydrate Polymers* **45**(4), 315–323.

15. Cheynier, V. (2004) Polyphenols in foods are more complex than often thought. In: *Proceedings of the 1st International Conference on Polyphenols and Health*. Vichy, France, 18–21 November.

16. DSM press release.

17. Gunata, Y.Z., Bayonove, C.L., Baumes, R.L. and Cordonnier, R.E. (1985) The aroma of grapes. Localisation and evolution of free and bound fractions of some grape aroma components c.v. Muscat during first development and maturation. *Journal of the Science of Food and Agriculture* **36**(9), 857–862.

18. Fauveau, C. (2009) *Popular Premium Aromatic White Wines – An Equation with Several Variables – Enzyme-Yeast Synergy for Wines Derived from Varietals with Thiol Precursors*. DSM Food Specialties, Montpellier.

19. www.who.int/ipcs/food/jecfa/en/

20. www.FDA.org

21. http://www.minefi.gouv.fr/DGCCRF/

22. Pellerin, P., Bajard-Sparrow, C., Fauveau, C. and Strozyck, F. (2005) Legislation, obligation de tracabilite et securite alimentaire: les reponses d'un producteur d'enzymes. *Revue Française d'Oenologie* **214**, 35–37.

23. Bajard-Sparrow, C., Fauveau, C., Grassin, C. and Pellerin, P. (2006) Enzymes pour l'œnologie. Mode de production, mode d'action et impact sur la transformation du raisin en vin. *Revue des Œnologues* **121**, 29–32.

24. DSM Food Specialties communication – foul smell, www.DSM-oenology.com

25. Underkofler, L.A. and Hickey, R.J. (1954) *Industrial Fermentations*, Vol. **1**. Chemical publishing Co. Inc., New York, p. 62.

10 酶在鱼类产品/水产加工中的应用

Soottawat Benjakul,
Sappasith Klomklao 和 Benjamin K. Simpson

10.1 概述

当前正在水产加工业中使用的酶技术不仅能够提高鱼肉的得率和促进加工的顺畅进行,而且还能改善成品的质量。酶能够加快所需的反应,从中会获得众多益处。除此之外,所采用的酶促反应均是温和的反应,不会引起像产品营养价值损失之类的副作用;不仅如此,这些酶促反应易于操控或调节,从而可控制不良副作用的产生。在海产品加工业中,能使用不同的酶来提高加工效率。然而,为了获得品质最佳的海产品,发挥所需内源酶的最大作用或降低酶对海产品质量所造成的不利影响,均是大有可为的方法。酶能够作为加工助剂使用在水产品加工中,特别是对于商品化酶制剂来说。然而,水产加工业必须要承担那些酶的高昂成本。因此,为了获得潜在的加工助剂以达到成本节约的效果,人们已经注意到将水产品自身所含的酶进行提取回收,来进一步利用。此外,还能开拓那些酶的独特性质。

在海产品加工中作为加工助剂使用的不同酶具有提高产品得率和质量的效果。因为不同酶的作用机制不同,所以为了使采取的酶促反应效益最大化,应该仔细考虑所涉及的工艺。

10.2 蛋白酶

在所有生物体的生长和生存中,蛋白酶起着非常重要的作用。由蛋白酶催化进行的肽键的水解是自然界中常见的反应。来源于植物、动物和微生物的蛋白酶是具有多功能的酶。它们催化着蛋白质的水解反应。

基于蛋白酶与胰蛋白酶、胰凝乳蛋白酶、凝乳酶或组织蛋白酶这些典型蛋白酶的相似性,可将它们分成类胰蛋白酶、类胰凝乳蛋白酶、类凝乳酶或类组织蛋白酶。基于蛋白酶的 pH 敏感性,可将它们分成酸性、中性或碱性蛋白酶,也能以常见名和商品名,优先特异性和抑制剂反应的特异性来描述蛋白酶。在酶学委员会(EC)推出的酶的分类和命名法体系中,所有的蛋白酶(肽键水解酶)都属于 3.4 亚类,并被进一步划分成 3.4.11~19(外肽酶)和3.4.21~24(内肽酶)。内肽酶沿着多肽链,从分布于其中特别敏感的肽键处来裂开多肽链,而外肽酶从 N 端(氨肽酶)或从 C 端(羧肽酶)处移除氨基酸。对于外肽酶来说,尤其是氨肽酶,是广泛存在的蛋白酶,但是作为商品化的蛋白酶来说,不太容易获得,这是由于它们之中许多外肽酶都位于细胞内或结合在细胞膜上。根据蛋白酶活性中心的性质将它们进一步分成以下四类:酸性或天冬氨酸蛋白酶,丝氨酸蛋白酶,硫醇或半胱氨酸蛋白酶和金属蛋白酶。不同种类的蛋白酶以不同的标准来区分,例如以它们活性中心基团的性质、它们的底物的特异性、它们与抑制剂反应性为标准,或者在酸性或碱性条件下,以它们的活力/稳定性来区分不同种类的蛋白酶。

10.2.1 蛋白酶的应用

在商业化的生物处理中,蛋白酶是目前被研究得最多的酶。对于水产业来说,蛋白酶作为加工助剂应用在许多产品中。这些应用包括回收色素和风味物质,生产鱼蛋白水解物,降低黏度,去除鱼皮和加工鱼卵。

10.2.1.1 类胡萝卜素蛋白的提取

已经研究出多种方法从甲壳类水产品的下脚料中来回收类胡萝卜素或类胡萝卜素蛋白。作为一种红/橙色素的潜在来源,它们可用在养殖鱼类和贝类的饲料中。利用油来提取甲壳类水产的下脚料,不但降低了色素灰分和几丁质含量,而且获得了良好的色素回收效果。然而,这种方法的缺点在于其生产出的产品中缺乏蛋白质,导致类胡萝卜素易于氧化,从而降低了类胡萝卜素的稳定性,最终导致这种营养物质的回收失败。在甲壳类水产品的外壳下脚料中,大约 1/3 的干物质是蛋白质,已经开发出一种酶法工艺从甲壳类水产品下脚料中提取和回收以天然类胡萝卜素蛋白形式存在的蛋白质和类胡萝卜素。使用蛋白酶从虾和蟹中回收类胡萝卜素蛋白。利用胰蛋白酶来水解虾的加工废弃物,水解结束之后,大概能回收 80% 的蛋白质和 90% 的虾青素,它们以一种水分散体的形式存在。据 Cano-Lopez 等报道,从甲壳类水产品下脚料中回收蛋白质和色素时,在萃取介质中联合使用来源于大西洋鳕鱼幽门垂(幽门盲囊)蛋白酶的大西和 EDTA 这种螯合剂,能提高它们的萃取效果。这种方法能从虾的加工废弃物中回收高达 80% 的以类胡萝卜素蛋白复合物形式存在的虾青素和蛋白质,从而促进了它们的回收。Ya 等使用来源于牛胰腺的胰蛋白酶从龙虾的下脚料中回收类胡萝卜素蛋白。他们发现与未经酶处理的龙虾下脚料相比,其所获得的产物中含有较高含量的蛋白质和色素,并且当中也没有几丁质和灰分。最近,Klomklao 等使用来源于竹荚鱼幽门垂的胰蛋白酶从黑虎虾的下脚料中回收类胡萝卜素蛋白。与未经酶处理的黑虎虾下脚料相比,产物中也含有较高含量的蛋白质和色素,并且当中几丁质和灰分含量也比较低(表 10.1)。当使用特异性宽的蛋白酶代替胰蛋白酶时,在其回收的类胡萝卜素蛋白中,蛋白质(60%～70%)和色素(35%～50%)的得率相对较低。Chakrabarti 使用包括胰蛋白酶、木瓜蛋白酶和胃蛋白酶在内的酶解工艺来从热带褐虾壳的下脚料中分离类胡萝卜素蛋白。当在室温下进行水解反应 4 h 时,使用胰蛋白酶得到了最高的色素回收率(55%),在同一时间段,胃蛋白酶和木瓜蛋白酶得到的色素回收率大约为 50%。应用胰蛋白酶进行分离产生的蛋白糊的得率最高。与游离的虾青素相比,与蛋白质相结合的虾青素抗氧化性能更强,并能更有效地沉积在虹鳟鱼的鱼皮和鱼肉中。与行业中现行工艺相比,低成本来源的胰蛋白酶处理工艺的前景良好。

表 10.1 黑虎虾壳的主要成分和应用竹荚鱼胰蛋白酶回收类胡萝卜素蛋白的效果(转载自参考文献[12])

成　　分	虾　壳	类胡萝卜素蛋白[①]	
		对　照	添加竹荚鱼胰蛋白酶
粗蛋白含量/%	30.88±0.76	59.95±0.02	70.20±0.11
粗脂肪含量/%	3.93±0.79	14.91±0.15	19.76±0.25
灰分含量/%	29.98±0.75	17.89±1.12	6.57±0.18
几丁质含量/%	32.89±1.55	5.40±0.01	1.50±0.10

① 数值呈现形式:平均值(3 组平行样品测定数值)±标准偏差。

10.2.1.2　鱼露

鱼露是一种传统的发酵调味品,是东南亚地区人们一项重要的蛋白质来源。鱼露是一种澄清、透明的褐色液体,味道呈咸味,并稍带一点鱼腥味。该产品基本上由鱼和盐的混合物制成,它们之间的质量比为 3∶1。为了达到深度水解的效果,并获得更好的风味,这种混合物会在 30～35℃下进行为期 6 个多月的发酵。在发酵过程中,在 20%～30%盐分存在的情况下,内源酶会缓慢降解鱼肉组织,并形成一种澄清透明的液体,当中含有含量非常高的游离氨基酸,呈现诱人的风味。直至获得所需的产品,才会终止发酵的进行,因此这种耗时的发酵需要大的储存罐,从而成本高昂,为了减轻这种资本投入,需要加快发酵的进度。添加外源蛋白酶能加快发酵工艺的进行,但成品的风味特征通常要比传统产品差。首先使用了来源于植物的蛋白酶。来源于未成熟木瓜的木瓜蛋白酶,菠萝茎的菠萝蛋白酶以及无花果的无花果蛋白酶均被使用过。这些蛋白酶均是半胱氨酸蛋白酶,在弱酸性条件下呈现出最高活力。经过 2～3 周的发酵之后,进行鱼露的回收。使用菠萝蛋白酶能获得最佳的结果,但是成品的风味特征要比传统产品差。现在泰国使用这种快速生产工艺来进行商品化鱼露的生产。从鱼中回收得到的酶也能作为加工助剂,成功地应用在海产品的加工中,例如应用在鱼露的快速发酵工艺中。据 Chaveesuk 等报道,在鱼露发酵时,补充胰蛋白酶和胰凝乳蛋白酶能显著提高蛋白质的水解度。当用鲱鱼来生产鱼露时,与未添加酶生产出的鱼露相比,在发酵时补充酶的鱼露在总氮、可溶性蛋白质、游离氨基酸含量和总氨基酸含量方面均有显著增加。在鱼露发酵时,加入切碎的多春鱼,这当中含有 5%~10% 富含酶的幽门垂,经过 6 个月储存后,鱼露中蛋白质回收率显著提高,达到 60%。除此之外,据 Klomklao 等报道,用沙丁鱼来生产鱼露,在整个发酵过程中,与未添加脾脏生产出的鱼露相比,补充脾脏生产出的鱼露含有较多的总氮(图 10.1)、氨基氮、甲醛态氮和氨态氮。因此,在鱼露生产中,脾脏的添加能加快沙丁鱼的液化。

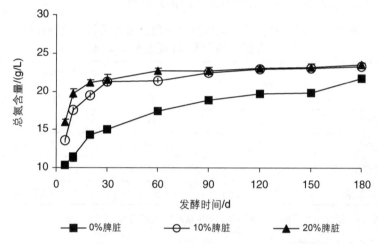

图 10.1　添加不同比例鲣鱼脾脏所测得的沙丁鱼鱼露样品中的
　　　　总氮含量;混合物发酵时长为 180 d(转载自参考文献[15])

10.2.1.3　海鲜调味料

人造蟹肉和鱼肉棒之类的食品的生产对海鲜调味料有着巨大的需求。蛋白水解酶能帮助从蟹壳/虾壳和其他部位中提取风味物质。使用 Corolase N 和曲(koji)(当中含有来源于米曲霉的蛋白酶)或蛋白质水解率高的细菌菌株从虾头中提取风味物质,随后进行浓缩和喷雾干燥。其水解产物中含有 9%~12% 的游离氨基酸,主要是牛磺酸、精氨酸、甘氨酸和脯氨酸,还含有核苷酸(主要是肌苷-磷酸)。虾调味料能作为一种添加剂使用在虾肉棒和虾条之类的谷物挤压膨化食品中。虽然在这个工艺中可能有其他类型的酶参与,但是主要起作用的是蛋白酶,它们能液化肌肉组织,使之从骨头和壳上脱落下来,从而易于将水解物浓缩至 50%~60% 的干物质浓度。在得率和异味形成方面,使用蛋白质水解度来优化工艺,也能使用酶从牡蛎中提取风味物质。

10.2.1.4　脱鱼皮

从鱼肉块上去除鱼皮的最常见的方法是采用纯机械方法,即一台自动化的机器能有效地将鱼皮从鱼肉中撕裂下来。脱皮的难易程度根据鱼类品种的不同,差异很大。像星鳐之类的鱼类非常难以去皮,从而导致自动化脱皮机器完全失效。因此必须采用手工去皮,但是手工去皮是一项费时费力的工作,生产成本高昂,其结果是这些品种的鱼往往没有得到充分的利用。

对于那些难以采用机械方法进行脱皮的鱼类来说,可以使用酶对它们进行脱皮,有关这方面的发明,已得到众多描述。Stefansson 和 Steingrimsdottir 描述了对星鳐胸鳍进行酶法脱皮的工艺。该工艺先对星鳐胸鳍进行温和的热处理以对当中的胶原蛋白进行适度的变性处理,随后将热处理过的胸鳍浸渍在低温(0~10℃)的酶溶液中数小时,最后用水对星鳐的胸鳍进行冲洗,就能除去溶解鱼皮。使用的酶溶液中含有非特异性的蛋白酶和糖酶。虽然糖酶并非不可或缺,但是它们的存在加快了鱼皮溶解的速度,可能是它们能打开胶原层,促进并提高了蛋白酶接触变性胶原蛋白的机会。金枪鱼(金枪鱼属和相关的属)的酶法脱皮工艺如下:先采用蒸汽将其预热到60℃,随后在大约50℃下,用蛋白酶和糖酶的混合溶液对预处理过的鱼皮进行消化处理。有论文报道过采用鳕鱼胃蛋白酶对鲱鱼进行脱皮处理。Raa 报道了在低盐溶液中,采用木瓜蛋白酶对乌贼进行脱皮和嫩化处理。在虾仁生产过程中,在剥壳之前,也开发出了一种酶法工艺来松散虾壳与肌肉组织之间的紧密连接。

10.2.1.5　胶原蛋白的提取

鱼胶原蛋白能从各种鱼类的鱼皮、鱼刺、鱼鳞和鱼软骨中获得。通常使用酸法溶解工艺进行胶原蛋白的提取,在该工艺中,首先用碱溶液去除非胶原物质、色素和脂类。随后使用酸法工艺对经过预处理的原料进行胶原蛋白的提取。醋酸被广泛地用在胶原蛋白的提取工艺中。采用酸法溶解工艺生产出的胶原蛋白通常被称为酸溶胶原蛋白。然而,单独使用酸法工艺提取出的胶原蛋白得率偏低,而联合使用胃蛋白酶和酸法提取工艺就能实现胶原蛋白提取率的增加(表10.2)。胶原蛋白分子中尾肽区域的共价交联键不太容易被酸溶解。然而,在不破坏胶原蛋白三螺旋结构完整性的情况下,胃蛋白酶能切除那些交联键(图10.2)。Nagai 等在论文中指出,与酸法溶解工艺的胶原蛋白提取率(10.7%)相比,胃蛋白酶促溶工艺的胶原蛋白提取率(44.7%)要高得多。Nagai 和 Suzuki 发现一种从称为纸鹦鹉螺的章鱼的外皮中提取出的胶原蛋白几乎不溶于 0.5 mol/L 的醋酸,但是这种不溶的物质能轻易被10%(质量体积比)胃蛋白酶消化,并能获得大量胶原蛋白(胃蛋白酶促溶性胶原蛋白/pepsin-solubilized collagen/PSC),其提取率达到50%。Nagai 等从墨鱼的外皮中提取胶原蛋白。最初采用醋酸来提取墨鱼外皮中的胶原蛋白,其提取率仅有2%(干基),随后采用10%胃蛋白酶来消化酸法处理剩下的残渣,获得的可溶性胶原蛋白的提取率达到35%(干基)。从草鱼皮中提取的胃蛋白酶促溶胶原蛋白的提取率能达到35%(干基)。

表 10.2　用于胶原蛋白提取的胃蛋白酶

原　料	胃蛋白酶来源	胃蛋白酶的使用浓度	消化时间	ASC 提取率/%	PSC 提取率/%	参考文献
金线鱼皮	长鳍金枪鱼	10 U/(g 鱼皮)	12 h	22.45	74.48	35
	鲣鱼				63.81	
	青甘金枪鱼				71.95	
	猪				75.92	
黄鳍金枪鱼背皮	没有提及	0.98%（质量体积比）	23.5 h	—	27.1	36
大眼鲷鱼皮	大眼鲷	20 kUnits/(g 鱼皮)	48 h	5.31	18.7	30
草鱼皮	猪	1%（质量体积比）	24 h		46.6	34
石兽鱼皮	没有提及	0.1%（质量体积比）	3 d	2.3	15.8	37
青衣海鲷鱼皮	没有提及	0.1%（质量体积比）	3 d	2.6	29.3	37
棕色条纹红鲷鱼皮	猪	10%（质量体积比）	48 h	9	4.7	27
深海鲑鱼皮	猪	0.1%（质量体积比）	48 h	47.5	92.2	38
沙丁鱼鳞	猪	10%（质量体积比）	24 h	—	50.9	
真鲷鱼鳞	猪	10%（质量体积比）	24 h	—	37.5	
日本鲈鱼鳞	猪	10%（质量体积比）	24 h	—	41	
草鱼鳞	没有提及	1%（质量体积比）	48 h		25.64	39
牛蛙皮	没有提及	0.1 g/（40 g 皮）	8 h		12.6	40
丽蛸章鱼腕	猪	10%（质量体积比）	48 h	10.4	62.9	31
墨鱼外皮	猪	10%（质量体积比）	48 h	2	35	33
纸鹦鹉螺章鱼	猪	10%（质量体积比）	2 d	5.2	50	32
Rhizostomous 水母中胶层	猪	10%（质量体积比）	48 h	—	35.2	41

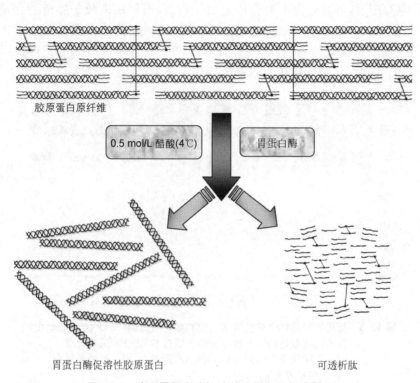

图 10.2　应用胃蛋白酶切除胶原蛋白原纤维尾肽

　　鱼胃蛋白酶是另一种非常有希望用于胶原蛋白提取的酶。它能从水产加工的下脚料,特别是鱼胃中提取出来。这能降低胃蛋白酶的成本,并能充分地利用水产加工剩下的内脏下脚料。Nalinanon 等使用鱼胃蛋白酶从鱼皮中提取胶原蛋白,并以此作为提高胶原蛋白提取率的工具。在从大眼鲷鱼皮提取胶原蛋白的工艺中,添加 20 kUnits/(g 鱼皮)用量的大眼鲷胃蛋白酶能导致胶原蛋白的提取量的增加。分别用酸和大眼鲷胃蛋白酶从大眼鲷鱼皮提取胶原蛋白,提取时间均为 48 h,酸法工艺的提取率为5.31%(干基),酶法工艺的收率为 18.7%(干基)。如将大眼鲷鱼皮在酸中进行 24 h 的预膨胀,随后用大眼鲷胃蛋白酶来提取胶原蛋白,酶用量为 20 kUnits/(g 鱼皮),作用时间为48 h,胶原蛋白提取率能提高到19.8%,这要高于使用相同用量猪胃蛋白酶获得的胶原蛋白提取率(13.0%)(见表 10.2)。β 链、α1 链和 α2 链为胶原蛋白的主要成分。

　　金枪鱼胃蛋白酶已被证明是一种从鱼皮中提取胶原蛋白的有效工具。Nalinanon 等使用分别来自长鳍金枪鱼、鲣鱼和青甘金枪鱼(Tongol)胃中的胃蛋白酶来从金线鱼皮中提取胶原蛋白。胶原蛋白的提取率增加了 1.84～2.32 倍,其中长鳍金枪鱼胃蛋白酶显示出与猪胃蛋白酶相类似的提取效果。来自金线鱼的金枪鱼胃蛋白酶促溶性胶原蛋白与酸溶胶原蛋白具有相似的蛋白质电泳图谱,可被列为Ⅰ型胶原蛋白。然而,当使用来源于鲣鱼的胃蛋白酶时,会发生 α 链和 β 链的降解(图 10.3)。长鳍金枪鱼胃蛋白酶显示出与猪胃蛋白酶相类似的提取效果,并且对所产生的胶原蛋白的完整性没有不良影响。因此,长鳍金枪鱼胃蛋白酶能用于从金线鱼皮中提取胶原蛋白。

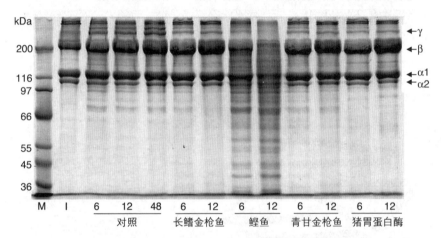

图 10.3　采用不同品种金枪鱼胃蛋白酶和猪胃蛋白酶[10 U/(g 脱脂鱼皮)]在不同提取时间下所提取的胶原蛋白 SDS－PAGE 电泳图
图中数字指提取时间(h)、M 指标准蛋白,Ⅰ指Ⅰ型胶原蛋白
(转载自参考文献[35])

10.2.1.6　蛋白水解物

　　在鱼蛋白水解物(fish protein hydrolyzate/FPH)的制备过程中,添加外源蛋白酶能提高内源蛋白酶的水解活力,并能缩短水解时间。与化学水解或鱼自身内源酶导致的自溶作用相比,酶法水解拥有更大的优势。在充分利用内源蛋白酶的情况下,能获得蛋白水解物,但是这种工艺需要花费很长时间。太平洋鳕鱼在 52℃,pH 5.5 的条件下进行 1 h 的自溶作用,就能制备得到鱼蛋白水解物,这是感染它们的寄生虫 kudoa paniformis 含有高活力的内源蛋白酶所致。为了加快水解的进度,商品蛋白酶及其他蛋白酶已被广泛应用在蛋白质的水解中,特别是对于那些获取自水产加工废弃物或来源于低值鱼类的蛋白质来说。在鱼蛋白水解物生产中使用的一些商品化蛋白酶包括 Alcalase、Neutrase、Flavourzyme、Protamex、pepsin(胃蛋白酶)、chymotrypsin(胰凝乳蛋白酶)、papain(木瓜蛋白酶)、Pronase E、collagenase(胶原蛋白酶)等(表 10.3)。

表 10.3 用于生产鱼蛋白水解物的蛋白酶

蛋白酶	原　　料	生物活性/功能性质/应用	参考文献
Alcalase	黄盖鲽鱼骨蛋白	抗氧化性	52
		乳化性	53
	沙丁鱼肉	微生物培养	54
	黄鳍金枪鱼胃	乳化性和起泡性	55
	鲱鱼	功能性、抗氧化性和收率提高	56
	鲱鱼下脚料		57
	多春鱼	功能性和抗氧化性	43
	太平洋鳕鱼下脚料	功能性	58,59
	三文鱼下脚料	功能性	60
	大西洋鳕鱼内脏	溶解性	61
	沙丁鱼头和内脏	功能性和抗氧化性	49,50
	太平洋鳕鱼肉	功能性	62
	黄色条纹鲹鱼肉	功能性和抗氧化性	63
	蓝圆鲹鱼肉	功能性和抗氧化性	46,47,48
Flavourzyme	鲢鱼蛋白	功能性和抗氧化性	44,49,50
	罗非鱼分离蛋白	抗氧化性	47,48,62
	金枪鱼骨蛋白	抗氧化性	63,67
Neutrase	长尾鳕鱼骨蛋白	ACE 抑制活性	43
	明太鱼皮明胶	功能性和抗氧化性	56
	黄色条纹鲹鱼肉	功能性和抗氧化性	63
	蓝圆鲹鱼肉	溶解性和抗氧化性	46
胰蛋白酶	鲢鱼蛋白	抗氧化性	64
α-胰凝乳蛋白酶	罗非鱼分离蛋白	功能性,抗氧化性和收率提高	46,52,65
	太平洋鳕鱼下脚料		64
	多春鱼	溶解性	46
胃蛋白酶	大西洋鳕鱼内脏	抗氧化性	52
木瓜蛋白酶	罗非鱼分离蛋白	抗氧化性	45
	金枪鱼骨蛋白	抗氧化性	64
	长尾鳕鱼骨蛋白	抗氧化性	52

蛋白酶	原　料	生物活性/功能性质/应用	参考文献
木瓜蛋白酶	金枪鱼骨蛋白	抗氧化性	52
	长尾鳕鱼骨蛋白	抗氧化性/ACE 抑制活性	56
	黄盖鲽鱼骨蛋白	抗氧化性	64,46
Pronase E	金枪鱼骨蛋白	抗氧化性	52
	长尾鳕鱼骨蛋白	抗氧化性	44
Protease A	黄盖鲽鱼骨蛋白	ACE 抑制活性	63
Protease N	明太鱼骨蛋白	抗氧化性	66
	金枪鱼骨蛋白	功能性,收率提高和抗氧化性	63,66,67
来源于米曲霉的 Protease XXⅢ	黄盖鲽鱼骨蛋白	抗氧化性	59
来源于芽孢杆菌属的 Protease SM98011	多春鱼	抗氧化性和 ACE 抑制活性	51,63
	金枪鱼骨蛋白	抗氧化性	68
	长尾鳕鱼骨蛋白	抗氧化性	52
Protamex	黄盖鲽鱼骨蛋白	抗氧化性	
Cryotin F	明太鱼皮明胶	抗氧化性和 ACE 抑制活性	44
鲭鱼小肠粗酶(MICE)	鲭鱼肉	溶解性	
胶原蛋白酶	罗非鱼分离蛋白		
	金枪鱼蒸煮汁		
	鲨鱼肉		
	大西洋鳕鱼内脏	ACE 抑制活性和抗氧化性	
	太平洋鳕鱼片		
	罗非鱼分离蛋白		
	明太鱼骨蛋白		
	黄盖鲽鱼骨蛋白		
	明太鱼皮明胶		

通常,不同的蛋白酶会表现出不同的特征,如不同的最适作用 pH 和最适作用温度。因此,必须在适当的条件下进行水解反应,这样才能达到充分水解。除此之外,通过调控水解度(DH),可获得所需特性的水解物。一旦达到所需的水解度,就需要对蛋白酶进行灭活处理。否则,无法控制水解度的话,后

续的不良影响就会发生,特别是形成苦味或功能性的丧失等不良影响。通常会通过 pH 调整或热处理来终止残留的蛋白水解酶活。图 10.4 是酶法制取鱼蛋白水解物的工艺流程图。

鱼蛋白的水解度取决于许多因素,包括鱼的品种、脱脂的工艺、使用的酶、酶/底物比例等。利用 Alcalase 或 Flavourzyme 分别对鲹鱼碎肉或脱脂鲹鱼碎肉进行水解,在前 3 min 内,能观察到快速水解的现象,在随后长达 20 min 的时间里,水解的速率变缓(图 10.5)。然而,脱脂鲹鱼碎肉不太容易被这两种蛋白酶水解。这两种外加蛋白酶无法对脱脂工艺中变性的蛋白质进行有效的水解。变性的鱼肉蛋白质的浸润性变差,从而降低了底物的分散性以及酶与底物之间的可接触性。并且,脱脂时的高温会使鱼肉中内源蛋白酶失活。沙丁鱼、毛鳞鱼、太平洋鳕鱼固体废弃物、鲱鱼以及鲱鱼废弃物和三文鱼报道的典型水解曲线与图10.5 中所示的非常相似。

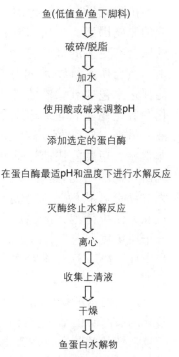

图 10.4 酶法制取鱼蛋白水解物的工艺流程图

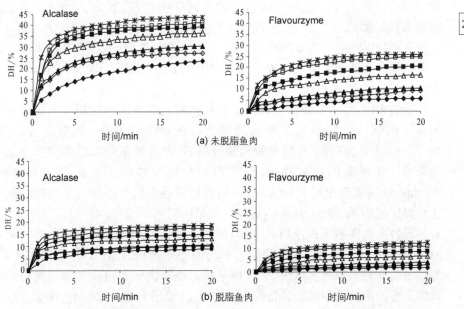

图 10.5 利用不同浓度[0.25%(◆),0.5%(◇),2.5%(△),5%(■),7.5%(□),10%(∗)]的 Alcalase 或 Flavourzyme 水解黄色条纹鲹鱼碎肉和脱脂碎肉所得到的水解度(转载自参考文献[49])

　　在测定蛋白水解物的特性、功能性质和生物活性时，水解度是一项重要的影响因素。蛋白水解物的溶解度会随着水解度的增加而增加。较短的肽会有更多的极性基团，能与水形成氢键，从而增加了它们的溶解性。由于蛋白质水解物是同时具有亲水基团和疏水基团的表面活性剂，它们能促进水包油乳状液的乳化。水解度有限的蛋白水解物能获得优秀的乳化和乳化稳定性能。长链或含有更多疏水基团的多肽能用来稳定乳状液。另外，过度的水解会产生短链以及亲水性更高的肽，它们的乳化性能非常差。短肽能快速迁移和吸附在界面处，但是在降低界面张力方面，表现出较低的功能，这是由于它们不能在界面处进行展开和重新定向，从而无法稳定乳状液。对于起泡性来说，过度的水解会产生较低的起泡性。短肽无法维持泡沫的稳定性。蛋白水解物的泡沫稳定性主要由当中的相对分子质量较大的多肽赋予。未折叠蛋白质的疏水性也与起泡性有关。泡沫稳定性取决于泡沫薄膜的性质，并反映出介质中蛋白质之间相互作用的程度。

　　鱼蛋白水解物可能具有多种生物活性，如抗氧化性和抑制血管紧张素转化酶（ACE）的活力。除此之外，在鱼蛋白水解物中发现了神经活性肽和免疫活性肽的存在。在蛋白水解酶的作用下，原料蛋白质在肠胃消化或食品加工过程中能释放出生物活性肽。具有抗氧化性的肽能作为天然的抗氧化剂来防止自由基损伤 DNA、蛋白质、脂类以及小细胞分子，而这都与一系列的病变过程有关。这些疾病包括动脉粥样硬化、关节炎、糖尿病、炎症性疾病和神经障碍等。ACE 抑制肽有希望成为一种降血压物质。总之，ACE 在血压调控方面起着重要的作用。ACE 是一种二肽酰羧肽酶，将没有活性的十肽这种血管紧张素 I 转化成一种强有力的血管收缩剂，即八肽的血管紧张素 II。

　　总的来说，肽的生物活性取决于原料蛋白质的来源和使用不同蛋白酶时的作用机制。Je 等研究了不同类型蛋白酶（Alcalase，α-胰凝乳蛋白酶，Neutrase、木瓜蛋白酶、胃蛋白酶和胰蛋白酶）对金枪鱼背脊水解物抗氧化性的影响。在所有的水解物中，胃蛋白酶水解物显示了最高的抗氧化性。Klompong 等发现使用 Flavourzyme 制备的黄色条纹鲹的蛋白水解物的抗氧化性要比使用 Alcalase 制备的要高。在相同的水解度下，与使用 Alcalase 制备的圆竹筴鱼肉的蛋白水解物相比，使用 Flavourzyme 制备的蛋白水解物显示了更强的 DPPH 自由基清除能力和还原能力，但是螯合 Fe^{2+} 的能力较低。海洋蛋白原料来源的水解物 ACE 抑制活力也取决于蛋白质来源和蛋白酶的类型。与使用其他蛋白酶制备的水解物相比，使用 Protamex 和来源于芽孢杆菌属 SM98011 蛋白酶制备的蛋白水解物的 IC_{50} 较低。表 10.4 中列出了已经分离并标定出的生物活性肽。

表 10.4　来源于鱼蛋白水解物的活性肽

活性肽	原　料	酶	活性肽氨基酸组成	IC$_{50}$	参考文献
抗氧化肽	金枪鱼骨蛋白	胃蛋白酶	Val-Lys-Ala-Gly-Phe-Ala-Trp-Thr-Ala-Asn-Gln-Gln-Leu-Ser	没有报道	64
	长尾鳕鱼骨蛋白	胃蛋白酶	Glu-Ser-Thr-Val-Pro-Glu-Arg-Thr-His-Pro-Asp-Phe-Asn	41.37 μmol/L（DPPH 自由基）	46
ACE 抑制肽	明太鱼骨蛋白	鲭鱼小肠粗酶（MICE）	Leu-Pro-His-Ser-Gly-Tyr	17.77 μmol/L（羟自由基）	68
	黄盖鲽鱼骨蛋白	MICE－胃蛋白酶	Arg-Pro-Asp-Phe-Asp-Leu-Glu-Pro-Pro-Tyr	18.99 μmol/L（过氧化氢自由基）	
	鲨鱼肉	Cys-Phe		172.10 μmol/L（超氧自由基）	
	黄盖鲽鱼骨蛋白	来源于芽孢杆菌属的 SM98011 蛋白酶	Glu-Tyr	没有报道	52
	明太鱼骨蛋白	α－胰凝乳蛋白酶	Phe-Glu	没有报道	66
	明太鱼皮明胶	胃蛋白酶	Met-Ile-Phe-Pro-Gly-Ala-Gly-Gly-Pro-Glu-Leu	1.96 μmol/L	65
		Alcalase-Pronase E－胶原蛋白酶	Phe-Gly-Ala-Ser-Thr-Arg-Gly-Ala	2.68 μmol/L	44
			Gly-Pro-Leu	17.13 μmol/L	
			Gly-Pro-Met	14.7 μmol/L	45

10.3　谷氨酰胺转氨酶

10.3.1　内源 TGase

　　谷氨酰胺转氨酶（转谷氨酰胺酶 TGase）是一种转移酶，全称为蛋白质-谷氨酰胺-γ-谷氨酰氨基转移酶（EC 2.3.1.13）。它是一种催化蛋白质或多肽

中谷氨酰胺残基中 γ-羧酰氨基和许多伯胺之间的酰基转移反应的酶。当蛋白质中赖氨酸残基的 ε-氨基作为酰基受体时,通过形成 ε-(γ-谷氨酰氨基)赖氨酸这种异肽键能使蛋白质在分子间和分子内形成交联,从而导致蛋白质的聚合。通过在蛋白质分子中的谷氨酰胺残基中的羧酰氨基处,将赖氨酸残基 ε-氨基基团形成氨而转移出来发生该反应(图 10.6)。在蛋白质之间形成共价交联是 TGase 改善蛋白质食品物理性质的基础。这种交联能力会受到氨基酸序列和谷胺酰胺残基周围的氨基酸和二级结构所带电荷的影响。将不具反应性的蛋白质进行水解能使之转变成 TGase 的底物。

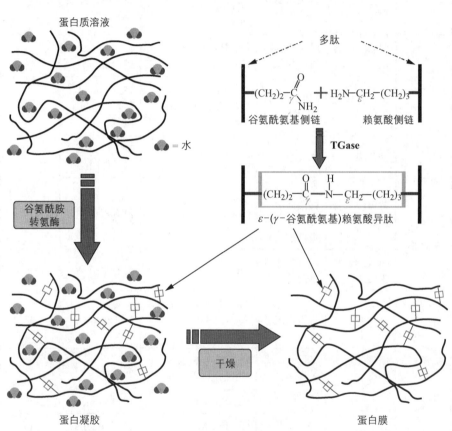

图 10.6　谷氨酰胺转氨酶交联蛋白质成蛋白凝胶和蛋白膜

鱼肉中的内源 TGase 因种类而异,并且内源 TGase 非常有可能与凝胶现象(setting phenomenon)有关。低温凝胶现象涉及鱼肉蛋白质网络的形成,主要涉及其中肌球蛋白形成的网络,这是内源 TGase 在 $5 \sim 40 ℃$ 导致的交联所致。鱼肉中 TGase 含量为 $0.10 \sim 2.41$ U/g。这种酶会导致肌肉蛋白形成交联,从而影响鱼肉蛋白凝胶的质构性质。Benjakul 等证实了 TGase 在大眼鲷鱼、金线鱼、梭子鱼和大眼白花鱼等热带鱼的鱼糜凝胶中所起的作用。特别是在足量钙离子存在的情况下,它会促进非二硫共价键的形成,添加包括 N-

甲基马来酰亚胺、氯化铵和 EDTA 在内的 TGase 抑制剂会导致凝胶强度下降。

内源 TGase 具有不同的相对分子质量,这取决于鱼类的品种。除此之外,其最适作用 pH 和温度也随着鱼的种类的不同而不同。TGase 的酶活会随着温度而变化。TGase 的最适作用温度因种类而异,例如金线鱼的 TGase 最适作用温度为 55℃、真鲷(55℃)、长尾大眼鲷鱼(40℃)、短尾大眼鲷鱼(25℃)。据 Worratao 和 Youngsawatdigul 报道,罗非鱼内源 TGase 最适作用温度为 37~50℃,最适作用 pH 为 7.5。鲫鱼肉中 TGase 最高酶活(88.5 U/g)出现在 50℃;金线鱼肉中 TGase 最高酶活(28.4 U/g)出现在 40℃;白花鱼肉中 TGase 最高酶活(19.7 U/g)出现在 30℃;真鲷鱼肉中 TGase 最高酶活(17.1 U/g)出现在 50℃。因此,基于不同种类鱼肉中的 TGase 最适作用 pH 和温度曲线,可得到最佳的凝固效果。

内源 TGase 具有较高的水溶性,因此易在清洗过程中流失。据 Youngsawatdigul 等报道,金线鱼碎肉在经过第一次清洗后,其残留的 TGase 酶活有所降低。因此,在鱼糜生产过程中,清洗工序会导致 TGase 的流失。Chantarasuwan 发现,在四种不同热带鱼生产的鱼糜中,TGase 的活力也不同。在这些鱼糜中,大眼鲷鱼鱼糜中 TGase 的活力最高(表 10.5)。

表 10.5 一些热带鱼鱼糜中内源谷氨酰胺转氨酶活力

鱼糜样品	谷氨酰胺转氨酶活力/(mUnits/g)
金线鱼鱼糜	14.69±0.01[①]c[②]
大眼鲷鱼鱼糜	15.95±0.08d
梭子鱼鱼糜	7.93±0.03a
大眼白花鱼鱼糜	12.40±0.18b

① 数值呈现形式:平均值(3 组平行样品的测定数值)±标准偏差。
② 同一列中的不同字母表示显著性差异($P<0.05$)。

鱼肉中的 TGase 是一种钙依赖性的作用酶。钙离子被认为能诱导构象的变化,在此变化过程中,有助于将底物暴露在活性中心上的半胱氨酸残基处。通常将钙化合物会添加到鱼糜中作为鱼糜凝胶增强剂来使用。在凝胶过程中,在钙依赖性的内源 TGase 作用下,肌球蛋白会发生变性、聚集,同时形成聚合。除了由钙离子依赖性的内源 TGase 催化形成的 ε-(γ-谷氨脱氨基)赖氨酸异肽键外,在鱼肉蛋白凝胶过程中,也可能涉及疏水作用和二硫键。Benjakul 和 Visessanguan 发现,25℃或 40℃下,在凝胶之前将 $CaCl_2$ 加入两种大眼鲷鱼(长尾和短尾)鱼糜溶胶中,随后在 90℃下进行加热,结果表明这两种大眼鲷鱼鱼糜的破断强度和凹陷深度都有提升。随着 $CaCl_2$ 用量的提高(0~100 mmol/kg),这种提升趋势会更加显著。这说明大眼鲷鱼鱼肉中 TGase 活力会随着 CaCl$_2$ 用量的增加而增加。Youngsawatdigul 等报道,在金线鱼鱼糜中添加 0.2% Ca^{2+},其鱼糜凝胶破断强度在 40℃时达到最高。Lee 和 Park 发现在太平洋鳕鱼鱼糜中添加 0.2%钙化合物,能提高其鱼糜的剪切力,而较低浓度(0.05%~0.1%)的钙化合物能有效改善明太鱼/狭鳕鱼糜凝胶的质构。改善鱼糜凝胶所需的最适 CaCl$_2$ 浓度会因鱼的种类而异,并且这还取决于鱼肉中 Ca^{2+} 的原始含量。

10.3.2 微生物谷氨酰胺转氨酶(MTGase)

TGase 能由一些微生物来生产,像茂原轮枝链霉菌(*Streptoverticillium mobaraense*)其他轮枝链霉菌属放线菌(*Streproverticillum sp*)、枯草芽孢杆菌和拉达卡轮枝链霉菌(*Streptoverticillum ladakanum*)之类的微生物均能用于 TGase 的生产。自从 MTGase 推向市场后,由于 MTGase 的生产和纯化都很容易,MTGase 的产业化水平不断提高。MTGase 的等电点在 8.9 左右,其相对分子质量为 38 000~40 000。MTGase 的最适作用 pH 为 5~8,但是在 pH 4 和 9 处仍然有一些活力。因此 MTGase 能在较宽的 pH 范围内保持稳定。MTGase 最适作用温度为 50℃,即便将 MTGase 在 50℃下保持 10 min,它还能完全保留活力。来源于茂原轮枝链霉菌(*S. mobaraense*)的 MTGase 完全不依赖 Ca^{2+},而鱼肉中内源 TGase 需要 Ca^{2+} 来保持其活力。与鲫鱼肉中的 TGase 相比,来源于茂原轮枝链霉菌(*S. mobaraense*)的 MTGase 能更迅速地交联肌球蛋白中的重链。对于 MTGase 来说,结缔组织显然是一种优秀的底物,但对于鲫鱼肉中的内源 TGase 来说并非如此。

10.3.2.1 在鱼糜和鱼肉凝胶中使用 MTGase

通常在鱼肉糊或鱼糜溶胶凝胶前混入 MTGase。Jiang 等发现,就金线鱼鱼糜而言,MTGase 的最适用量为 0.3 U/(g 鱼糜),鱼糜凝胶化条件为 30℃保持 90 min 或 45℃保持 20 min。对于青鳕鱼鱼糜来说,MTGase 的最适用量为 0.2 U/(g 鱼糜),作用温度 30℃,作用时间 1 h。当在鲻鱼鱼糜添加 9.3 g/kg 的 MTGase,并在 37℃下胶凝 3.9 h,此时鲻鱼鱼糜凝胶的剪切应力达到最大值,而当在鲻鱼鱼糜中添加 5 g/kg 的 MTGase,34.5℃胶凝 1 h 时,鲻鱼鱼糜凝胶的剪切应力达到最大值。总之,当鱼糜中含有 MTGase 时,就能促进肌球蛋白重链形成分子间和/或分子内交联。在鱼肌肉中发现的主要肌原纤维蛋白是肌球蛋白重链。此外,Thammatinna 等观察到,太平洋白虾糜在 25℃进行 2 h 胶凝能激发内源 TGase 和 MTGase 的交联活力,这可以通过破断强度的提升来印证。与 25℃时进行的凝胶化相比,40℃时进行的凝胶化显示出较差的凝胶性质。在较高的温度下,肌肉蛋白分子的展开,可能有助于蛋白分子通过疏水作用聚集。因此,由 MTGase 进行交联所需的反应基团可能被紧紧围住,从而有可能导致谷氨酸或赖氨酸残基被遮蔽,这样由 MTGase 主导的交联反应就会受到妨碍。已经有许多方法用于提高 MTGase 这种凝胶增强剂的效率。将 MTGase 处理过的箭齿鲽鱼糊,在 25℃进行凝胶化,所得凝胶的力学性能可通过加压操作来改善。高压处理能修饰蛋白质结构,使 MTGase 易于进行交联反应,从而有助于凝胶质构性能的改善。

为了增强鱼糜的凝胶强度,包括蛋白补充剂、蛋白酶抑制剂以及亲水胶体在内的众多配料均能与 MTGase 联合使用。然而,一些配料显示出负面的影响,一旦它们加入使用,就会降低凝胶强度,这已经得到印证。Moreno 等报道,在鳕鱼碎肉中联合使用 MTGase(10 g/kg)和酪蛋白酸钠(15 g/kg),当在低温下加工重组鳕鱼肉时,它们能提高重组鳕鱼肉的力学性质。当使用鲫鱼鱼片下脚料做重组鱼肉时,联合使用浓缩乳清蛋白(WPC)、酪蛋白酸钠和 MTGase 能改善重组鱼肉的力学性能。当在竹荚鱼鱼糜凝胶中联合使用几丁质和 MTGase 时,并没有出现显著的协同效应。然而,不管有没有添加几丁质,添加 MTGase 会提高鱼糜凝胶硬度。当在墨西哥比目鱼碎肉中联合使用低甲氧基果胶和 MTGase 时,鱼糜凝胶的力学性能有所下降。这种破坏效应可能与干扰凝胶 3D 结构的形成有关。添加 MTGase,能引起肌球蛋白重链的交联,从而大幅提高凝胶强度(从 536.6 g·cm 提高到 2 012.4 g·cm)。重组半胱氨酸蛋白酶抑制剂能有效地防止肌球蛋白重链的降解,并且在马鲛鱼鱼糜制品生产过程中,能有效地防止凝胶的软化。在改善马鲛鱼鱼糜质量方面,联合使用重组半胱氨酸蛋白酶抑制剂显示出了协同效应(凝胶强度从 435 g·cm 提高到 2 438 g·cm)。Jiang 等发现联合使用 MTGase、还原剂和蛋白酶抑制剂,这看起来是一种改善带鱼鱼糜凝胶化能力的较佳方法。蛋白酶抑制剂能防止由内源蛋白酶造成的质构退化。改善凝胶化能力的最佳条件为联合使用 0.35 UMTGase/(g 鱼糜),0.1% NaHSO$_4$ 和 0.01 mmol/L E64,其中 E64 是一种特异性半胱氨酸蛋白酶抑制剂。

MTGase 已被广泛用在重组鱼肉产品的生产中,用来降低所需的盐用量,这是因为它具有交联蛋白质的能力。通常当盐的用量降低到 2% 以下,肉制品的功能性和力学性能均会受到负面的影响。因此,蛋白质的溶解需要足量的盐参与。1.5% 的盐被认为是形成凝胶所需的最低用量。Tellez-Luis 等发现使用 MTGase(3 g/kg)和 1%NaCl 成功制得低盐重组鲫鱼肉产品,并且其力学性能和功能性均得到改善。此外,当利用鲻鱼和墨西哥比目鱼混合碎肉(质量比 1:1)制备重组鱼肉产品时,在盐用量分别为 1% 和 2% 时,应用 3 g/kg 的 MTGase 能改善其重组鱼肉产品的力学性能。

MTGase 作为一种潜在的凝胶增强剂,已被证明,能改善低质蛳鱼鱼糜的凝胶强度。低质量通常是长期冷冻储存所致。在加工和储存期间,鱼肌肉蛋白质经历了变性和降解的过程,从而形成质量较差的凝胶。具有甲醛形成能力的一些鱼类品种,比如蛳鱼,非常容易发生蛋白质变性。因此,随着加工或储存时间的延长,凝胶形成能力通常会出现下降的情况。Benjakul 等发现,不管蛳鱼碎肉冷冻多长时间 MTGase 都是它的强效凝胶增强剂。然而,在新鲜蛳鱼制得的鱼糜方面,其凝胶增强的能力显得更高(图 10.7)。

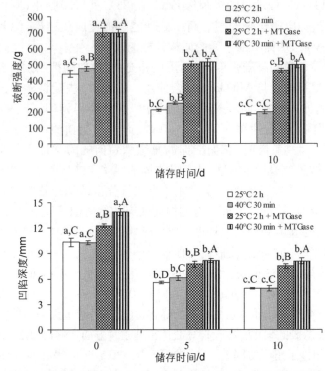

图 10.7 不添加和添加 MTGase(0.6 U/g 样品)的冷冻蛳鱼碎肉凝胶在不同的加工温度和储存时间下所测得的破断强度和凹陷深度。相同处理条件下的不同的小写字母和相同储存时间下不同的大写字母表示显著性差异(*P*<0.05) 图中的误差线代表标准偏差(5 组平行样品)(转载自参考文献[119])

228

10.3.2.2 MTGase 在明胶凝胶和食用膜中的应用

鱼类来源的明胶作为一种牛和猪等陆上动物皮和骨来源明胶的替代品,越发受到人们的关注。这与疯牛病和口蹄疫的爆发以及人类美学和宗教禁忌有关。可从众多的海洋生物中提取明胶,然而对于鱼类来源的胶原蛋白和明胶来说,特别是从冷水鱼类中提取的明胶,其凝固点(凝胶温度)和熔点均较低。对于鱼类明胶来说,不能在室温下形成凝胶限制了它们的应用,而且其凝胶强度通常会比哺乳动物来源的明胶强度要低。因此,MTGase 已被用来改善鱼类明胶的冻力,这是由于在明胶凝胶基质中,它能将明胶分子交联在一起。为了能使鱼类明胶的冻力达到最大值,应考虑到 MTGase 的合适用量。如果 MTGase 的用量太低,就不能形成凝胶。当 MTGase 的用量分别提高到 0.005% 和 0.01%,能分别提高大眼鲷鱼和棕色条纹红鲷鱼鱼皮来源的明胶冻力。然而,随着 MTGase 用量的进一步提升,这两种鱼类来源的明胶冻力反而随之下降。随着 MTGase 的添加,在凝胶网络中,可观察到明显的聚集物,它们之间的空洞可忽略不计,这很可能是因为在相邻分子中形成了非二硫键的共价键(图 10.8)。

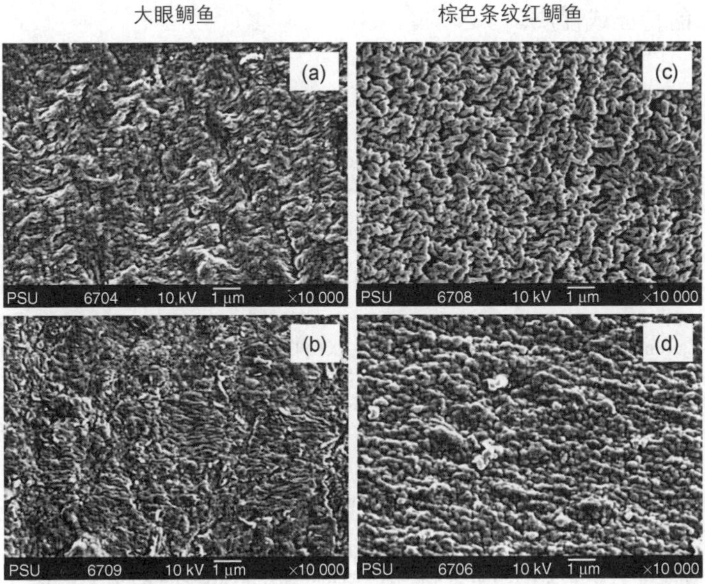

大眼鲷鱼　　　　　　　　　棕色条纹红鲷鱼

图 10.8　明胶凝胶的微观结构（放大倍数：10 000）：（a）和（b）分别是不添加和添加 0.005%（质量体积比）MTGase 大眼鲷鱼皮明胶凝胶；（c）和（d）分别是不添加和添加 0.01%（质量体积比）MTGase 棕色条纹红鲷鱼鱼皮明胶凝胶（转载自参考文献[49]）

　　MTGase 引起的分子交联也会受到明胶浓度的影响。在 MTGase 作用下，与较低浓度明胶形成的凝胶相比，较高浓度的明胶会形成更好的凝胶。MTGase 能在 4～5℃下引起鱼类明胶分子的交联。来源于波罗的海鳕鱼的明胶在经过 MTGase 交联后形成的凝胶在沸水中煮沸 30 min 之后，也不会熔化。对于来源于黑线鳕鱼和鳕鱼鱼皮的明胶来说，与采用 $MgSO_4$ 增强的凝胶强度相比，MTGase 显示出更胜一筹的凝胶强度增强效果。改善明胶凝胶所需的 MTGase 最适用量取决于明胶的来源，并且这很可能与蛋白质分子不同的特性有关。对于来源于鲽鱼皮的明胶来说，添加 MTGase，能在不同程度上提高明胶的熔点、凝胶强度和黏度（60℃时），提高的程度取决于酶的浓度和作用时间。此外，对酶进行热灭活也不会对明胶的性质造成负面的影响。

　　来源于生物大分子包括可食用性膜在内的生物可降解材料已得到越来越多的关注。明胶是一种能形成膜的材料，但是迄今为止，来源于冷水鱼鱼皮的明胶还没有应用在生物可降解的包装材料中。鳕鱼皮明胶能完全溶于水，所以不适合制作用于涂层和包装的膜。据 Yi 等报道，使用 MTGase，能增强以明胶为主要成分的膜的交联性、拉伸强度和熔点。MTGase 催化的反应对形成的膜的透湿性没有任何影响。为了改善以明胶为主要成分的膜的机械性能和降低其溶解性，可在膜中混入几丁质，并采用 MTGase 作为交联剂。明胶-几丁质膜中鱼类明胶几乎能完全被胰蛋白酶水解，而不管其中是否使用了 MTGase。因此，MTGase 作为一种潜在的交联剂，能应用在鱼类蛋白中，并能

229

241

获得所需的特征或性质。

致谢

非常感谢 Sittipong Naninanon 为本章准备了如此详实的文献资料。

参考文献

1. Garcia-Carreno, F.C. and Hernandez-Cortes, P. (2000) Use of protease inhibitors in seafood products. In: *Seafood Enzymes: Utilization and Influence on Postharvest Seafood Quality* (eds N.F. Haard and B.K. Simpson). Marcel Dekker, New York, pp. 531–540.

2. Nissen, J.A. (1993) Proteases. In: *Enzymes in Food Processing* (eds T. Nagodawithana and G. Reed). Academic Press, Inc., New York, pp. 159–203.

3. Simpson, B.K. (2000) Digestive proteinases from marine animals. In: *Seafood Enzymes: Utilization and Influence on Postharvest Seafood Quality* (eds N.F. Haard and B.K. Simpson). Marcel Dekker, New York, pp. 531–540.

4. Haard, N.F. (1990) Enzymes from myosystems. *Journal of Muscle Foods* **1**, 293–338.

5. Wasserman, B.P. (1990) Evolution of enzymes technology: progress and prospects. *Food Technology* **44**(4), 118.

6. Simpson, B.K. and Haard, H.F. (1987) Cold-adapted enzymes from fish. In: *Food Biotechnology* (ed. D. Knorr). Marcel Dekker, New York, pp. 495–528.

7. Chen, H.M. and Meyers, S.P. (1982) Extraction of astaxanthin pigment from crawfish waste using a soy oil process. *Journal of Food Science* **47**, 892–896, 900.

8. Simpson, B.K. and Haard, H.F. (1985) The use of proteolytic enzymes to extract carotenoproteins from shrimp wastes. *Journal of Applied Biochemistry* **7**, 212–222.

9. Manu-Tawiah, W. and Haard, N.F. (1987) Recovery of carotenoprotein from the exoskeleton of snow crab, *Chionoecetes opilio*. *Canadian Institute of Food Science and Technology* **20**, 31–35.

10. Cano-Lopez, A., Simpson, B.K. and Haard, N.F. (1987) Extraction of carotenoprotein from shrimp processing wastes with the aid of trypsin from Atlantic cod. *Journal of Food Science* **52**, 503–506.

11. Ya, T., Simpson, B.K., Ramaswamy, H., Yaylayan, V., Smith, J.P. and Hudon, C. (1991) Carotenoproteins from lobster waste as a potential feed supplement for cultured salmonids. *Food Biotechnology* **5**, 87–93.

12. Klomklao, S., Benjakul, S., Visessanguan, W., Kishimura, H. and Simpson, B.K. (2009) Extraction of carotenoprotein from black tiger shrimp shell with the aid of bluefish trypsin. *Journal of Food Biochemistry* **33**, 201–217.

13. Chakrabarti, R. (2002) Carotenoprotein from tropical brown shrimp shell waste by enzymatic process. *Food Biotechnology* **16**, 81–90.

14. Long, A. and Haard, N.F. (1988) The effect of carotenoid protein association on pigmentation and growth rates of rainbow trout, *Salmo gairdneri*. In: *Proceedings of the Aquaculture International Congress*. Vancouver, B.C., pp. 99–101.

15. Klomklao, S., Benjakul, S., Visessanguan, W., Kishimura, H. and Simpson, B.K. (2006) Effects of the addition of spleen of skipjack tuna (*Katsuwonus pelamis*) on the liquefaction and characteristics of fish sauce made from sardine (*Sardinella gibbosa*). *Food Chemistry* **98**, 440–452.

16. Gildberg, A. (1993) Enzymic processing of marine raw materials. *Process Biochemistry* **28**, 1–15.

17. Chaveesuk, R., Smith, J.P. and Simpson, B.K. (1993) Production of fish sauce and acceleration of sauce fermentation using proteolytic enzymes. *Journal of Aquatic Food Product Technology* **2**(3), 59–77.

18. Gildberg, A. (2001) Utilization of male Arctic capelin and Atlantic cod intestines for fish sauce production-evaluation of fermentation conditions. *Bioresource Technology* **76**, 119–123.

19. Pan, B.S. (1990) Recovery of shrimp waste for flavourant. In: *Advance in Fisheries Technology and Biotechnology for Increased Profitability* (eds M.N. Voigt and J.R. Botta). Technomic Publishing Co., Inc., Lancaster, PA, pp. 437–452.

20. Haard, N.F. (1992) A review of protolytic enzymes from marine organisms and their application in the food industry. *Journal of Aquatic Food Product Technology* **1**(1), 17–35.

230

21. Vihelmsson, O. (1997) The isolate of enzyme biotechnology in the fish processing industry. *Trends in Food Science and Technology* **8**, 266–270.
22. Stefansson, G. and Steingrimsdottir, U. (1990) Application of enzymes for fish processing in Iceland – present and future aspects. In: *Advance in Fisheries Technology and Biotechnology for Increased Profit* (eds M.N. Voigt and J.R. Botta). Technomic Publishing Co., Inc., Lancaster, PA, pp. 237–250.
23. Fehmerling, G.B. (1973) Separation of edible tissue from edible flesh of marine creatures. United States Patent US 3729324.
24. Haard, N.F. (1994) Protein hydrolysis in seafoods. In: *Seafood Chemistry Processing Techonology and Quality* (eds F. Shahidi and J.R. Botta). Chapman & Hall, New York, pp. 10–33.
25. Raa, J. (1990) Biotechnology in aquaculture and the fish processing industry: a success story in Norway. In: *Advance in Fisheries Technology and Biotechnology for Increased Profit* (eds M.N. Voigt and J.R. Botta). Technomic Publishing Co., Inc., Lancaster, PA, pp. 509–524.
26. Jongjareonrak, A., Benjakul, S., Visessanguan, W. and Tanaka, M. (2005a) Isolation and characterization of collagen from bigeye snapper (*Priacanthus macracanthus*) skin. *Journal of the Science of Food and Agriculture* **85**, 1203–1210.
27. Jongjareonrak, A., Benjakul, S., Visessanguan, W., Nagai, T. and Tanaka, M. (2005b) Isolation and characterisation of acid and pepsin-solubilised collagens from the skin of Brownstripe red snapper (*Lutjanus vitta*). *Food Chemistry* **93**, 475–484.
28. Nagai, T., Izumi, M. and Ishii, M. (2004) Fish scale collagen. Preparation and partial characterization. *International Journal of Food Science and Technology* **39**, 239–244.
29. Mizuta, S., Hwang, J.H. and Yoshinaka, R. (2003) Molecular species of collagen in pectoral fin cartilage of skate (*Raja kenojei*). *Food Chemistry* **80**, 1–7.
30. Nalinanon, S., Benjakul, S., Visessanguan, W. and Kishimura, H. (2007) Use of pepsin for collagen extraction from the skin of bigeye snapper (*Priacanthus tayenus*). *Food Chemistry* **104**, 593–601.
31. Nagai, T., Nagamori, K., Yamashita, E. and Suzuki, N. (2002) Collagen of octopus *Callistoctopus arakawai* arm. *International Journal of Food Science and Technology* **37**, 285–289.
32. Nagai, T. and Suzuki, N. (2002) Preparation and partial characterization of collagen from paper nautilus (*Argonauta argo*, Linnaeus) outer skin. *Food Chemistry* **76**, 149–153.
33. Nagai, T., Yamashita, E., Taniguchi, K., Kanamori, N. and Suzuki, N. (2001) Isolation and characterisation of collagen from the outer skin waste material of cuttlefish (*Sepia lycidas*). *Food Chemistry* **72**, 425–429.
34. Zhang, Y., Liu, W., Li, G., Shi, B., Miao, Y. and Wu, X. (2007) Isolation and partial characterization of pepsin-soluble collagen from the skin of grass carp (*Ctenopharyngodon idella*). *Food Chemistry* **103**, 906–912.
35. Nalinanon, S., Benjakul, S., Visessanguan, W. and Kishimura, H. (2008) Tuna pepsin: characteristics and its use for collagen extraction from the skin of threadfin bream (*Nemipterus spp.*). *Journal of Food Science* **73**, 413–419.
36. Woo, J.W., Yu, S.J., Cho, S.M., Lee, Y.B. and Kim, S.B. (2008) Extraction optimization and properties of collagen from yellowfin tuna (*Thunnus albacares*) dorsal skin. *Food Hydrocolloids* **22**, 879–887.
37. Ogawa, M., Moody, M.W., Portier, R.J., Bell, J., Schexnayder, M.A. and Losso, J.N. (2003) Biochemical properties of black drum and sheepshead seabream skin collagen. *Journal of Agricultural and Food Chemistry* **51**, 8088–8092.
38. Wang, L., An, X., Xin, Z., Zhao, L. and Hu, Q. (2007) Isolation and characterization of collagen from the skin of deep-sea redfish (*Sebastes mentella*). *Journal of Food Science* **72**, 450–455.
39. Li, C.M., Zhong, Z.H., Wan, Q.H., Zhao, H., Gu, H.F. and Xiong, S.B. (2006) Preparation and thermal stability of collagen from scales of grass carp (*Ctenopharyngodon idellus*). *European Food Research and Technology* **222**(3–4), 236–241.
40. Li, H., Liu, B.L., Gao, L.Z. and Chen, H.L. (2004) Studies on bullfrog skin collagen. *Food Chemistry* **84**, 65–69.
41. Nagai, T., Worawattanamateekul, W., Suzuki, N., Nakamura, T., Ito, T., Fujiki, K., Nakao, M. and Yano, T. (2000) Isolation and characterization of collagen from rhizostomous jellyfish (*Rhopilema asamushi*). *Food Chemistry* **70**, 205–208.
42. Samaranayaka, A.G.P. and Li-Chan, E.C.Y. (2008) Autolysis-assisted production of fish protein hydrolysates with antioxidant properties from Pacific hake (*Merluccius productus*). *Food Chemistry* **107**, 768–776.
43. Benjakul, S. and Morrissey, M.T. (1997) Protein hydrolysates from Pacific whiting solid wastes. *Journal of Agricultural and Food Chemistry* **45**, 3423–3430.

231

44. Byun, H.G. and Kim, S.K. (2001) Purification and characterization of angiotensin I converting enzyme (ACE) inhibitory peptides from Alaska pollack (*Theragra chalcogramma*) skin. *Process Biochemistry* **36**, 1155–1162.

45. Je, J.Y., Park, P.J., Kwon, J.Y. and Kim, S.K. (2004) A novel angiotensin I converting enzyme inhibitory peptide from Alaska pollack (*Theragra chalcogramma*) frame protein hydrolysate. *Journal of Agricultural and Food Chemistry* **52**, 7842–7845.

46. Kim, S.Y., Je, J.Y. and Kim, S.K. (2007) Purification and characterization of antioxidative peptide from hoki (*Johnius belengerii*) frame protein by gastrointestinal digestion. *Biochemistry* **18**, 31–38.

47. Thiansilakul, Y., Benjakul, S. and Shahidi, F. (2007a). Compositions, functional properties and antioxidative activity of protein hydrolysates prepared from round scad (*Decapterus maruadsi*). *Food Chemistry* **103**, 1385–1394.

48. Thiansilakul, Y., Benjakul, S. and Shahidi, F. (2007b). Antioxidative activity of protein hydorlysate from round scad muscle using Alcalase and Flavourzyme. *Journal of Food Biochemistry* **31**, 266–287.

49. Klompong, V., Benjakul, S., Kantachote, D. and Shahidi, F. (2007) Antioxidative activity and functional properties of protein hydrolysate of yellow stripe trevally (*Selaroides leptolepis*) as influenced by the degree of hydrolysis and enzyme type. *Food Chemistry* **102**, 1317–1327.

50. Klompong, V., Benjakul, S., Kantachote, D. and Shahidi, F. (2008) Comparative study on antioxidative activity of yellow stripe trevally protein hydrolysate produced from Alcalase and Flavourzyme. *International Journal of Food Science and Technology* **43**, 1019–1026.

51. Cinq-Mars, C.D., Hu, C., Kitts, D.D. and Li-Chan, E.C.Y. (2008) Investigations into inhibitor type and mode, simulated gastrointestinal digestion, and cell transport of the angiotensin I-converting enzyme-inhibitory peptides in Pacific hake (*Merluccius productus*) fillet hydrolysate. *Journal of Agricultural and Food Chemistry* **56**, 410–419.

52. Jun, S.Y., Park, P.J. and Jung, W.K. (2004) Purification and characterization of an antioxidative peptide from enzymatic hydrolysate of yellowfin sole (*Limanda aspera*) frame protein. *European Food Research and Technology* **219**, 20–26.

53. Quaglia, G.B. and Orban, E. (1987) Enzymic solubilisation of proteins of sardine (*Sardina pilchardus*) by commercial proteases. *Journal of the Science of Food and Agriculture* **38**, 263–269.

54. Guerard, F., Dufosse, L., DeLaBroise, D. and Binet, A. (2001) Enzymatic hydrolysis of proteins from yellowfin tuna (*Thunnus albacares*) wastes using Alcalase. *Journal of Molecular Catalysis* **11B**, 1051–1059.

55. Liceaga-Gesualdo, A.M. and Li-Chan, E.C. (1999) Functional properties of fish protein hydrolysate from herring (*Clupea harengus*). *Journal of Food Science* **64**, 1000–1004.

56. Shahidi, F., Han, X.Q. and Synowiecki, J. (1995) Production and characteristics of protein hydrolysates from capelin (*Mallotus villosus*). *Food Chemistry* **53**, 285–293.

57. Sathivel, S., Bechtel, P.J., Babbitt, J., Smiley, S., Crapo, C., Reppond, K. and Prinyawiwatkul, W. (2003) Biochemical and functional properties of herring (*Clupea harengus*) byproduct hydrolysates. *Journal of Food Science* **68**, 2196–2200.

58. Gbogouri, G.A., Linder, M., Fanni, J. and Parmentier, M. (2004) Influence of hydrolysis degree on the functional properties of salmon byproduct hydrolysates. *Journal of Food Science* **69**, 615–622.

59. Aspmo, S.I., Horn, S.J. and Eijsink, V.G.H. (2005) Enzymatic hydrolysis of Atlantic cod (*Gadus morhua* L.) viscera. *Process Biochemistry* **40**, 1957–1966.

60. Souissi, N., Bougatef, A., Triki-Ellouz, Y. and Nasri, M. (2007) Biochemical and functional properties of sardinella (*Sardinella aurita*) by-product hydrolysates. *Food Technology and Biotechnology* **45**, 187–194.

61. Pacheco-Aguilar, R., Mazorra-Manzano, M.A. and Ramirz-Suarez, J.C. (2008) Functional properties of fish protein hydrolysates from Pacific whiting (*Merluccius productus*) muscle produced by a commercial protease. *Food Chemistry* **109**, 782–789.

62. Dong, S., Zeng, M., Wang, D., Liu, Z., Zhao, Y. and Yang, H. (2008) Antioxidant and biochemical properties of protein hydrolysates prepared from silver carp (*Hypophthalmichthys molitrix*). *Food Chemistry* **107**, 1485–1493.

63. Raghavan, S. and Kristinsson, H.G. (2008) Antioxidative efficacy of alkali-treated tilapia protein hydrolysates: a comparative study of five enzymes. *Journal of Agricultural and Food Chemistry* **56**, 1434–1441.

64. Je, J.Y., Qian, Z.J., Byun, H.G. and Kim, S.K. (2007) Purification and characterization of an antioxidative peptide obtained from tuna backbone protein by enzymatic hydrolysis. *Process Biochemistry* **42**, 840–846.

65. Jung, W.K., Mendis, E., Je, J.Y., Park, P.J., Byeng, W.S., Hyoung, C.K., Yang, K.C. and Kim, S.K. (2006) Angiotensin I-converting enzyme inhibitory peptide from yellowfin sole (*Limanda aspera*)

232

frame protein and its antihypertensive effect in spontaneously hypertensive rats. *Food Chemistry* **94**, 26–32.

66. Wu, H.C., Chen, H.M. and Shiau, C.Y. (2003) Free amino acids and peptides as related to antioxidant properties in protein hydrolysates of mackerel (*Scomber austriasicus*). *Food Research International* **36**, 949–957.

67. Jao, C.L. and Ko, W.C. (2002) 1,1-diphenyl-2-picrylhydrazyl (DPPH) radical scavenging by protein hydrolysates from tuna cooking juice. *Fisheries Science* **68**, 430–435.

68. Je, J.Y., Park, P.J. and Kim, S.K. (2005) Antioxidative activity of a peptide isolated from Alaska pollack (*Theragra chalcogramma*) frame protein hydrolysate. *Food Research International* **38**, 45–50.

69. Hoyle, N. and Merritt, J.H. (1994) Quality of fish protein hydrolysates from herring (*Clupea harengus*). *Journal of Food Science* **59**, 76–79.

70. Kristinsson, H.G. and Rasco, B.A. (2000) Fish protein hydrolysates: production, biochemical and functional properties. *Critical Reviews in Food Science and Nutrition* **40**, 43–81.

71. Multilangi, W.A.M., Panyam, D. and Kilara, A. (1996) Functional properties of hydrolysates from proteolysis of heat-denatured whey protein isolate. *Journal of Food Science* **61**, 270–274.

72. Vercruysse, L., vanCamp, J. and Smagghe, G. (2005). ACE inhibitory peptides derived from enzymatic hydrolysates of animal muscle protein: a review. *Journal of Agricultural and Food Chemistry* **53**, 8106–8115.

73. Gildberg, A., Bogwald, J., Johansen, A. and Stenberg, E. (1996) Isolation of acid peptide fractions from a fish protein hydrolysate with strong stimulatory effect on Atlantic salmon (*Salmon salar*) head kidney leucocytes. *Comparative Biochemistry and Physiology* **114B**, 97–101.

74. Bernet, F., Montel, V., Noel, B. and Dupouy, J.P. (2000) Diazepam-like effects of a fish protein hydrolysate (Gabolysat PC60) on stress responsiveness of the rat pituitary-adrenal system and sympathoadrenal activity. *Psychopharmacology* **149**, 34–40.

75. Meisel, H. (1997) Biochemical properties of bioactive peptides derived from milk proteins: potential nutraceuticals for food and pharmaceutical applications. *Livestock Production Science* **50**, 125–138.

76. Coates, D. (2003) The angiotensin converting enzyme (ACE). *International Journal of Biochemistry & Cell Biology* **35**, 769–773.

77. He, H.L., Chen, X.L., Wu, H., Sun, C.Y., Zhang, Y.Z. and Zhou, B.C. (2007) High throughput and rapid screening of marine protein hydrolysate enriched in peptides with angiotensin-I-converting enzyme inhibitory activity by capillary electrophoresis. *Bioresource Technology* **98**, 3499–3505.

78. Motoki, M. and Seguro, K. (1998) Transglutaminase and its used for food processing. *Trends in Food Science and Technology* **9**, 204–210.

79. de Jong, G.A.H. and Koppelman, S.J. (2002) Transglutaminase catalyzed reactions: impact on food applications. *Journal of Food Science* **67**, 2798–2806.

80. Ashie, I.N.A. and Laneir, T.C. (2000) Transglutaminase in seafood processing. In: *Seafood Enzymes Utilization and Influence on Postharvest Seafood Quality* (eds N.F. Haard and B.K. Simpson). Marcel Dekker, New York, pp. 147–166.

81. Folk, J.E. (1980) Transglutaminase. *Annual Review of Biochemistry* **17**, 517–531.

82. Greenberg, C.S., Birckichler, P.J. and Rice, R.H. (1991) Transglutaminase: multifunctional crosslinking enzymes that stabilize tissue. *FASEB Journal* **5**, 3071–3077.

83. Araki, H. and Seki, N. (1993) Comparison of reactivity of transglutaminase to various fish actomyosins. *Nippon Suisan Gakkaishi* **95**, 711–716.

84. Kimura, I., Sugimoto, M., Toyoda, K., Seki, N. and Fujita, T. (1991) A study on the cross-linking reaction of myosin in kamaboko 'suwari' gels. *Nippon Suisan Gakkaishi* **57**, 1386–1396.

85. Sakamoto, S., Kumazawa, Y. Kawajiri, H. and Motoki, M. (1995) $\varepsilon - (\gamma$-glutamyl) lysine crosslink distribution in foods as determined by improved method. *Journal of Food Science* **60**, 1412–1416.

86. Benjakul, S., Chantarasuwan, C. and Visessanguan, W. (2003) Effect of medium temperature setting on gelling characteristics of surimi from some tropical fish. *Food Chemistry* **82**, 657–574.

87. Benjakul, S., Visessanguan, W. and Chantarasuwan, C. (2004a). Effect of high-temperature setting on gelling characteristic of surimi from some tropical fish. *International Journal of Food Science and Technology* **39**, 671–680.

88. Benjakul, S., Visessanguan, W. and Pecharat, S. (2004b). Suwari gel properties as affected by transglutaminase activator and inhibitors. *Food Chemistry* **85**, 91–99.

89. Tsukamasa, Y., Miyake, Y., Ando, M. and Makinodan, Y. (2002) Total activity of transglutaminase at various temperatures in several fish meats. *Fisheries Science* **68**, 929–933.

90. Youngsawatdigul, J., Worratao, A. and Park, J.W. (2002) Effect of endogenous transglutaminase on threadfin bream surimi gelation. *Journal of Food Science* **67**, 3258–3263.

91. Yasueda, H., Kumazawa, Y. and Motoki, M. (1994) Purification and characterization of tissue-type transglutaminase from red sea bream (*Pagrus major*). *Bioscience Biotechnology Biochemistry* **58**, 2041–2045.

233

92. Benjakul, S. and Visessanguan, W. (2003) Transglutaminase-mediated setting in bigeye snapper surimi. *Food Research International* **36**, 253–266.

93. Worratao, A. and Youngsawatdigul, J. (2005) Purification and characterization of transglutaminase from tropical tilapia (*Oreochromis niloticus*). *Food Chemistry* **93**, 651–658.

94. Nowsad, A., Katho, E., Konoh, S. and Niwa, E. (1994) Setting of surimi paste in which transglutaminase is inactivated by ρ-chloromercuribenzoate. *Fisheries Science* **60**, 189–191.

95. Chantarasuwan, C. (2001) Role of endogenous transglutaminase in setting of surimi from some tropical fish. MSc Thesis, Prince of Songkla University, Thailand.

96. Ho, M.L., Leu, S.Z., Hsieh, J.F. and Jiang, S.T. (2000) Technical approach to simplify the purification method and characterization of microbial transglutaminase produced from *Streptoverticillium ladakanum*. *Journal of Food Science* **65**, 76–80.

97. Lee, N.G. and Park, J.W. (1998) Calcium compounds to improve gel functionality of Pacific whiting and Alaska pollack surimi. *Journal of Food Science* **63**, 969–974.

98. Hemung, B. and Yongsawatdigul, J. (2005) Ca^{2+} affects physicochemical and conformational changes of threadfin bream myosin and actin in a setting model. *Journal of Food Science* **70**, 455–460.

99. Benjakul, S., Visessanguan, W. and Chantarasuwan, C. (2004c). Cross-linking activity of sarcoplasmic fraction from bigeye snapper (*Priacanthus tayenus*) muscle. *Lebensmittel-Wissenschaft und-Technologie* **37**, 79–85.

100. Gerber, U., Jucknischke, U., Putzein, S. and Fuchsbauer, H.L. (1994) A rapid and simple method of purification of transglutaminase from *Streptovercillium mabaraense*. *Journal of Biochemistry* **299**, 825–829.

101. Ando, H., Adachi, M., Umead, K.K., Matsuura, A., Nonaka, M., Uchio, R., Tanaka, H. and Motoki, M. (1989) Purification and characteristics of novel transglutaminase derived from microorganisms. *Agricultural and Biological Chemistry* **53**, 2613–2617.

102. Ramanujam, M.V. and Hangeman, J.H. (1990) Intracellular transglutaminase (EC 2.3.2.13) in a prokaryote: evidence from vegetative and sporulating cells of *Bacillus subtilis*. *FASEB Journal* **4**, 2321–2328.

103. Tsai, G.J., Lin, S.M., and Jiang, S.T. (1996) Transglutaminase from *Streptoverticillum ladakanum* and application to minced fish product. *Journal of Food Science* **61**, 1234–1240.

104. Kanaji, T., Ozaki, H., Takao, T., Kawajiri, H., Ide, H., Motoki, M. and Shimonoshi, Y. (1993) Primary structure of microbial transglutaminase from *Streptoverticillium sp.* strain s-8112. *Journal of Biological Chemistry* **268**, 11565–11572.

105. Nakahara, C., Nozawa, H. and Seki, N. (1999) A comparison of cross-linking of fish myofibrillar proteins by endogenous and microbial transglutaminases. *Fisheries Science* **65**, 138–144.

106. Jiang, S.T., Hsieh, J.E., Ho, M.L. and Chung, Y.C. (2000) Combination effect of microbial transglutaminase, reducing agent and proteinase inhibitor on the quality of hair tail surimi. *Journal of Food Science* **65**, 241–245.

107. Ramirez, J.A., Rodriguez-Sosa, R., Morales, O.G. and Vazquez, M. (2000) Surimi gels from striped mullet (*Mugil cephalus*) employing microbial transglutaminase. *Food Chemistry* **70**, 443–449.

108. Thammatinna, A., Benjakul, S., Visessanguan, W. and Tanaka, M. (2007) Gelling properties of Pacific white shrimp (*Penaeus vannamei*) meat as influence by setting condition and microbial transglutaminase. *LWT – Food Science and Technology* **40**, 1489–1497.

109. Uresti, R.M., Velazgguez, G., Vazquez, M., Ramirez, J. and Torres, A.J. (2006) Effect of combining microbial transglutaminase and high pressure treatment on the mechanical properties of heat – induce gels prepared from arrowtooth founder (*Atheresthes stomias*). *Food Chemistry* **94**, 202–209.

110. Moreno, H.M., Carballo, J. and Borderias, A.J. (2008) Influence of alginate and microbial transglutaminase as binding ingredients on restructured fish muscle processed at low temperature. *Journal of the Science of Food and Agriculture* **88**(9), 1529–1537.

111. Uresti, R.M., Tellez-Luis, S.J., Ramirez, J.A. and Vazquez, M. (2004) Use of dairy proteins and microbial transglutaminase to obtain low-salt fish products from filleting waste from silver carp (*Hypophthalmichthys molitrix*). *Food Chemistry* **86**, 257–262.

112. Gomez-Guillen, M.C., Montero, P., Solas, M.T. and Perez-Mateos, M. (2005) Effect of chitosan and microbial transglutaminase on the gel forming ability of horse mackerel (*Trachurus* spp.) muscle under high pressure. *Food Research and Technology* **38**, 103–110.

113. Uresti, R.M., Ramirez, J.A., Lopez-Arias, N. and Vazquez, M. (2003) Negative effect of combining microbial transglutaminase with low methoxyl pectin on the mechanical properties and colour attributes of fish gels. *Food Chemistry* **80**, 551–556.

114. Hsieh, J.R., Tsai, G.J. and Jiang, S.T. (2002) Microbial transglutaminase and recombinant cystatin effects on improving the quality of mackerel surimi. *Journal of Food Science* **67**, 3120–3125.

234

246

115. Gomez-Guillen, C., Solas, T. and Montero, P. (1997) Influence of added salt and non-muscle proteins on the rheology and ultrastructure of gels made from minced flesh of sardine (*Sardina pilchardus*). *Food Chemistry* **58**, 193–202.

116. Tellez-Luis, S., Uresti, R.M., Ramirez, J.A. and Vazquez, M. (2002) Low-salt restructured fish products using microbial transglutaminase as binding agent. *Journal of the Science of Food and Agriculture* **82**, 953–959.

117. Ramirez, J.A., del Angel, A., Uresti, R.M., Velazquez, G. and Vazquez, M. (2007) Low-salt restructured fish products using low-value fish species from the Gulf of Mexico. *International Journal of Food Science and Technology* **42**, 1039–1045.

118. Benjakul, S., Visessanguan, W., Ishizaki, S. and Tanaka, M. (2002) Gel-forming properties of surimi produced from bigeye snapper, *Priacanthus tayenus* and *Priacanthis macracanthus*, stored in ice. *Journal of the Science of Food and Agriculture* **82**, 1442–1451.

119. Benjakul, S., Phatcharat, S., Tammatinna, A. and Visessanguan, W. (2008) Improvement of gelling properties of lizardfish mince as influenced by microbial transglutaminase and fish freshness. *Journal of Food Science* **73**(6), 239–246.

120. Jongjareonrak, A., Benjakul, S., Visessanguan, W. and Tanaka, M. (2006) Skin gelatin from bigeye snapper and brownstripe red snapper: chemical compositions and effect of microbial transglutaminase on gel properties. *Food Hydrocolloids* **20**, 1216–1222.

121. Regenstein, J.M. and Zhou, P. (2007) Collagen and gelatin from marine by-products. In: *Maximising the Value of Marine By-Product* (ed. F. Shahidi). CRC Press LLC, Boca Raton, FL, 279–303

122. Norland, R.E. (1990) Fish gelatin. In: *Advances in Fisheries Technology and Biotechnology for Increased Profitability* (eds M.N. Voight and J.K. Botta). Technomic Publishing Co., Lancaster, PA, pp. 325–333.

123. Kolodziejska, I., Kaczorowski, K., Piotrowska, B. and Sadowska, M. (2004) Modification of the properties of gelatin from skins of Baltic cod (*Gadus morhua*) with transglutaminase. *Food Chemistry* **86**, 203–209.

124. Fernandez-Diaz, M.D., Montero, P. and Gomez-Guillen, M.C. (2001) Gel properties of collagens from skins of cod (*Gadus morhua*) and hake (*Merluccius merluccius*) and their modification by the coenhancers magnesium sulphate, glycerol and transglutaminase. *Food Chemistry* **74**, 161–167.

125. Gomez-Guillen, M.C., Sarabia, A.I., Solas, M.T. and Montero, P. (2001) Effect of microbial transglutaminase on the functional properties of megrim (*Lepidorhombus boscii*) skin gelatin. *Journal of the Science of Food and Agriculture* **81**, 665–673.

126. Koladziejska, I. and Piotrowska, B. (2007) The water vapour permeability, mechanical properties and solubility of fish gelatin-chitosan films modified with transglutaminase or 1-thyl-3-(3-dimethylaminopropyl) carbodiimide (EDC) and plasticized with glycerol. *Food Chemistry* **103**, 295–300.

127. Yi, J.B., Kim, Y.T., Bae, H.J., Whiteside, W.S. and Park, H.J. (2006) Influence of transglutaminase-induced cross-linking on properties of fish gelatin films. *Journal of Food Science* **71**, 376–383.

128. Sztuka, K. and Kolodziejska, I. (2008) Effect of transglutaminase and EDC on biodegradation of fish gelatin and gelatin-chitosan films. *European Food Research and Technology* **226**, 1127–1133.

235

11 酶在水果和蔬菜加工中的应用

Catherine Grassin 和 Yves Coutel

11.1 概述

2005 年全球大约生产了 13 亿吨的蔬菜和 4.17 亿吨的水果。中国几乎是每种水果和蔬菜的头号生产国。到目前为止,中国是世界上最大的苹果生产国,并且其 2007—2008 产季的苹果产量预测为 0.23 亿吨,而该产季全球苹果产量预测达到 0.41 亿吨。2007—2008 产季全球柑橘类水果产量预测在 0.71 亿吨左右,而该产季中国柑橘类水果产量预测为 0.176 亿吨。2007 年全球果汁销量达到 540 亿升,到 2011 年预测有 15% 增幅,达到 620 亿升。亚洲有望在 2009—2010 年度成为全球最大的果汁市场,果汁消费量将超过 140 亿升。目前西欧国家人均年果汁消费量为 31 L。东欧国家人均年果汁消费量正在快速增长(俄罗斯人均年果汁消费量为 18 L),印度和中国也是如此。2006 年美国人均果汁消费量达到峰值 40 L,特别是浓缩汁和小品种果汁部分增长明显。

果胶酶在果汁加工中的第一次商业化应用可追溯到 20 世纪 30 年代,当时仅仅用于苹果汁的澄清。果胶酶通过水解果汁中的可溶性果胶来降低果汁黏度,从而能加快苹果清汁的生产。果胶酶于 20 世纪 80 年代被加入苹果果浆中,大幅提升了果汁产量,并且通过采用水分蒸发的方法使果汁的浓缩成为可能,从而能生产出非常稳定的浓缩汁。从单倍汁到浓缩汁,后者的储存体积减少到前者的 1/5。自那时起,像浆果、热带水果和柑橘之类的其他水果均采用酶来参与它们的加工。

近年来,欧美水果加工业受到来自亚洲的压力越来越大。来自远东国家日益激烈的竞争迫使欧洲水果加工企业进行合并,采用新的和性价比更高的技术,针对不同的市场领域推出新的饮料产品,通过提高副产物的价值来减少废弃物的产生,从而提出以下四种趋势。

(1) 通过企业并购的方式,水果加工业内的整合已在进行。在欧洲,少数大公司已取代数以千计从 20 世纪 80 年代就开始运营的果汁生产商。结果是水果加工业成为一个更加组织化和纵向一体化的行业。

（2）采用性价比更高的技术、更好的设备和新型酶制剂：例如采用具有连续自动化控制系统的榨汁机或分离机；采用能提高水果出汁率、加工速度和加工能力的酶制剂。

（3）一些新型饮料产品，特别是像胡萝卜汁-菠萝汁-桃汁或蓝莓汁-紫心萝卜汁-葡萄汁-甜菜汁之类的不同果汁和蔬菜汁的复合饮料现在均已成为上市产品，并以它们有益健康为卖点。它们富含抗氧化物质、维生素和膳食纤维。现在像巴西莓、西印度樱桃、腰果梨或扁樱桃之类的新型水果也被加工成果汁，并且由于这些果汁具有诱人的颜色和香气而被应用在上述复合果汁中。因此果汁加工需要更复杂的设备，而不是简单的机械压榨或物理提取。酶制剂供应商根据水果成分和果汁成品形态（如清汁、浊汁、原浆和果昔）为水果加工商提供专属酶制剂。应用某些功能特殊的纯酶也能选择性地提取出像香气、色素和多酚物质之类的功能成分，从而有利于不同果汁成品和水果衍生品的生产。

（4）现在减少废弃物的产生和可持续的生产方式都已成为果汁加工商的考虑事项。一榨完成后，用酶浸提果渣能将剩余的糖提取出。这些糖可用于天然水果甜味剂或乙醇的生产。酶能改善果汁质量和稳定性，并能提高工厂的生产力。结合新设备和新加工技术，商品酶制剂能为果汁加工商提高水果原料的利用率，从而能减少废弃物的产生，有利于实现可持续的生产方式。

11.2 水果成分

水果由果皮、果肉组织和种子或果核组成。果肉细胞由刚性细胞壁（能厚至几十微米）连接在一起。这使水果具有非常明确的形状，并保护水果免受内压和外部冲击。在初生细胞壁中，主要的多糖成分是果胶、半纤维素和纤维素。

11.2.1 果胶

果胶是一类复杂多糖的总称，其分子主干大体上是以 $\alpha-1,4$ 糖苷键连接 D-半乳糖醛酸组成的线性链。到目前为止，果胶分子链被划分为三个部分：均聚半乳糖醛酸（HG）、鼠李糖半乳糖醛酸聚糖和含有取代基的聚半乳糖醛酸。

（1）均聚半乳糖醛酸（HG）是由 D-半乳糖醛酸单元通过 $\alpha-1,4$ 糖苷键连接而成的均聚物，它为人熟知的特征是具有形成凝胶的能力。初生细胞壁中的均聚半乳糖醛酸（HG）分子中的半乳糖醛酸残基中的羧基基团能在 C6 位置处被甲酯化，在 C2 或 C3 位置处被乙酰基化。不同品种水果中的果胶都有特定的甲酯化度、乙酰基酯化度和相对分子质量（表 11.1）。

表 11.1 水果成分

水果	果胶含量（鲜重计）/%	甲酯化度/%	内源酶	pH	滴定酸度（以酒石酸计）/%	柠檬酸/%	苹果酸/%	其他酸	固形物/%	纤维/%
苹果	0.7~0.8	75~92	PE,PG	3.3~3.9	0.5~1.4	—	>90	奎宁酸 5%	15	2
杏	—	50~60	—	3.3~3.8	1.1~1.3	25	75	奎宁酸	15	2
香蕉	0.5~0.7	50~60	PE,PG	4.5~5.2	0.3~0.4	20	70	草酸 10%	25~30	3
黑莓	0.7~0.9	—	PE	3.8~4.5	0.9~1.3	50	50	—	15~18	7
黑加仑	1.1	50~80	PE	2.8~3.0	3.0~4.0	90	10	草酸	20~23	8
樱桃	0.2~0.3	40	PE	3.3~3.8	0.4~0.6	10	90	—	14~16	2
蔓越莓	1.0	—	—	2.3~2.5	—	—	—	—	—	—
葡萄	0.1~0.4	50~65	PE,PG	2.8~3.2	0.4~1.3	—	20	酒石酸	20	1.5
西柚	1.3~1.6	—	PE	3.0~3.7	2.0	95	5	—	9~10	1
柠檬	2.0	65~70	—	2.0~2.6	4.0~4.5	95	5	奎宁酸	13~15	5
芒果	0.3~0.4	78~85	PE,PG	3.4~4.6	0.2~1.2(cit.)	—	—	—	—	—
甜橙	0.6~0.9	65~70	PE	3.3~4.2	0.8~1.1	90	10	—	14	2
桃	0.3~0.4	60~80	PE,PG,CEL,PPO	3.3~4.0	0.5~0.8	25	75	—	11~13	2
梨	0.7~0.9	50~70	PE,PG	4.0~4.6	0.2~0.4	—	>90	—	15~17	2
菠萝	0.04~0.1	22~40	PG	3.2~4.0	0.8~1.3	80	20	—	15	1
李子	0.7~0.9	70~75	PPO	3.6~4.3	1.4~1.7	—	>95	奎宁酸	15	1.5
树莓	0.4~0.5	20	—	3.2~3.9	1.4~1.6	75	25	—	15~20	7
草莓	0.4~0.5	20~60	PE,CEL,PPO	3.0~3.9	0.6~1.5	90	10	琥珀酸	10	2

注：PE—果胶甲基酯酶；PG—聚半乳糖醛酸酶；CEL—纤维素酶；PPO—多酚氧化酶；—未知。

（2）Ⅰ型鼠李糖半乳糖醛酸聚糖（RGⅠ）的主链由多达 100 个二糖单元 [(1→2)-α-L-鼠李糖基-(1→4)-α-D-半乳糖醛酸]重复构成，并且其主链能被阿拉伯聚糖或阿拉伯半乳聚糖这样的侧链取代，这些中性糖侧链通过共价键连接在 RGⅠ主链中鼠李糖残基 O4 处。

（3）大体上阿拉伯聚糖是由(1→5)-α-L-阿拉伯糖残基单元聚合成线性主链，但有少数 L-阿拉伯糖残基单元通过(1→3)或(1→2)α-键连接于主链，并形成短侧链。

（4）Ⅰ型阿拉伯半乳聚糖（AGⅠ）由(1→4)-β-D-半乳糖残基单元聚合成主链，Ⅱ型阿拉伯半乳聚糖（AGⅡ）由(1→3)，(1→6)-β-D-半乳糖残基单元聚合成主链。这两类阿拉伯半乳聚糖都含有(1→3)-α-L-阿拉伯糖基取代物。

（5）Ⅱ型鼠李糖半乳糖醛酸聚糖（RGⅡ）是一种相对分子质量大约为 4 800 的低相对分子质量复杂多糖，由 12 种不同的单糖组成，其主链是由 9 个 (1→4)-β-D-半乳糖醛酸残基单元聚合成的均聚半乳糖醛酸，4 种不同的复杂侧链连接在 RGⅡ主链中半乳糖醛酸残基 O2 或 O3 处。

11.2.2 半纤维素

初生细胞壁中两种主要的半纤维素是木葡聚糖和阿拉伯木聚糖。还有一些少量的成分如葡甘聚糖或半乳葡甘聚糖被鉴定出。半纤维素通过氢键紧密结合在由纤维素分子交联而成的纤维素微纤丝的表面，形成一种纤维素-半纤维素网络，该网络与果胶质多糖的相互连接对果胶网络完整性非常重要。1993—1994 年，Vinken 和 Voragen 称木葡聚糖是苹果细胞壁中的关键结构，若它先被水解，则有助于分解嵌入在细胞壁中的纤维素。苹果中木葡聚糖部分大概占苹果细胞壁中总糖含量的 24％，纤维素-木葡聚糖复合物大概占苹果细胞壁基质物质含量的 57％。

11.2.3 纤维素

纤维素在次生细胞壁中含量特别丰富。这是一种由(1→4)-β-D-葡萄糖残基单元聚合成主链的多糖。纤维素微纤丝赋予初生细胞壁形状和拉伸强度。半纤维素紧密地结合在纤维素微纤丝的表面，将其进行包裹。在果汁提取中，若使用果浆浸渍工艺，则没有必要分解这种纤维素网络。事实上，如果这种纤维素网络被破坏，则果浆会软化，其压榨性和排汁性也会失去。

11.2.4 淀粉

淀粉作为一种能量储备物质，不仅存在于未成熟的苹果和梨，而且存在于许多其他的水果和蔬菜。但是，它不存在于浆果类水果。淀粉合成于淀粉体，并以颗粒的形式存在于水果细胞。淀粉这种多糖由直链淀粉和支链淀粉组成。直链淀粉是其中含量偏低的部分,是由(1→4)-α-D-葡萄糖残基单元聚合成的线性高分子。支链淀粉中 D-葡萄糖残基单元除以 α-1,4 糖苷键相连外,还以 α-1,6 糖苷键相连。它的聚合度远高于直链淀粉。苹果淀粉在75℃左右糊化,并且仅在糊化膨胀后才能被 α-淀粉酶和葡萄糖淀粉酶水解。

11.3 果胶降解酶

所有品种水果细胞壁组成是相似的,但是中性糖的类型随着水果品种的不同而不尽相同。像多糖、多酚或蛋白质这些成分所占比例也取决于农业和气候条件、水果成熟度以及水果储存条件和时间。表 11.1 列出了水果最重要的成分、果胶特征和成分平均含量。

水果的营养价值丰富,加工成果汁后,巴氏杀菌能延长果汁的货架期。然而,果汁的提取往往比较困难,出汁率通常比较低,其主要障碍是果胶。由于果胶对水有高度亲和力,水果一经破碎,果胶就会溶于果汁,提高果汁黏度。当糖浓度在果汁浓缩阶段增加时,果胶也能形成凝胶。一旦检测出水果果胶的组成,就能确定用来水解该水果果胶所需酶的类型。利用酶水解果胶能使果汁提取更容易,并能得到更高的出汁率。

黑曲霉是用来大规模生产用于果汁行业果胶酶的主要微生物。该真菌的野生株分泌大量不同的酶来分解底物,使之转变为营养物质,以供自身的新陈代谢使用。这种特征可用于酶的工业化生产。黑曲霉也是一种适用于同源性和异源性基因表达的微生物。使用传统的菌株改良和规定的转基因方法,酶制剂生产商成功地培育出生产纯酶的黑曲霉菌株,这也推动了果胶酶的生产。DSM 于 2000 年 6 月根据黑曲霉全基因组序列图谱,发现了新酶。黑曲霉全基因组测出了 3 390 万个碱基对。超过 14 000 个开放阅读框(ORF)被识别出,并且使用国际数据库作为参考,对其进行功能性分类。结合总数 845 个被 EC(酶学专门委员会)识别出的果胶酶,注释了 97 个果胶酶基因,并且其中大约有 60 个果胶酶基因是新识别出的。表 11.2 列出了由黑曲霉生产的果胶酶的名称以及它们的基因编码。

表 11.2　来源于黑曲霉的果胶酶的名称、编号和基因编码

名　　　称	EC 编号	基　因　编　码
均聚半乳糖醛酸段降解酶		
内切聚半乳糖醛酸酶	3.2.1.15	pga A B C D E F Ⅰ Ⅱ Ⅹ
外切聚半乳糖醛酸酶	3.2.1.67	pgx A B C D E
果胶裂解酶	4.2.2.10	pel A B C D E Ⅱ
果胶酸裂解酶	4.2.2.2	ply A

名 称	EC编号	基因编码
均聚半乳糖醛酸段降解辅助酶		
果胶甲基酯酶	3.1.1.11	pme A B C
果胶乙酰基酯酶		pae A B C D
鼠李糖半乳糖醛酸聚糖段降解酶		
鼠李糖半乳糖醛酸聚糖水解酶		rgh A B C D E F
鼠李糖半乳糖醛酸聚糖裂解酶		rgl A B D
木糖半乳糖醛酸聚糖水解酶		xgh A C D
内切木聚糖酶	3.2.1.32	xln A C D E F
鼠李糖半乳糖醛酸聚糖降解辅助酶		
鼠李糖半乳糖醛酸聚糖乙酰基酯酶		rgae A
α-阿拉伯呋喃糖苷酶	3.2.1.55	abf A B C D
内切阿拉伯聚糖酶	3.2.1.99	abn A B C D E F
β-1,4-半乳聚糖酶	3.2.1.89	gal A B
β-1,3-阿拉伯半乳聚糖酶	3.2.1.90	agn
β-半乳糖苷酶	3.2.1.23	lac A B C D E F G H
α-半乳糖苷酶	3.2.1.22	agl A B C D E F
阿魏酸酯酶		fae A B C D E F G H
β-鼠李糖苷酶	3.2.1.43	rha A B C D E F G H
α-岩藻糖苷酶	3.2.1.51	fuc A
α-木糖苷酶	3.2.1.37	xal A
木糖阿拉伯糖苷酶		xar A B
β-葡萄糖醛酸酶	3.2.1.31	gus A B
阿拉伯木聚糖酶		axh A
甘露聚糖酶	3.2.1.101	man A
β-甘露糖苷酶	3.2.1.25	mnd A

果汁行业中使用的商品果胶酶来源于黑曲霉选育菌株。菌株在成分明确的培养基中生长,之后将其分泌的胞外酶进行纯化和浓缩。

以果胶酶与果胶的反应为基础,对果胶酶进行定义和分类,果胶酶主要分成以下三类:裂解酶、水解酶和酯酶。表11.3总结了用于水果加工的主要黑曲霉果胶酶的生化性质。

表11.3 用于水果加工的主要黑曲霉果胶酶的生化性质

酶	作 用 机 制	pH	温度	最适底物	功 能 性
果胶裂解酶	通过反式消除方式裂解D-聚半乳糖醛酸甲酯中的α-1,4糖苷键,从而生成非还原端为4-烯基-D-半乳糖醛酸甲酯的寡糖	4.0～6.0	30～45℃	高度甲酯化的寡聚半乳糖醛酸	降低果胶的黏度
内切聚半乳糖醛酸酶	随机性地水解果胶酸和其他聚半乳醛酸中的α-1,4糖苷键	3.5～6.0	40～45℃	α-D-半乳糖醛酸基-(1,4)-O-α-D-半乳糖醛酸+水	降低果胶的黏度
外切聚半乳糖醛酸酶	通过终端作用机制催化D-聚半乳糖醛酸的降解	3.0～5.2	30～60℃	2(1,4-α-D-半乳糖醛酸苷)+水	释放半乳糖醛酸
果胶甲基酯酶	水解羧酸酯	3.5～5.5	40℃	甲酯化的寡聚半乳糖醛酸+水	释放甲醇
阿拉伯呋喃糖苷酶	在α-L-阿拉伯糖苷中,水解非还原端的α-L-阿拉伯呋喃糖苷残基	2.0～5.5	50～60℃	1,2-1,3-α-L-阿拉伯糖苷	改善内切阿拉伯聚糖酶和β-1,3-阿拉伯半乳聚糖酶与底物的接触
内切阿拉伯聚糖酶	从内部水解1,5阿拉伯聚糖中的α-1,5糖苷键	4.5～4.8	40～45℃	1,5-α-L-阿拉伯聚糖+水	防止苹果和梨浓缩汁中形成阿拉伯聚糖浑浊

图11.1为果胶组成的示意图。定位于果胶分子中不同作用部位的果胶酶以表11.2描述的基因编码来命名。

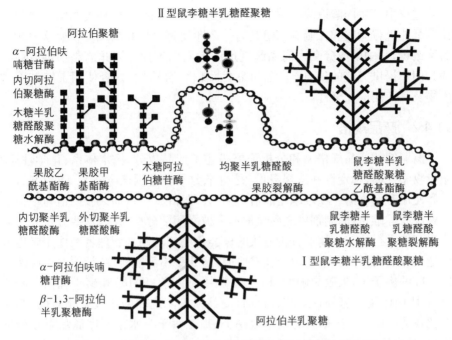

图 11.1　果胶分子的组成和果胶降解酶(源自参考文献[13])

11.4　商品果胶酶

11.4.1　生产

　　在果汁加工中,没有必要完全分解水果果肉细胞壁来提取果汁。主要的目标是降低果浆或果汁中果胶的黏度来提高果汁加工速度。果胶是一种存在于所有水果的多糖。它在水果破碎后能形成凝胶。它会锁住果浆中的果汁,降低果浆压榨性,降低果汁出汁率,延缓果汁澄清,并使果汁的浓缩难以顺利进行。然而来源于黑曲霉的果胶酶在果汁天然 pH 范围内(2.5~5.5)均有活力。除此之外,水果和蔬菜均在低温条件下(加工温度通常不超过 50℃)加工以保持新鲜度。这些因素都有利于果胶酶在果汁加工中的应用。传统的黑曲霉菌株不仅产生作为主酶的果胶酶,还产生众多其他的副酶如半纤维素酶或糖苷酶。在水果加工中,所有这些酶都有特定的功能和作用。果汁生产商希望使用高效的果胶酶制剂,因此酶制剂生产商在每批酶制剂生产中,控制和标准化果胶酶的活力就显得尤为迫切。果胶酶由某个黑曲霉菌株的纯培养物生产而来,菌株的选择基础是它的产酶能力。虽然这些产酶菌株的分类和命名是黑曲霉,但是不同的黑曲霉菌株之间有差别,并且这些菌株是酶制剂生产商的核心技术。菌株生长于固体培养基(固态发酵)或液体培养基(深层发酵)。

培养过程中产生的酶取决于菌株和培养基,并且酶的浓度、种类和酶活之间的比例都能进行调整和控制。这也是为什么即使都以果胶酶或淀粉酶这一相同名称销售,其中的成分会因商品酶制剂的不同而不同。因此酶制剂供应商必须为用户提供完整的信息:产品可靠性,规格,合法性,是否使用了转基因微生物及其使用的安全性。

11.4.2 产品规格

酶制剂的产品规格书和分析证书描述了产品成分、稳定体系、化学性质、微生物学性质、稳定性和法规身份(是否来源于转基因微生物)。酶制剂管理者和使用者面临的一项难题是酶活力为"公司标准"。例如果胶酶活力单位定义就没有标准化,酶制剂供应商通常不会披露酶活分析方法,这些分析方法之间也不能进行比较。酶活分析方法的标准化会使酶制剂管理者和使用者更方便地比较酶的活力。但是由于技术原因,这几乎不可能实现,就像在果胶酶分解果胶的例子中,果胶裂解酶(PL)、果胶甲基酯酶(PME)和聚半乳糖醛酸酶(PG)协同作用一起分解果胶。目前,商品果胶酶之间的比较是相对的,其相对比较的基础是:在相同的技术效率下,加工每千克水果所需商品果胶酶的用量/价格比。

11.4.3 法规

用于水果加工的果胶酶需获得 GRAS(公认安全)身份,必须符合 JECFA(1981 年制定,2006 年修订)、食品化学物质法典(2004 年,第 5 版)、欧盟食品科学委员会(SCF)指导方针(1991 年)、法国酶法规(2006 年)为食品用酶制定的通用规范。

欧盟(EU)可允许作为食品添加剂使用的酶有溶菌酶(在葡萄酒中使用)和蔗糖转化酶(在糖果中使用)。在管理作为加工助剂使用的酶制剂方面,法国和丹麦都有国家法规。在欧盟层面上,欧洲议会于 2007 年 6 月讨论了酶的普遍性法规。在果汁加工用酶的专项性法规方面,欧盟批准了一份包括果胶酶、淀粉酶和蛋白酶在内的确切加工助剂清单。果胶酶之类的加工助剂被定义为:一种在加工过程中有作用,在成品中可存在但不能有作用的物质。成品标签中,不需要标注加工助剂。对源于传统或转基因微生物菌株的果胶酶或淀粉酶来说也是如此。

11.4.4 转基因微生物

在果汁行业中,特别是在苹果汁加工中,来源于转基因微生物的酶制剂的使用日益增多。曲霉属菌株经过转基因能产生不含有副酶的纯酶。转基因技术仅应用于菌株但不作用于酶,因此酶是非转基因的,但是来源于转基因微生物。如果在转基因过程中没有引入另一种微生物来源的 DNA,该过程被称为同源重组,这可比拟于传统的基因技术(例如紫外线或化学物质造成的随机突变)。如果受体菌株被引入另一种微生物来源的外源 DNA,该过程被称为异源重组。只有同源重组和自克隆菌株产生的酶被批准用于果汁行业。

当将选择标记从 DNA 中移除时,会使用"自克隆"这个词。转基因技术保证转基因菌株产生的酶蛋白与传统菌株产生的酶蛋白完全一致。成品酶中不会含有 DNA 分子(图 11.2)。

244

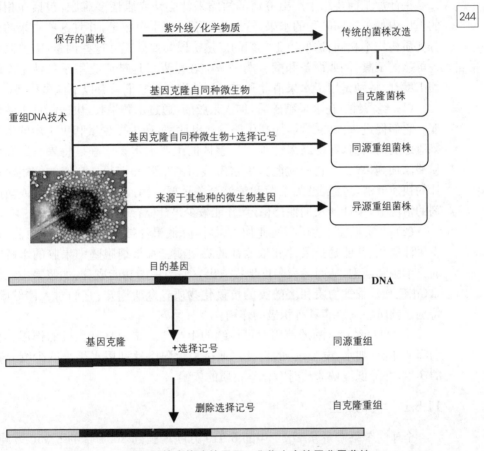

图 11.2　采用不同技术构建的用于工业化生产的黑曲霉菌株

商品果胶酶之间存在着较大的成分差异。来源于转基因微生物的几种纯果胶酶可单独或复配使用;或者将来源于转基因微生物的纯果胶酶添加到传统果胶酶产品(由传统菌株生产的果胶酶)中,来提高某些果胶酶的活力。

自克隆微生物的法律地位非常复杂。根据以下指令,由欧盟理事会指令 98/81/EC 定义的自克隆微生物不被认为是转基因微生物。

(1) 德国基因技术法执行指令 90/129/EC(德国)。

(2) 奥地利基因技术法 BGBL 510/1994(奥地利)。

(3) 关于在环境中生物处理的条例 SR814.911(瑞士)。

(4) 在澳大利亚和美国已经接受传统菌株的地方,无须额外批准。

(5) 在欧洲所有其他国家中,源于自克隆微生物的酶被认为是源于转基因微生物。

11.5 酶在果汁加工中的应用

果汁加工商要想生产出澄清的浓缩果汁必须克服诸多难题,包括在相同的工厂内加工不同品种的水果,管理起伏不定的水果数量,并且这些水果的成分和质构均不相同,这取决于它们的成熟阶段。要处理好这些因素,需要高效且可靠的工具,例如设备和酶。酶是一类在世界各地被广泛用于果汁生产的加工助剂,特别是用于水果清汁和浓缩汁的生产。它们具有以下众多优势。

(1) 经济性:在水果破碎后,加入果胶酶,通过水解果胶,快速降低果浆黏度。它们促进果汁的提取,提高压榨量和出汁率,产生更少量和更干燥的像苹果渣之类的残渣,并提高果汁加工厂整体的生产力水平。一旦将果胶酶和淀粉酶添加到果汁中,它们就能分别水解残留的果胶和淀粉。它们的使用对果汁的快速澄清,过滤,巴氏杀菌和浓缩至关重要。因此,在没有添加剂或防腐剂的情况下,果汁能长期保持稳定,并能减少果汁储存体积和运输重量。

(2) 高质量性:使用酶快速加工果汁,降低果汁被微生物污染的风险,减少果汁氧化,并能延长果汁和浓缩汁的货架期。水果细胞壁中果胶的水解能弱化细胞和液泡,从而最大限度地提取出它们当中的功能成分,如浆果中红色素(花色苷),香气物质和多酚类的抗氧化物质。众所周知,它们对人体健康,特别是预防心脏疾病具有积极的作用。

(3) 可持续性:酶的使用对可持续的生产方式来说具有积极的作用。它们降低能源(如水,电和汽)的消耗。通过最大限度地利用水果来减少废弃物的产生,并降低设备清洁时对化学物质的依赖。

11.5.1 苹果加工

全球的苹果产量从 2000 年的 5 910 万吨增长到 2004 年的 6 350 万吨。USDA(美国农业部)计算 2007—2008 产季的全球苹果产量在 4 200 万吨左右,其中中国苹果产量占总产量 56%(2 300 万吨)。在苹果出口量方面,中国正快速接近全球最大的苹果出口方——欧盟,在 2007—2008 产季,中国和欧盟的市场占有率分别为 19% 和 22%,但在苹果出口额方面,中国位居第三,落后于市场领导者美国和其后的欧盟。在 2006—2007 产季,全球苹果浓缩汁(AJC)出口量为 142 万吨,占苹果汁总产量的 11%。从 2000 年到 2007 年,苹果汁的生产量几乎增长了 4 倍。在 2006—2007 产季,中国苹果浓缩汁出口量达到了894 293 吨,与此同时,欧盟苹果浓缩汁和单倍汁进口量达到了 100 万吨。法国、德国和日本的苹果产量在下降,而中国、波兰和俄罗斯的苹果产量在上升。

11.5.1.1　采用榨汁机生产苹果浓缩汁

图 11.3 描述了采用榨汁机生产苹果浓缩汁的传统工艺。苹果在清洗、拣选和破碎后,采用计量泵将果浆酶连续泵入破碎的果浆中,其中果浆酶在使用时要用大约 10～20 倍的水进行稀释。

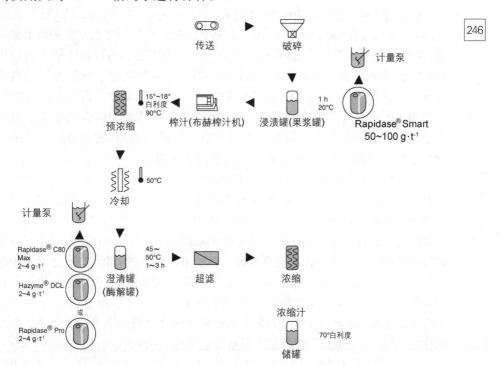

图 11.3　苹果浓缩汁的生产工艺(来源于 Projuice CDrom,
DSM Food Specialties BV 2006)

　　然后将混有果浆酶的果浆泵入浸渍罐中。在室温中浸渍 30～60 min 后,将果浆泵入榨汁机中。压榨出的果汁马上进行巴氏杀菌来回收香气和控制微生物。在该预浓缩阶段,能将苹果汁的白利度从 11°提高到 17°～18°,随后将预浓缩的苹果汁冷却到 45～50℃,并往其中添加果胶酶。在苹果汁榨季开始阶段,苹果中含有淀粉,可将淀粉酶与果胶酶一起添加到果汁中。大约 2 h 之后,苹果汁中的果胶被完全水解,并且不再含有淀粉。然后采用超滤设备进行果汁澄清,最后进行水分蒸发,将果汁浓缩至 72°白利度,并在10℃以下储存于不锈钢罐。

　　商品果浆酶有 Pectinex Mash (Novozymes),Peclyve PR (lyven),Pektozyme® MAXLiq (Danisco)或者 Rafidase® Press(DSM)。它们的浓度和当中含有的果胶酶之间的比例均不同。添加由传统黑曲霉菌株产生的酶系广泛的果浆酶会造成苹果果浆的软化,这意味着在苹果汁提取前,原果胶和半纤维素都被溶解。例如,某些内切果胶酶,有时称为"原果胶酶",它们的浸软能力要强于其他果胶酶。当这种果浆酶用量较高时,其中的原果胶酶会导致黏稠的、软的苹果果浆产生,这反而会影响到苹果果浆的压榨性能。对于带式榨汁机而言,这会减缓压榨速度和降低压榨量;对于布赫榨汁机而言,这会导致较长时间循环,这些因素都会降低榨汁机的生产能力。而且排出的湿果渣会在储料箱中发生漏汁现象,使其难以干燥。由于这个原因,开发出了由自克隆黑曲霉菌株生产的果浆酶,例如 Rohapect® MA plus(ABEnzymes),Pectinex Yield MASH(Novozymes)或者 Rapidase® Smart(DSM)。由于没有必要去完全分解苹果果胶,在不存在浸软果胶酶(原果胶酶)的情况下,有限度和可控地水解可溶性果胶就能够获得足够高的出汁率(超过 90%的果汁从果浆中沥出),并能提高榨汁机的压榨量,避免超滤问题的出现和产生干燥的苹果渣。因为上述提到的果浆酶中不存在外切聚半乳糖醛酸酶,所以半乳糖醛酸的释放被限制到最低水平。并且因为这些果浆酶中不存在分解纤维素的副酶,所以避免了纤维二糖在苹果汁中的释放,这符合德国等国家的法规限制。

Rohapect DA6L(ABEnzymes),Pectinex(Novozymes),Peclyve CP(Lyven),Pektozyme Power Clear(Danisco)或 Rapidase Smart Clear(DSM)[①]之类的商品化果汁澄清酶制剂能完全水解苹果汁中的残留果胶。这些果胶酶制剂用量依照处理时间的长短进行调整以实现完全水解果胶的目的。可用酸性酒精测试来检测苹果汁中的果胶是否被完全水解。在苹果汁榨季的开始阶段,青苹果中含有最高达 2 g/L 的淀粉。当苹果汁被加热到 75~80℃时,淀粉就会糊化。一旦苹果汁冷却,这些糊化的淀粉分子会重组成无定形的聚集物,从而使苹果汁出现浑浊的外观。因此为了完全水解苹果淀粉和防止苹果汁中出现淀粉老化和浑浊现象,添加商品化的淀粉酶是非常重要的措施。Rohapect S(ABEnzymes),Amylase AG(Novozymes),Amylyve TC(Lyven),Diazyme™ Power Clear(Danisco)或者 Hazyme® DCL(DSM)之类的商品化淀粉酶制剂含有来源于黑曲霉菌株的 α-淀粉酶和葡萄糖淀粉酶,它们之间的浓度和比例在这些淀粉酶制剂中均不相同。淀粉酶制剂的用量可用淀粉碘试来确定。当苹果汁的果胶和淀粉的检测都呈阴性时,说明包括脱果胶和脱淀粉在内的苹果汁酶解澄清工艺就已完成。超滤是最普遍使用的制备苹果清汁的技术,通常使用的是装有聚砜膜或陶瓷膜的超滤设备,其拦截相对分子质量在 10 000~30 000。大于膜孔径的不可溶颗粒和大分子的可溶性胶态物质都会被截流除去。透过超滤膜的苹果汁被称为苹果清汁,随后苹果清汁经巴氏杀菌后被装瓶或进一步浓缩。当细胞壁成分提取过度(例如果浆受热,果浆过度酶促浸软或果浆酶中含有半纤维素酶)或果汁澄清酶制剂含有的副酶活力不高或其用量太低,就会使超滤经常成为苹果浓缩汁生产的瓶颈。Ⅱ型像鼠李糖半乳糖醛酸聚糖(RGⅡ)这样的大分子多糖,在先前的阶段不会被果胶酶水解,而是会与蛋白质和多酚结合在一起,从而造成连续的膜污染。Rapidase® Optiflux(DSM)之

---

① 译者采用 Rapidase Smart Clear 代替原著中的 Rapidase C80 Max,前者是后者的升级版。

类的超滤酶制剂能用来预防该问题的出现。像纤维素酶、淀粉酶或蛋白酶这些不同种类的酶能在 CIP 工艺中用于超滤膜的清洗,部分取代化学物质的使用,从而延长生产时间而无须经常停机清洗,并能延长超滤膜的寿命。

11.5.1.2　采用卧式螺旋离心机生产苹果浓缩汁

在采用卧式螺旋离心机多级提取苹果汁的工艺中,需要使用酶系广泛的酶制剂。该工艺从剧烈的苹果破碎开始,接着对苹果果浆进行热破,这会导致苹果浆黏度的升高和苹果原果胶的溶解。

但在热破之后,降温至50℃,使用高剂量的酶制剂将苹果果浆浸渍一段时间,这会导致果浆黏度的迅速降低,从而便于液渣的分离,继而获得较高的出汁率。Rapidase Adex-D(DSM)是专门为采用卧式螺旋离心机提取果汁所开发的酶制剂。它含有比例恰当的特定果胶酶、阿拉伯聚糖酶和鼠李糖半乳糖醛酸聚糖酶,能在果浆浸渍阶段分解苹果细胞壁的结构成分。在苹果汁第一次提取完成后,使用水来浸提苹果渣中剩余的糖。最后在苹果汁超滤和浓缩之前,先对苹果汁进行预浓缩,随后采用果胶酶和淀粉酶对苹果汁进行酶解澄清。

11.5.1.3　苹果浊汁

在德国和意大利,苹果浊汁被认为是一种天然产品,并且其营养价值要高于苹果清汁。但是,要想用传统的果胶酶产品来生产苹果浊汁是不可能的,这是因为它们会快速澄清苹果汁。使用 Rapidase FP Super 和 Rapidase PEP (DSM)这样的纯果胶甲基酯酶产品却有很多优势,首先它们不会有澄清苹果汁的作用,其次果浆中可溶性果胶的脱甲酯化会导致不溶性果胶酸盐的形成,这会硬化果浆,进而促进苹果汁的提取:出汁率会随之提高 1%～2%,榨汁机生产量会提高 30%～40%,从而导致整个苹果浊汁生产能力的提升(图 11.4)。由于没有果胶相对分子质量降低的情况发生,果汁的浑浊状态非常稳定(见图 11.5)。在苹果浊汁的生产中,可使用抗坏血酸来防止果汁的褐变。

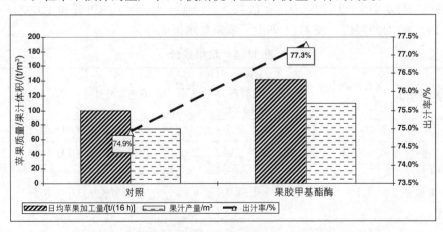

图 11.4　使用 BUCHER HP 5005xi 榨机,来源于黑曲霉的
果胶甲基酯酶对苹果浊汁提取的影响

11.5.1.4 梨浓缩汁

梨汁的生产工艺与苹果汁生产工艺非常相似。苹果汁生产中使用的商品化果浆酶,果汁澄清酶和淀粉酶都适用于梨汁的生产。但是梨非常脆弱,成熟得非常快,由此降低了梨果浆的压榨性能和出汁率。梨果核细胞中存在的高含量纤维素会使梨汁的过滤和超滤变得难以进行。梨中的阿拉伯聚糖,半纤维素和纤维素含量要比苹果高。在某些情况下,线性的阿拉伯聚糖分子在不完全水解后,会通过氢键形成凝集,这使得梨汁浓缩后会慢慢形成阿拉伯聚糖浊雾。因此为了防止梨浓缩汁形成阿拉伯聚糖浊雾,需要使用 Pearlyve (Lyven)或 Rapidase® PAC[①] 这样富含外切和内切阿拉伯聚糖酶的酶制剂,这非常重要。

图 11.5 使用黑曲霉来源的果胶甲基酯酶生产的苹果浊汁形态:对照组(右);加酶组(左)

11.5.2 红色浆果的加工

黑加仑、草莓、野樱莓、樱桃、葡萄和蔓越莓之类的红色浆果都具有共同的特征。它们含有的花色苷色素使它们呈现出红色,并且花色苷具有抗氧化的性质。许多浆果类水果都有诱人的风味,因此它们被视为是一类生产果汁的珍贵原料。由于浆果类果汁通常显得太酸或太甜,以至于它们不能作为单一果汁来饮用,它们通常与其他果汁或蔬菜汁进行混合来饮用。波兰是一个重要的浆果类水果生产国,在 2007 年收获了 40 000~45 000 t 的树莓和 110 000~115 000 t的酸樱桃。表 11.4 列出了浆果类水果成分。

表 11.4　浆果成分

浆果类型	果胶含量(鲜重)/%	pH	总酸度(以酒石酸计)/%	多酚(以单宁计)/%	花色素类型	结 合 糖
黑莓	0.7~0.9	3.8~4.5	0.9~1.3	0.2~0.35	矢车菊素	GLU,RUT
樱桃	0.2~0.3	3.3~3.8	0.4~0.6	0.1	矢车菊素	GLU,RUT
黑加仑	1.1	2.7~3.1	3.0~4.0	0.35	矢车菊素飞燕草素(880 mg/kg)	GLU,RUT

① 译者采用 Rapidase® PAC 代替原著中 Pearex®,前者是后者升级版。

浆果类型	果胶含量（鲜重）/%	pH	总酸度（以酒石酸计）/%	多酚（以单宁计）/%	花色素类型	结　合　糖
越橘	1.2	3.8～4.4	0.9～1.0	0.1～0.2	飞燕草素 天竺葵素 锦葵花素	GLU,GAL,ARA
蔓越莓	1.0	2.3～2.5	2.7～3.5	0.3	矢车菊素 芍药素 飞燕草素 （400 mg/kg）	GAL,GLU,RUT
接骨木莓	0.7～0.9	3.2～3.6	0.8～1.3	0.5～0.6	矢车菊素	GLU,SAM
葡萄	0.1～0.4	2.8～3.2	0.4～1.3	0.1～0.3	飞燕草素 矮牵牛素 锦葵素 芍药素	GLU
树莓	0.4～0.5	2.5～3.1	1.4～1.7	0.2～0.3	矢车菊素 天竺葵素 （400 mg/kg）	SOP,GLU,RUT
红加仑	0.4～0.6	3.2～3.6	2.0～2.5	0.1	矢车菊素	GLU
草莓	0.4～0.5	3.0～3.9	0.6～1.5	0.3～0.5	天竺葵素	GLU

注：GLU—葡萄糖；GAL—半乳糖；ARA—阿拉伯糖；RUT—芸香二糖（PHA-GLU）；SAM—接骨木二糖（XYL-GLU）；SOP—槐二糖（GLU-GLU）。

　　花色苷是红色浆果中发现的最有价值的营养物质，也是最敏感的成分，在生产中每个阶段都容易受到破坏。糖基的存在有助于花色苷保持在水中的溶解性。花色苷是花色素在 3 号位被糖基酯化形成的化合物。每种苷元（花色素）都有它特征性的颜色和光谱。不同品种的浆果类水果，其花色苷中糖基也不相同（表 11.4）。如果糖基被酶法或化学法水解掉，那花色苷分子的溶解性就会降低，红色素也会变得不稳定。浆果类水果非常容易受到霉菌的污染，特别是灰霉菌。这种霉菌分泌一种高活力的漆酶（氧化酶），它会引起果汁的快速褐变；还会分泌一种黏稠的 β-葡聚糖，会妨碍果汁的提取，引起滤膜的堵塞。果汁生产法规不允许使用酶来水解灰霉菌产生的 β-葡聚糖，因此要采用 80℃ 以上的高温来造成细胞力学结构的崩塌，使其释放出果汁和色素，并破坏内源氧化酶的活性。但是高温会造成果胶从果浆中溶出的问题，因此有必要使用果胶酶来提高出汁率，增加色素的提取和香味物质的释放。

11.5.2.1　黑加仑浓缩汁

　　图 11.6 描述了黑加仑浓缩汁的生产工艺。将解冻后的黑加仑进行破碎，

随后升温至 90～92℃,保持 2 min 左右,这会迅速破坏多酚氧化酶,并有助于花色苷的释放,然后降温至 50℃。

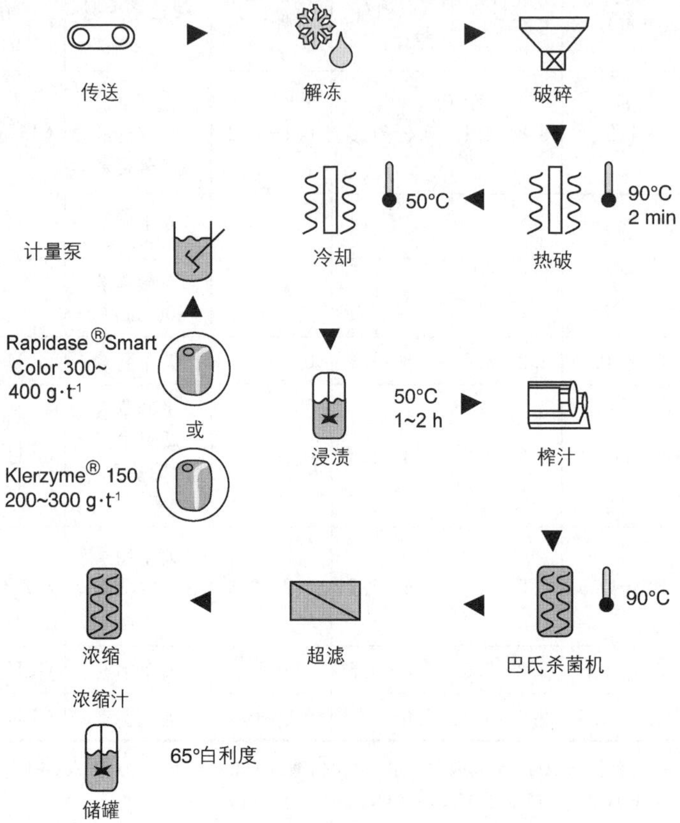

图 11.6　黑加仑浓缩汁的生产工艺(来源于 Projuice CDrom, DSM Food Specialties BV 2006)

较高的温度、较强的酸度和较高的酚类物质含量对外源果胶酶都有抑制作用。因此果胶酶必须能够耐受这些条件,并在整个果汁生产过程中保持稳定。Rohapect® 10L(ABEnzymes)、Pectinex® BE Color (Novozymes)、Peclyve FR (Lyven)、Klerzyme® 150 或 Rapidase® Smart Color (DSM)[①]之类的商品化果浆酶是专为浆果类水果加工开发的酶制剂。浸渍罐中的浆果类果浆在 50℃ 被上述果浆酶作用大约 1 h 之后,采用榨汁机或卧式螺旋离心机对其进行果汁提取。一步法工艺和两步法工艺条件对照见表 11.5。在一步法工艺中,高用量的果浆酶就足以完全降解果胶,从而避免后续的果汁脱果胶步骤。在一榨之后,就能获得高于 85％ 的出汁率,在对果渣进行浸提(二榨)之后,能获得高于 90％ 的出汁率,并能成功地提取浆果类水果中的色素,使其在果汁中保持稳定(图 11.7)。

_____

① 译者采用 Rapidase® Smart Color 代替原著中 Rapidase® Intense,前者为后者升级版。

表 11.5　一步法和两步法工艺条件对照

实验的工艺参数和检测指标的平均值	对　照	方案 1 （两步法工艺）	方案 2 （一步法工艺）
酶的用量/(g/t)	0	50	150
浸渍时间/min	0	60	60
浸渍温度/℃	55	55	55
果汁质量/g	616	632.7	633.8
果汁密度/(g/mL)	1.079 56	1.081 34	1.082 79
提取出的干物质	19.685	20.085	20.41
压榨之后的果汁白利度(Brix)	21°	21.7°	21.9°
出汁率/%	77	80.7	82.1
酸性酒精试验	++	+	−
中性酒精试验	++	+	−
丙酮试验(沉淀物含量)/%	<5%	<1%	<1%
520 nm 处 OD 值(Brix：0.5°)	0.679	0.697	0.746
420 nm 处 OD 值(Brix：0.5°)	0.453	0.473	0.476
620 nm 处 OD 值(Brix：0.5°)	0.095	0.104	0.108
5201420 比值	1.50	1.47	1.57
6201520 比值	0.14	0.15	0.14
色泽改善程度(520 nm 处 OD 值)	100%	103%	110%
提取出的色素[(g×OD 值)/0.5°Brix]	17 567	19 139	20 709
色素提取的改善程度[f(brix)+体积的增加]	100%	109%	118%

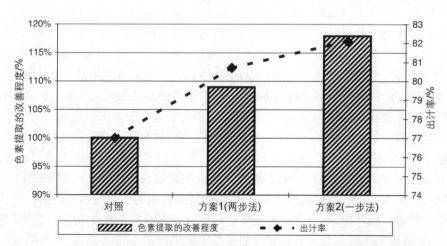

图 11.7　果浆酶(浸渍酶)对野樱梅汁的影响[方案 1：两步法工艺，在果浆浸渍阶段添加 50 mg/kg 的果浆酶；方案 2：一步法工艺，只在果浆浸渍阶段添加 150 mg/kg 果浆酶。果汁色素提取的改善程度是基于对照果汁色泽(以 100%计)计算的。出汁率基于总的可溶性提取物计算]

为了保持色素良好的稳定性,浆果类水果加工中使用的果胶酶制剂中不应该含有花色苷酶这样有脱色作用的副酶,但它通常会以副酶活的形式存在于传统的果胶酶制剂中。果汁提取完成之后进行巴氏杀菌(预浓缩),超滤和浓缩。

11.5.2.2 草莓浓缩汁

热处理不能应用于草莓或树莓这样柔软浆果的加工(这与黑加仑或酸樱梅加工工艺有所不同),这是因为热处理会将它们变成果泥,使它们变得难以压榨,从而令果汁的提取困难重重,并且会氧化它们的色素和破坏它们的香气。因此只能去快速加工质量良好的水果,这很有必要。草莓或树莓解冻后,在室温(20℃左右)中进行加工。将果浆酶添加到草莓或树莓果浆中,并在浸渍罐保持大约 1 h,随后使用榨汁机或卧式螺旋离心机来提取果汁。出汁率大概在 70%～80% 内。之后对果汁进行巴氏杀菌和香气的回收,然后将果汁冷却到 30～35℃,用 Pectinex BE Color(Novozymes)、Peclye FR (Lyven)、Rapidase C80 Max 或 Rapidase® Smart Color(DSM)之类的果胶酶进行 1～2 h 的脱果胶处理。巴氏杀菌的温度必须高到完全使水果蛋白质变性的程度来防止其在果汁或浓缩汁中形成蛋白质浑浊。之后对果汁进行澄清(最好使用超滤)来避免色素损失,最后进行果汁的浓缩。

11.5.3 热带水果加工

芒果和香蕉是全球种植最广泛的两种热带水果,随后是菠萝、木瓜(番木瓜)和鳄梨(牛油果)。这五种水果大概占了全球热带水果总产量的 75%。其他的热带水果如荔枝、榴莲、红毛丹、番石榴(芭乐)和西番莲(百香果)也有少量种植。到 2010 年,种植最广泛的五种热带水果全球产量达到 6 200 万吨。亚太地区仍然是全球热带水果的主产区,占全球总产量的 56% 以上,随后是拉丁美洲和加勒比地区(32%),非洲(11%)。到 2010 年,全球芒果产量达到 3 100 万吨,近占全球热带水果产量的 50%,其中 77% 的芒果产于亚太地区。当前印度的芒果产量占全球芒果总产量的 50%(1 500 万吨左右)。中国成为芒果产量增长最快的国家,其芒果产量从 280 万吨增长至 630 万吨。2006 年全球菠萝产量达到 1 800 万吨。泰国和巴西是全球菠萝产量最高的两个国家。到 2010 年,全球木瓜产量达到 1 240 万吨,其中 65% 木瓜产于拉丁美洲,30% 木瓜产于亚太地区。2007 年伊朗的石榴总产量增长了 15%,从之前的 70 万吨增长至 80 万吨。印度、中国和土耳其是紧随其后的三个石榴生产国。在某些品种的石榴汁中,每升含有高达 2.5 g 具有抗氧活性的酚类物质。芒果、番石榴(芭乐)、木瓜和香蕉是最常用的被加工成果汁的热带水果,近来石榴也位列其中。其他的一些新型水果,如巴西莓、西印度樱桃和仙人镜由于它们较高的营养价值和有益人体健康的特点,正在成为果汁加工中的热门水果。表 11.6 列出了热带水果成分的平均含量。

表 11.6 热带水果成分

热带水果类型	总固形物质量分数/%	可溶性固形物白利度/(°)	特殊成分(以100 g水果计)	滴定酸度(以苹果酸计)/[g/(100 g)]	pH(平均值)	总酚含量(以没食子酸计)/[mg/(100 g)]	花色苷含量(以矢车菊苷计算)/[mg/(100 g)]	抗氧化活力/(μmol Trolox/g)
巴西莓	14.6	3.0	脂类5.1 g	0.13~0.3	4.5	280~530	40~95	20~40
西印度樱桃	10.1	9.4	VC 800 mg	1.10	3.2	248.9	25	57.7
腰果梨	12.4	11.5	VC 139 mg 类胡萝卜素3.32 mg	0.16	4.7	295.4	7.2	16.7
卡亚果	10.6	10	糖4.54 g 纤维0.75 g VC 23.7 mg 类胡萝卜素28.3 μg	1.86	2.5	单宁300	—	—
卡姆果	5.8	5.8	VC 1.96 g	2.0 g	2.9	623.1	1.7	281.3
古布阿苏果	17.9	11~14	糖9 g	2.17	3.6	253.2	—	—
芒果	17.9	11~14	糖13.5 g 纤维3.28 g 类胡萝卜素130~430 μg	—	3.6	—	—	—
菠萝	10.1	10	糖9.8 g 纤维1.2 g VC 17 mg	0.8	3.6	89.1	—	—

续 表

热带水果类型	总固形物质量分数/%	可溶性固形物/(°)（白利度）	特殊成分（以100 g水果计）	滴定酸度（以苹果酸计）/[g/(100 g)]	pH（平均值）	总酚含量（以没食子酸计）/[mg/(100 g)]	花色苷含量（以矢车菊苷计算）/[mg/(100 g)]	抗氧化活力/(μmol Trolox/g)
巴西樱桃（扁樱桃）	9.5	11.5	糖8.26 g 纤维2.1 g VC 14 mg 类胡萝卜素900 μg	12.4	3.3	—	16.2	—
木瓜（番木瓜）	12	7	纤维1.9 g VC 62 mg 类胡萝卜素280 μg	—	5.5	—	—	—
石榴	18	16.1	纤维1 g VC 22 mg 类胡萝卜素40 μg	0.6	3.0	最高2.5 g	175~380 mg/L	TEAC 20.5
仙人镜	14	7	纤维3.5 g VC 20 mg 类胡萝卜素60 μg	—	5.8	—	25 mg	—

全球热带水果总产量中用于果汁加工的比例很低(没有详细的官方数据)。热带水果具有货架期短、质构易碎和香气清淡的特点。因此水果加工商必须具有运行有序的物流系统,优秀的仓储设施和高效可靠的加工设备,这同样也适用于杏、桃和梅之类的核果。总的来说,首先采取快速降低黏度的工艺(热破和果胶酶)将热带水果加工成原浆,随后采用精滤机对原浆进行过滤处理,最后进行无菌储存。热带水果原浆也能进一步加工成浊汁或浓缩清汁。

11.5.3.1　热带水果原浆和浓缩清汁

图 11.8 描述了热带水果加工成果汁的大体工艺流程。水果在检查之后,进行清洗(加工木瓜时还需进行蒸汽处理),接着削皮。在水果脱核之后,为了控制微生物和钝化内源多酚氧化酶,需要对切碎或破碎的水果进行热烫处理。在该步添加抗坏血酸用来防止褐变。热带水果果浆冷却之后,添加果浆酶进行浸渍处理。由于热带水果中纤维素和半纤维素含量较高,通常果胶酶会和半纤维素酶(阿拉伯聚糖酶,木聚糖酶和对芒果和番石榴浸渍很重要的半乳聚糖酶)配合使用。推荐使用 RapidaseTF(DSM)、Pectinex Ultra SP(Novozymes)或者

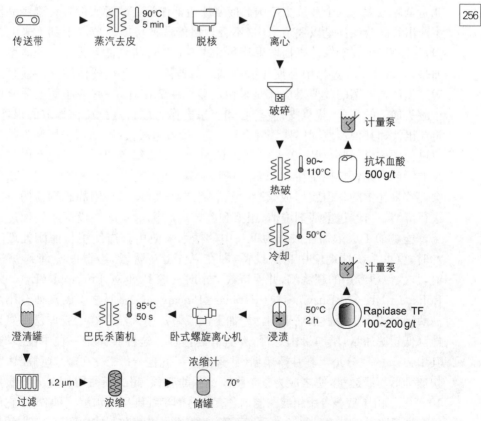

图 11.8　热带水果原浆和浓缩清汁的生产工艺(来源于
Projuice CDrom, DSM Food Specialties BV 2006)

Rohapect PTE(ABEnzymes)之类的商品果浆酶来降低热带水果果浆黏度。一旦酶处理完成,原浆会经过两次过滤处理:先用平均筛孔孔径 0.7～1 mm 的筛网去除残留的纤维,果皮和籽;随后用平均筛孔孔径 0.5 mm 或更小的筛网生产出均匀的(平滑的)果浆,这是在采用管式热交换器进行最终的杀菌工艺之前进行的,然后将原浆进行浓缩,罐装或脱气,最后进行无菌冷藏。通过稀释原浆,添加糖浆,使用柠檬酸进行酸化来保持恒定的糖酸比,随后加热至100℃,进行无菌包装就能生产出原浆饮料。清汁和浓缩汁也可通过在原浆中再次添加果胶酶进行完全地脱果胶来获得。外源酶的使用有助于提高原浆或清汁的出汁率,使其具有良好的风味和颜色,并有利于果汁的浓缩。

11.5.3.2 菠萝果皮汁

在 2006 年,全球菠萝产量达到 1 800 万吨。该年欧盟进口了 188 052 t 菠萝浓缩汁和 166 907 t 菠萝单倍汁。同年,美国进口了 223 139 t 菠萝单倍汁,其中有 141 987 t 菠萝单倍汁进口自菲律宾,55 404 t 菠萝单倍汁进口自泰国和21 088 t菠萝单倍汁进口自印度尼西亚(该国总共出口了 32 829 t 菠萝单倍汁)。在 2006 年,泰国出口了 182 043 t 菠萝浓缩汁。菲律宾,泰国和印度尼西亚是全球最大的三个菠萝主产国。菠萝汁通常作为菠萝罐头的一种副产品被生产出。菠萝浊汁是以残余果肉(不合规格的菠萝块或菠萝皮上刮下来的果肉)为原料,由螺旋榨汁机提取果汁和卧式离心过滤机精滤除去原料残渣生产而来,并且在生产过程中不使用酶制剂。菠萝浓缩清汁也能使用这些残余果肉来生产。所谓的菠萝果皮汁是采用菠萝切块流出汁,一些太小而不适合用于罐头加工的菠萝、菠萝皮、菠萝心和碎果肉作为原料进行压榨提取的果汁。将流出汁和其他菠萝固体残渣混合在一起,接着将其破碎,随后采用螺旋榨汁机进行压榨,得到白利度 9°～10°的绿色浊汁。对该绿色浊汁进行离心以将其中的绿色固体颗粒控制在 5%以下,随后对其上清液进行巴氏杀菌。巴氏杀菌会导致果汁中的蛋白质形成絮凝。然后将果汁进行冷却,用静态倾析的方法进行澄清。再经过澄清剂澄清,粗滤和卧式离心机精滤这三段工序处理过的果汁能被加工成浓缩汁或作为罐头中的糖水来使用。当使用超滤酶处理果汁时,就可系统性地使用超滤设备,即在果汁澄清阶段,当温度冷却到 50℃时,加入菠萝专用的超滤酶,并保持数个小时。像 Peclyve Pineapple(Lyven)、Rohapect B1L(ABEnzymes)或 Rapidase Pineapple(DSM)之类的菠萝专用超滤酶制剂能用于菠萝浓缩果皮汁的加工。菠萝汁中天然存在的胶体已被发现能降低超滤通量,增加果肉悬浮,并具有起泡性。这种胶体是一种中性多糖,其中 70%的成分是半乳甘露聚糖(甘露糖:半乳糖=2.25:1)。这种胶体会快速降低超滤通量,使之成为整个生产过程的瓶颈(超滤膜截留相对分子质量10 000)。由于菠萝专用超滤酶制剂含有合适的半纤维酶来水解这种胶体,它们能提高超滤通量。一旦果汁的黏度下降,就很容易澄清和制成白利度为 62°的浓缩汁,并且将该浓缩汁进行脱色和脱香之后,可作为糖浆或糖果中的原料来使用。

11.5.4 柑橘类水果加工

2006 年巴西、美国、中国、墨西哥和西班牙柑橘类水果的综合产量达到了 7 280 万吨,其中甜橙 4 710 万吨,宽皮橘 1 500 万吨,柠檬 430 万吨,西柚 400 万吨。这一年巴西甜橙产量最高(1 820 万吨),随后是美国(1 060 万吨),中国(445 万吨)和西班牙(270 万吨)。2006 年全球甜橙浓缩汁(65°白利度)产量达到了 230 万吨。欧洲进口了 140 万吨甜橙浓缩汁(不包括非浓缩汁)和 92 840 t 西柚浓缩汁。阿根廷是全球柠檬的主要生产国,于 2006 年出口了 46 347 t 柠檬汁。图 11.9 为甜橙加工示意图(来自 Goodrich 和 Braddock),显示了柑橘类水果在加工过程中产生了众多副产品,其中最主要的副产品是果胶和精油。

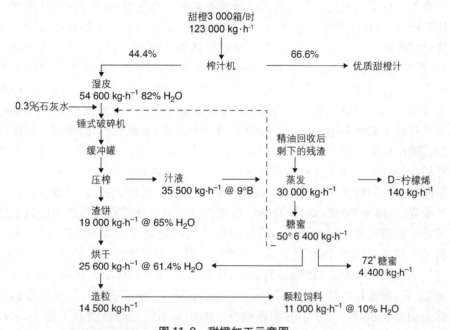

图 11.9 甜橙加工示意图

有几个原因解释商品果胶酶不能用于优质甜橙汁的加工:① 某些国家的法规不允许在优质甜橙汁提取过程中使用商品果胶酶;② 传统的果胶酶产品中含有澄清甜橙汁的果胶甲基酯酶。因此商品果胶酶只能用于副产品的加工,以下是有关这方面的重要应用。

11.5.4.1 汁胞皮清洗汁

榨汁机中流出的甜橙汁含有残留的汁胞皮。当甜橙汁通过精滤机时,会有大量的汁胞皮被截留,从而使甜橙汁中汁胞皮含量降至 12% 左右。初级精滤机截留的大量汁胞皮和组织副产物随后被转移至汁胞皮清洗系统中。汁胞皮清洗系统由一系列多级逆流式中级精滤机组成。大概能回收 5%~7% 可溶性固形物,但其中含有较高含量的果胶。为了降低汁胞皮清洗汁的黏度,提高糖分和可溶性固形物的回收率,可在室温中往汁胞皮清洗汁中添加 Rohapect PTE(ABEnzymes),Citrozym(Novozymes),或 Rapidase C80KPO 或 Cytolase pcl5(DSM)①之类的商品果胶酶。甜橙汁胞皮清洗汁能浓缩至 65°白利度。该产品可作为一种天然的起云剂应用于果汁汽水。在该工艺中,控制和限制果胶的降解,在降低黏度的同时又不能造成颗粒的失稳,因为这些颗粒会带来浑浊效果。这可使用纯的果胶裂解酶产品来实现。

11.5.4.2 精油回收

柑橘类水果外果皮(油胞层)含有精油。这些油存在于柑橘类水果外果皮细胞中所谓的油腺里面,并且它们是柑橘类水果加工中最重要的一种副产物。作为提供香味的物质,食品行业和香薰产品生产商对柑橘类水果精油需求量非常大。目前已有几种工艺就用于精油的回收。当使用 FMC 榨汁机(现在的 JBT 榨汁机)加工柑橘类水果时,果汁和精油的提取可在一个步骤中完成。在其他回收精油的工艺中,一种工艺是在柑橘类水果榨汁前将其外果皮(油胞层)戳穿,随之流下的精油被水冲走(BROWN 工艺);另一种工艺是柑橘类水果外果皮(油胞层)与水混合之前,刮削外果皮(油胞层),随后进行进一步的加工(INDELICATO 工艺)。在现代化的柑橘类水果加工生产线中,获得的油-水乳状液大概含有 70%～90%天然存在于外果皮(油胞层)中的精油。根据所加工的柑橘类水果类型和采用的加工技术,每加工 100 kg 的原料,柑橘类水果外果皮(油胞层)冲洗水中大概就含有 2～5 kg 以乳状液形式存在的精油。根据所加工的柑橘类水果类型,冲洗水中精油比例在 0.5%～2.0%(按体积计)。外果皮(油胞层)冲洗水中所有的精油能通过一种串联排列的两级离心机系统被有效地回收成透明的精油。收集到的乳状液先通过水力旋流器除沙,再进料到一级离心机中(除渣离心机),生产出一种称为奶油的富含精油的乳状液,然后输送到二级离心机(精制离心机)中回收成透明的精油。在第一阶段(除渣)之后,精油量能被浓缩至 60%～80%。在第二阶段(精制),二级离心机会除去剩余的水和非常细小的固体颗粒。酶的应用能提高精油加工速度、出油率和成品质量,通常会需要使用果胶酶来改善乳状液中油-水的分离。通过破坏果胶-蛋白质复合物,使油相能更容易地从水相中释放出来。在这方面有多种果胶酶产品可供选择,例如 Citrozym CEO(Novozymes),Rohapect DA6L(ABEnzymes),Peclyve Citrus Oil(Lyven),Pektozyme Essential(Danisco)或 Rapidase C80KPO 或 C80Max(DSM)。在第一阶段(除渣)之前,将它们添加到乳状液中能提高 10%～15%精油回收率。

11.5.4.3 黏度降低

压榨出的柑橘类果汁成品对微生物污染、内源酶活和化学反应都很敏感。这些因素都会导致果汁质量快速退化。未经巴氏杀菌的柑橘类果汁遇到的问

---

① 译者采用 Cytolase pcl5 代替原著中 Rapidase Citrus Cloudy,前者是后者升级版。

题包括由内源果胶甲基酯酶导致的果汁浑浊态的消失,浓缩汁的凝胶以及即使在果汁 pH 非常低(3.0~4.0)的情况下出现的果汁发酵和腐坏。这些问题都可以通过快速的巴氏杀菌抑制内源酶活来解决,即使这有可能引起果汁褐变和风味变化的问题。允许使用果胶酶的国家是巴西。一旦黏度降低,柑橘类果汁就更容易浓缩。将 Peclyve Citrus Juice(Lyven) 或 Rapidase Citrus Cloudy(DSM)这样的果胶酶产品添加到初级精滤机过滤出的柑橘类果汁中,如果限制其作用时间,就能加快果汁浓缩速度且不会产生澄清这样的副作用,从而有利于任何一种 65°白利度柑橘类浓缩汁的生产。

11.5.4.4　柠檬浓缩清汁

阿根廷是全球柠檬产量最高的国家,在 2006 年出口了将近 50 000 t 的柠檬汁。柠檬汁含有一种复杂的胶体微粒体系,从而使其呈现浊汁状态。柠檬汁的浑浊物由差不多等量的蛋白质-果胶复合物与黄酮-磷脂复合物组成。柠檬能被加工成浊汁,但是近些年对柠檬浓缩清汁的需求在增加,特别是来自柠檬风味矿物质水生产商的需求。柠檬汁非常低的 pH(2 左右)会抑制大部分的真菌果胶酶,因此柠檬汁的酶法澄清非常困难。先前工艺是在柠檬汁中添加大量的二氧化硫(大约 2 g/L),在 4~16 周后,会产生柠檬汁澄清效果。推荐用于柠檬浓缩清汁生产的果胶酶产品是 Rohapect 10L(ABEnzymes)或 Klerzyme® 150(DSM)。这些酶制剂中含有的果胶酶在柠檬汁中仍能保持稳定。在柠檬榨汁后,果汁先通过精滤机,再进行澄清。在巴氏杀菌之后,将果胶酶添加到柠檬汁中,一旦柠檬汁冷却到 50℃ 或者更低的温度(4~8℃),就能防止氧化。但是,即使柠檬汁中的果胶被完全脱除,柠檬汁也没有完全澄清。在此阶段,仍然可能生产出浓缩浊汁。高用量的膨润土或硅胶等澄清剂能实现完全的澄清。在几个小时之后,将柠檬汁进行离心、过滤和浓缩,就能生产出柠檬浓缩清汁。

11.5.4.5　柑橘类水果去皮和罐头制造

使用一种或多种水果制作柑橘类水果沙拉时,去皮、分瓣、去除残余的内果皮(海绵层)和瓣膜都是必需步骤。对西柚之类的厚皮柑橘类水果进行工业化的预脱皮会提高它们的消费量,这可以通过机械脱皮和高温(90~95℃)下使用 1 mol/L 氢氧化钠溶液溶解瓣膜来实现,但是为了将橘瓣易碎和内果皮(海绵层)较厚的柑橘类水果加工成高质量的产品,手工操作仍然是最普遍使用的方法,或许可使用酶法脱皮工艺来替代或加快这一过程,从而能极大地降低人力的使用和采用更温和的加工条件。先对柑橘类水果外果皮进行纵向刻痕,随后进行热烫处理,这对内果皮较厚的柑橘类水果特别有用,然后采用 Peelzym(Novozymes)或 Rapidase Smart Clear(DSM)[①]这样的果胶酶产品来酶解消化柑橘类水果中已成凝胶状的内果皮(海绵层),这样就能轻松剥去外果皮和去除常残留在橘瓣上的内果皮(海绵层)部分。橘瓣上残留的内果皮

---

① 译者采用 Rapidase Smart Clear 代替原著中 Rapidase C80 Max,前者是后者升级版。

(海绵层)被彻底消化去除后,就能轻松地分离和清洗橘瓣。

手工操作、化学或酶法溶解的方法都能去除瓣膜。手工脱除瓣膜可获得现成可装罐的干净橘瓣;化学或酶法溶解的方法将会分解瓣膜,然后用高压水流去除残余的瓣膜,并且还需在橘瓣装罐和杀菌前去除橘瓣上残留的化学物质或酶,这样就不会存在有可能恶化成品质量的残余酶活。

柑橘罐头的灭菌处理和有时候加入的柠檬酸会部分溶解果胶和果胶酸钙,这样会降低汁胞之间的结合性,从而会影响罐头中橘瓣的外观形态。采用 Novoshape(Novozymes)、Rapidase FP Super 或 Rapidase PEP(DSM)之类的果胶酶产品对橘瓣中的果胶进行酶法脱甲基处理,再配合钙离子的使用,可生成更稳定和难溶的果胶酸钙,它能在汁胞之间起到黏结作用,因此能使罐头中的橘瓣在灭菌期间和货架期内保持原有的质构和外观的完整性。

11.6 水果硬化

消费者希望水果加工制品看起来和尝起来都很好(例如具有紧实的质构,天然的颜色和风味)。但是,许多水果在加工过程中会受到机械处理、热处理、冷冻或巴氏杀菌造成的损伤,特别是像草莓或树莓之类的柔软水果,这对水果的质构造成不利的影响,使之出现糊状的外观。水果的质构归功于初生细胞壁和胞间层的结构完整性。许多成熟水果中高酯果胶的含量均高于 50%。添加一种纯的果胶甲基酯酶会使果胶部分地脱甲基化,生成的果胶酸会和钙离子之类的二价阳离子在原位形成坚实的不溶性果胶酸盐凝胶。高酯果胶和低酯果胶凝胶机制不同:低酯果胶不仅能和糖与酸形成凝胶,而且在低可溶性固形物的条件下能与钙离子形成凝胶。低酯果胶酸盐在高温中的溶解性也比较低。其结果是提高了水果的硬度,使水果在整个生产过程中保持外形的完整性。

DSM FirmFruit 概念主要是真菌果胶甲基酯酶对水果中的果胶进行原位脱甲基化,并与添加的钙离子形成坚实的果胶酸盐网络,该网络能使水果在加工过程中克服由机械处理和热处理带来的不利影响。

许多品种的水果可使用该概念来加工,如草莓、树莓、苹果、梨、番茄或任何一种多汁水果或蔬菜,不管它们是新鲜、冷冻或解冻的状态。

DSM 推荐纯果胶甲酯酶产品有 Rapidase FP Super,它来源于非转基因黑曲霉菌株;或者 Rapidase PEP,它来源于自克隆的黑曲霉菌株。在最后的热处理阶段,85℃以上的温度均能令这两种果胶甲酯酶失活。由于果胶酸钙的稳定性,水果的损伤和碎裂在整个生产过程中均呈最小化,出品率、口感和外形均得到改善。

11.7 蔬菜加工

2005 年全球蔬菜产量达到了 13 亿吨。中国是全球蔬菜产量最高的国家,其产量在 6.2 亿吨左右,随后是印度(1.055 亿吨)和美国(0.571 亿吨)。在数量方面,全球产量最高的五种"蔬菜"分别是马铃薯(包括红薯在内)、番茄、西瓜(实际是一种水果)、卷心菜和洋葱。通常绝大部分的蔬菜汁由番茄、胡萝卜和红甜菜制成。V8 蔬菜汁是一种商品化的蔬菜汁,主要由番茄汁构成,还含有其他七种蔬菜汁:甜菜汁、芹菜汁、胡萝卜汁、生菜汁、洋芹汁、西洋菜汁和菠菜汁。番茄汁占该蔬菜汁含量的 87%。消费者对蔬菜汁的需求在增加,并且果汁和蔬菜汁的复合产品变得越来越受欢迎。在 2007 年,市场上出现了许多新产品。这些新上市的饮料产品都是浊汁或原浆类的产品。在没有酶制剂参与的情况下,也许能很容易地生产出番茄汁,但是不适用于胡萝卜汁、韭菜汁或卷心菜汁的生产。在果汁加工方面,为了促进果汁的提取,果胶是主要需要被分解的成分,但是在蔬菜汁加工方面,其中高含量的纤维素会妨碍蔬菜汁的提取,因此在使用卧式螺旋离心机加工蔬菜汁的工艺中,使用的酶制剂除含有果胶酶之外,还含有高活力的纤维素酶,用来降低蔬菜浆的黏度。图 11.10 概述了胡萝卜浊汁和浓缩汁的加工过程。

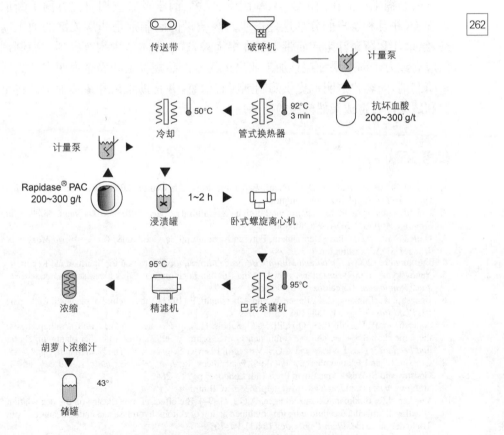

图 11.10   胡萝卜浓缩汁生产工艺(来源于 Projuice
Cdrom, DSM Food Specialties BV 2006)

推荐用于蔬菜汁加工的酶制剂有 Peclyve® LI(Lyven)或 Rapidase® PAC①(DSM):它们都含有果胶酶和半纤维素酶。在热烫处理(为了限制氧化的发生)之后,破碎的胡萝卜被冷却到 50℃,随后加入酶制剂,浸渍 1~2 h 之后,使用卧式螺旋离心机提取胡萝卜汁,然后进行巴氏杀菌以及后续有可能采取的浓缩步骤。胡萝卜汁中的胡萝卜素含量不会因酶的作用而降低,并且其浊汁形态能在货架期内保持稳定。

11.8　新趋势和总结

果汁和蔬菜汁都是天然健康的饮料,为消费者提供大量的益处:它们含有许多重要的营养物质,改善大众的身体健康,降低饮食不均衡的危害,具有诱人的颜色和风味,并且含有的功能性成分如抗氧化物质能预防冠状动脉疾病和延缓细胞老化。随着消费者对饮食和健康意识的提高,果汁和蔬菜汁的消费有望继续增长。全球人均果汁(含蔬菜汁)消费量从 2007 年的 24 L 增长到 2010 年的 30 L。

酶制剂生产商在微生物学、基因学、发酵、酶学及其应用研究方面不断取得进步,并且和客户们分享这些进步。高质量的酶制剂是非常关键的加工助剂,给果汁和蔬菜汁生产商带来了许多优势,这些在本章中均有提到。酶制剂供应商致力于向水果和蔬菜加工业出售具有产品规格书和安全说明书的高质量酶制剂,向客户透明地提供酶制剂所有信息,并帮助水果和蔬菜加工商将果汁和蔬菜汁打造成天然健康的产品。

参考文献

1. United States Agriculture Department, Economic Research Centre (2008) *Vegetables and Melons Outlook/VGS-326*. USDA, Washington.
2. United States Agriculture Department, Foreign Agricultural Service (2008) *Market News: World Apple Situation/Apples*. USDA, Washington.
3. United States Agriculture Department, Foreign Agricultural Service (2008) *Citrus: World Market and Trade*. USDA, Washington.
4. Euromonitor (2006) *The Global Multiple Beverage Marketplace*. Euromonitor International Report.
5. Yanovsky, A. (2007) Sustaining growth in the Russian juice market. Paper given at *Foodnews World Juice Symposium*. Barcelona, 8–10 October.
6. Keegstra, K., Talmadgge, K., Bauer, W. and Albersheim, P. (1973) The structure of plant cell walls, part III. *Plant Physiology* **51**, 188–196.
7. Albersheim, P., Darvill, A.G., O'Neill, M.A., Schols, H.A. and Voragen, A.G.J. (1996) An hypothesis: the same six polysaccharides are components of the primary cell walls of all higher plants. In: *Pectin and Pectinases* (eds J. Visser and A.G.J. Voragen). Elsevier Science B.V., The Netherlands, pp. 47–55.
8. Grassin, C. and Fauquembergue, P. (1996) Fruit juices. In: *Industrial Enzymology*, 2nd edn (eds T. Godfrey and S. West). Macmillan Press Ltd, London, pp. 227–264.
9. http://www.uea.ac.uk/cap/carbohydrate/projects/RGII.htm
10. Vincken, J.P., Beldman, G. and Voragen, A.G.J. (1994) The effect of xyloglucans on the degradation of cell wall embedded cellulose by the combined action of cellobiohydrolase and endoglucanases from Trichoderma viride. *Plant Physiology* **104**(1), 99–107.

263

---

① 译者采用 Rapidase® PAC 代替原著中 Rapidase® Vegetable Juice,前者为后者升级版。

11. Carpita, N. and Gibeaut, D. (1993) Structural models of primary cell walls in flowering plants. *The Plant Journal: For Cell and Molecular Biology* **3**, 1–30.
12. http://www.dsm.com/en_US/html/dfs/genomics_aniger.htm
13. Doco, T., Lecas, M., Pellerin, P., Brillouet, J.-M. and Moutounet, M. (1995) Les polysaccharides pectiques de la pulpe et de la pellicule de raisin. *Revue Francaise d'Oenologie* **153**, 16–23.
14. Grassin, C., van Schouwen, D. and Veerkamp, H. (2007) Why invest in high quality enzymes? Economy, quality, sustainability and safety in fruit processing. Paper given at *IFU Congress*. Scheveningen, 17–22 June.
15. ftp://ftp.fao.org/docrep/fao/009/a0675e/a0675e00.pdf
16. Committee on Food Chemicals Codex (2003) *Food Chemicals Codex*, 5th edn. National Academy Press, Washington, DC, p. 999. http://www.usp.org/fcc/
17. http://ec.europa.eu/food/fs/sc/scf/reports_en.html
18. http://www.afssa.fr/
19. Grassin, C. (2004) Rapidase Smart, a new pectinase for apple juice extraction. *Fruit Processing* **3**, 172–176.
20. http://www.nal.usda.gov/fnic/foodcomp/search/
21. Macheix, J.J., Fleuriet, A. and Billot, J. (1990) Phenolic composition of individual fruit. In: *Fruit Phenolics* (eds J.J. Macheix, A. Fleuriet and J. Billot). CRC Press Inc., Boca Raton, FL, pp. 105–148.
22. http://www.fao.org/docrep/006/y5143e/y5143e1a.htm
23. Gil, M., Tomás-Barberán, F.A., Hess-Pierce, B., Holcroft, D.M. and Kader, A.A. (2000) Antioxidant activity of pomegranate juice and its relationship with phenolic composition and processing. *Journal of Agricultural and Food Chemistry* **48**(10), 4581–4589.
24. Martins da Matta, V. (2008) Tropical fruit in Brazil, Embrapa Food Technology. Personal Communication.
25. Chenchin, K., Yugawa, H. and Yamamoto, H. (1978) Enzymic degumming of pineapple mill juices. *Journal of Food Science* **49**(5), 1327–1329.
26. http://www.ers.usda.gov/publications/vgs/tables/world.pdf
27. http://edis.ifas.ufl.edu/pdffiles/FS/FS10700.pdf
28. http://www.westfalia-separator.com/applications-processes/citrus-essential-oils.php
29. Carter, B. (1993) Lemon and lime juices. In: *Fruit Juice Processing Technology* (eds S. Nagy, C.S. Chen and P.E. Shaw). Agscience, Auburndale, FL, pp. 215–270.

12 酶在肉类加工中的应用

Raija Lantto，Kristiina Kruus，Eero Puolanne，Kaisu Honkapää，
Katariina Roininen 和 Johanna Buchert

12.1 概述

消费者对高品质且价格适中的肉类产品的需求驱使着商家去开发酶法加工技术，来为低质的碎肉提高价值，从而使胴体的利用达到了最大化，当然也提高了胴体的市场价值。在肉制品工业中，酶在其中有两种截然不同的应用，在应用中，酶一方面能显著优化生产工艺，另一方面能显著提升较差肉类的品质。具体应用有嫩化肉质太老的肉块，将新鲜低值的碎肉和剔骨肉重组成品质较高的牛排。本章将论述那些已经在肉制品工业中使用的商品化酶。此外，还讨论了一些还没有销售的新酶在肉制品加工中的应用前景。

在肉制品工业和餐饮业中，主要是使用蛋白质降解酶类。在蛋白质交联的酶中，TGase 作为质构改良剂已经使用了不少年。除了这些酶之外，也讨论了一些新酶，并且评估了它们的应用前景，当然也探讨了已知酶的新应用。由氧化酶催化的肉制品重组和脂肪酶、谷氨酰胺酶、蛋白酶和肽酶催化的风味设计都是新兴酶技术在食品中的应用案例。

12.2 作为原料的肉

动物的组成显著不同，这取决于物种、品种和生产方法，后者主要是指饲养水平。收获的肌肉、骨头、脂肪和可食用或不可食用的副产品相对数量差异显著由屠宰方法和文化原因造成。例如，在一些国家、动物血或胃以及一些其他器官作为饲料中配料使用，而在另外一些国家，它们是作为食品。世界各地的肉类消费方式也差异显著。

在过去的几十年中，世界各地的肉类生产有极大地增加，特别是在发展中国家。肉的总产量在上升，例如，从 1961 年的 0.7 亿吨增长到 2006 年的 2.72 亿吨，并且预计肉的总产量将会继续增加，到 2020 年，将会达到 3.27 亿吨。

12.2.1 肌肉的结构

肌肉的显著特征是它的纤维结构,这使得肌肉具有收缩作用的功能。由于它的这种结构,在收缩作用中,肌肉能够提供拉伸强度,并传输所需的力。将肌肉转化肉(将在 12.4.1 节中给予详细的讨论)是形成所需食用品质的前提。当动物被屠宰时,肌肉就开始往肉进行转化。在一个动物死亡时,肌肉中就开始进行一系列复杂的生物化学和生物物理变化。在随后的阶段,由内源蛋白酶体系主导的肌肉蛋白质的分解将会软化肌原纤维结构,最终会导致肉的嫩化。然而,维持纤维结构,会赋予消费者所认知的肉的纹理特征。

骨骼肌肉是以成捆的肌纤维组装而成,并且成捆出现,周围包围着一种称为肌束膜的一层结缔组织。肌纤维窄而长(一般几厘米长,直径在 $10\sim100\ \mu m$ 之间),并且是多核细胞。它们是活体肌肉和肉的基本细胞单元,周围被一种称为肌内膜的一层结缔组织覆盖,肌内膜主要由胶原蛋白构成。肌纤维依次由肌原纤维组成,肌原纤维又由平行的肌纤丝组成。肌原纤维的功能性(收缩性)单元——肌节,这是一种有组织的集合体,由平行的肌动蛋白微丝和肌球蛋白微丝组成,在收缩活动中,它们互相作用。在肉中,这些蛋白质会影响到像质构和持水性之类的功能性质。

12.2.2 肌肉化学和生物化学

肉由肌肉组织(当中也含有脂类和胶原蛋白),脂肪组织和结缔组织组成。肌肉的化学成分非常稳定,但是白条肉的组成会有巨大的差异,它受动物种类、年龄、解剖位置、营养条件和饲料等因素影响。决定营养价值的主要变量是脂肪含量及其组成。表 12.1 列出了哺乳动物肌肉典型的化学成分。

表 12.1　哺乳动物肌肉典型的化学成分(引用自参考文献[4])

成　　　分	含量/%
水	75.0
蛋白质	19.0
蛋白	11.5
肌浆蛋白	5.5
基质蛋白	2.0
脂类	2.5
碳水化合物及其衍生物	1.8
其他成分	2.3
矿物质	0.7
非蛋白可溶性物质	1.6

在不同的肉用家畜肉中,肌肉蛋白质的氨基酸组成非常类似(表12.2)。胶原蛋白约占总体蛋白质的 25%,在肌肉组织中,其变化从 0.2% 到几个百分点。在某些组织中,例如在结缔组织的膜、皮和韧带中,实际上所有的蛋白质都是胶原蛋白和弹性蛋白。胶原蛋白的氨基酸组成中有 1/3 是甘氨酸,其他常见的氨基酸有脯氨酸、羟脯氨酸和丙氨酸。胶原蛋白中几乎不存在色氨酸,这降低了它的营养价值。

表 12.2　新鲜肉类中的氨基酸组成

氨基酸	牛肉/%	猪肉/%	羊肉/%
必需氨基酸			
异亮氨酸	5.1	4.9	4.8
亮氨酸	8.4	7.5	7.4
赖氨酸	8.4	7.8	7.6
蛋氨酸	2.3	2.5	2.3
苯丙氨酸	4.0	4.1	3.9
苏氨酸	4.0	5.1	4.9
色氨酸	1.1	1.4	1.3
缬氨酸	5.7	5.0	5.0
非必需氨基酸			
丙氨酸	6.4	6.3	6.3
精氨酸[①]	6.6	6.4	6.9
天冬氨酸	8.8	8.9	8.5
谷氨酸[②]	14.4	14.5	14.6
甘氨酸	7.1	6.1	6.7
胱氨酸	1.3	1.3	1.3
组氨酸	2.9	3.2	2.7
脯氨酸	5.4	4.6	4.8
丝氨酸	3.8	4.0	3.9
酪氨酸	3.2	3.0	3.2

① 精氨酸对于婴幼儿来说是必需氨基酸。
② 谷氨酸这一项将谷氨酸和谷氨酰胺核算在一起。

12.2.3　从肌肉到肉的转化

在活体肌纤维中,数百种不同的酶协调行动,从而使肌肉具有收缩功能,并赋予肌肉修复和生长的功能。这些反应所需的能量来源于 ATP。从数量上来讲,肌肉中大多数酶是处理肌纤维能量代谢的酶。当动物被击昏和放血之后,肌纤维会继续它们的新陈代谢,就像它们在活体动物中进行无氧代谢一样。保持生理 ATP 水平这种基本的需求是通过降解肌肉中的多糖-糖原以及后续的无氧糖酵解来实现的。因此,死后肌肉中就会发生 pH 的下降,pH 会从7.2 下降到 5.5。最终,下降的 pH 和温度会降低糖酵解酶的活力,从而使ATP 水平逐渐下降。随后,细胞膜中的变化,细膜质中的变化,肌纤维膜中的变化和肌纤维的变性会依次开始发生。同时,通常独立于 ATP 存在的收缩性蛋白质复合物会不可逆地结合在一起,这种现象被称为尸僵。

当 ATP 水平下降到正常值以下时,这类由钙激活的内源蛋白酶-钙蛋白酶就会开始降解肌纤维。钙蛋白酶的活力水平取决于激活剂(Ca²⁺ 含量、pH和温度)和钙蛋白酶抑制素。它们会降解蛋白酶抑制素这种结构蛋白质,最终也会降解钙蛋白酶,这意味着最终的结果是它们会清除它们自己。激活和失活的速率取决于时间、pH 和温度,这是一种非常复杂的方式。在肉的嫩化方面,冷却工艺会导致非常大的差异,这取决于动物屠宰前的压力史以及死后的时间-温度- pH 的组合。这些因素看来是肌原纤维网络逐渐松弛的主要原因,在尸僵形成之后,会很快发生肌原纤维网络的松弛。

组织蛋白酶是另一类肌肉蛋白酶,它们位于溶酶体中。组织蛋白酶能降解包括肌球蛋白,F-肌动蛋白和肌钙蛋白在内的不同肌原纤维成分。

在结缔组织中,胶原蛋白分子位于肌肉中或肌肉间,它们排列成直径 10～500 nm 的原纤维,其长度未知。排列成原纤维的胶原蛋白分子和肌肉交叉桥结合在一起,它们形成的集合体在生理条件下很稳定,从而使得原纤维无法伸展。降解胶原蛋白需要胶原蛋白酶和另一种中性蛋白酶。一旦胶原蛋白被打开,原纤维片段就能被众多蛋白酶所降解,甚至能降解到多肽和氨基酸的水平。变性的胶原蛋白能非常容易地被蛋白酶降解。但是,天然胶原蛋白的降解非常缓慢。在肉的自然成熟期间,肉本身的内源蛋白酶体系是肉嫩化的主要因素。然而,当期望增强肉的嫩化效果或肉质太老的肉需要嫩化时,可以添加植物或微生物来源的蛋白酶来促进肉的嫩化。在 12.4 节中,会讨论非内源蛋白酶进行的肉的嫩化。

12.2.4 影响肉类加工的因素

12.2.4.1 加热

加热会导致肉当中内源蛋白酶体系发生巨大的变化。肌原纤维蛋白质会变性,从而打开空间结构,发生聚集现象,这就使得它们所结合的水分中,有很大部分的水分会被释放出。此外,肌丝之间的肌肉交叉桥的数量会增加,从而会压缩肌丝之间的空间。在加热过程中,结缔组织中的胶原蛋白也会变性和收缩,这会在肉中形成一种收缩力。在加热过程中,胶原蛋白也会发生部分溶解的现象,这取决于胶原蛋白的类型,动物的年龄和加热过程中的温度-时间-

pH 的组合关系。内源蛋白酶也会发生变性现象,但是肌肉蛋白质会变得更容易地被外源蛋白酶作用。加热和酸性条件会使胶原蛋白更容易地被蛋白酶水解,而天然状态下的胶原蛋白不易被蛋白酶水解。

12. 2. 4. 2　持水性

在肉品和肉制品中,持水性是最重要的技术指标。当肌原纤维蛋白质携带的净电荷数目(大多数情况下是负电荷)比较高时;当结构单元中或结构单元间的交叉桥数量尽可能少时;当结缔组织膜比较薄时和当胶原蛋白原纤维处在非成熟状态时,通常会获得良好的持水性。

导致持水性发生变化的最大因素是肌丝(肌动蛋白和肌球蛋白)中或肌丝间的反应。结合的水量由蛋白质携带的净电荷决定,其携带净电荷数目的增加会提高持水性;结合的水量也会由交叉桥的数量和强度决定,其数量和强度的增加会降低持水性。

膨胀性取决于 pH。在没有盐存在的情况下,在 pH 3.0 时,相对膨胀性达到最大值,在 pH 5.0 时,相对膨胀性达到最小值(肉类蛋白质的平均等电点为5.0),从 pH 5.0 开始,在 5.0~7.5 的生理 pH 范围,相对膨胀性会一直增加。持水性也会随盐浓度的增加(最高 5% NaCl 的浓度)而增加。

12. 2. 4. 3　机械加工

绞碎或斩拌等机械加工也会影响肉的性能。绞碎能保持纤维束和纤维的完整,但是在纵轴方向来切它们。除此之外,斩拌也会在某些程度上使纤维造成碎裂。在斩拌时,通常会添加盐(有时也会添加磷酸盐)和水,使肌丝发生膨胀,或者造成肌原纤维蛋白质化学性的分解和溶解,也能在不同程度上破坏结缔组织膜,这取决于破碎的方法。这些操作可能会使结构蛋白质接触到外源添加酶。

12.3　在肉类加工中使用的酶

12.3.1　蛋白酶和肽酶

在肉类加工中,由于蛋白酶在肉的嫩化中起着重要的作用,对于各种不同的外源蛋白酶来讲,如果它们能够消化结缔组织和肌肉蛋白质,都可以选择它们用于此用途。在大规模的肉类嫩化方面,现在正在使用的蛋白酶有木瓜蛋白酶(EC 3.4.22.2),菠萝蛋白酶(EC 3.4.22.33)和无花果蛋白酶(EC 3.4.22.3)。而且,在肉类产业中,已经使用蛋白酶用于骨头的清理和风味的生成。

蛋白酶是一类普遍存在的酶,其来源广泛,植物,微生物和动物中都存在着蛋白酶。它们是细胞生长和分化所必需的酶。它们催化着蛋白质和多肽中的肽键的水解反应。在目前的商品酶市场中,就使用量和销售价值而言,蛋白酶是一类最重要的酶。它们在食品、洗涤剂和皮革工业中具有长时间的应用历史。

蛋白酶是一类在作用模式、分子结构和底物特异性方面存在广泛差异的酶类。通常根据它们的来源（微生物、植物、动物）或它们的作用模式（内肽酶类和外肽酶类）或催化部位的性质将它们进行分类。内肽酶类切割位于蛋白质内部的肽键。外肽酶类从多肽链的末端处切割肽键，并被进一步划分成氨肽酶类或羧肽酶类，这取决于它们从氨基端作用还是从羧基端作用。内肽酶通过活性中心氨基酸残基的催化基团提供质子给底物易断肽键上的氨基，达到亲核攻击羧基碳原子的目的，从而实现肽键的断裂。根据内肽酶活性中心氨基酸残基的类型，可将蛋白酶划分成丝氨酸蛋白酶（EC 3.4.21），半胱氨酸蛋白酶（EC 3.4.22），天冬氨酸蛋白酶（EC 3.4.23）和金属蛋白酶（EC 3.4.24）。在表 12.3 中，列出了一些商品化内肽酶的切割位点。

表 12.3　一些商品化内肽酶的切割位点

酶	EC 编号	切割位点(P1)
丝氨酸蛋白酶		
胰凝乳蛋白酶	3.4.21.1	tyr-↓-Xaa, trp-↓-Xaa, phe-↓-Xaa, leu-↓-Xaa
胰蛋白酶	3.4.21.4	arg-↓-Xaa, lys-↓-Xaa
枯草杆菌蛋白酶	3.4.21.12	疏水性氨基酸
半胱氨酸蛋白酶		
组织蛋白酶 B	3.4.22.1	arg-↓-Xaa, lys-↓-Xaa, phe-↓-Xaa
木瓜蛋白酶	3.4.22.2	arg-↓-Xaa, lys-↓-Xaa, phe-↓-Xaa
无花果蛋白酶	3.4.22.3	phe-↓-Xaa, tyr-↓-Xaa
菠萝蛋白酶	3.4.22.4	lys-↓-Xaa, arg-↓-Xaa, phe-↓-Xaa, tyr-↓-Xaa
天冬氨酸蛋白酶		
胃蛋白酶	3.4.23.1	芳香族氨基酸, leu-↓-Xaa, asp-↓-Xaa, glu-↓-Xaa
凝乳酶	3.4.23.4	酪蛋白多肽链中 phe(105)-↓-met(106)
金属蛋白酶		
嗜热菌蛋白酶	3.4.24.27	ile-↓-Xaa, leu-↓-Xaa, val-↓-Xaa, phe-↓-Xaa

注：P1 为切割位点氨基端第 1 个氨基酸。

来源于木瓜乳汁的木瓜蛋白酶（EC 3.4.22.21）是在肉类嫩化中使用最广泛的蛋白水解酶。除了木瓜蛋白酶之外，来源于菠萝茎的菠萝蛋白酶（EC 3.4.22.32）和来源于无花果树乳液的无花果蛋白酶（EC 3.4.22.3）都是知名的肉类嫩化剂。在表 12.4 中，列出了一些它们实验性应用的范例。这些酶的底物特异性较宽，并且它们均能水解肌原纤维蛋白质和结缔组织。木瓜蛋白酶倾向于切割由碱性氨基酸形成的肽键，并且它还含有酯酶的活力。木瓜蛋白酶以相似的速率降解肌球蛋白和肌动蛋白,而菠萝蛋白酶会优先降解肌球蛋白。普通的植物蛋白酶无法水解天然的胶原蛋白,但是它们能作用于明胶,这是胶原蛋白在烹煮过程中产生的热变性形式的胶原蛋白。

表 12.4　植物蛋白酶(和包含植物蛋白酶的部分)在肉类嫩化中的应用示例

蛋白酶	原料肉	加工条件	对肉的质地和其他质量因素的影响	参考文献
木瓜蛋白酶	火鸡腿母鸡肉	注射含有木瓜蛋白酶的卤汁	与对照样品相比,所有其他的肉类样品嫩化效果明显。调味卤汁可能会掩盖由木瓜蛋白酶造成的一些异味	90
木瓜蛋白酶	牛肉	注射木瓜蛋白酶液,并加压处理[100~300 MPa/(10 min)]	木瓜蛋白酶和 100 MPa 的压力能明显提高牛肉的嫩度,但更高的压力没有进一步提升牛肉的嫩化效果	91
菠萝蛋白酶	牛肉块	在牛肉块冷冻干燥之前将其浸渍在酶溶液中	改善牛肉块的质地,并能显著地溶解胶原蛋白	82
菠萝蛋白酶	牛胸肉	将酶液注射进牛胸肉中,并将其加工成牛肉培根	对牛胸肉的质地有一些作用,但对产品的外观有负面的影响	92
菠萝蛋白酶	牛臀肉	将酶液注射进牛臀肉中	虽然食盐和磷酸盐在一些情况下嫩化效果更好,但菠萝蛋白酶能改善牛臀肉质地	93
无花果蛋白酶	碎牛肉	将经过无花果蛋白酶嫩化的碎牛肉用于香肠的制作	溶出更多的肉类蛋白质,并能改善香肠的持水性,乳化稳定性和其他质量因素	88
猕猴桃蛋白酶或木瓜蛋白酶	牛半腱肌肉	在烹饪之前,将该牛排在酶溶液中保温 30 min	猕猴桃蛋白酶无法像胃蛋白酶那样能水解大量的肌原纤维蛋白质,但会适当地嫩化牛排,并且不会导致肉的表面发生过度嫩化的现象	33
粗猕猴桃蛋白酶	含筋膜的牛半腱肌肉	浸渍在酶液中,并加压(10~500 MPa)处理	蛋白酶能降低剪切力值但是加压处理对剪切力值没有显著的影响。蛋白酶能溶解出一些不耐热的 α-链胶原蛋白,提高压力,能稍微提升蛋白酶的溶解作用	34

蛋 白 酶	原料肉	加 工 条 件	对肉的质地和其他 质量因素的影响	参考文献
生姜粗提物	牛排和 牛肉片	卤制	显著地提升牛肉的嫩度	94
生姜提取物	羊肉块	卤制(4℃, 24 h)	降低剪切力值,提高蒸煮收率,持水性和胶原蛋白溶解	95
生姜提取物	水牛肉块	卤制(4℃, 48 h)	提高肉质偏老的水牛肉的嫩度,对水牛肉其他质量参数没有不良影响	96
生姜提取物	山羊肉块	卤制(4℃, 24 h),随后将其 绞碎	提高蛋白质的溶解效果,特别是胶原蛋白,并能提高山羊肉的嫩度和延长其货架期	79
生姜粉	老母鸡肉	浸渍在含有生 姜粉的水中	较低的剪切力值,较高的感官评定得分和蛋白水解程度	97
生姜提取物, 黄瓜提取物或 木瓜蛋白酶	猪肉块	腌渍在含有 7.5%黄瓜提 物或9%生姜提 取物或0.5%木 瓜蛋白酶粉的溶 液中,然后制成 熟食肉制品	与对照样品相比,所有的嫩化方案都能降低剪切力值,提高肉制品的整体接受度,另外生姜提取物能延长肉制品的货架期	98

271

　　木瓜蛋白酶的最适作用 pH 值会随着底物的性质和浓度而变化。其最适作用 pH 的范围为 5.0～7.0。对于明胶来说,其最适作用 pH 为 5.0;对于酪蛋白和血红蛋白来说,其最适作用 pH 为 7.0。木瓜蛋白酶浓缩物证明了其在 60～70℃下,5.0～9.0 pH 内有最佳的稳定性。与其他蛋白酶相比,该酶非常耐热。在 10～90℃内,证明其均有有效的活力。当温度高于 90℃时,该酶会迅速失活。可采用冷冻或热处理的方式使该酶失活,防止其造成过度嫩化和感官缺陷等问题。

　　后一种处理方式显然不适合用于对原料的处理。已经在研究其他失活该酶的方法。马铃薯蛋白质和抗坏血酸作为木瓜蛋白酶可能的抑制剂已经被研究过,但是结果并不令人信服。

　　常用于肉类嫩化的植物蛋白酶对胶原蛋白作用的活力有限。想利用嫩化蛋白酶来嫩化富含胶原蛋白的结缔组织的企图会不可避免地造成对非胶原蛋白的蛋白质的过度水解,从而导致肉质过于柔软。胶原蛋白酶(EC 3.4.24.3)是一类能降解天然胶原蛋白的蛋白酶,胶原蛋白由原纤维组成,原纤维又由棒状的原胶原蛋白聚集而成。原胶原蛋白单元由三螺旋扭曲的多肽链组成,多肽链当中每三个位点就有一个甘氨酸残基,并含有丰富的脯氨酸和羟脯氨酸。目前,虽然明显存在着对食品级商品化胶原蛋白酶产品的需求,但是它们还没有面市。

大多数已报道的胶原蛋白酶来源于人类和其他哺乳动物,也存在细菌来源的胶原蛋白酶,通常来源于致病菌。微生物胶原蛋白酶会沿着胶原蛋白螺旋链非特异性攻击各个位点。研究最为彻底的微生物胶原蛋白酶来源于溶组织梭状芽孢杆菌。除此之外,已有分别来源于解毒无色杆菌(*Achromobacter iophagus*),铜绿假单胞菌(*Pseudomonas aeruginosa*)和一种海洋细菌的胶原蛋白酶被报道过。

据 Sugasawara 和 Harper 报道,他们纯化出三种来源于溶组织梭状芽孢杆菌的胶原蛋白酶。它们的相对分子质量分别为 96 000,92 000 和 76 000。来源于溶组织梭状芽孢杆菌的胶原蛋白酶最适作用 pH 值位于 $7 \sim 9$,并且需要 Ca^{2+} 维持它们的活力。来源于溶组织梭状芽孢杆菌的粗胶原蛋白酶制剂中含有一些其他的蛋白酶,例如巯基蛋白酶和类胰蛋白酶。由于这种胶原蛋白酶来源于溶组织梭状芽孢杆菌,它不适合使用在肉类产品加工中。

来源于猕猴桃的猕猴桃蛋白酶(EC 3.4.22.14)能嫩化肉类,并且已发现它能将胶原蛋白水解到一定程度(表 12.4)。根据 Morimoto 等的报道,虽然猕猴桃蛋白酶能水解去端肽胶原蛋白(胃蛋白酶促溶性胶原蛋白),但是它在酸性条件下没有胶原蛋白酶的活力。Mostafaie 等最近表明猕猴桃蛋白酶能在中性和碱性条件下水解Ⅰ型和Ⅱ型胶原蛋白,但是在酸性条件下,其作用受到抑制。然而,已经证明,与其他不含蛋白酶活力的预处理相比,用猕猴桃汁在牛肉结缔组织加热之前对其进行预处理,在其加热之后,显著降低了牛肉结缔组织的剪切力。

与胶原蛋白一起,弹性蛋白赋予肉类结缔组织的韧性。已经证明来源于芽孢杆菌属的弹性蛋白酶(EC 3.4.4.7)能够改善肉的嫩度。已发现来源于嗜碱芽孢杆菌 Ya-B(alcalophilic *Bacillus sp*. Ya-B)的弹性蛋白酶对弹性蛋白的水解活力明显高于木瓜蛋白酶或菠萝蛋白酶,并且该酶更优先作用于弹性蛋白和(或)胶原蛋白,而不是肌原纤维蛋白质。

目前从植物和微生物中去寻找新型的肉类嫩化蛋白酶是一个让人感兴趣的研究领域。其中的一个例子就是在 Kachri 果实中发现了一种具有应用潜力的新型肉类嫩化酶。在印度次大陆,这种水果果实长期被作为肉类嫩化剂使用。它当中含有一种类似于黄瓜素(EC 3.4.21.25)的丝氨酸蛋白酶。最近由于生姜中的蛋白酶具有溶解胶原蛋白的活力,从而也获得了人们广泛的关注。Choi 和 Laursen 报道了两种生姜蛋白酶(GP-Ⅰ和 GP-Ⅱ),并表明它们属于半胱氨酸蛋白酶中的木瓜蛋白酶家族。

12.3.2 脂肪酶

脂肪酶又被称为三酰基甘油脂肪酶(EC 3.1.1.3)。在香肠的生产过程中,可用脂肪酶来形成所需的风味。在这方面的应用中,可使用内源脂肪酶,发酵剂中的脂肪酶或者外源商品化脂肪酶。脂肪酶普遍存在于自然界,在包括动物,植物,真菌和细菌在内的生物体内均能发现它的存在。脂肪酶属于酯酶的范畴,在脂肪消化过程中起着关键的作用。它们将不可溶的甘油三酯转化成水溶性更好且能够被生物吸收的脂肪酸、甘油二酯和甘油单酯。所有已知的脂肪酶都属于 α/β-水解酶家族,这类水解酶中的双亲性的 α-螺旋的两层之间具有一个共同的折叠,并且这个折叠由一个中心疏水的八股 β-折叠组装而成,它们的催化机制也一样。脂肪酶的活性中心由 Ser-Asp/Glu-His 结构域组成,从而组成一种具有催化功能的三联体,这与丝氨酸蛋白酶的活性中心的氨基酸排列比较相似。

　　大多数微生物脂肪酶的最适作用温度在 30～40℃ 内。已经从丝状真菌(黑曲霉、疏棉状嗜热丝状菌)和一些细菌(假单胞菌属和芽孢杆菌属)分离出耐热性的脂肪酶。它们在 50～65℃ 内仍能保持活力。大多数微生物脂肪酶的最适作用 pH 在 5.6～8.5 内,并且在中性 pH 范围内有最高的稳定性。已经发现一些用于清洁的碱性脂肪酶,它们的最适作用 pH 在 9.5 左右,它们来源于芽孢杆菌属和假单胞菌属的细菌。对于不同的脂肪酶供应商来说,也有食品级的商品脂肪酶。

12.3.3　谷氨酰胺转氨酶(转谷氨酰胺酶,TGase)

　　对于不同的肉制品来说,可使用 TGase(EC 2.3.2.13)对它们结构进行处理,从而形成所需的结构性质。该酶是一种酰基转移酶,它能在食品基质中形成共价键的连接。酰基转移反应如下:多肽链中的谷氨酰胺残基(酰基供体)中的 γ-羧酰胺基与不同底物中的伯胺基团(酰基受体)之间形成的酰基转移反应,例如某些蛋白质中的赖氨酰残基中 ε-氨基就是伯胺基团。形成的连接是一个 ε-γ-谷氨酰氨基-赖氨酸这样的异肽键。据报道,许多食品中的蛋白质能被 TGase 交联,这在许多不同的综述中已有描述。由 TGase 催化的反应能对蛋白质分子进行分子间或分子内的交联,这取决于谷氨酰残基和赖氨酰残基位于同一蛋白质分子中还是位于不同的蛋白分子中。

　　TGase 是一种广泛分布的酶,在许多不同的动物组织和体液,鱼类、鸟类、无脊椎动物、植物和微生物中都能发现它的存在。它会涉及一些生理功能,例如血液凝固、伤口愈合、表皮角质化、也会涉及人类的许多疾病。在 1980 年代末,自从在链霉菌属和轮枝链霉菌属真菌中发现微生物来源的 TGase 后,TGase 在包括肉类加工在内的诸多食品中的应用得到了快速发展。味之素株式会社和一鸣生物制品公司都有商品化的 TGase 出售。不同来源的 TGase 对肌原纤维蛋白质的交联能力也不尽相同。哺乳动物的 TGase 既能修饰肌球蛋白,又能修饰肌动蛋白,而来源于链霉菌属的微生物 TGase 对肌动蛋白仅有非常有限的活力。除了能修饰肌球蛋白和肌动蛋白之外,还发现微生物 TGase 能够修饰肌钙蛋白 T。

不同来源的 TGase 的性质相差非常大。豚鼠肝脏来源的 TGase 和茂原轮枝链霉菌来源的 TGase 都是单一亚基蛋白质,但相对分子质量分别为75 000 和38 000。与哺乳动物 TGase 不同的是,链霉菌属来源的 TGase 的活力不依赖于 Ca^{2+}。该酶的最适作用 pH 位于 5～8 之间,并在 4～9 的 pH 范围内均有显著的活力。该酶在 40℃下保持 10 min,仍能保有全部的活力,但是在 70℃保持数分钟,就会完全丧失活力。

273

12.3.4 氧化酶

氧化酶可用来代替 TGase 在蛋白质基质中产生交联连接。据报道包括酪氨酸酶和漆酶在内的氧化还原酶均能交联肉类蛋白质。这些酶仅在为数很少的应用中被测试过,这主要是因为它们的供应量有限。

酪氨酸酶(EC 1.14.18.1)自身能够在蛋白质基质中产生交联连接或者与一些相对分子质量较小的化合物一起在蛋白质基质中产生交联连接。酪氨酸酶的生理作用与黑色素和真黑素合成有关。在水果和蔬菜中,酪氨酸酶是酶促褐变反应的原因之一。在哺乳动物中,是造成色素沉积的原因之一。在真菌中,酪氨酸酶的作用与细胞分化,孢子生成,毒素形成和致病机理有关。酪氨酸酶是一种含铜的蛋白质,在其活性中心中含有两个 3 型铜原子,这能将电子从底物转移到分子氧中,而分子氧是电子的最终受体。从酪氨酸酶的结构和功能的观点来讲,研究最为广泛的酪氨酸酶来自双孢蘑菇(*Agaricus bisporus*)和粗糙脉孢菌(*Neurospora crassa*)。最近发现一种令人感兴趣的酪氨酸酶。该酶来源于一种被称为里氏木霉(*Trichoderma reesei*)的丝状真菌。Sigma 和 Fluka 都出售用于研究目的蘑菇属(*Agaricus*)酪氨酸酶粗酶。

漆酶(EC 1.10.3.2)也被证明具有交联蛋白质和多肽的能力。在自然界中,它们最为知名的作用是与木质素聚合和解聚过程有关。漆酶也是一种含铜的酶。在它们的活性中心中,有四个铜原子,它们使用分子氧作为电子的最终受体。漆酶的底物特异性异常广泛,能够氧化多种不同的酚类化合物,例如双酚、多酚、不同的取代酚、二元胺和芳香胺。由酪氨酸酶催化的交联反应是基于醌的形成,而由漆酶催化的交联反应是基于自由基以及自由基进一步的反应。漆酶采用单电子移除机制来氧化它们的底物。不稳定的自由基会进行进一步的非酶促反应,例如聚合反应。

12.3.5 谷氨酰胺酶

L-谷氨酸是一种知名具有增强风味作用的氨基酸。例如,酱油独特的风味主要归功于其中的谷氨酸。由发酵剂产生的 L-谷氨酰胺酶(L-谷氨酰胺氨基水解酶 EC 3.5.1.2)在风味的形成过程中具有重要的作用,例如在香肠的生产中,L-谷氨酰胺酶就对香肠风味的形成具有重要的作用。在味噌,酱油和酱菜之类的发酵调味品的生产中补充谷氨酰胺酶,能使这些产品中的谷氨酸含量得到提升。在食品的制作中,使用这些调味品,能使食品中的鲜味增强。在谷氨酰胺酶的催化作用下,L-谷氨酰胺被水解脱去酰氨基,生成具有风味增强作用的 L-谷氨酸和氨这种中和酸性的物质。这类酶属于丝氨酸依赖型β-内酰胺酶和青霉素结合蛋白质中的一个大的子族。L-谷氨酰胺酶特异性单一,仅作用于 L-谷氨酰胺,因此不同于谷氨酰胺酶-天冬酰胺酶(EC 3.5.1.1)。这种酶既能催化谷氨酰胺的水解,又能催化天冬酰胺的水解,两者的水解效率相似。

谷氨酰胺酶广泛地存在于细菌和真核生物,但古生菌、嗜热菌和植物中似乎缺乏这种酶。大多数含有谷氨酰胺酶的微生物分离自土壤中,少数来自海洋环境。天野酶制品株式会社(Amano Enzymes Inc.)已经有商品化的谷氨酰胺酶制剂。这款谷氨酰胺酶产自解淀粉芽孢杆菌。已经从米曲霉、菜豆根瘤菌(*Rhizobium etli*)和德巴利氏酵母属这些微生物中纯化和标定出谷氨酰胺酶。虽然大多数已报道的谷氨酰胺酶都是胞内酶,但是也有一些胞外的谷氨酰胺酶被报道过。有人认为谷氨酰胺酶在细胞中的主要功能是与细胞内的谷氨酰胺浓度的调控有关,而谷氨酰胺酶是一种非常重要的氮代谢物。

274

许多已报道的谷氨酰胺酶的最适作用温度在 40～50℃内,最适作用 pH 位于中性 pH。高盐浓度会显著抑制谷氨酰胺酶。例如,在 3 mol/L NaCl 浓度下,来源于米曲霉的谷氨酰胺酶就会受到抑制,在那些需要高盐浓度的应用中,就会妨碍该酶的使用。因此,要筛选出耐盐的谷氨酰胺酶。像来源于藤黄微球菌 K-3(*Micrococcus luteus* K-3)之类一些海洋细菌中的谷氨酰胺酶已经证明其能耐受 16％(质量体积比)NaCl 浓度。

12.4　肉的酶法嫩化

目前,在影响肉食用品质的所有因素中,肉的质地(质构)和嫩度被一般消费者评为最重要的影响因素。提高肉类嫩度的方法包括自然熟化,电刺激,机械嫩化和使用外源蛋白酶(见 12.3 节)。在肉的嫩化中,最广泛使用的外源蛋白酶是植物来源的木瓜蛋白酶,菠萝蛋白酶和无花果蛋白酶。植物蛋白酶作为肉类的嫩化剂已经被研究了几十年,尤其是其中的木瓜蛋白酶和菠萝蛋白酶。在表 12.4 中,列出了一些使用植物蛋白酶或含有蛋白酶的植物提取物来进行肉类嫩化的实验案例。

在肉类工业中,应用嫩化酶的方法取决于实际的目标。如果打算缩短高品质肉类的熟化时间,那蛋白质水解的主要目标应放在肌原纤维蛋白质上。如果打算改善低品质分割肉或来源于老年动物的肉的嫩度,那以胶原蛋白为主的结缔组织中的蛋白质应成为蛋白酶水解的目标。对于那些直接出售给消费者的生肉来说,嫩化它们的方法和嫩化面临的挑战与熟肉所需的这些不同。

不幸的是,在肉的嫩化中,主要使用的植物蛋白酶会更活跃地作用于肉中的其他蛋白质,而不是肉当中的胶原蛋白。因此,如果试图去嫩化富含胶原蛋白的结缔组织,那不可避免地会对其中非胶原蛋白的蛋白质造成过度的水解,从而产生非常软(糊状)的肉。如果打算去嫩化结缔组织含量很高的肉块,所需使用的蛋白酶应该对结缔组织具有显著的作用活力,但对肌原纤维蛋白质需具有很弱的作用活力,这非常显而易见。具有应用前景的胶原蛋白酶主要来源于微生物,但不幸的是,直至现在,还没有商品化的食品级胶原蛋白酶出售。

虽然还没有合适的用于食品加工的胶原蛋白酶,但是人们已经研究了一些胶原蛋白酶在肉类嫩化中的应用。Foegading 和 Larick 研究了来源于溶组织梭状芽孢杆菌(*Cl. histolyticum*)胶原蛋白酶在牛排嫩化中的应用,但是其结果还不是非常有前景。在评价微生物胶原蛋白酶降解重组牛肉产品中胶原蛋白能力的研究中,已经证明微生物胶原蛋白酶具有明显的积极作用。已经在筛选一些极端耐热的细菌,为的是能发现一些蛋白酶能在可控的肉类烹饪时间内对胶原蛋白进行作用,但在不可控的储存时间内,其作用的活力却很低。

在植物来源的蛋白酶方面,令人感兴趣的是来源于甜瓜和生姜提取物中的新型蛋白酶。来源于 Kachri 果实的粉末状提取物以及生姜蛋白酶已经被成功地应用在不同物种的肉类嫩化中(见表 12.4 中的例子)。在提高胶原蛋白溶解方面,已经证明生姜提取物特别有效。

由于肉的致密性和结构,将用于嫩化的蛋白酶均匀地分散在肉块中,是很困难的事情。可能使用的方法有喷洒、注射、浸渍和卤制。在动物屠宰之前,将灭活的植物蛋白酶(通常是木瓜蛋白酶)溶液注射到活体动物血管系统中,在过去的几十年中,已经发表了众多关于这方面的文献报告。这样做的目的是为了让酶彻底地均匀分布于动物的胴体之中。在羊肉和牛肉的嫩化方面,均有这方面的描述,这种死前处理工艺至少以前在许多国家被大规模使用过。

将肉块在含有蛋白水解酶的溶液中进行浸渍或者在这样的溶液中进行卤制,均被广泛使用过(例如 Quaglia 等以及 Naveena 和 Mendiratta 发表的论文)。这种方法的难点在于酶很难渗透进肉块中,并且可能会导致肉的表面发生过度嫩化的现象和形成糊状的质地,而肉块内部仍然没受到影响。

与将肉块放置在含有酶的溶液中进行卤制相比,已经证明将蛋白水解酶直接注射进肉块是一种更为有效的嫩化方法。欲达到与酶液注射获得的相同嫩化效果,那采用卤制嫩化的方法就需要使用更多用量的木瓜蛋白酶。非常可能的原因是在卤制嫩化过程中,酶与底物接触的面积有限。甚至酶液注射使用的载体溶液对肉类的品质都有显著的作用。Huerta-Montauti 等人发现在真空腌肉机中,用含有盐溶液的木瓜蛋白酶处理牛肉,这样就能使酶能均匀分散在整个肉块中,从而来降解肉中的结构蛋白质。

在肉制品生产中,其加工的步骤对嫩化酶的活力有极大地影响。如果经过嫩化的肉块在所使用酶的最适温度下保持的时间越长,就会水解更多的蛋白质,就越能达到所期望的嫩化效果。为了获得最优的质量,肉制品加工的条件应该有所调整,以发挥酶的最佳作用,但也需要对所使用的酶进行灭活处理。在肉制品工业中,可使用经过酶法嫩化的肉来生产高品质的即食肉制品,例如香肠。利用酶对肉进行嫩化处理,能提高肉类蛋白质的溶解性,当它们作为原料使用在肉制品加工中时,能产生显著的积极作用。在使用牛肉生产香肠之前,用无花果蛋白酶对牛肉进行嫩化处理,能极大地提高香肠的持水性,乳化稳定性和其他质量因素(如口感)。当在肉制品工业中所使用的生产设备中进行肉的酶法嫩化时,其过程将会变得高度可控,这与嫩化酶应用在直接出售给消费者的生肉中所面临的情形完全相反。

对于不同的分割肉来说,有不同的酶或酶的混合物与之适用。对于那些可以调整的应用来说,必须了解所用酶制剂的底物特异性和活力曲线,以期能够将酶的应用与工艺条件调整到相互匹配的状态。与商品化的酶制剂相比,使用那些富含嫩化酶的植物提取物(如果浆或果汁)也能获得良好的嫩化效果,并且可以推测的是,其价格要低很多。

在未来,可利用现代微生物方法来生产出不同的蛋白酶,以适应不同肉类嫩化需求:一种是用于加速高品质红肉的嫩化(作用于肌原纤维蛋白质);另一种是用于降解来源于老龄动物的低等级肉中的结缔组织。如果该肉是直接出售给消费者,那要求蛋白酶在低温下能作用肉中的胶原蛋白,如果该肉是作为原料应用在肉制品工业中,那要求蛋白酶能作用变性的胶原蛋白。

12.5　肉制品中酶促风味的产生

276

在文献中,风味被定义成一种多元化感官形态,在此其中,包括味道、香气、三叉神经知觉和质地等一些相互独立的感官形态。肉的风味以及口感都影响着消费者对肉的可接受性。由于肉的风味与消费者对肉的接受度之间存在着关系,为了生产出高质量的肉制品,了解影响肉制品风味的因素就显得很重要。原料肉的风味非常淡,虽然如此,但是原料肉中含有的一些非挥发性成分是重要的风味前体物质,在肉制品的加工和储藏期间,它们会影响肉制品的味道。总的来说,肉制品的风味是由酶促反应或化学反应产生,例如,这些反应有氨基酸和肽的热解、糖降解、核苷酸降解、美拉德反应、硫胺素降解和脂类的降解等。影响肉制品风味或风味前体物质形成的主要酶促反应是蛋白质酶解反应和脂类酶解反应。这两类酶解反应要么是内源蛋白酶和脂肪酶作用所致,要么是肉制品中天然存在的微生物产生的酶所致,又或者是在肉制品生产过程中人为添加的酶所致。

大多数关于使用酶或发酵剂来促进风味形成的文献都与发酵肉制品有

关。涉及的文献主要与伊比利亚火腿、塞拉诺火腿、帕尔玛火腿、巴约纳火腿、意式腊肠、西式香肠、法式干肉香肠等之类的地中海式干腌肉制品以及少数北欧干腌发酵肉制品的风味形成有关。地中海式干腌肉制品的典型特点是腌制过程缓慢,不添加亚硝酸盐,也没有烟熏处理,而在北欧某些国家,使用亚硝酸盐和烟熏处理是腌制过程中不可或缺的部分。由于有大量的研究都致力于使用酶来优化干腌肉制品的风味和熟成过程,在下面的讨论内容中,重点也主要放在这类肉制品上。

12.5.1 蛋白质和脂类酶解反应在肉制品风味形成中的作用

干腌肉制品由于它们独特的风味而广受赞誉。在风味生成中涉及的化合物有多种来源,例如来源于调味料,糖代谢,脂肪酶解和氧化,蛋白质酶解和氨基酸降解等。在肉制品的熟成过程中,会发生蛋白质酶解反应,从而会产生多肽,寡肽和游离氨基酸,这些产物会参与到肉制品的口味和风味形成过程中。肉中蛋白质水解主要由内源的组织蛋白酶(在12.3.2节中有过描述)和类胰蛋白酶的肽酶进行催化(在12.3.1节中有过描述)。此外在肉制品熟成过程中微生物产生的蛋白酶也会对肉中蛋白质进行水解。这些蛋白酶主要来源于微球菌属细菌,但那些存在霉菌和酵母的干香肠中,也有霉菌和酵母产生的蛋白酶。从香肠生产的角度来看,除了蛋白酶之外,谷氨酰胺酶也起着重要的作用,特别是在谷氨酰胺的脱酰氨基方面,这是因为在谷氨酰胺酶作用下,会从谷氨酰胺中脱去酰胺基团,这不但能产生氨这种中和酸性的物质,而且也能产生谷氨酸这种具有鲜味的物质。鲜味可被描述为咸鲜的味道或高汤般鲜美味道,并且鲜味具有增强其他风味的能力(在12.3.5节中有关于谷氨酰胺酶的论述)。

脂类的酶解构成了另一类重要的酶促反应,这与发酵香肠的香气形成有关。磷脂酶和脂肪酶会从磷脂和甘油三酯(三酰基甘油)中释放出游离脂肪酸(在12.3.2节中有关于脂肪酶的论述)。不饱和脂肪酸会进一步氧化成挥发性的香气物质。这种氧化可导致脂肪烃、醇类、醛类和酮类物质的形成,然后醇会与游离脂肪酸反应,形成一些酯类物质。

12.5.2 酶在干腌肉制品熟成中的作用

对于干腌肉制品来说,为了将游离氨基酸和脂肪酸通过微生物(氧化脱氨基,脱羧基)和化学(美拉德反应)的途径生成香气物质(醛类,酮类,内酯类,醇类和酯类物质),那只有通过较长的熟成时间才能达到这样的目的。为了达到所需的成熟度,那就需要较长的熟成时间,这也意味着较高的储存成本,因此人们想方设法来缩短熟成时间。鉴于这个目的,人们使用了蛋白酶和脂肪酶。然而,人们发现单独添加蛋白酶和脂肪酶并不能有效缩短熟成时间。这是因为最终的风味取决于后续生成的挥发性物质,而这些挥发性物质通过脂类氧化和氨基酸分解代谢生成。因此,为了缩短香肠熟成时间,有必要去创造条件,比如添加一种有效的发酵剂或者添加其他类型的酶,与通常情况相比,这些条件均能在较短的时间里来促进挥发物的形成。在表 12.5 中,显示了使用酶来形成风味和缩短熟成时间的范例。

表 12.5　酶在促进肉制品风味形成方面的应用示例

酶	类　型	应　用	在肉制品风味形成方面的作用	参考文献
木瓜蛋白酶	巯基蛋白酶	西班牙干制发酵香肠(西班牙咸香肠)	在感官品质方面,对照香肠样品与加酶处理的香肠样品之间没有明显的差别	119
Pronase E	由内切蛋白酶,氨肽酶和羧肽酶组成的复合蛋白酶制剂	西班牙干制发酵香肠(西班牙咸香肠)	在感官品质方面,对照香肠样品与加酶处理的香肠样品之间没有明显的差别,但后者中有大量样品出现了过度软化的现象	120
Palatase M 200 L (Novozymes) 和 Protease P 31 000 (Solvay Enzymes)①	由酸性,中性和碱性蛋白酶组成的复合蛋白酶制剂	西班牙干制发酵香肠(西班牙咸香肠)	有轻微的软化现象出现,在感官品质方面没有观察到差异性	121
Protease E 和来源于 *Penicillium aurantiogriseum* 的真菌提取物	由内切蛋白酶,氨肽酶和羧肽酶组成的复合蛋白酶制剂	西班牙干制发酵香肠(西班牙咸香肠)	蛋白酶和真菌提取物的联合作用使香肠样品的风味和质地得到了提升	112
蛋白酶 Flavourzyme 和脂肪酶 Novozyme 677BG(Novozymes)	由外切蛋白酶和内切蛋白酶组成的复合蛋白酶制剂	西班牙干制发酵香肠(西班牙咸香肠)	显著地提高某些酯和酸的浓度,但是没有提高氨基酸衍生物的浓度,没有提到对香肠样品感官品质的影响	122
Lactococus lactis Subs. cremoris NCDO 763,α-酮戊二酸和具有蛋白酶活,肽酶活和氨基转移酶活的木瓜蛋白酶	—	干制发酵香肠	一起使用 *Lactococus lactis Subs. cremoris* NCDO 763 和 α-酮戊二酸能改善香肠样品的风味和感官品质,这是与其有关的挥发性物质含量的增加所致	123

续　表

酶	类　型	应　用	在肉制品风味形成方面的作用	参考文献
真菌蛋白酶 Epg222	丝氨酸蛋白酶	西班牙干制发酵香肠(西班牙咸香肠)	与对照香肠样品相比,加酶处理的香肠样品具有较高的香气强度和较低的硬度	124
Lactobacillus sakei 和 *Debaryomyces hansenii* 的无细胞提取物(后者当中含有氨肽酶活和蛋白酶活)	精氨酰氨肽酶,脯氨酰氨肽酶和内切蛋白酶	干制发酵香肠	一起添加 *D. hansenii* 和 *L. sabei* 无细胞提取物能加速脂类氧化和碳水化合物的发酵,从而促进了它们的产物——挥发性物质的生成	118
含有蛋白酶活的发酵剂(*Penicillum chyrsogenum* 和 *Debaromyces hansenii*)	—	干腌火腿	在挥发性风味成分方面,对照火腿样品与加发酵剂处理的火腿样品之间没有明显的差别	125
含有蛋白酶活和脂肪酶活的发酵剂(*Staphylococus xylosus* CVS11 和 FVS21 和 *Lactobacillus curvatus*)	—	意大利发酵香肠	与对照香肠样品相比,加发酵剂处理的小试香肠样品风味差,油脂少,pH 低	126

① Solvay Enzymes 于 1996 年出售给 Genencor。

279

　　在缩短发酵香肠熟成时间方面就已经获得的方法而言,最具前景的方法是联合使用乳酸菌和霉菌的无细胞提取物。已经发现将副干酪乳杆菌的无细胞提取物添加到香肠中,能加速香肠的熟成,并能改善香肠的感官品质。在发酵香肠中添加总状毛霉和黄灰青霉之类的霉菌无细胞提取物能加速氨基酸分解代谢,从而提高其产物——氨和挥发性物质的生成,最终也能改善香肠的感官品质。Balumar 等从名为"*Debaryomyces hanseii* CECT 12847"酵母菌株的无细胞提取物中纯化并标定出两种蛋白酶(PrA 和 PrB)以及两种氨肽酶(精氨酰胺肽酶和脯氨酰胺肽酶)。这些酶与氨基酸转化酶一起催化肌浆蛋白质的水解来产生氨,从而提高了体系的 pH。Bolumar 等使用了以上提到的无细胞提取物,再加上含有高活力外切蛋白酶的米酒乳杆菌 CECT 4808 无细胞提取物,能加速发酵肉制品中蛋白质降解,从而改善了发酵肉制品的感官品质。通过添加这些提取物,能加速发酵肉制品中脂类氧化和碳水化合物发酵,从而促进了它们的产物——挥发性物质的生成,从而有助于发酵肉制品感官品质的改善。

12.6　利用交联酶进行肉类重组

除了水解酶能影响肉的嫩度或产生风味之外,还能利用交联酶来修饰肉类蛋白质的功能性质。使用这些交联酶,能将新鲜肉块结合在一起,并能针对性地调整各种不同加工肉制品的结构性质。交联酶作用的主要目标蛋白质是肉中的肌原纤维蛋白质中的肌球蛋白。通常交联酶对凝胶具有积极的影响,最终对肉凝胶的质构具有积极的影响。在表 12.6 中,总结了在肉体系中具有结构重组功能,并有应用前景的交联酶。迄今为止,在肉类蛋白修饰中,TGase 是主要被研究的交联酶,也是被大规模应用的交联酶。人们已经对TGase 具有交联肉类蛋白质的能力熟知了二十多年。虽然在肉类加工业中,对于 TGase 来说,最显而易见的来源是动物血,但是微生物来源的 TGase 已经取代了哺乳动物来源的 TGase,这是由于对 TGase 大规模使用来说,微生物TGase 具有不依赖 Ca^{2+} 的特性,合适的 pH 和温度曲线,并有商业化的产品。

表 12.6　用于肉类结构重组的交联酶

酶	反　应	交　联	应　用	参考文献
谷氨胺酰转氨酶（EC 2.3.2.13）,酰基转移酶	形成异肽键	Glu-Lys	重组肉的生产	51,127
酪氨酸酶(EC 1.12.18.1),不形成自由基的氧化酶	氧化酪氨酸残基	Tyr-Tyr	提高熟肉制品的紧实度;增强肉类蛋白质的凝胶性;提高肉凝胶的硬度	128～133,156,134,135
漆酶（EC 1.10.3.2）,形成自由基的氧化酶	氧化酪氨酸	Tyr-Lys Tyr-Cys Tyr-Tyr	提高肉凝胶的硬度	67

12.6.1　生肉的重组

消费者想要以适中的价格来购买高品质的肉制品,这种需求驱使着厂家去研究如何利用较低质量的低值碎肉来重组制成可口的牛排这种类似完整肌肉的产品,从而改善了这些碎肉的市场价值,并能使胴体的利用效率达到最大化。传统方法是使用食盐,磷酸盐以及热处理共同作用,来将肉块黏结在一起。对于常温肉糜制品来说,通常会将它们进行冷冻,以增强它们的黏结性。现今,当消费者需要新鲜,未经冷冻处理以及盐分含量较低的肉时,这会促使着厂家去开发消除冷冻需要和减少盐使用的技术。在这些技术中,其中有一种是酶法重组技术,这种技术已经被大规模地使用了一段时间,并且仍然是

TGase 在肉类加工中使用的主要目的。人们已经发现,在添加或不添加食盐和磷酸盐的情况下,TGase 均能提高重组肉中蛋白质凝胶的强度。

Kuraishi 等报道,使用食盐和磷酸盐来促进蛋白质溶出的传统方法制备的重组肉制品可利用 TGase 来制备,而且无须添加盐。当在肉的体系中,添加酪蛋白酸盐这种增量剂时,能在低温下提高黏结强度。酪蛋白酸盐是 TGase 的一种优秀底物。然而,还没数据表明在加热状态下,这种添加酪蛋白酸盐的处理对产品的特征有怎样的影响。Lee 和 Park 认为在猪肉糜中添加 TGase,能显著提高猪肉糜的硬度,咀嚼性和弹性。由于使用 TGase,会降低常温肉产品的保水性,但是该酶对蒸煮损失率没有影响。Kolle 和 Savell 发表了一篇关于消费者对重组牛肉态度研究的论文。论文中采用的牛肉样品没有肌间脂肪,并含有大量的结缔组织。使用 TGase 和酪蛋白酸盐作为黏结剂来重组该肉。在这个研究中,消费者认为煮熟的重组牛肉在多汁性、风味和整体喜好性之类的一些可口特性方面要优于未经重组处理的牛肉。

12.6.2 加工肉制品

TGase 除了能将新鲜肉块黏结在一起之外,人们已经着手研究 TGase 在单一的肉蛋白体系和典型的肉制品中的作用,期望能够改善它们的质构性质(表 12.7)。

表 12.7 TGase 在加工肉制品中的应用

应 用	参 考 文 献
单一的肉蛋白体系(改善凝胶性质)	
牛肉	141,142
猪肉	143
鸡肉	59,88,134,144~147
典型的肉制品体系(改善质构性质)	
牛肉	129,148,149
猪肉	150~153
鸡肉	135,154,155
香肠和火腿体系(改善质构性质)	128,130,156

虽然迄今为止差不多只使用 TGase,就能够进行肉类蛋白质的交联,但是我们知道酪氨酸酶和漆酶也具有交联肉类蛋白质和提高肉的紧实度的能力。

对于肉类蛋白质的构造来说,在肉当中使用 TGase,能催化形成更多的共价键,这很明显能够使肉凝胶结构变得更加紧实,这在许多研究(如表 12.7)中已得到明确的证实。然而,由于在肌原纤维蛋白质网络中形成了更多的横向连接,从而极大地提高了肉凝胶的硬度,这可能会使肌原纤维蛋白质的流动性和柔软性受到限制,最终会导致肉的保水性的下降,这是我们不希望看到的现象。肉的保水性的下降多半是一种不受欢迎的现象,这种现象特别容易发生在熟肉糜制品的体系中,尤其是当中盐浓度比较低时。在表 12.8 中,总结了来源于茂原轮枝链霉菌的 TGase 对低盐肉制品体系的质构性质和保水性的影响。

表 12.8　来源于茂原轮枝链霉菌的 TGase 对低温或经高压
处理的低盐肉凝胶质构性质和保水性的影响

原　　料	加 工 条 件	对质构性质的影响	对保水性的影响	参考文献
猪肉,牛肉加 TGase,26%脂肪,18%冰,1.65%硝酸盐,磷酸盐进行斩拌	将该肉制品的中心温度加热到70℃	提高肉制品的破断强度	对蒸煮损失率没有影响	128
猪肉糊(10%蛋白质),0.4%～2%NaCl,磷酸盐	采用 TGase 进行预处理,随后将该肉制品的中心温度加热到 70℃	在各个 NaCl 用量水平下,凝胶硬度和咀嚼性都得到了提高	在各个 NaCl 用量水平下,蒸煮损失率都出现了降低	160
绞碎的鸡胸肉糊,2%NaCl,0.05%～0.3%磷酸盐,30%水,10%猪肉脂肪,经 TGase 处理的大豆或牛奶蛋白	将 TGase 处理的非肉类蛋白添加到香肠肉糜中,然后将其中心温度加热到75℃,保持30min	在两个磷酸盐用量水平下,鸡肉肠的破断强度都得到了提高	没有研究	161
鸡腿肉糜,1%NaCl,30%水,10%鸡蛋黄,10%脱水鸡蛋清,0.3%磷酸盐	在 TGase 添加之后进行高压处理(500 MPa,700 MPa,900 MPa,30 min,40℃)	提高凝胶硬度,咀嚼性和弹性	压力和 TGase 导致可榨出水分的降低	154
鸡腿肉糜,1%NaCl,30%水,10%鸡蛋黄,10%脱水鸡蛋清,不添加磷酸盐	在 TGase 添加之后进行高压处理(500 MPa,700 MPa,900 MPa,30 min,40℃)	提高凝胶硬度,咀嚼性和弹性	提高了可榨出水分,这并非由于压力的原因,而是 TGase 添加所致	155

原　料	加工条件	对质构性质的影响	对保水性的影响	参考文献
猪肉丁与 TGase，13％水，1％～2％起溚揉	72℃加热 65 min；78℃加热 65 min	稍微提高了紧实度	对蒸煮损失率和多汁性没有影响	132
猪肉糊，15％水，无 NaCl，1％ KCl，20％膳食纤维，2％酪蛋白酸钠	40℃加热 15 min，然后加热至最终的温度 70℃	降低凝胶硬度的顺序：TGase＞TGase/膳食纤维＞TGase/酪蛋白酸钠	提高蒸煮损失率的顺序：TGase＞TGase/KCl＞TGase/膳食纤维＞TGase/酪蛋白酸钠	133
猪肉、鸡肉或羊肉糊，13％ 水，1.5％ NaCl，磷酸盐	70℃加热 30 min	提高凝胶硬度	提高蒸煮损失率	159
50 g 牛肉或鸡腿肉糜，30 g 水，1.4 g NaCl，0.21 g 磷酸盐	40℃ 或 80℃ 加热 30 min	在两个研究原料和加热温度下，都能提高破断强度	没有研究	156
36％ 猪肉糜，2％ NaCl，2％非肉蛋白填充剂，水	将内部温度加热到 72℃，然后冷却到 20℃	所有被研究的填充剂都能提高凝胶硬度	当使用血浆和酪蛋白酸钠作填充剂时，会降低蒸煮损失率和可榨出水分	152

282

　　从保水性的观点来看，TGase 并没有明确显示出它能够完全取代食盐的使用，在有高浓度的食盐能确保蛋白质充分地溶解的情况下，TGase 具有改善肉制品体系的质构性质和保水性的能力。然而，当食盐浓度较低（≤2％ NaCl）时，引入 TGase，通常并没有发现其造成的蛋白质强烈的交联能够改善熟肉制品体系的保水性，但发现具有改善熟肉制品的质构性质。最有可能的原因是其增强了蛋白质与蛋白质之间的作用，从而降低了蛋白质与水之间的作用。由于 TGase 会催化共价键的形成，进而会限制蛋白质的溶解性和膨胀性，最终会导致肉制品保水性的下降。Carballo 等假设在一个低盐含量（1.5％）熟肉糜制品体系中，TGase 的交联作用会导致蒸煮损失的增加，这是在 TGase 将溶解的蛋白质交联后，肉制品保水性下降所致。就生肉和熟肉体系中的保水性而言，该结论非常符合多年来人们所了解的情况。肌原纤维蛋白质之间强烈的共价连接可能会妨碍肌原纤维的膨胀，而肌原纤维的膨胀是保证良好保水性的前提。

　　然而，至少根据 Tseng 等的报告，在低盐浓度下，TGase 能导致保水性的改善。在含有 1％食盐，0.2％磷酸盐和 25％猪肥肉的鸡肉丸中，Tseng 等发现提高 TGase 的用量，具有提高蒸煮得率的功能。高脂肪含量，磷酸盐和未添加水这三个因素对该结果有贡献。Pietrask 和 Li-Chan 研究了在不同盐浓度（0～2％）和 TGase 对猪肉糜凝胶性质的影响。作者发现较低的盐浓度会导致猪肉糜凝胶硬度和蒸煮得率的下降，这与预期的结果一致，但是在低盐肉糜中，TGase 能够改善这两方面的性质，但与 2％食盐浓度所得到的结果并不相同。根据 Trespalacios 和 Pla 的报告，在高压情况下，用 TGase 处理低盐鸡肉糜，能显著地降低鸡肉糜中可榨出的水分。然而，在他们的研究中，是将绞碎的鸡肉与新鲜鸡蛋黄和脱水鸡蛋清混合在一起，后两种原料质量分别为总质量的 10％。虽然根据发表的文献来看，鸡蛋清蛋白对肉凝胶水合性质的是否具有积极作用，还存在着争议，但在鸡肉糜的研究中，它们对保水性起到了一定作用。然而，从报道的配方中略去磷酸盐，会显著导致鸡肉糜体系中可榨出水分的增加。根据 Pietrask 等的报告，在低盐（2％）和低脂的猪肉凝胶中，共同使用 TGase 和各种不同非肉类蛋白填充剂，发现它们对蒸煮得率和可榨出水分具有协同增效的积极作用。

保水性是一个受到多种技术因素（如食盐，离子强度和 pH）影响的指标，但是也会受到肉本身的许多内在因素的影响。由于保水性本身的复杂性，以及本章中回顾的 TGase 在不同的产品应用中对保水性的作用存在不一致的结果，关于 TGase 对肉的保水性的作用，还不能下结论。为了开发 TGase 在肉制品加工中的应用，对于每步工艺和每个产品来说，必须优化酶的添加量和作用条件。通常，为了获得可接受的保水性，以及引起体系中蛋白质与水之间发生充分地作用，需要添加非肉类蛋白质或亲水胶体之类的填充剂工具，并确保添加了足量的食盐。尽管如此，TGase 对各种肉制品体系的质构性质具有积极的作用，这点不容争议。

12.7 其他应用

对于稳定不同肉类副产品物价来说，蛋白酶也是一种有前景的工具。具有较强肉类风味的蛋白水解物能应用在汤料，酱料和即食产品中。以骨头、羊下水、鸡内脏或牛下水之类的不同肉类副产品为原料，通过蛋白酶的应用，能将它们转化为蛋白水解物。这些水解物可作为风味增强剂，调味料或营养补充剂应用在低蛋白食品中，或者当它们不适合在食品中使用时，可作为动物饲料补充剂使用。当蛋白水解物以食品应用为目标时，为了避免形成苦味的水解产物，需要在处理中优化所使用的蛋白酶。风味的强度取决于游离氨基酸含量，存在的肽类类型和水解中发生的反应，因此，最优的方案是同时使用内切蛋白酶和外切蛋白酶。也能使用酶来处理新鲜的骨头，使之适合使用在明胶的生产中。这种两段式工艺既能生产肉类提取物，又能清理骨头，使之用于后续的明胶生产。

12.8 未来展望

消费者将嫩度评选为肉的最重要的感官指标之一。肉的嫩度是其快速和简单烹饪的前提,这对消费者来说,非常有吸引力。牛肉的肉质较老或许不是一个全球性问题,但是在一些北欧国家,市场上的大多数牛肉看起来仍然是来源于奶牛,这些牛肉的嫩度较差。由于结缔组织由天然难以降解的胶原蛋白组成,它们是肉质过老的主要原因,因而需要蛋白酶选择性降解胶原蛋白而不是人们所需的红肉。这些酶能够嫩化肉中品质较低,肉质较老的部分。然而这类强效的酶还没面市,因而无法在食品加工中使用。

除了肉的嫩度之外,具有健康意识的消费者要求新鲜的肉制品中不能含有过量的脂肪和盐。除此之外,屠宰商想更有效地利用胴体,从而使他们的利润最大化,并且从环境保护所需的角度来看,也需要有效地利用胴体及其副产品。当研究是否有更高效地利用动物胴体的可能性时,无疑值得去尝试新的酶技术。对于这种需求来说,其中一个解决方案是利用 TGase 进行的肉类低温重组技术,这已经应用在肉类工业中。应用 TGase,将同种动物来源或不同种动物来源的碎肉和剔骨肉黏结在一起来形成新的肉类产品,具有可选择的肉类含量,形状和大小,而且在低温和烹煮条件下保持稳定。开发这种类型肉制品的创新潜力似乎是无限的。

高效的胴体利用率需要人们从环境保护的角度去利用肉类副产品。已经有少量的家禽羽毛被制成动物饲料。然而,角质蛋白难以消化。这是由于角质蛋白中存在着大量的二硫键和疏水性氨基酸,使得它们可能在非食品部分具有较大的应用潜力,例如可应用在包装、膜和涂料中。角蛋白的溶解性是其应用的前提,当前是使用有毒的化学品来溶解它们。如果有特异性的蛋白酶能够有效地水解角蛋白,那从羽毛中来生产环境友好性材料就能得益于这项技术。

参考文献

1. http://faostat.fao.org/
2. Walls, E.W. (1960) The microanatomy of muscle. In: *The Structure and Function of Muscle*, Vol. **1** (ed. G.H. Bourne). Academic Press, New York/London, pp. 21–61.
3. Macfarlane, J.J., Schmidt, G.R. and Turner, R.H. (1977) Binding of meat pieces: a comparison of myosin, actomyosin, and sarcoplasmic proteins as binding agents. *Journal of Food Science* **42**, 1603–1604.
4. Lawrie, R.A. and Ledward, D.E. (2006) Chemical and biochemical constitution of muscle. In: *Lawrie's Meat Science*, 7th edn (ed. R.A. Lawrie). Woodhead Publishing Limited, Cambridge, p. 76.
5. Bailey, A.J. and Light, N.D. (1989) *Connective Tissue in Meat and Meat Products*, 1st edn. Elsevier Science Publishers, London/New York, pp. 65–73.
6. Schweigert, B.S. and Payne, J.B. (1956) A summary of the nutrient content of meat. American Meat Institute Foundation, Bulletin No. 30.

7. Dransfield, E. (1994) Modelling post-mortem tenderisation – V: inactivation of calpains. *Meat Science* **37**, 391–409.
8. Penny, I.F. (1980) The enzymology of conditioning. In: *Developments in Meat Science*, Vol. **1** (ed. R.A. Lawrie). Elsevier Applied Science, London/New York, pp. 115–143.
9. Tornberg, E. (2005) Effects of heat on meat proteins – implications on structure and quality of meat products. *Meat Science* **70**, 493–508.
10. Ruusunen, M. and Puolanne, E. (2005) Reducing sodium intake from meat products. *Meat Science*, **70**, 531–542.
11. Hamm, R. (1972) *Kolloidchemie des Fleisches*. Paul Parey Gmbh, Berlin/Hamburg.
12. Offer, G. and Knight, P. (1988a) Structural basis of water-holding capacity in meat. Part 1. General principles and water uptake in meat processing. In: *Developments in Meat Science*, Vol. **4** (ed. R.A. Lawrie). Elsevier Applied Science, London/New York, pp. 63–171.
13. Whiting, R. (1988) Solute-protein interactions in a meat batter. *Proceedings of American Reciprocal Meat Conference* **41**, 53–56.
14. Cheng, Q. and Sun, D.-W. (2008) Factors affecting the water holding capacity of red meat products: a review of recent research advances. *Critical Reviews in Food Science and Nutrition* **48**, 137–159.
15. Grzonka, Z., Kasprzykowski, F. and Wiczk, W. (2007) Cysteine proteases. In: *Industrial Enzymes Structure, Function and Applications* (eds J. Polaina and A.P. MacCabe). Springer, Dordrecht, Netherlands, pp. 181–195.
16. Lawrie, R.A. (1998) *Lawrie's Meat Science*, 6th edn. Woodhead Publishing Ltd., Cambridge.
17. Foegeding, E.A. and Larick, D.K. (1986) Tenderization of beef with bacterial collagenase. *Meat Science* **18**, 201–214.
18. Cronlund, A.L. and Woychik, J.H. (1987) Solubilization of collagen in restructured beef with collagenases and α-amylase. *Journal of Food Science* **52**, 857–860.
19. Kim, H.-J. and Taub, I.A. (1991) Specific degradation of myosin in meat by bromelain. *Food Chemistry* **40**, 337–343.
20. Glazer, A.N. and Smith E.L. (1971) Papain and other sulfhydryl proteolytic enzymes. In: *The Enzymes*, Vol. **3** (ed. P.D. Boyer). Academic Press, New York, pp. 501–546.
21. Kilara, A., Shahani, K.M. and Wagner, F.W. (1977) Preparation and properties of immobilized papain and lipase. *Biotechnology & Bioengineering* **14**, 1703–1714.
22. Ockerman, H.W., Harnsawas, S. and Yetim, H. (1993) Inhibition of papain in meat by potato protein or ascorbic acid. *Journal of Food Science* **58**, 1265–1268.
23. Harper, E. (1980) Collagenases. *Annual Reviews of Biochemistry* **49**, 1063–1078.
24. Seifter, S. and Harper, E. (1971) Collagenases. In: *The Enzymes*, Vol. **3** (ed. P. Boyer). Academic Press, New York, pp. 649–697.
25. Mandl, I., MacLennan, J., Howes, E., DeBellis, R. and Sohler, A. (1953) Isolation and characterization of proteinase and collagenase from Cl. histolyticum. *The Journal of Clinical Investigation* **32**, 1323–1329.
26. Welton, R.L. and Woods, D.R. (1975) Collagenase production by *Achromobacter iophagus*. *Biochimica et Biophysica Acta* **384**(1), 228–234.
27. Carrick, L. and Berk, R. (1975) Purification and partial characterization of a collagenolytic enzyme from Pseudomonas aeruginosa. *Biochimica et Biophysica Acta* **391**, 422.
28. Merkel, J., Dreisbach, J. and Ziegler, H. (1975) Collagenolytic activity of some marine bacteria. *Applied Microbiology* **29**, 145.
29. Sugasawara, R. and Harper, E. (1984) Purification and characterization of three forms of collagenase from *Clostridium histolyticum*. *Biochemistry* **23**, 5175.
30. Takahashi, S. and Seifter, S. (1970) Dye-sensitized photo-inactivation of collagenase A. *Biochimica et Biophysica Acta* **214**, 556.
31. Mitchell, W. (1968) Pseudocollagenase: a protease from Clostridium histolyticum. *Biochimica et Biophysica Acta* **159**, 554.
32. Peterkofsky, B. and Diegelmann, R. (1971) Use of a mixture of protease-free collagenases for the specific assay of radioactive collagen in the presence of other proteins. *Biochemistry* **10**, 988.
33. Lewis, D.A. and Luh, B.S. (1988) Application of actinidin from kiwifruit to meat tenderization and characterization of beef muscle protein hydrolysis. *Journal of Food Biochemistry* **12**, 147–158.
34. Wada, M., Suzuki, T., Yaguti, Y. and Hasegawa, T. (2002) The effects of pressure treatments with kiwi fruit protease on adult cattle semitendinosus muscle. *Food Chemistry* **78**, 167–171.
35. Morimoto, K., Kunii, S., Hamano, K. and Tonomura, B. (2004) Preparation and structural analysis of actinidain-processed atelocollagen of yellowfin tuna (*Thunnus albacares*). *Bioscience, Biotechnology and Biochemistry* **68**, 861–867.

285

301

36. Mostafaie, A., Bidmeshkipour, A., Shirvani, Z., Mansouri, K. and Chalabi, M. (2008) Kiwifruit actinidin: a proper new collagenase for isolation of cells from different tissues. *Applied Biochemistry and Biotechnology* **144** (2), 123–131.

37. Sugiyama, S., Hirota, A., Okada, C., Yorita, T., Sato, K. and Ohtsuki, K. (2005) Effect of kiwifruit juice on beef collagen. *Journal of Nutritional Science and Vitaminology* **51**, 27–33.

38. Takagi, H., Kondou, M., Hisatsuka, T., Nakamori, S., Tsai, Y.-C. and Yamasaki, M. (1992) Effects of an alkaline elastase from an alcalophilic *Bacillus* strain on tenderization of beef meat. *Journal of Agricultural and Food Chemistry* **40**, 2364–2368.

39. Qihe, C., Guoqing, H., Yingchun, J. and Hui, N. (2006) Effects of elastase from a *Bacillus* strain on the tenderization of beef meat. *Food Chemistry* **98**, 624–629.

40. Asif-Ullah, M., Kim, K.-S. and Yu, Y.G. (2006) Purification and characterization of a serine protease from *Cucumis trigonus* Roxburghi. *Phytochemistry* **67**, 870–875.

41. Choi, K.H. and Laursen, R.A. (2000) Amino-acid sequence and glycan structures of cysteine proteases with proline specificity from ginger rhizome *Zingiber officinale*. *European Journal of Biochemistry* **267**, 1516–1526.

42. Ollis, D.L., Cheah, E., Cygler, M., Dijkstra, B., Frolow, F., Franken, S.M., Harel, M., Remington, S.J., Silman, Y. and Schrag, J. (1992) The α/β hydrolase fold. *Protein Engineering* **5**, 197–211.

43. Cygler, M., Grochulski, P., Kazlauskas, R.J., Schrag, J.D., Bouthillier, F., Rubin, B., Serreqi, A.N. and Gupta, A.K. (1994) A structural basis for the chiral preferences of lipases. *Journal of the American Chemical Society* **116**, 3180–3186.

44. Brady, L., Brzozowski, A.M., Derewenda, Z.S., Dodson, E., Dodson, G., Tolley, S., Turkenburg, J.P., Christiansen, L., Huge-Jensen, B. and Norskov, L. (1990) A serine protease triad forms the catalytic centre of a triacylglycerol lipase. *Nature* **343**, 767–770.

45. Schmid, R.D. and Verger, R. (1998) Lipases: interfacial enzymes with attractive applications. *Angewandte Chemie* (International ed. in English) **37**, 1608–1633.

46. Malcata, F.X., Reyes, H.R., Garcia, H.S., Hill, C.G. and Amundson, C.H. (1992) Kinetics and mechanisms of reactions catalysed by immobilized lipases. *Enzyme and Microbial Technology* **14**, 426–446.

47. Watanabe, N., Ota, Y., Minoda, Y. and Yamada, K. (1977) Isolation and identification of alkaline lipase producing microorganisms, cultural conditions and some properties of crude enzymes. *Agricultural and Biological Chemistry* **41**, 1353–1358.

48. Rúa, M.L., Schmidt-Dannert, C., Wahl, S., Sprauer, A. and Schmid, R.D. (1997) Thermoalkalophilic lipase of *Bacillus thermocatenulatus*. Large-scale production, purification and properties: aggregation behaviour and its effect on activity. *Journal of Biotechnology* **56**, 89–102.

49. Yokoyama, K., Nio, N. and Kikuchi, Y. (2004) Properties and applications of microbial transglutaminase. *Applied Microbiology and Biotechnology* **64**, 447–454.

50. Zhu, Y., Rinzema, A., Tramper, J. and Bol, J. (1995) Microbial transglutaminase – a review of its production and application in food processing. *Applied Microbiology and Biotechnology* **44**, 277–282.

51. Motoki, M. and Seguro, K. (1998) Transglutaminase and its use for food processing. *Trends in Food Science and Technology* **9**, 204–210.

52. Kuraishi, C., Yamazaki, K. and Susa, Y. (2001) Transglutaminase: its utilization in the food industry. *Food Reviews International* **17**, 221–246.

53. Griffin, M., Casadio, R. and Bergamini, C.M. (2002) Transglutaminases: nature's biological glues. *Biochemical Journal* **368**, 377–396.

54. Nonaka, M., Tanaka, H. and Okiyama, A. (1989) Polymerization of several proteins by Ca^{2+}-independent transglutaminase derived from microorganisms. *Agricultural and Biological Chemistry* **53**, 2619–2623.

55. Kahn, D. and Cohen, I. (1981) Factor XIIIa-catalysed coupling of structural proteins. *Biochimica et Biophysica Acta* **668**, 490–494.

56. De Backer-Royer, C., Traoré, F. and Meunier, J.C. (1992) Polymerization of meat and soya bean proteins by human placental calcium-activated factor XIII. *Journal of Agricultural and Food Chemistry* **40**, 2052–2056.

57. Tseng, T.-F., Chen, M.-T. and Liu, D.-C. (2002) Purification of transglutaminase and its effects on myosin heavy chain and actin of spent hens. *Meat Science* **60**, 267–270.

58. Lantto, R., Puolanne, E., Kalkkinen, N., Buchert, J. and Autio, K. (2005) Enzyme-aided modification chicken breast myofibrillar proteins: effects of laccase and transglutaminase on gelation and thermal stability. *Journal of Agricultural and Food Chemistry* **53**, 9231–9237.

59. Ramirez-Suarez, J.C., Addo, K. and Xiong, Y.L. (2005) Gelation of mixed myofibrillar/wheat gluten proteins treated with microbial transglutaminase. *Food Research International* **38**, 1143–1149.

286

60. Ando, H., Adachi, M., Umeda, K., Matsuura, A., Nonaka, M., Uchio, R., Tanaka, H. and Motoki, M. (1989) Purification and characteristics of a novel transglutaminase derived from microorganisms. *Agricultural and Biological Chemistry* **53**, 2613–2617.

61. Selinheimo, E., Nieidhin, D., Steffensen, C., Nielsen, J., Lomascolo, A., Halaouli, S., Record, E., O'Beirne, D., Buchert, J. and Kruus, K. (2007) Comparison of the characteristics of fungal and plant tyrosinases. *Journal of Biotechnology* **130**, 471–480.

62. Wichers, H.J., Gerritse, Y.A. and Chapelon, C.G.J. (1996) Tyrosinase isoforms from the fruitbodies of *Agaricus bisporus*. *Phytochemistry* **43**, 333–337.

63. Seo, S.-Y., Sharma, V.K. and Sharma, N. (2003) Mushroom tyrosinase: recent prospects. *Journal of Agricultural and Food Chemistry* **51**, 2837–2853.

64. Lerch, K. (1983) Neurospora tyrosinase: structural, spectroscopic and catalytic properties. *Molecular and Cellular Biochemistry* **52**(2), 125–138.

65. Selinheimo, E., Saloheimo, M., Ahola, E., Westerholm-Parviainen, A., Kalkkinen, N., Buchert, J. and Kruus, K. (2006) Production and characterization of a secreted, C-terminally processed tyrosinase from the filamentous fungus *Trichoderma reesei*. *FEBS Journal* **273**, 4322–4335.

66. Færgemand, M., Otte, J. and Qvist, K.B. (1998) Cross-linking of whey proteins by enzymatic oxidation. *Journal of Agricultural and Food Chemistry* **46**, 1326–1333.

67. Yamaguchi, S. (2000) Method for cross-linking protein by using enzyme. US Patent 6121013.

68. Mattinen, M.-L., Kruus, K., Buchert, J., Nielsen, J.H., Andersen, H.J. and Steffensen, C.L. (2005) Laccase-catalysed polymerization of tyrosine-containing peptides. *FEBS Journal* **272**, 3640–3650.

69. Thurston, C. (1994) The structure and function of fungal laccases. *Microbiology* **140**, 19–26.

70. Nandakumar, R., Yoshimune, K., Wakayama, M. and Moriguchi, M. (2003) Microbial glutaminase: biochemistry, molecular approaches and applications in the food industry. *Journal of Molecular Catalysis B: Enzymatic* **23**, 87–100.

71. Thammarongtham, C., Turner, G., Moir, A.J., Tanticharoen, M. and Cheevadhanarak, S. (2001) A new class of glutaminase from *Aspergillus oryzae*. *Journal of Molecular Microbiology and Biotechnology* **3**(4), 611–617.

72. Yamamoto, S. and Hirooka, H. (1974) Production of glutaminase by Aspergillus sojae. *Journal of Fermentation Technology* **52**, 564–569.

73. Calderón, J., Huerta-Saquero, A., Du Pont, G. and Durán, S. (1999) Sequence and molecular analysis of the *Rhizobium etli* gls A gene, encoding a thermolabile glutaminase. *Biochimica et Biophysica Acta* **1444**, 451–456.

74. Dura, M.A., Flores, M. and Toldra, F. (2002) Purification and characterisation of glutaminase from *Debaryomyces spp*. *International Journal of Food Microbiology* **76**, 117–126.

75. Brown, G., Singer, A., Proudfoot, M., Skarina, T., Kim, Y., Chang, C., Dementieva, I., Kuznetsova, E., Gonzalez, C.F., Joachimiak, A., Savchenko, A. and Yakunin, A.F. (2008) Functional and structural characterization of four glutaminases from *Escherichia coli* and *Bacillus subtilis*. *Biochemistry* **47**, 5724–5735.

76. Moriguchi, M., Sakai, K., Tateyama, R., Furuta, Y. and Wakayama, M. (1994) Isolation and characterization of salt-tolerant glutaminases from marine *Micrococcus luteus* K-3. *Journal of Fermentation and Bioengineering* **77**, 621.

77. Wilson, S.-A., Young, O.A., Coolbear, T. and Daniel, R.M. (1992) The use of proteases from extreme thermophiles for meat tenderization. *Meat Science* **32**, 93–103.

78. Murai, A., Tsujimoto, Y., Matsui, H. and Watanabe, K. (2004) An *Aneurinibacillus* sp. strain AM-1 produces a proline-specific aminopeptidase useful for collagen degradation. *Journal of Applied Microbiology* **96**, 810–818.

79. Pawar, V.D., Mule, B.D. and Machewad, G.M. (2007) Effect of marination with ginger rhizome extract on properties of raw and cooked chevon. *Journal of Muscle Foods* **18**, 349–369.

80. Rhodes, D.N. and Dransfield, E. (1973) Effect of pre-slaughter injections of papain on toughness in lamb muscles induced by rapid chilling. *Journal of the Science of Food and Agriculture* **24**, 1583–1588.

81. Bradley, R., O'Toole, D.T., Wells, D.E., Anderson, P.H., Hartley, P., Berrett, S., Morris, J.E., Insch, C.G. and Hayward, E.A. (1987) Clinical biochemistry and pathology of mature beef cattle following antemortem intravenous administration of a commercial papain preparation. *Meat Science* **19**, 39–51.

82. Quaglia, G.B., Lombardi, M., Sinesio, F., Bertone, A. and Menesatti, P. (1992) Effect of enzymatic treatment on tenderness characteristics of freeze-dried meat. *LWT – Food Science and Technology* **25**, 143–145.

83. Naveena, B.M. and Mendiratta, S.K. (2004) The tenderization of buffalo meat using ginger extract. *Journal of Muscle Foods* **15**, 235–244.

287

84. Ashie, I.N.A., Sorensen, T.L. and Nielsen, P.M. (2002) Effect of papain and a microbial enzyme on proteins and beef tenderness. *Journal of Food Science* **67**, 2138–2142.

85. Janz, J.A.M., Pietrasik, Z., Aalhus, J.L. and Shand, P.J. (2005) The effects of enzyme and phosphate injections on the quality of beef semitendinosus. *Canadian Journal of Animal Science* **85**, 327–334.

86. Huerta-Montauti, D., Miller, R.K., Schuehle Pfeiffer, C.E., Pfeiffer, K.D., Nicholson, K.L., Osburn, W.N. and Savell, J.W. (2008) Identifying muscle and processing combinations suitable for use as beef for fajitas. *Meat Science* **80**, 259–271.

87. Fogle, D.R., Plimpton, R.F., Ockerman, H.W., Jarenback, L. and Persson, T. (1982) Tenderization of beef: effect of enzyme, enzyme level, and cooking method. *Journal of Food Science* **47**, 1113–1118.

88. Ramezani, R., Aminlari, M. and Fallahi, F. (2003) Effect of chemically modified soy proteins and ficin-tenderized meat on the quality attributes of sausage. *Journal of Food Science* **68**, 85–88.

89. Iizuka, K. and Aishima, T. (1999) Tenderization of beef with pineapple juice monitored by fourier transform infrared spectroscopy and chemometric analysis. *Journal of Food Science* **64**, 973–977.

90. Cunningham, F.E. and Tiede, L.M. (1981) Properties of selected poultry products treated with a tenderizing marinade. *Poultry Science* **60**, 2475–2479.

91. Schenková, N., Šikulová, M., Jeleníková, J., Pipek, P., Houška, M. and Marek, M. (2007) Influence of high isostatic pressure and papain treatment on the quality of beef meat. *High Pressure Research* **27**, 163–168.

92. Bruggen, K., McKeith, F.K. and Brewer, M.S. (1993) Effect of enzymatic tenderization, blade tenderization, or pre-cooking on sensory and processing characteristics of beef bacon. *Journal of Food Quality* **16**, 209–221.

93. Kolle, B.K., McKenna, D.R. and Savell, J.W. (2004) Methods to increase tenderness of individual muscles from beef rounds when cooked with dry or moist heat. *Meat Science* **68**, 145–154.

94. Lee, Y.B., Sehnert, D.J. and Ashmore, C.R. (1986) Tenderization of meat with ginger rhizome protease. *Journal of Food Science* **51**, 1558–1559.

95. Mendiratta, S.K., Anjaneyulu, A.S.R., Lakshmanan, V., Naveena, B.M. and Bisht, G.S. (2000) Tenderizing and antioxidant effect of ginger extract on sheep meat. *Journal of Food Science and Technology* **37**, 651–655.

96. Naveena, B.M., Mendiratta, S.K. and Anjaneyulu, A.S.R. (2004) Tenderization of buffalo meat using plant proteases from *Cucumis trigonus Roxb* (Kachri) and *Zingiber officinale roscoe* (Ginger rhizome). *Meat Science* **68**, 363–369.

97. Bhaskar, N., Sachindra, N.M., Modi, V.K., Sakhare, P.Z. and Mshendrakar, N.S. (2006) Preparation of proteolytic activity rich ginger powder and evaluation of its tenderizing effect on spent-hen muscles. *Journal of Muscle Foods* **17**, 174–184.

98. Garg, V. and Mendiratta, S.K. (2006) Studies on tenderization and preparation of enrobed pork chunks in microwave oven. *Meat Science* **74**, 718–726.

99. Taylor, A.J. and Hort, J. (2004) Measuring proximal stimuli involved in flavour perception. In: *Flavor Perception*, Vol. 1 (eds A.J. Taylor and D.D. Roberts). Blackwell Publishing, Oxford, pp. 1–34.

100. Aaslyng, M.D., Oksama, M., Olsen, E.V., Bejerholm, C., Baltzer, M., Andersen, G., Bredie, W.L.P., Byrne, D.V. and Gabrielsen, G. (2007) The impact of sensory quality of pork on consumer preference. *Meat Science* **76**, 61–73.

101. Calkins, C.R. and Hodgen, J.M. (2007) A fresh look at meat flavour. *Meat Science* **77**, 63–80.

102. Lücke, F.-K. (1994) Fermented meat products. *Food Research International* **27**, 299–307.

103. Flores, J. (1997) Mediterranean vs northern European meat products – processing technologies and main differences. *Food Chemistry* **59**, 505–510.

104. Toldrá, F., Aristoy, M.-C. and Flores, M. (2000) Contribution of muscle aminopeptidases to flavor development in dry-cured ham. *Food Research International* **33**, 181–185.

105. Gandemer, F. (2002) Lipids in muscles and adipose tissues, changes during processing and sensory properties of meat products. *Meat Science* **62**, 309–321.

106. Jurado, Á., Garćia, C., Timón, M.L. and Carrapiso, A.I. (2007) Effect of ripening time and rearing system on amino acid-related flavour compounds of Iberian ham. *Meat Science* **75**, 585–594.

107. Fernández, M., Ordóñez, J.A., Bruna, J.M., Herranz, B. and de la Hoz, L. (2000) Accelerated ripening of dry fermented sausages. *Trends in Food Science & Technology* **11**, 201–209.

108. Toldrá, F. (1998) Proteolysis and lipolysis in flavour development of dry-cured meat products. *Meat Science* **49** (Suppl 1), S101–S110.

109. Toldrá, F. (2006) The role of muscle enzymes in dry-cured meat products with different drying conditions. *Trends in Food Science & Technology* **17**, 164–168.

110. Molly, K., Demeyer, D., Civera, T. and Verplaetse, A. (1996) Lipolysis in a Belgian sausage: relative importance of endogenous and bacterial enzymes. *Meat Science* **43**, 235–244.

288

111. Hagen, B.F., Berdagué, J.L., Holck, A.L., Næs, H. and Blom, H. (1996) Bacterial proteinase reduces maturation time of dry fermented sausages. *Journal of Food Science* **61**, 1024–1029.

112. Bruna, J.M., Fernández, M., Hierro, E.M., Ordóñez, J.A. and de la Hoz, L. (2000a) Improvement of the sensory properties of dry fermented sausages by the superficial inoculation and/or the addition of intracellular extracts of *Mucor racemosus*. *Journal of Food Science* **65**, 731–738.

113. Bruna, J.M., Fernández, M., Hierro, E.M., Ordóñez, J.A. and de la Hoz, L. (2000b) Combined use of Pronase E and fungal extract (Penicillium aurantiogriseum) to potentiate the sensory characteristics of dry fermented sausages. *Meat Science* **54**, 135–145.

114. Bruna, J.M., Hierro, E.M., de la Hoz, L., Mottram, D.S., Fernández, M. and Ordóñez, J.A. (2001) The contribution of *Penicillium aurantiogriseum* to the volatile composition and sensory quality of dry fermented sausages. *Meat Science* **59**, 97–107.

115. Bolumar, T., Sanz, Y., Aristoy, M.C. and Toldrá, F. (2003a) Purification and characterization of prolyl aminopeptidase from *Debaryomyces hansenii*. *Applied and Environmental Microbiology* **69**, 227–232.

116. Bolumar, T., Sanz, Y., Aristoy, M.C. and Toldrá, F. (2003b) Purification and properties of an arginyl aminopeptidase from *Debaryomyces hansenii*. *International Journal of Food Microbiology* **86**, 141–151.

117. Bolumar, T., Sanz, Y., Aristoy, M.C. and Toldrá, F. (2004) Protease B from *Debaryomyces hansenii*: purification and biochemical properties. *International Journal of Food Microbiology* **98**, 167–177.

118. Bolumar, T., Sanz, Y., Aristoy, M.C., Toldrá, F. and Flores, J. (2006) Sensory improvement of dry-fermented sausages by the addition of cell-free extracts from *Debaryomyces hansenii* and *Lactobacillus sakei*. *Meat Science* **72**, 457–466.

119. Diaz, O., Fernández, M., García de Fernado, G., de la Hoz, L. and Ordóñez, J.A. (1996) Effect of the addition of papain on the dry fermented sausage proteolysis. *Journal of the Science of Food and Agriculture* **71**, 13–21.

120. Diaz, O., Fernández, M., García de Fernado, G., de la Hoz, L. and Ordóñez, J.A. (1997) Proteolysis in dry fermented sausages: the effect of selected exogenous proteases. *Meat Science* **46**, 115–128.

121. Ansorena, D., Zapelena, M.J., Astiasarán, I. and Bello, J. (1998) Simultaneous addition of palatase M and protease P to a dry fermented sausage (Chorizo de Pamplona) elaboration: effect over peptic and lipid fractions. *Meat Science* **50**, 37–44.

122. Ansorena, D., Astiasarán, I. and Bello, J. (2000) Influence of the simultaneous addition of protease Flavourzyme and the lipase Novozym 677BG on dry fermented sausage compounds extracted by SDE and analyzed by GC-MS. *Journal of Agricultural Food Chemistry* **48**, 2395–2400.

123. Herranz, B., Fernández, M., Hierro, E.M., Bruna, J.M., Ordóñez, J.A. and de la Hoz, L. (2003) Use of *Lactococcus lactis* Subs. *cremoris* NCDO 763 and α-ketoglutarate to improve the sensory quality of dry fermented sausages. *Meat Science* **66**, 151–163.

124. Benito, M.J., Rodríguez, M., Martín, A., Arand, E. and Córdoba, J. (2004) Effect of the fungal protease EPg222 on the sensory characteristics of dry fermented sausage 'Salchichón' ripened with commercial starter cultures. *Meat Science* **67**, 497–505.

125. Martín, A., Córdoba, J.J., Aranda, E., Córdoba, M.G. and Asensio, M.A. (2006) Contribution of a selected fungal population to the volatile compounds on dry-cured ham. *International Journal of Food Microbiology* **110**, 8–18.

126. Casaburi, A., Aristoy, M.C., Cavella, S., Monaco, R., Ercolini, D., Toldra, F. and Villani, F. (2007) Biochemical and sensory characteristics of traditional fermented sausages of Vallo di Diano (Southern Italy) as affected by the use of starter cultures. *Meat Science* **76**, 295–307.

127. Nielsen, G.S., Petersen, B.R. and Møller, A.J. (1995) Impact of salt, phosphate and temperature on the effect of a transglutaminase (F XIIIa) on the texture of restructured meat. *Meat Science* **41**, 293–299.

128. Hammer, G. (1998) Mikrobielle transglutaminase und diphosphat bei feinzerkleinerter brühwurst. *Fleischwirtschaft* **78**, 1155–1162, 1186.

129. Kerry, J.F., O'Donnell, A., Brown, H., Kerry, J.P. and Buckley, D.J. (1999) Optimisation of transglutaminase as a cold set binder in low salt beef and poultry comminuted meat products using response surface methodology. In: *Proceedings of the 45th International Congress on Meat Science and Technology*, Vol. **1**. Yokohama, Japan, pp. 140–141.

130. Mugumura, M., Tsuruoka, K., Fujino, H., Kawahara, S., Yamauchi, K., Matsumura, S. and Soeda, T. (1999) Gel strength enhancement of sausages by treating with microbial transglutaminase. In: *Proceedings of the 45th International Congress on Meat Science and Technology*, Vol. **1**. Yokohama, Japan, pp. 138–139.

131. Tseng, T.-F., Liu, D.-C. and Chen, M.-T. (2000) Evaluation of transglutaminase on the quality of low-salt chicken meat-balls. *Meat Science* **55**, 427–431.

132. Dimitrakopoulou, M.A., Ambrosiadis, J.A., Zetou, F.K. and Bloukas, J.G. (2005) Effect of salt and transglutaminase (TG) level and processing conditions on quality characteristics of phosphate-free,

289

cooked, restructured pork shoulder. *Meat Science* **70**, 743–749.

133. Jiménez Colmenero, F., Ayo, M.J. and Carballo, J. (2005) Physicochemical properties of low sodium frankfurter with added walnut: effect of transglutaminase combined with caseinate, KCl and dietary fibre as salt replacers. *Meat Science* **69**, 781–788.

134. Lantto, R., Plathin, P., Niemistö, M., Buchert, J. and Autio, K. (2006) Effects of transglutaminase, tyrosinase and freeze-dried apple pomace powder on gel forming and structure of pork meat. *LWT – Food Science and Technology* **39**, 1117–1124.

135. Lantto, R., Puolanne, E., Kruus, K., Buchert, J. and Autio, K. (2007) Tyrosinase-aided protein cross-linking: effects on gel formation of chicken breast myofibrils and texture and water-holding of chicken breast meat homogenate gels. *Journal of Agricultural and Food Chemistry* **55**, 1248–1255.

136. Wijngaards, G. and Paardekooper, E.J.C. (1988) Preparation of a composite meat product by means of enzymatically formed protein gels. In: *Trends in Modern Meat Technology*, Vol. **2** (eds B. Krols, P.S. van Room and J.H. Houben). Pudoc, Wageningen, pp. 125–129.

137. Kuraishi, C., Sakamoto, J., Yamazaki, K., Susa, Y., Kuhara, C. and Soeda, T. (1997) Production of restructured meat using microbial transglutaminase without salt or cooking. *Journal of Food Science* **62**, 488–490, 515.

138. Lee, E.Y. and Park, J. (2003) Microbial transglutaminase induced cross-linking of a selected comminuted muscle system – processing conditions for physical properties of restructured meat. *Food Science and Biotechnology* **12**, 365–370.

139. Serrano, A., Cofrades, S. and Jimenez Colmenero, F. (2003) Transglutaminase as binding agent in fresh restructured beef steak with added walnuts. *Food Chemistry* **85**, 423–429.

140. Kolle, D.S. and Savell, J.W. (2003) Using Activa™ TG-RM to bind beef muscles after removal of excessive seam fat between *the m. longissimus thoracis* and *m. spinalis dorsi* and heavy connective tissue from within the *m. infraspinatus*. *Meat Science* **64**, 27–33.

141. Kim, S.-H., Carpenter, J.A., Lanier, T.C. and Wicker, L. (1993) Polymerization of beef actomyosin induced by transglutaminase. *Journal of Food Science* **58**, 473–474, 491.

142. Ionescu, A., Aprodu, I., Daraba, A. and Porneala, L. (2008) The effects of transglutaminase on the functional properties of the myofibrillar protein concentrate obtained from beef heart. *Meat Science* **79**, 278–284.

143. Xiong, Y.L., Agyare, K.K. and Addo, K. (2008) Hydrolyzed wheat gluten suppresses transglutaminase-mediated gelation but improves emulsification of pork myofibrillar protein. *Meat Science* **80**, 535–544.

144. Ramirez-Suarez, J.C. and Xiong, Y.L. (2002a) Transglutaminase cross-linking of whey/myofibrillar proteins and the effect on protein gelation. *Journal of Food Science* **67**, 2885–2891.

145. Ramirez-Suarez, J.C. and Xiong, Y.L. (2002b) Rheological properties of mixed muscle/nonmuscle protein emulsions treated with transglutaminase at two ionic strengths. *International Journal of Food Science and Technology* **38**, 777–785.

146. Stangierski, J., Zabielski, J. and Kijowski, J. (2007) Enzymatic modification of selected functional properties of myofibril preparation obtained from mechanically recovered poultry meat. *European Food Research and Technology* **226**, 233–237.

147. Stangierski, J., Baranowska, H.M., Rezler, R. and Kijowski, J. (2008) Enzymatic modification of protein preparation obtained from water washed mechanically recovered poultry meat. *Food Hydrocolloids* **22**, 1629–1636.

148. Pietrasik, Z. (2003) Binding and textural properties of beef gels processed with κ-carrageenan, egg albumin and microbial transglutaminase. *Meat Science* **63**, 317–324.

149. Dondero, M., Figueroa, V., Morales, X. and Curotto, E. (2006) Transglutaminase effects on gelation capacity of thermally induced beef protein gels. *Food Chemistry* **99**, 546–554.

150. Jarmoluk, A. and Pietrasik, Z. (2003) Response surface methodology study on the effects of blood plasma, microbial transglutaminase and κ-carrageenan on pork batter gel properties. *Journal of Food Engineering* **60**, 327–334.

151. Pietrasik, Z. and Jarmoluk, A. (2003) Effect of sodium caseinate and κ-carrageenan on the binding and textural properties of pork muscle gels enhanced by microbial transglutaminase addition. *Food Research International* **36**, 285–294.

152. Pietrasik, Z., Jarmoluk, A. and Shand, P.J. (2007) Effect of non-meat proteins on hydration and textural properties of pork meat gels enhanced with microbial transglutaminase. *LWT – Food Science and Technology* **40**, 915–920.

153. Herrero, A.M., Cambero, M.I., Ordonez, J.A., de la Hoz, L. and Carmona, P. (2008) Raman spectroscopy study of the structural effect of microbial transglutaminase on meat systems and its relationship with textural characteristics. *Food Chemistry* **109**, 25–32.

154. Trespalacios, P. and Pla, R. (2007a) Simultaneous application of transglutaminase and high pressure to improve functional properties of chicken meat gels. *Food Chemistry* **100**, 264–272.

290

155. Trespalacios, P. and Pla, R. (2007b) Synergistic action of transglutaminase and high pressure on chicken meat and egg gels in absence of phosphates. *Food Chemistry* **104**, 1718–1727.
156. Ahhmed, A.M., Kawahara, S., Ohta, K., Nakade, K., Soeda, T. and Mugumura, M. (2007) Differentiation in improvements of gel strength in chicken and beef sausages induced by transglutaminase. *Meat Science* **76**, 455–462.
157. Nielsen, P.M. and Olsen, H.S. (2002) Enzymic modification of food protein. In: *Enzymes in Food Technology* (eds R.J. Whitehurst and B.A. Law). CRC Press, Boca Raton, FL, pp. 109–143.
158. Lantto, R., Puolanne, E., Katina, K., Niemistö, M., Buchert, J. and Autio, K. (2007b) Effects of laccase and transglutaminase on the textural and water-binding properties of cooked chicken breast meat gels. *European Food Research and Technology* **225**, 75–83.
159. Carballo, J., Ayo, J. and Jiménez Colmenero, F. (2006) Microbial transglutaminase and caseinate as cold set binders: influence of meat species and chilling storage. *LWT – Food Science and Technology* **39**, 692–699.
160. Pietrasik, Z. and Li-Chan, E.C.Y. (2002) Binding and textural properties of beef gels as affected by protein, κ-carrageenan and microbial transglutaminase addition. *Food Research International* **35**, 91–98.
161. Mugumura, M., Tsuruoka, K., Katayama, K., Erwanto, Y., Kawahara, S. and Yamauchi, K. (2003) Soya bean and milk proteins modified by transglutaminase improves chicken sausage texture even at reduced levels of phosphate. *Meat Science* **63**, 191–197.
162. Offer, G. and Knight, P. (1988b) Structural basis of water-holding capacity in meat. Part 2. Drip losses. In: *Developments in Meat Science*, Vol. 4 (ed. R.A. Lawrie). Elsevier Applied Science, London/New York, pp. 173–243.
163. Kilic, B. (2003) Effect of microbial transglutaminase and sodium caseinate on quality of chicken döner kebab. *Meat Science* **63**, 417–421.
164. Ramirez-Suarez, J.C. and Xiong, Y.L. (2003) Effect of transglutaminase-induced cross-linking on gelation of myofibrillar/soy protein mixtures. *Meat Science* **65**, 899–907.
165. Vollmer, A.N and Rosenfield, R.G. (1983) Extraction of protein from pork bones. US patent 4402873.
166. Bhaskar, N., Modi, V.K., Govindaraju, K., Radha, C. and Lalitha, R.G. (2007) Utilization of meat industry by products: protein hydrolyzate from sheep visceral mass. *Bioresource Technology* **98**, 388–394.
167. Surówka, K. and Fik, M. (1994) Studies on the recovery of proteinaceous substances from chicken heads: II application of pepsin to the production of protein hydrolyzate. *Journal of the Science of Food and Agriculture* **65**, 289–296.
168. Webster, J.D., Ledward, D.A. and Lawrie, R.A. (1982) Protein hydrolyzates from meat industry by-products. *Meat Science* **7**, 147–157.
169. Fik, M. and Surówka, K. (1986) Preparation and properties of concentrate from broiler chicken heads. *Journal of the Science of Food and Agriculture* **37**, 445–454.
170. Kilara, A. (1985) Enzyme-modified protein food ingredients. *Process Biochemistry* **20**, 149–158.

291

13 酶在蛋白质改性中的应用

Per Munk Nielsen

13.1 概述

蛋白质是一类在食品行业中被广泛使用的原辅料。它的原料来源多种多样，例如牛乳(酪蛋白和乳清蛋白)、小麦(面筋蛋白)、大豆和肉类(明胶和肉类提取物)等。蛋白质作为原辅料在食品中的使用常会被自身性质所限制。蛋白质改性的一种方法就是将蛋白质水解成相对分子质量较小的肽类。该方法已被使用了许多年，例如使用蛋白酶来生产低致敏性母乳替代品。这是使用蛋白酶来降低蛋白质致敏性的经典范例。

蛋白质水解物的市场覆盖面很广。既有低附加值产品，例如用于宠物食品的蛋白质水解物，又有高附加值产品，例如作为营养成分用于肠内营养制剂或婴幼儿配方乳粉的特殊肽或生物活性肽。蛋白质水解物的性质通过蛋白酶的选型、原料预处理方式、水解参数和下游工艺等因素来调节。除了蛋白酶之外，即使有其他酶用于蛋白质改性，它们也受困于没有得到商业化应用或仅有非常有限的商业化应用。以下列举了这样一些范例以供感兴趣的读者参考。

(1) 谷氨酰胺转氨酶：通过在谷氨酰胺和赖氨酸之间形成异肽键来交联蛋白质。它常被用来对食品中的蛋白质进行改性，但是几乎不用来生产蛋白质水解物。

(2) 酪氨酸酶：通化氧化反应来催化酪氨酸-酪氨酸、酪氨酸-半胱氨酸或酪氨酸-赖氨酸之间形成共价交联。

(3) 漆酶：通过氧化反应来催化酪氨酸-酪氨酸之间形成交联；通化氧化巯基来催化二硫键的形成。

(4) 肽谷氨酰胺酶：通过脱氨反应来催化谷氨酰胺转变成谷氨酸，但迄今为止还处在小试阶段(实验室规模)。

(5) 巯基氧化酶。

因此，本章仅讨论蛋白质水解和蛋白质水解物生产方面的内容。

13.2 蛋白质水解反应

蛋白酶催化蛋白质分子中肽键断裂,见图 13.1。

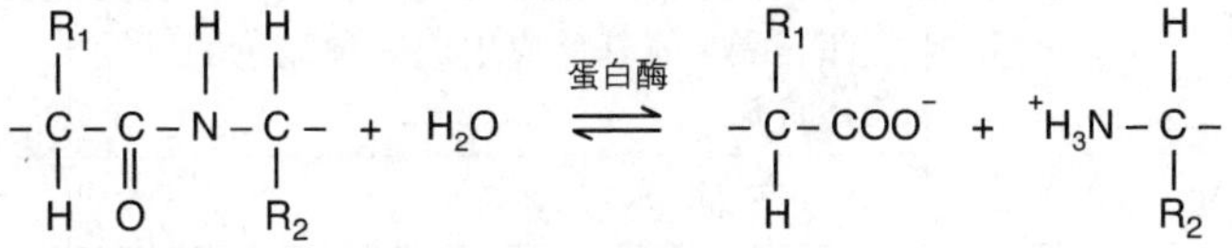

图 13.1 蛋白酶催化反应模式图(在 pH 6 附近)

通常在实际应用中不会用到蛋白质水解的逆反应。蛋白质水解的逆反应称为类蛋白反应,类蛋白反应已经成为众多科研项目的主题,但迄今为止还没发现它转化为实际应用的途径。

蛋白质水解度的定义:蛋白质分子中肽键被水解的百分数。

$$水解度(DH) = \frac{被水解的肽键数目}{总肽键数目} \times 100\%$$

蛋白质水解反应中有一项重要的细节。当一个肽键断开时,就会消耗一个水分子。这对最终产物的干物质组成有显著的影响。影响程度取决于蛋白质水解度。举例来说,以干物质计,当某种蛋白质含量 90% 的分离蛋白的水解度为 25% 时,即每四个氨基酸需要一个水分子,相当于有 $18/(4 \times 128) = 3.5\%$ 水被添加到蛋白质/肽类的混合物中。如果水解反应生成的混合物中既没有添加物质又没有移除物质,并采用凯氏定氮法测定氮含量,然后将氮含量换算成蛋白质含量,以干物质计,混合物中蛋白质含量为 86.5%。而分离蛋白中至少含有 90% 蛋白质(以干物质计)。这与分离蛋白中固有的蛋白质含量形成矛盾。

13.3 蛋白质水解反应的控制

蛋白质水解反应的某些方面可用来控制水解度。一些方面与生成的氨基有关,另一些方面与生成的肽的酸度或其他性质变化有关。表 13.1 概括了测定蛋白质水解度的方法。

表 13.1 蛋白质水解度的测定方法

测 定 方 法	测 定 方 法 原 理	参考文献
基于生成的氨基		
邻苯二甲醛(OPA)法	OPA 与游离氨基反应生成一种荧光性的可检测化合物	6

测定方法	测定方法原理	参考文献
三硝基苯磺酸(TNBS)法	TNBS与氨基反应生成一种显色的可检测化合物	7,8
茚三酮法	茚三酮与氨基反应生成一种显色的可检测化合物	7
甲醛滴定法	用甲醛滴定氨基	7
基于酸度		
pH-stat法	在蛋白质水解过程中维持pH恒定;滴定剂的量可表征蛋白质水解度	7
滴定至碱性pH法	滴定蛋白质水解过程中(在pH>5.5时)生成的酸,直至pH达到8.0	
pH变化法	在蛋白质水解过程中跟踪pH	9
基于其他性质		
渗透压法	利用冰点降低来计算蛋白质水解度	7
Brix法	折光率与可溶性固形物呈对应关系	7
可溶性氮法	可溶性氮	10
三氯乙酸(TCA)指数法	三氯乙酸中可溶性肽的量(超过一定相对分子质量的肽会被三氯乙酸沉淀)	7
肽链长度法	基于凝胶渗透色谱法的HPLC测定方法	
黏度法	在蛋白质水解过程跟踪黏度的变化	7

　　跟踪蛋白质水解反应的最精确方法是pH-stat法(氢离子浓度稳态法)。该方法具有在线测定水解度的优点,但仍然有一些严重缺陷。仅适合在pH 7～9内进行测定。在此狭窄的pH范围内,羧基和氨基会解离,并且每水解一个肽键就会释放一个H^+。在pH 4～7内,不清楚羧基和氨基解离情况,并且每水解一个肽键不会导致一个H^+或OH^-释放。因此,在pH 4～7内,无法通过监测pH变化或用于保持pH恒定而消耗的碱量来精确测定水解度。原则上来说,在pH低于4的范围内,使用pH-stat法能精确测定水解度,但是该方法几乎没用。这是由于缺乏在这种pH条件下具有活力的商品酶。在滴定过程中,需要使用碱液。它们会以盐的形式积累在最目标产物中。而通常这些盐是不符合需要的副产物。这也是该方法的另一个缺陷。

　　另一种精确地监测蛋白质水解反应的备选方法是渗透压法。该方法无法实时提供结果。在取样完成之后,结果会延时几分钟得出。如果样品黏度过高和(或)样品中像盐之类的可溶性物质浓度过高,那采用渗透压测试仪测出的结果可能会存在问题。同样值得注意的是,在取样完成和分析结束的这段时间内,如果蛋白质水解反应速率较高,那水解度也会发生改变,从而可能会导致错误结果的产生。在图 13.2 中,比较了用于控制蛋白质水解过程的 pH-stat 法和渗透压法。

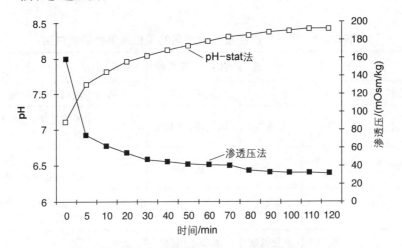

图 13.2　分别采用渗透压法和 pH-stat 法监测得到的
水解曲线(采用 Alcalase 水解大豆蛋白)

　　如果用图 13.2 中的数据来标绘 pH-stat 法与渗透压法之间的关系,很明显的是,该关系不是一条直线。这表明其中的一种方法在整个水解度(DH)范围内无法与水解度呈现良好的对应性。结论是 pH-stat 法无法胜任该工作。

　　氨基测定法是一类被广泛采用的化学方法。在取样完成之后,先采用加酸或快速热处理来使样品中蛋白酶失活,随后进行水解度分析。

　　另外一些水解度测定方法是基于水解度与蛋白质自身性质之间的对应性。举例来说,在蛋白质黏度发生变化时,蛋白质黏度通常随着蛋白质水解程度的加深而降低,蛋白质溶解度变得更高。这就可以运用可溶性氮法,TCA(三氯乙酸)指数法和白利度法来测量蛋白质水解度。这些特征对于许多蛋白质水解反应来说非常重要。尽管如此,这些理化性质的变化并不能精确控制蛋白质水解过程。它们只能作为指示性的方法。Silvestre 总结了蛋白质水解物的分析方法,在这篇综述中,详细地阐明了每种分析方法的优点和局限性。

13.4　蛋白酶类

　　蛋白酶的分类方法有以下三种:按酶的来源分类(微生物蛋白酶,动物蛋白酶和植物蛋白酶);按水解蛋白质的方式分类(内切蛋白酶和外切蛋白酶);按酶的活性中心分类(丝氨酸蛋白酶,金属蛋白酶和天冬氨酸蛋白酶)。市售的蛋白酶在纯度方面存在着广泛的差异。例如,用于干酪凝乳的蛋白酶产品,既有经过色谱纯化的高纯度凝乳酶产品,又有未经纯化的皱胃酶产品。常将数种蛋白酶联合起来使用以优化最终产物的性能。

当需要考虑蛋白酶的性价比和法规情况等因素时,事实上可用的蛋白酶数量非常有限。表13.2不仅列出了一些典型的商用蛋白酶,而且描述了它们的特性。

表 13.2 用于生产在食品中应用的蛋白水解物的蛋白酶

来　源	类　型	名称/商品名称	pH 范围	特　异　性
猪胰脏	丝氨酸	胰蛋白酶	7~9	赖氨酸,精氨酸
猪胰脏	丝氨酸	胰凝乳蛋白酶	7~9	苯丙氨酸,酪氨酸,色氨酸
猪胰脏	天冬氨酸	胃蛋白酶	1~4	芳香族氨基酸,亮氨酸,天冬氨酸,谷氨酸
牛犊胃	天冬氨酸	凝乳酶	3~6	κ-酪蛋白中苯丙氨酸-蛋氨酸
木瓜	半胱氨酸	木瓜蛋白酶	5~9	宽
菠萝	半胱氨酸	菠萝蛋白酶	5~8	赖氨酸,精氨酸,苯丙氨酸,酪氨酸
无花果	半胱氨酸	无花果蛋白酶	5~8	苯丙氨酸,酪氨酸
解淀粉芽孢杆菌	金属	Neutrase®	6~8	宽
枯草芽孢杆菌	丝氨酸	枯草杆菌蛋白酶	6~10	宽
地衣芽孢杆菌	丝氨酸	Alcalase®	6~10	宽
嗜热脂肪芽孢杆菌		Protease S	7~9	宽
地衣芽孢杆菌	丝氨酸	谷氨酸特异性蛋白酶	7~9	谷氨酸
米曲霉	氨肽酶与羧肽酶组成的混合酶	Flavourzyme®	5~8	宽
黑曲霉	天冬氨酸	Acid protease A	2~3.5	
米黑毛霉	天冬氨酸	Rennilase®	3~6	比凝乳酶特异性稍宽
根霉属	天冬氨酸	Sumizyme RP	3~5	与胃蛋白酶相同
镰刀霉	天冬氨酸,赖氨酸	特异性酶	6~8	天冬氨酸,赖氨酸

由于蛋白酶特异性不同,催化产生的肽类也存在着广泛的差异。图13.3显示了采用四种不同蛋白酶水解浓缩乳清蛋白得到的水解物分子量分布图。

297

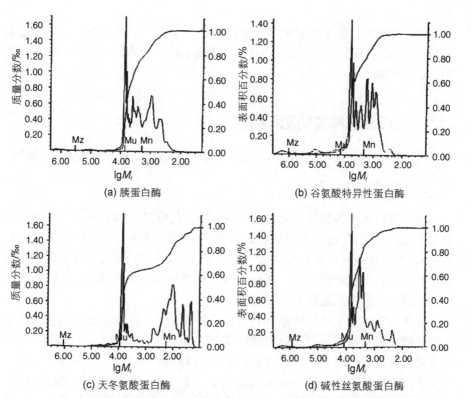

图 13.3 分别应用四种不同蛋白酶水解产生的 4%（水解度）乳清蛋白水解物的分子量分布图[（a）来源于猪胰脏的胰蛋白酶；（b）来源于芽孢杆菌属的谷氨酸特异性蛋白酶；（c）来源于米黑毛霉的天冬氨酸蛋白酶；（d）来源于芽孢杆菌属的碱性丝氨酸蛋白酶]

在水解度都为 4% 的情况下，图13.3（a）～（d）代表了浓缩乳清蛋白水解产物的分子量分布图。使用的蛋白酶分别为胰蛋白酶，来源于芽孢杆菌属的碱性蛋白酶，来源于芽孢杆菌属的谷氨酸特异性蛋白酶和来源于米黑毛霉的天冬氨酸蛋白酶。就水解产物的分子量分布而言，图 13.3（c）中天冬氨酸蛋白酶与其他三种蛋白酶存在着非常显著的差异。在它催化产生的肽类中，相对分子质量非常小的肽类占有相对较高的比例，而相对分子质量中等的肽类占有相对较低的比例。在另外三幅图之间，其他三种蛋白酶获得的肽类产物在分子量分布方面也存在着显著的

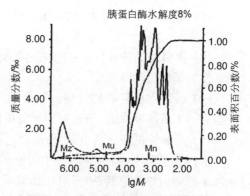

图 13.4 应用胰蛋白酶水解产生的 8%（水解度）乳清蛋白水解物的分子量分布图

差异。

当采用胰蛋白酶来水解浓缩乳清蛋白时,水解度8%的肽类分子量分布见图13.4。通过与图13.3(a)进行对比,很明显,相对分子质量较小的肽类数量有了显著增加。

13.5 蛋白质水解物的功能特性

肽类的功能特性有别于原有蛋白质。这就是制备蛋白质水解物的根本原因。

13.5.1 味道

食品蛋白质水解物最重要的一项功能特性是味道。如果它们的味道无法令人满意,那它们在食品中的应用就会受到限制。如果要将它们加工成美味的食品,那将是一项非常具有挑战性的任务。除非出现某些意外,否则消费者不会购买他们不喜欢的食品。例外是当消费者食用这种产品时,他们相信他们获得的益处远远超越他们所承受的"不快"。

纯蛋白质本身无任何味道。当蛋白质被水解时,其水解物(肽类)的味道主要受两项因素影响。有利的因素是"隐藏"在蛋白质分子结构中的风味物质将会被释放。它们会在蛋白质水解过程中被释放。尽管如此,不利的因素是生成了疏水性氨基酸含量相对较高的低分子量肽类。这有产生苦味的风险。Adler-Nissen详细研究了蛋白质水解物的苦味问题,并得出以下结论——苦味问题不能只用疏水性肽类理论来预测,而是一个由多方面因素造成的问题。在苦味控制方面,他认为需处理好以下这几项重要的参数或条件。

(1)蛋白质水解物自身的平均疏水性。疏水性越高,苦味程度可能越高。

(2)水解度。它对可溶性疏水性肽类的浓度和分子链长度都有影响(图13.5)。

(3)蛋白酶的特异性。它将决定肽类的末端氨基酸是疏水性氨基酸还是亲水性氨基酸(图13.6)。

(4)蛋白质水解物的分离。如果利用沉淀法将疏水性氨基酸/肽类在某一适宜pH条件下除去,那有可能减弱蛋白质水解物的苦味程度。

(5)苦味的掩盖。这也是一种减弱蛋白质水解物苦味程度的方法。

蛋白质来源不同,水解后产生苦味的倾向性也不同。我们的经验认为苦味产生的倾向性有这样的顺序(由低到高):明胶、畜和禽肉蛋白质、鱼肉蛋白质、豌豆蛋白质、小麦蛋白质、大豆蛋白质、酪蛋白。当然这是一种非常粗略的总结。在最近发表的一篇论文中,Pedrosa等研究了含蛋白质水解物的低致敏性婴儿配方食品的适口性,并且发现利用复合蛋白质水解物制成的婴儿配方食品的味道要好于单一蛋白质水解物制成的婴儿配方食品。大豆蛋白质和大米蛋白质水解物制成的婴儿配方食品在味道方面得到的评分要高于乳清蛋白

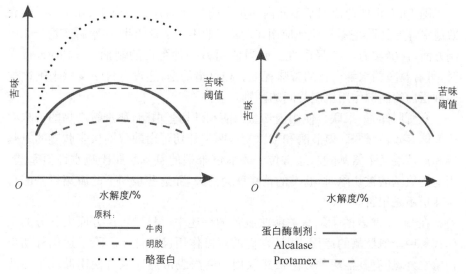

图 13.5   不同的蛋白质原料在水解过程中，
　　　　其水解物苦味变化的定性描述

图 13.6   应用不同的蛋白酶水解同一
　　　　蛋白质原料，其水解物苦味
　　　　变化的定性描述

解物制成的婴儿配方食品。酪蛋白水解物制成的婴儿配方食品在味道方面得到的评分最低。该研究采用的婴儿配方食品样品都来源于市场。因此，未将这些婴儿配方食品生产工艺和配方之间的差异考虑在内。

　　预防蛋白质水解物苦味的产生可通过蛋白酶的选型和水解工艺条件的操控来实现。与蛋白质水解物生产中使用的普通蛋白酶相比，好像某些特异性高的蛋白酶能催化产生口味出众的肽类产物。最近帝斯曼公司上市了一款利用酪蛋白为原料制成的蛋白质水解物，并宣称该款产品的低苦味通过使用一种脯氨酸特异性蛋白酶来实现。

　　图 13.5 和图 13.6 说明了有两项重要的参数在影响着蛋白质水解物苦味的变化。图 13.5 清楚地表明有很好的机会通过控制水解度来优化苦味问题。尽管如此，采用提高水解度来脱苦的窍门还有一定的局限性。在高水解度的条件下，例如在水解度大于 15% 的条件下，有一个明确的趋势就是苦味程度在减弱，但代价是鲜味程度在增强。这是游离氨基酸和低相对分子质量肽类的增多而产生的现象。这并不令人吃惊。酱油和植物蛋白水解液（HVP）这类非常知名的调味品的生产过程中就存在类似的现象。酱油是由微生物发酵和酶的作用造就的结果。酱油原料中的蛋白质被深度水解，并且水解度大约为70%。酱油中含有大量的游离氨基酸。植物蛋白水解液是指富含蛋白质的植物性原料被强酸（盐酸）水解后得到的产物，并且蛋白质水解度更高。植物蛋白水解液中含有非常丰富的谷氨酸。因此，在食品中添加植物蛋白水解液可增强食品的风味。这种通过谷氨酸来呈现的味道被称为鲜味。当谷氨酸位于某些二肽的羧基端时，这些二肽也具有鲜味。

图 13.6 定性地说明了不同内切蛋白酶之间的差异。由于 Alcalase® 能有效地水解蛋白质,它被广泛地应用在食品工业中。尽管如此,在水解产物苦味控制方面,它确实有一些局限性。而当使用另一种蛋白酶制剂——Protamex® 时,可有效减弱水解产物的苦味程度。很可惜的是,还没有科学文献来阐述这两种蛋白酶制剂作用机制之间的区别。

众所周知,如果联合使用内切蛋白酶和外切蛋白酶,那水解产物的苦味程度就能有效被减弱。氨肽酶和羧肽酶这两类外切蛋白酶分别从多肽链的氨基端和羧基端切下氨基酸。通常位于多肽链末端的氨基酸属于疏水性氨基酸。当这些氨基酸被切除时,肽类的苦味就会消失,而这些被切下的游离氨基酸自身味道不是很苦。

在 Saha 发表的一篇有关酶法脱苦的综述中,很显然,这方面大部分的工作都集中于氨肽酶的运用,并且它们的积极作用已被证实。除了运用外切蛋白酶之外,还有其他两种方法被建议用于酶法脱苦:① 联合使用碱性蛋白酶和中性蛋白酶;② 使用蛋白酶催化苦味肽发生缩聚反应,从而形成类蛋白。在某些特定的疏水性苦味肽的脱苦方面,有一些酶已被证实具有积极作用。Saha 概述了这方面的工作,但是没有提到用于该概念的商品化蛋白酶。对于"类蛋白"概念来说,在某些条件下,例如底物浓度高和反应体系中 pH 极端,蛋白酶能催化一些肽类形成凝胶。举例来说,在缩聚反应中,苦味肽会在木瓜蛋白酶作用之后形成凝胶。这样它们就能被随后采用的过滤或沉淀操作除去。

如果脱苦意味着除去一部分肽类,那一些脱苦概念就存在一定的缺陷,即会明显造成得率的损失。如果运用其他方法无法脱除苦味,可采用掩盖苦味的方法。一些使用肽类的食品中存在一些其他原辅料有助于掩盖它们的苦味,例如,食品中的柠檬酸、苹果酸或者它们的混合物都具有这样的作用。另一种掩盖肽类苦味的方法是使用环糊精。环糊精分子具有的形状和电荷能诱使苦味肽将它们的疏水部分隐藏在自身环状结构的内腔,从而导致苦味的降低。基于同样的机制,Tamura 也研究了使用直链淀粉来掩盖乳清蛋白水解物的苦味。不仅如此,多聚磷酸盐也被建议用于掩盖蛋白质水解物的苦味。最后,食品风味选择也很关键。例如,与草莓味饮料相比,残余的苦味能更好地融入甜橙、青柠或西柚这样的柑橘味饮料。

13.5.2　溶解性

由于大多数蛋白质水解物作为营养强化剂被应用在饮料中,它们的溶解性就显得非常重要。影响天然蛋白质溶解性的因素有很多,既有内部因素,又有外部因素。在外部因素中,溶液 pH 是影响天然蛋白质溶解性的主要因素。如图 13.7 所示,当溶液 pH 在天然酪蛋白等电点(pH 4.5)附近时,水解度为 2% 和 6.7% 的酪蛋白水解物的溶解性大大高于天然酪蛋白的溶解性,而天然酪蛋白在该溶液 pH 附近几乎不溶于水。

在酪蛋白被水解之后,虽然它的溶解性确实大幅增加,但是溶解性最低时的溶液 pH 朝着高于 4.5 的方向移动,从而反映出蛋白质/肽类所带电荷的变化。这是一个值得关注的现象。图 13.7 中的曲线还包含着更多信息。从图 13.7 中可以看出,当溶液 pH 在酪蛋白等电点(pH 4.5)附近时,它的溶解率不超过 50%。同时,很明显地,当水解度从 2% 增至 6.7% 时,酪蛋白水解物的溶解性大幅增加。

如图 13.8 所示,虽然水解度相同,但是蛋白质水解物在其等电点处溶解性随着使用的内切蛋白酶的不同而不同。三种蛋白酶制剂 Alcalase®,胰蛋白酶(Trypsin)和 Sumizyme® RP 分别将酪蛋白和大豆蛋白溶解指数提高了 50%、45%;40%、33% 和 33%、35%。

这表明蛋白质水解度和蛋白质水解物溶解性之间没有明显的相关性,但也表明蛋白质水解物溶解性在很大程度上取决于蛋白酶和蛋白质自身。这也是 Mullally 等的研究结果。尽管如此,通常情况下,对于一种特定的蛋白酶和一种特定的蛋白质来说,水解度越高,蛋白质水解物溶解性越高。

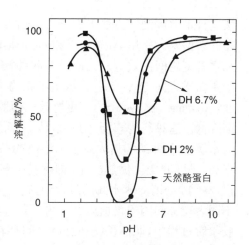

图 13.7　天然酪蛋白和经 Glu-specific V8 (来源于 Staphylococcus aureus)蛋白酶改性的酪蛋白 pH‑溶解率曲线。溶解率:上清液中蛋白质含量与总蛋白含量的比值。图中圆圈(●)代表天然酪蛋白;方块(■)代表 DH 2% 的酪蛋白水解物;三角(▲)代表 DH 6.7% 的酪蛋白水解物(转载自参考文献[21])

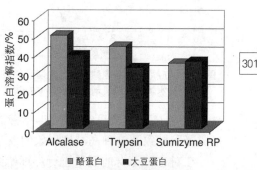

图 13.8　蛋白质水解物在其等电点处的蛋白溶解指数(转载自参考文献[7])

值得注意的是,任何一种蛋白质的水解产物——蛋白质/肽类混合物不可能在所有 pH 条件下都能溶解。即使它的水解度非常高,例如达到 35%,也无法做到这一点。总会有一小部分蛋白质等电点与溶液 pH 相同,从而造成它们的沉淀。在提取可溶性肽时,它们最后将会以得率损失告终。

13.5.3　黏度

通常蛋白质的水解会造成蛋白质溶液黏度的降低。例如,这体现在黏度法这种水解度测定方法上。该方法由 Richardson 提出。然而,这种"规则"存在许多偏差。采用 Alcalase® 和 Neutrase® 水解不同蛋白质来研究蛋白质黏度和水解度之间的效应。无论对于两种被采用的蛋白酶制剂来说,还是在不同的蛋白质之间,这种效应显示出了相当大的变化。在降低蛋白质溶液黏度方面,Alcalase® 比 Neutrase® 更有效。明胶溶液的黏度随着水解度的提高而逐渐降低。这种行为直至水解度 7%。而大豆蛋白表现出了非常大的差异性。当水解度才到 3% 时,大豆蛋白溶液的黏度就已大幅下降。此后,即使水解度提高,黏度的变化仍然较小,即保持一种平稳状态。对于玉米面筋蛋白质来说,在被 Neutrase® 水解的过程中,它的溶液黏度急剧升高。这三种蛋白质的不同表现都归因于蛋白质之间的巨大差异性。明胶是一种简单蛋白质。在明胶水解过程中,肽链长度和黏度之间存在着良好的相关性。大豆蛋白是一种由几种水溶性蛋白质组成的异源寡聚体蛋白质,而玉米面筋蛋白质是一种由微溶性蛋白颗粒组成的高度复杂的异源多聚体蛋白质。

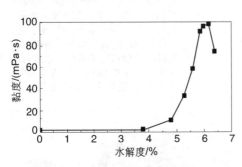

图 13.9　应用一种谷氨酸特异性内切蛋白酶
水解产生的乳清蛋白水解物的黏度

在蛋白质水解方面,有一种特异性特殊的蛋白酶,即来源于地衣芽孢杆菌的谷氨酸特异性蛋白酶。它能产生非常有趣的黏度效应,丹麦和荷兰的研究者们对它做了大量研究。在它对乳清蛋白的水解过程中,引起溶液黏度升高的现象如图 13.9 所示。当水解度不超过 4% 时,溶液黏度仍然处于非常低的水平。而当水解度增至 6% 时,溶液黏度急剧升高。此后,随着水解度继续增加,溶液黏度又再次降低。有人认为肽类聚集并形成凝胶导致了这种高黏度现象的发生。

在对这种惊奇的现象进行详细研究之后,结果显示,在有钙离子存在的情况下,该酶对当中的 α-乳白蛋白组分的水解会导致高强度凝胶的形成。在对这种凝胶进行深入研究之后,揭示出它的空间结构与微管类似,即呈现出一种外形笔直的空心管状结构。Graveland-Bikker 在她的博士论文中详细阐述了 α-乳白蛋白水解物如何自行组装成纳米管。

运用蛋白酶降低蛋白质溶液黏度的概念正在转变成实际的应用。例如,在一家生产鱼粉的工厂中,蛋白酶已被用于该目的。鱼汁是鱼粉加工过程中产生的液体部分,随后经过浓缩和干燥之后被回收利用。在鱼汁中添加蛋白酶之后,鱼汁黏度被显著降低。这样既能提高传热效率,又能减少蒸发器传热表面上积垢的形成,从而使鱼汁的加工变得更方便。甚至在鱼汁被浓缩到较高的固形物含量时,蒸发器还能继续运转,从而有助于能源的节约。另外,低黏度体系也深受蛋白质强化饮料和临床营养液青睐。

13.5.4 乳化性能

像酪蛋白,大豆蛋白和乳清蛋白这样的天然蛋白质作为乳化剂被广泛应用在食品行业中。而一旦被水解,它们的分子直径,所带电荷,亲水区和疏水区的分布就会发生改变,从而引起乳化性能的变化。

在 Adler-Nissen 和 Olsen 合作进行的一个研究项目中,先分别采用 Alcalase® 和 Neutrase® 水解大豆蛋白,随后研究这些大豆蛋白水解物的乳化能力。研究结果显示,对于这两种蛋白酶制剂制备的大豆蛋白水解物来说,乳化能力达到峰值的水解度各不相同。当水解度为 5％时,Alcalase® 制备的大豆蛋白水解物乳化能力达到峰值。当水解度位于2％～6％时,Neutrase® 制备的大豆蛋白水解物乳化能力处于高位,但是仍然低于 Alcalase® 制备的大豆蛋白水解物达到峰值时的乳化能力(图 13.10)。

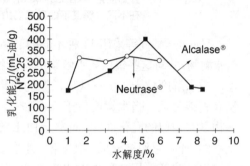

图 13.10   分别由 Alcalase® 和 Neutrase® 制备的大豆蛋白水解物在不同水解度下的乳化能力

其他研究结果显示,在某一水解度时,大豆蛋白水解物乳化能力具有相似的峰值水平。Mietsch 等使用大豆蛋白和酪蛋白来研究 Alcalase® 和 Neutrase® 对蛋白质乳化性能的影响。研究结果显示,与未经水解的蛋白质相比,虽然水解反应提高了蛋白质的乳化能力,但是它们的乳化稳定性指数没有得到提升。他们也认为,大豆蛋白和酪蛋白乳化性能变化的程度互不相同,并且大豆蛋白乳化性能变化的程度要高得多。

Chobert 等采用谷氨酸特异性蛋白酶 V8 水解酪蛋白来研究蛋白质乳化性能和水解度之间的效应。研究结果显示,当水解度为 2％和 6.7％时,酪蛋白乳化性能都出现了衰减。这表明蛋白酶特异性在蛋白质酶法改性中具有重要的作用。尽管如此,该结果可能不适用于其他蛋白质。Chobert 等又使用酪蛋白和乳清蛋白来研究胰蛋白酶对蛋白质乳化性能的影响。研究结果显示,当水解度不超过 10％时,这两种蛋白质的乳化活性指数都有所提高,但是乳化稳定性指数都比对照样品低。

使用两种来源于芽孢杆菌属的内切蛋白酶——Alcalase® 和 Protamex® 水解乳清蛋白来研究蛋白质乳化性能和水解度之间的效应。研究结果显示,当水解度不超过 20％时,乳清蛋白乳化性能的差异主要在乳化稳定性指数方面。图 13.11 中的数据表明,当 DH 大于 5％时,乳清蛋白的乳化能力和乳化稳定性指数都有所降低。Protamex® 制备的乳清蛋白水解物的乳化稳定性指数明显高于 Alcalase® 制备的乳清蛋白水解物。

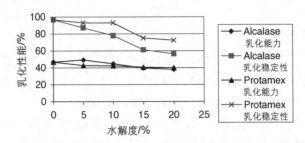

图 13.11　分别应用 Alcalase® 和 Protamex® 水解产生的乳清蛋白水解物
在不同水解度下的乳化能力和乳化稳定性(转载自参考文献[34])

Van der Ven 等采用 11 种不同的商品化蛋白酶来分别制备酪蛋白和乳清蛋白水解物,并对这些蛋白质水解物的功能特性做了大量研究。本研究中这两种蛋白质水解度位于 1％～24％。他们得出以下结论:水解度和乳化性能之间没有直接关系。当水解度位于 5.5％～24％时,这些水解度不同的乳清蛋白水解物具有相似的乳化性能,而酪蛋白水解物显示出不同的情形。根据形成乳状液的不同,它们被分成三组;第一组乳状液粒径分布狭窄(水解度小于 6％);第二组乳状液采用的酪蛋白水解物水解度与第一组相似,但是它们粒径分布较宽;第三组乳状液特征是粒径相对较大,但是,对于该组乳状液来说,水解度和乳化稳定性指数之间有对应关系,即水解度的提高会导致乳化稳定性指数的降低。

深度水解蛋白质的乳化性能对低致敏性婴儿食品来说具有重要的意义。当蛋白质的水解度非常高时,即水解度为 25％～67％时,有关蛋白质乳化性能下降的现象已经被相关文献报道。在这些高水解度下,发现蛋白质乳化性能处于最低水平。这种乳化性能低劣带来的实际影响将是:在利用深度水解蛋白质制成的婴儿配方食品和其他营养产品中,通常需要添加乳化剂。这种蛋白质/肽类混合物不能有效地保持乳状液稳定,而通常在天然蛋白质中见到的现象与此相反。Tirok 等详细地研究了乳清蛋白和乳清蛋白水解物在这方面的差异性。当使用乳清蛋白水解物时,他们建议使用溶血卵磷脂来提高乳状液的稳定性。对于食品来说,稳定的乳化状态不但使食品具有更佳的外观,而且能促进营养物质的吸收。

13.5.5　起泡性能

有人提出利用水解来提高大豆蛋白的起泡性能,从而可将它制成一种鸡蛋清替代品。有文献报道,当水解度为 3％时,Alcalase® 制备的大豆分离蛋白水解物可作为一种鸡蛋清替代品(图 13.12)。

透过该图,很明显地,对蛋白质水解物制备来说,使用的原料类型很重要。大豆分离蛋白典型的生产工艺是碱溶酸沉法。当以碱溶酸沉法制备的大豆分离蛋白为原料时,起泡能力峰值范围非常狭窄。然而,如果以超滤膜法制备的

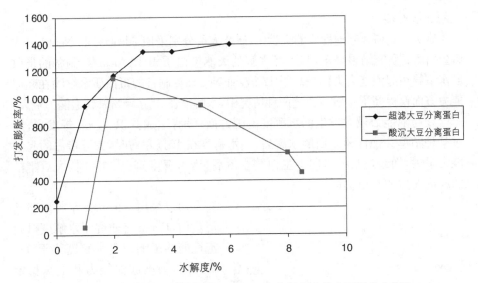

图 13.12 分别应用 Alcalase 和 Neutrase 水解产生的大豆蛋白水解物
在不同水解度下的打发膨胀率(转载自参考文献[24])

大豆分离蛋白为原料时,泡性能与上述大不一样,并且更出色。

在由 Boyce 等申请的专利的工艺中,他们建议使用一种特异性非常强的蛋白酶,并且进行轻度水解来生产一种高质量的鸡蛋清替代品。当水解度在 0.5%左右时,起泡性能达到最佳。使用的蛋白酶是米黑根毛霉蛋白酶,它同时也以微生物凝乳酶著称,通常被用于干酪的生产。

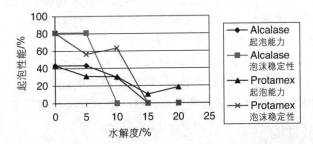

图 13.13 分别应用 Alcalase 和 Protamex 水解产生的浓缩乳清蛋白
水解物在不同水解度下的起泡性能(转载自参考文献[34])

高水解度对起泡性能产生不良影响。Severin 和 Xia 在完成乳清蛋白水解物测试工作之后,发表的相关论文支持了这一结论。他们发现起泡性能方面存在相当大的变化,这取决于使用的蛋白酶。他们分别采用 Alcalase 和 Protamex 水解浓缩乳清蛋白,并且发现 Protamex 制备的水解物起泡性能最佳。尽管如此,在水解度大于 5%之后,这两种蛋白酶制剂的水解作用会导致泡沫稳定性的显著降低。可惜的是,他们没有给出水解度位于 0~5%时的任何数据。然而,根据图 13.12 显示的结果,该水解度范围内的蛋白质应具有最佳的起泡性能。

在另一篇研究起泡性能的文献中,研究人员分别采用 Alcalase 和 Neutrase 水解蛋白质。研究结果显示,与未经水解的天然蛋白质相比,Alcalase 制备的蛋白质水解物在起泡能力方面提高了 12 倍,而 Neutrase 制备的蛋白质水解物在起泡能力方面仅提高了 4 倍。在这两种情况中,水解度在 3％～4％时起泡能力最大。

在起泡能力最大发生的水解度范围方面,没有达成共识。Don 等发现,经过某种枯草芽孢杆菌蛋白酶水解后,当水解度在 10％左右时,大豆蛋白的起泡能力最大,而经过某种米曲霉蛋白酶水解后,当水解度直至 20％时,大豆蛋白的起泡能力才有所提高。

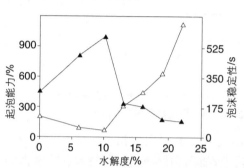

图 13.14　水解度对 Alcalase 制备的浓缩乳清蛋白水解物起泡性能的影响:△代表起泡能力;▲代表泡沫稳定性(转载自参考文献[42])

通过采用 Alcalase 水解浓缩乳清蛋白,Perea 等研究了水解度对起泡性能的影响。当水解度位于 0～22％时,根据起泡能力和泡沫稳定性的变化情况(图 13.14),他们得出一些直观性结果——当泡沫稳定性相对低时,起泡能力反而高,反之亦然。

Van der Ven 等先采用 11 种不同的商品蛋白酶来分别制备酪蛋白和乳清蛋白水解物,随后研究这些蛋白质水解物的起泡性能。与天然酪蛋白形成的泡沫相比,所有酪蛋白水解物形成的泡沫具有较大的初始体积和较差的稳定性。当水解度处于相对较低水平时,能获得最佳的泡沫稳定性。对于乳清蛋白来说,起泡性能随肽类分子量分布的不同而不同。相对分子质量位于 3 000～5 000 的肽类比例越高,起泡性能越佳。与天然乳清蛋白形成的泡沫相比,乳清蛋白水解物形成的泡沫也具有较差的稳定性。

13.5.6　凝胶性能

在食品范畴内,蛋白质水解产生凝胶这一特性最经典的应用是在干酪生产中。通过特异性的蛋白水解作用,牛乳中 κ-酪蛋白 Phe_{105}-Met_{106} 之间的肽键被水解。这将使酪蛋白胶粒所带电荷发生变化,从而引发凝胶的形成。其中一种反应产物——酪蛋白巨肽(CMP)被释放到乳清中。当从乳清中分离酪蛋白巨肽时,已经发现需要利用到乳清一些特性。酪蛋白巨肽可应用在功能性食品中。凝块除了用于干酪的生产之外,还可用于凝乳酶干酪素的生产。在后一范例中,先加热凝块以使凝块收缩,并排出乳清,随后进行洗涤、脱水和造粒,最后进行干燥,从而制得凝乳酶干酪素。蛋白酶也被建议用于大豆蛋白的凝乳。

在 13.5.3 节中,曾提到一种谷氨酸特异性蛋白酶的使用。该酶先引起乳清蛋白溶液黏度升高,最终导致乳清蛋白溶液形成凝胶。本节将描述多种蛋白酶在特殊条件下使蛋白质溶液形成凝胶的现象。胰蛋白酶、木瓜蛋白酶、链霉蛋白酶和一种来源于灰色链霉菌的蛋白酶都能导致乳清蛋白溶液形成凝胶。对于胰蛋白酶来说,当乳清蛋白水解度达到 27.1% 时,乳清蛋白溶液形成凝胶;对于木瓜蛋白酶来说,当乳清蛋白水解度达到 23.1% 时,乳清蛋白溶液形成凝胶;对于链霉蛋白酶来说,当乳清蛋白水解度达到 28.2% 时,乳清蛋白溶液形成凝胶;对于灰色链霉菌蛋白酶来说,当乳清蛋白水解度达到 15.6% 时,乳清蛋白溶液形成凝胶。To 等发现,胃蛋白酶确实能提高乳清蛋白溶液凝胶强度,但是发生在水解度较低的条件下。

类蛋白反应这一特殊词汇已被用于如下情况:当一种蛋白质水解物或肽类混合物与一种蛋白酶一起进行保温反应时,发生了凝胶或絮凝的现象。即使类蛋白反应几乎无法用于蛋白质类原辅料的生产,那也非常令人感兴趣。这是由于该反应发生在蛋白质水解物的生产过程中。形成类蛋白最关键的参数是肽分子的类型和粒径,肽浓度和反应体系 pH。一般说来,只有蛋白质水解度必须达到很高的程度才有利于类蛋白的形成。相对分子质量位于 380~800 内的酪蛋白水解物是形成类蛋白的最佳底物。

一般而言,有利于类蛋白形成的 pH 与水解反应最适 pH 不同。Adler-Nissen 测试了 8 种不同的蛋白酶,得到的结果表明,除了一种蛋白酶之外,对其他蛋白酶来说,形成类蛋白的最适 pH 与水解反应最适 pH 之间相差 2~3 个 pH 单位。只有胃蛋白酶出现两者相同的情况。

Fujimaki,Lalasdis 和 Sjoberg 等曾分别提出,可利用类蛋白反应来减弱蛋白质水解物的苦味程度。少数研究人员曾提出,可利用类蛋白反应来将必需氨基酸纳入肽类中,这样就能提高蛋白质水解物的营养价值。不仅如此,也可利用类蛋白反应来降低蛋白质水解物的致敏性。Lorenzen 和 Schlimme 发现,当肽类浓度低于 20%~30% 时,确实也会发生类蛋白反应。他们还提出,当在标准工艺条件下制备蛋白质水解物时,类蛋白反应可能会影响蛋白质水解物的功能特性。

总之,类蛋白反应不仅难以控制,而且难以利用它来专门生产蛋白质/肽类原辅料。在类蛋白反应结束之后,分离出类蛋白,再计算类蛋白收率。通常最高得率不会超过 30%。就经济角度而言,这限制了类蛋白反应的利用。当水解蛋白质时,低底物浓度条件下发生的类蛋白反应比较引人注意。对于实际应用来说,类蛋白反应令人感兴趣的是:一方面在于它的凝胶效应;另一方面在于它对蛋白质水解物其他功能特性的影响。

13.5.7 致敏性

在过去的 60 多年里,使用蛋白质水解来降低婴儿配方食品致敏性一直是惯用的做法。利用该技术生产出的母乳替代品主要适用于以下两类婴儿:一类是已患有牛乳过敏症的婴儿;另一类是有可能患上牛乳过敏症的婴儿。这两类婴儿需要不同的婴儿配方食品。在第一类婴儿需要的食品中,需将其中的蛋白质进行深度水解,即水解度大于 25%。在第二类婴儿需要的食品中,只需将其中的蛋白质进行轻度水解,这样就已经能降低牛乳致敏的风险。

牛乳中 β-乳球蛋白浓度相对较高(约占牛奶总蛋白的 9.8%),但是母乳中不含有 β-乳球蛋白。在对牛乳蛋白质过敏的人群中,60%～80% 人群对 β-乳球蛋白过敏;60% 人群对酪蛋白过敏;50% 人群对 α-乳白蛋白过敏和 50% 人群对血清白蛋白过敏。在文献中,降低婴儿配方食品致敏性的尝试通常集中在乳清蛋白或酪蛋白方面。最具说服力的原因在于这两类蛋白质是婴儿配方食品中最常使用的蛋白质类原辅料。在这些文献中,绝大多数文献都在研究乳清蛋白。原因不仅在于乳清蛋白有略优的氨基酸组成,而且在于利用酪蛋白生产低苦味产品存在先天劣势。

Mahmoud 等采用胰蛋白酶来研究如何降低酪蛋白的抗原性。在水解度逐渐升高至 70% 左右的过程中,他们测定了每个水解度下存在免疫活性的酪蛋白,结果如图 13.15 所示。与 Knights 得出的结果相比,在可检出的酪蛋白(IAC 值,单位 μg/g 等价蛋白质)方面,其数值的下降幅度没有预计得那么大。而根据 Knights 得出的结果,在某一高水解度的酪蛋白水解物中,可检出的酪蛋白下降至原来的 10^{-6}。

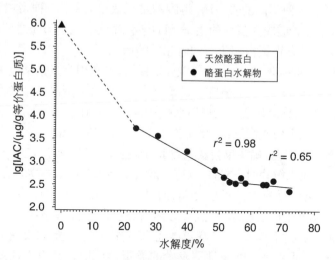

图 13.15 应用胰蛋白酶制备的酪蛋白水解物在水解度
0～70% 内的抗原性降低结果

Knights 也测定了该酪蛋白水解物中肽类的分子量分布。结果显示,没有肽类的相对分子质量高于 1 200;76% 肽类相对分子质量低于 500。在另一种引起豚鼠过敏的酪蛋白水解物中,肽类分子量分布与之前略有不同。结果显示,肽类的最高相对分子质量达到 5 000;0.3% 肽类相对分子质量位于 3 500～5 000;0.5% 肽类相对分子质量位于 2 500～5 000。其他研究结果显示,采用胰凝乳蛋白酶制备的酪蛋白水解物中,即使肽类最高相对分子质量仅为 1 000 也会引起兔子体内抗体增加。

13.5.8　生物活性肽类

多年以来,具有生理活性功能的肽类一直是研究的热点。例如,科学家们已从牛乳中分离和鉴定出一系列具有不同生理活性的肽类。Saxelin 等总结了所有来源于牛乳蛋白质的生物活性肽类。这些生物活性肽类如下所示:类鸦片拮抗肽、降血压肽、抗血栓肽、抗菌肽、免疫力增强肽和抗压肽。这些肽类来源于牛乳中酪蛋白和乳清蛋白不同部分。在人体内,这些肽类的形成途径有以下两种:消化系统内的酶活作用和肠道内的乳酸菌发酵。

在 Hartmann 和 Meisel 最近发表的一篇综述中,他们讨论了有关食物来源的生物活性肽类的研究进展。除了上文提到的生理益处之外,这些肽类也有益人体心血管系统健康(降胆固醇和抗氧化)。食用大豆制品有益健康的机理推测如下:大豆中蛋白质被转化成生物活性肽类。

体外制备生物活性肽类的技术既要考虑原料,又要考虑蛋白酶。表 13.3 显示了利用食用蛋白质制备生物活性肽类范例。

表 13.3　由食用蛋白质制备而来的生物活性肽

蛋白质	健康宣称	肽	蛋白酶	参考文献
大豆	体重控制	Alcalase 水解物	Alcalase	61
酪蛋白	防龋	酪蛋白磷酸肽	胰蛋白酶	62
乳清	铁结合	多种	多种	63
β-乳球蛋白	抑菌	多种	Alcalase; 胃蛋白酶;胰蛋白酶	64,65
α-乳白蛋白	血管紧张素转化酶抑制剂	Tyr-Gly-Leu-Phe	胃蛋白酶	66
	抑菌	多种	胰蛋白酶	67
胶原蛋白	骨骼和关节健康	明胶	Alcalase	68

在 Korhonen 和 Pihlanto 发表的一篇综述中,他们讨论了有关牛乳来源的生物活性肽类的生产工艺和功能特性,并且描述了如何利用以下三种方法来从牛乳中制备生物活性肽类。

(1)采用消化酶类进行酶法水解。

(2)采用微生物或植物来源的蛋白酶进行酶法水解。

(3)采用具有蛋白质水解活力的发酵剂进行牛乳发酵。

第一种方法与胃蛋白酶和胰蛋白酶的使用有关,它们都来自被制成不同剂型的商品化蛋白酶。第二种方法与 Alcalase®、胰凝乳蛋白酶、胰酶、胃蛋白酶和嗜热菌蛋白酶等蛋白酶使用有关。查询相关论文均可发现它们的身影。他们也讨论了第三种制备生物活性肽的方法。先选取具有表达这些蛋白酶能力的微生物,随后进行发酵,最后进行生物活性肽的提取。

13.6 蛋白质类原料的加工

蛋白质类原料加工工艺(酶法工艺)通常由以下步骤组成:原料预处理、水解、热处理、分离、浓缩和制剂化。这些步骤将会在下文中进行详细讨论。蛋白质类原料常规酶解加工步骤如图 13.16 所示。

310

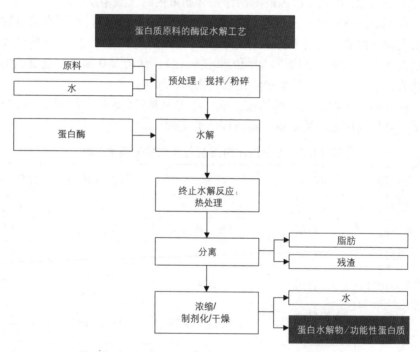

图 13.16 蛋白质水解物或肽类产品常规的生产工艺

13.6.1 原料预处理

在水解之前进行的原料预处理环节,原料将被处理成方便后续步骤加工的形式,这一点非常重要。正确的原料预处理将会提高产品得率。例如,原料是肉类加工下脚料——骨头。如果将骨头破碎成 2～3 cm 骨片,那水解罐的进料和出料就会方便很多。那对于少数生产商来说,碎骨机将是一种标准配置。破碎的另一个目的是蛋白酶更易接触到骨髓中蛋白质。这样不仅会提高产品得率,而且能提高产品风味强度。

例如,原料是肉类加工边角料——碎肉。如果将它们先进行切丁,再使用湿磨机将它们绞碎成肉泥,那它们会更容易被蛋白酶分解。尽管如此,湿磨处理会对水解之后进行的脂肪分离产生不利影响。话虽如此,如果工厂中配备有普通离心机或卧式螺旋离心机,那也不是一个问题。大体上,为了使包含底物(蛋白质)在内的混合物黏度足够低,蛋白质类原料加工需要采用相对较低的蛋白质浓度,即蛋白质浓度大约为10%。

当采用酶法水解步骤时,各种热处理环节就成了工艺中必不可少的部分。首先,原料悬浮液需进行巴氏杀菌以控制微生物生长,随后冷却至水解所需的温度,在此之后,需进行升温来使蛋白酶失活。为了防止美拉德反应过度发生,热处理强度的控制就很重要。

13.6.2 水解

在蛋白质类原料水解过程中,发生的一系列异常问题如表 13.4 所示。除了列出这些异常问题之外,表 13.4 还列出了最有可能导致这些问题发生的原因和解决这些问题的方法。

表 13.4 在蛋白质原料酶促水解加工中,用于故障排除的检查清单

问 题	可 能 原 因	解 决 方 法
蛋白水解物味道较苦	基于水解度/蛋白酶选择来说,水解反应没有在最优的条件下进行	最适的酶方案是联合使用 Protamex 和 Flavourzyme®;升高或降低水解度(DH)
	热处理过度	降低下游处理过程中的温度
	在高温下停留时间过长	缩短在高温下的停留时间,特别是在蛋白水解物浓缩期间
蛋白水解物有异味	加工中被微生物污染	检查原料质量,缩短在微生物容易滋生阶段的停留时间;采取巴氏杀菌或添加防腐剂的措施
水解缓慢	温度控制有问题	使用另一个温度计来检查温度
	酶的用量过低	提高酶的用量
	存放温度过高、存放时间过长导致酶活的丧失	确保酶被存放于阴凉条件下,并且不宜放置太久
	使用了之前被水稀释的蛋白酶	只有原始状态的酶制剂才是稳定的,不要保存经过稀释的蛋白酶
	原料中存在蛋白酶抑制剂	采用热变性或提高蛋白酶用量等方法来抑制蛋白酶抑制剂的作用
	蛋白酶的浓度不同于预定的浓度	检查蛋白酶的浓度,如有必要,进行调整
	pH 在范围之外	检查 pH,如有必要,用 NaOH 或 HCl 进行调整

311

327

13.6.3　蛋白酶灭活

蛋白质水解的一个关键问题是蛋白酶的灭活问题。在成品中,酶活必须为零或接近于零,这通常由热处理来保障。

蛋白酶被批准用于食品加工的基础是"无明显损害水平(NOAEL)"。对于人类来说,蛋白酶 NOAEL 为 0.44 Anson Units/(kg·日)。这相当于蛋白酶最高安全摄入量为 0.44 活力单位/(kg 体重)/日。只要不超过该水平,就不会对人体有明显损害。该水平根据喂食实验和安全评估得出。

当某种蛋白质水解物有多种不同应用时,对于每种应用来说,可估算出蛋白酶的安全范围。通过每千克蛋白质使用的蛋白酶最高用量、灭活之后完整酶蛋白的残留水平和蛋白质水解物每日摄入量来计算蛋白酶的安全范围。对蛋白质水解物两种典型的应用来说,蛋白酶安全范围计算方式见下文。

采用高用量蛋白酶来制备蛋白质水解物,该用量为 50 AU/(kg 蛋白质)。在热处理之后,该蛋白酶活力会衰减至原来的千分之一,即 0.05 AU/(kg 蛋白质)。

在母乳替代品的应用中,婴儿对该产品每日摄入量为 3.53 g 蛋白质/(kg·日),这相当于蛋白酶摄入量为 0.18×10^{-3} AU/(kg·日)。据此计算得出的蛋白酶安全范围为 2 500。

在肠类营养产品的应用中,一位体重 60 kg 的成年人对该产品的每日摄入量为 2 000 g,该肠内营养产品的蛋白质含量为 3.5%。这相当于蛋白质每日摄入量为 1.17 g 蛋白质/(kg·日),那蛋白酶摄入量大约为 0.058×10^{-3} AU/(kg·日)。据此计算得出的蛋白酶安全范围为 7 500。

由此可见,即使是在蛋白酶用量很高和失活因子(1 000)很低的条件下,安全范围也远远高于 NOAEL。对于每种食品蛋白酶来说,都会给它评估出一个 NOAEL。不仅如此,NOAEL 是监管部门批准蛋白酶用于不同应用的基础。

在这种评估中,做出的一个关键假设是蛋白酶失活。在实际操作中,这可能是一个棘手的问题。现有一个被深入研究的范例,即研究 Alcalase 这种蛋白酶如何失活。研究人员做了一系列实验。根据实验结果,他们提出用式(13-1)来表达 Alcalase 失活时间 t_D(活力衰减到原来的十分之一所需时间):

$$t_D = 1.19 \times 10^{(75-T)/8.31} \times [1 + S \times 10^{(75-T)/94}] \qquad (13-1)$$

式中,T 表示温度,℃;S 表示底物(蛋白质)浓度,%。

当 pH 位于 6~9 和温度位于 50~80℃时,式(13-1)成立。

例如,如果使用 80℃ 来对 10% 蛋白质浓度的混合物进行热处理,那 Alcalase 失活时间计算如下:

$$t_D = 1.19 \times 10^{(75-80)/8.31} \times [1 + 10 \times 10^{(75-80)/94}] = 2.93 \ (\text{min})$$

如果活力衰减至原来的千分之一，那就需要大约 9 min 热处理时间。

值得注意的是，溶液中蛋白质/肽类有助于保持 Alcalase 稳定。因此，t_D 与 S 呈正比例关系。另一个值得注意的问题是酶活究竟衰减至什么程度才能称为失活。在上文讨论安全性的内容中，失活因子 1 000 被认为是一个合理水平。如果高于该失活因子，可能是为了保证成品中残留的酶活更低。这可以通过以下三种方式来实现：降低酶的用量、提高热处理温度和延长热处理时间。不足的是，pH 对酶失活的影响没有计入方程式。然而，至少对某些蛋白酶来说，在令它们失活方面，pH 也是一个值得使用的有效参数。在热处理过程中，有一些需要加以考虑的因素，例如美拉德反应的过度发生和剧烈热处理条件下生成的赖丙氨酸(LAL)。这两项因素都会对成品造成毁灭性的影响。

在水解过程完成之后，通常会将温度升高至 95℃。升温方式有间接加热或直接注入蒸汽。三种间歇式升温方式如下。

（1）间接加热：蒸汽进入夹套后，对罐体内混合物进行加热。

虽然间接加热是一种相对缓慢的升温方法，但是能完全控制混合物温度和底物中水分含量。此外，为了防止罐内壁形成烧焦的物质，罐中需配置一个高效搅拌器。

（2）直接加热：向底物中添加热水。

直接加热是一种快速升高物料温度的方法。为了防止局部温度太高形成热点，罐中也需配置一个高效搅拌器。由于会造成底物的稀释，限制了这种加热方法的运用。这种方法仅能将温度提高至水解温度以上。

（3）直接加热：直接注入蒸汽。

罐中也需配置一个高效搅拌器。必须采用"食品级"蒸汽。蒸汽冷凝会产生扰人的噪声问题。尽管如此，这是一种高效且快速的升温方法。闪蒸设备的使用经验表明，这种加热方法还具有一种额外的益处——在加热过程中，异味物质会被闪蒸除去。

另一种替代间歇式升温方式是连续式升温方式，即采用连续式巴氏杀菌机对混合物进行升温。如果所有水解物需要在精确的时间内完成灭活操作，那这种工艺在时间控制方面存在困难。尽管如此，在水解反应已经结束之后和灭活操作完成之前，虽然存在以下事实——最后一部分产物在酶解罐停留的时间较长，但可能不会有问题。

有时候，可采用热处理来使蛋白质水解物风味更加浓郁。众所周知，热处理会引发美拉德反应，而美拉德反应会生成某些风味物质。除了蛋白质水解物组成之外，美拉德反应最重要的参数是温度、干物质含量和反应体系 pH。

温度和干物质含量会影响通往某一反应所需的时间。在引导反应进入不同路线方面，pH 显得更重要。

为了促进某些特定风味的形成，在热处理之前，可往蛋白质水解物中添加氨基酸或单糖之类的成分。例如，添加半胱氨酸会形成突出的鸡肉风味；添加

313

木糖能产生一种油炸食品风味。

13.6.4 产物提取

在许多生产工艺中,为了从反应混合物中提取蛋白质水解物/肽类,必不可少地会加入一个分离步骤。在分离工艺选择方面,视工艺中使用的原料类型而定。反应混合物可能需要被分成以下三相。

(1) 油相。

(2) 固相:筛网截留或离心机分离出的较大颗粒固体物质。它们的来源有两种:一种是未被水解的蛋白质;另一种是底物载体中其他成分。

(3) 水相:可溶性产物。

除去油相在95℃这样的高温下效率最高。一次性分离出三相的设备有以下两种。

(1) 三相卧式螺旋离心机。该设备能处理大量的固体残渣和脂肪。

(2) 三相普通离心机。每当固体残渣收集腔装满时,离心机必须停机来卸料。因此,当固体残渣量相对较大时,它的效率不是很高。

一种适用性更广的设备配置是分油机加两相卧式螺旋离心机或两相普通离心机。由于这种配置可以就不同产品进行灵活调整,它们反而更受厂家青睐。

在某些情况下,厂家也可不配置这些昂贵的设备。如果原料是骨头,并且对产品中残留的非常低含量的脂肪没有特别要求,那将反应混合物在95℃下静置30～60 min 就能实现相对高效的分离。脂肪上浮至顶部,固体残渣则会下沉至底部。如果从罐底出料,并排掉前几升料液,那就有可能选择性地分离出没有多少脂肪的蛋白质水解物/肽类溶液。而对于留在罐底的固相来说,其中的骨头部分也可起到过滤介质的作用。

在产物提取工艺中,后续步骤的采用能除去某些不需要的成分或者改善产物的味道,可采用的方式如下所示。

(1) 膜过滤:超滤将长链肽类保留在截留液中,而仅允许短链肽类透过超滤膜,并进入成品中,从而能获得透明的成品溶液。

(2) 等电点沉淀:能除去大部分疏水性肽类,从而有助于减弱成品的苦味程度。

(3) 活性炭处理:另一种除去某些疏水性肽类的方法。

13.6.5 浓缩,配制和干燥

通常,蛋白质水解物/肽类溶液只有经过浓缩才能变成稳定的产品。可使用以下两种浓缩单元操作。

(1) 反渗透。这是一种膜分离技术。当该技术用于浓缩时,在获得产品中,蛋白质浓度或固形物含量无法达到较高的程度,即有效成分的最高浓度会受到限制。通常,20%蛋白质浓度被认为是经济上可行的最高浓度。

314

（2）蒸发。当采用这种设备时，有可能获得高固形物含量（50％左右）的浓缩液。蒸发操作通常在真空环境中进行。这会限制热量对成品质量的影响。当加热蛋白质溶液时，尤其在高固形物含量条件下，会引发美拉德反应。在高固形物含量条件下，过度加热既会导致成品形成异味，又会导致成品苦味程度加深。在实际操作中，当对蛋白质水解物/肽类溶液进行浓缩时，要避免该溶液在高温下停留过长时间。

蛋白质水解物类产品在被使用之前，当要求有较长时间的保质期时，就需要为它建立稳定体系。例如，如果成品是一种由水解动物蛋白和高汤制成的汤料，它的稳定体系如下：浓缩至 50°白利度和添加 10％食盐。该产品必须采用热灌装方式将其注入包装容器。热灌装温度通常高于 80℃。该产品在灌装之后，必须马上进行倒立。这样就可利用汤料自身温度来杀死盖子上的真菌孢子和酵母菌，随后立即冷却以限制美拉德反应的发生。

蛋白质水解物类产品也会被制成固体产品。这也是很普遍的做法。通常采用喷雾干燥工艺将它们制成固体。蛋白质水解物干燥的难度较高，尤其是深度水解产品。产品的水解度越高，它们的固体产品吸湿性和成团性就越强。例如，当干燥高水解度产品时，往往干燥机会出现干粉黏壁成团的现象。当出现这样的难题时，在蛋白质水解物中添加一些其他物质可能会缓解这种困难。例如，在干燥之前，先在浓缩液中添加低 DE 值麦芽糊精。

13.7 上市的蛋白质水解物类产品

蛋白质水解物/肽类产品已经在市场上销售了很多年。表 13.5 中列出了许多正在或已经上市的蛋白质水解物/肽类产品。

表 13.5 市场中销售的蛋白水解物的原料来源、特性和用途

原料来源	产品名称	特性/用途	生产商
乳清蛋白	乳清蛋白水解物	低过敏性婴儿食品配料	Arla Foods；DMV
	Peptigen®	用于运动营养食品的快速吸收肽	
	乳清蛋白水解物 BioZate	降血压	Davisco
酪蛋白	低过敏性肽	低过敏性婴儿配方奶粉（Nutramigen®）	Mead Johnson
		低过敏性婴儿食品配料	Arla Foods；DMV；Fonterra
	PeptoPro®	用于运动营养食品的二肽和三肽混合物	DSM

331

续　表

原料来源	产品名称	特性/用途	生产商
酪蛋白	Recaldent™	用于牙科保健产品的酪蛋白磷酸肽	Cadburg
	CE90GMM	促进矿物质吸收的酪蛋白磷酸肽	DMV
	C12Peption	有助于血压健康的 ACE 抑制肽	DMV
	InsuVital™	控制血糖水平——有助于治疗 2 型糖尿病	DSM
	TensGuard™	用于血压控制的三肽	DSM
大豆	大豆蛋白水解物	免疫增强型肠内营养（Advera®）	Ross/Abbott
	大豆蛋白水解物	用于酸性饮料蛋白强化的完全可溶性肽	Novo Nordisk
豌豆	豌豆蛋白水解物	用于饮料蛋白强化	Arla Foods
肉	肉蛋白水解物的提取物	提高肉制品风味和营养的可溶性肉蛋白/肉汁	Meatzyme
明胶	明胶水解物	治疗关节炎和骨质疏松的肽	Gelita Group
鱼	Nutripeptin®	降低餐后血糖	Copalis
	三文鱼蛋白水解物	营养补充剂	Marine Bioproducts
小麦		含有高含量谷氨酰胺的多肽，用于运动后恢复期的营养补充	DMV
鸡蛋清	Benefit®	用于饮料的蛋白强化	Sanovo Foods

非常明显，虽然蛋白质水解技术应用非常广，但是它的主要作用是以下两方面：一方面是改善蛋白质溶解性或味道等功能特性；另一方面是提高蛋白质健康益处，例如用于生产宣称有保健功能的肽类产品。

13.8　结语

通过运用蛋白酶改性蛋白质，生产出了功能特性更佳的蛋白质类原辅料。这类产品已在市场上被广泛地接受，主要概念有低敏性母乳替代品和用于蛋白质强化的易溶肽类产品。随着创新型蛋白质水解物/肽类产品不断问世，市场需求也随之增大。这在很大程度上归功于蛋白酶的发展。很明显,肽类功能特性的控制是一种非常复杂的任务,可能需要新蛋白酶的帮忙。例如,在生物活性肽的生产方面,或者为了改善市场上现有蛋白质类产品功能特性,特异性更明确的蛋白酶将会是一种更好的工具。不少特异性明确的新蛋白酶正在研发过程中。对它们的小试样品的测试已经进展到一定程度,但是其商业化必须以市场为导向,即利用它们能生产出高价值的终端产品,从而为它们的研发费用买单。希望它们能够尽快上市,并且带动一系列特异性各异的蛋白酶开发。不仅如此,对于其他作用于蛋白质的酶来说,也存在一定市场需求。像谷氨酰胺转氨酶、酪氨酸酶和漆酶之类的交联酶已经在市场上出现。它们正被应用在许多食品加工过程中。尽管如此,还未证实它们具有为蛋白质类原辅料产品提供功能性的能力。

参考文献

1. Lantto, R. (2007) Protein cross-linking with oxidative enzymes and transglutaminase. Effects in meat protein systems. Academic dissertation, VTT Technical Research Centre, Finland.
2. Nielsen, P.M. (1995) Reactions and potential industrial applications of transglutaminase. Review of literature and patents. *Food Biotechnology* **9**, 119–156.
3. Yamaguchi, S. and Yokoe, M. (2000) A novel protein-deamidating enzyme from chryseobacterium proteolyticum sp. nov., a newly isolated bacterium from soil. *Applied and Environmental Microbiology* **66**(8), 3337–3343.
4. Swaisgood, H. (1980) Sulphydryl oxidase: properties and applications. *Enzyme and Microbial Technology* **2**, 265–272.
5. Nielsen, P.M. (1997) Functionality of food proteins. In: *Food Proteins and Their Applications* (eds S. Damodaran and A. Paraf). Marcel Dekker, New York, pp. 443–472.
6. Nielsen, P.M., Pedersen, D. and Dambmann, C. (2001) Improved method for determining food protein degree of hydrolysis. *Journal of Food Science* **66**(5), 642–646.
7. Adler-Nissen, J. (1986) *Enzymic hydrolysis of food proteins*. Elsevier Applied Science Publishers, New York.
8. Adler-Nissen, J. (1979) Determination of the degree of hydrolysis of food protein hydrolysates by trinitrobenzenesulfonic acid. *Journal of Agricultural and Food Chemistry* **27**, 1257.
9. Mozersky, S.M. and Panettieri, R.A. (1983) Is pH drop a valid measure of extent of protein hydrolysis? *Journal of Agricultural and Food Chemistry* **31**, 1313.
10. Margot, A., Flaschel, E. and Renken, A. (1994) Continuous monitoring of enzymatic whey protein hydrolysis. Correlation of base consumption with soluble nitrogen content. *Process Biochemistry* **29**, 257.
11. Silvestre, M.P.C. (1997) Review of methods for the analysis of protein hydrolysates. *Food Chemistry* **60**(2), 263–271.
12. Nielsen, P.M. (2008) Unpublished data.
13. Ney, K.H. (1971) Voraussage der Bitterkeit von Peptiden aus deren Amminosaurenzusammensetzung. *Z. Lebensm.-Untersuc. Forsch.*, **147**, 64.
14. Pedrosa, M., Pascual, C.Y., Larco, J.L. and Esteban, M.M. (2006) Palatability of hydrolysates and other substitution formulas for cow's milk-allergic children: a comparative study of taste, smell, and texture evaluated by healthy volunteers. *Journal of Investigational Allergology and Clinical Immunology* **16**(6), 351–356.
15. Christensen, F.M. (1989) Review. Enzyme technology versus engineering technology in the food industry. *Biotechnology and Applied Biochemistry* **11**, 249.
16. Lynglev, G.B. (2008) Personal communications – unpublished results.
17. Tada, M., Shinoda, I. and Okai, H. (1984) L-ornithyltaurine, a new salty peptide. *Journal of Agricultural and Food Chemistry* **32**, 992.

18. Saha, B.C. and Hayashi, K. (2001) Research review paper. Debittering of protein hydrolyzates. *Biotechnology Advances* **19**, 355–370.

19. Tamura, M., Mori, N., Miyoshi, T., Koyama, S., Kohri, H. and Okai, H. (1990) Practical debittering using model peptides and related peptides. *Agricultural and Biological Chemistry* **54**, 41.

20. Tokita, F. (1969) Enzymatische und nicht tnzymatische Ausschaltung des Bittergesmacks bei enzymatischen Eiweisshydrolysaten. *Zeitschrift für Lebensmittel-Untersuchung und -Forschung* **138**, 351.

21. Chobert, J.-M., Sitohy, M. and Whitaker, J.M. (1987) Specific limited hydrolysis and phosphorylation of food proteins for improvement of functional and nutritional properties. *Journal of the American Oil Chemists' Society* **64**(12), 1704.

22. Mullally, M.M., O'Callaghan, D.M., Fitzgerald, R.J., Donnelly, W.J. and Dalton, J.P. (1994) Proteolytic and peptidolytic activities in commercial pancreatic protease preparations and their relationship to some whey protein hydrolysate characteristics. *Journal of Agricultural and Food Chemistry* **42**, 2973.

23. Richardson, T. (1977) Functionality changes of proteins following action of enzymes. *Advances in Chemistry Series* **160**, 185.

24. Adler-Nissen, J. and Olsen, H.S. (1979) The influence of peptide chain length of taste and functional properties of enzymatically modified soy protein. In: *Functionality and Protein Structure* (ed A. Pour-El). American Chemical Society, Washington, DC, p. 125.

25. Breddam, K. and Meldal, M. (1992) Substrate preferences of glutamic-acid-specific endopeptidase assessed by synthetic peptide substrates based on intramolecular fluorescence quenching. *European Journal of Biochemistry* **206**, 103–107.

26. Budtz, P. and Nielsen, P.M. (1992) Protein preparations. International Patent Application WO92/13964.

27. Creusot, N., Gruppen, H., Van Koningsveld, G.A., de Kruif, C.G. and Voragen, A.G.J. (2006) Peptide-peptide and protein-peptide interactions in mixtures of whey protein isolate and whey protein isolate hydrolysates. *International Dairy Journal* **16**(8), 840–849.

28. Otte, J., Lomholt, S.B., Ipsen, R., Stapelfeldt, H., Bukrinsky, J.T. and Qvist, K.B. (1997) Aggregate formation during hydrolysis of beta-lactoglobulin with a Glu and Asp specific protease from Bacillus licheniformis. *Journal of Agricultural and Food Chemistry* **45**, 4889–4896.

29. Ipsen, R., Otte, J. and Qvist, K.B. (2001) Molecular self-assembly of partially hydrolysed alpha-lactalbumin resulting in strong gels with novel microstructure. *Journal of Dairy Research* **68**, 277–286.

30. Graveland-Bikker, J. (2005) Self-assembly of hydrolysed α-lactalbumin into nanotubes. PhD Thesis, University of Utrecht.

31. Mietsch, F., Feher, J. and Halasz, A. (1989) Investigation of functional properties of partially hydrolyzed proteins. *Die Nahrung* **33**(1), 9–15.

32. Chobert, J.-M., Bertrand-Harp, C. and Nicolas, M.-G. (1988) Solubility and emulsifying properties of casein and whey proteins modified enzymatically by trypsin. *Journal of Agricultural and Food Chemistry* **36**, 883.

33. Chobert, J.-M., Sitohy, M. and Whitaker, J.M. (1988) Solubility and emulsifying properties of caseins modified enzymatically by Staphylococcus aureus V8 protease. *Journal of Agricultural and Food Chemistry* **36**, 220.

34. Severin, S. and Xia, W.S. (2006) Enzymatic hydrolysis of whey proteins by two different proteases and their effect on the functional properties of resulting protein hydrolysates. *Journal of Food Biochemistry* **30**, 77–97.

35. Van Der Ven, C., Gruppen, H., de Bont, D.B.A. and Voragen, A.G.J. (2001) Emulsion properties of casein and whey protein hydrolysates and the relation with other hydrolysate characteristics. *Journal of Agricultural and Food Chemistry* **49**, 5005–5012.

36. Mahmoud, M.I., Malone, W.T. and Cordle, C. (1992) Enzymatic hydrolysis of casein: effect of degree of hydrolysis on antigenicity and physical properties. *Journal of Food Science* **57**(5), 1223.

37. Tirok, S., Scherze, I. and Muschiolik, G. (2001) Behaviour of formula emulsions containing hydrolysed whey protein and various lecithin. *Colloids & Surfaces B: Biointerfaces* **21**, 149–162.

38. Adler-Nissen, J. and Olsen, H.S. (1982) Taste and taste evaluation of soy protein hydrolysates. In: *Chemistry of Food and Beverages – Recent Developments* (eds G. Charalambous and G.E. Inglett). Academic Press, New York, p. 149.

39. Boyce, C.O.L., Lanzilotta, R.P. and Wong, T.M. (1986) Enzyme modified soy protein for use as an egg white substitute. US Patent 4,632,903.

40. Olsen, H.S. (1995) Enzymes in food processing. In: *Enzymes, Biomass, Food, and Feed* (eds G. Reed and T.W. Nagodawithana). VCH, Weinheim, Germany, p. 663.

41. Don, L.S.B., Pilosof, A.M.R. and Bartholomai, G.B. (1991) Enzymatic modification of soy protein concentrates by fungal and bacterial proteases. *Journal of the American Oil Chemists' Society* **68**(2), 102.

317

318

334

42. Perea, A., Ugaide, U., Rodriguez, I. and Serra, J.S. (1993) Preparation and characterization of whey protein hydrolysates: applications in industrial whey bioconversion processes. *Enzyme and Microbial Technology* **15**, 418.

43. Van Der Ven, C., Gruppen, H., de Bont, D.B.A. and Voragen, A.G.J. (2002) Correlations between biochemical characteristics and foam-forming and – stabilizing ability of whey and casein hydrolysates. *Journal of Agricultural and Food Chemistry* **50**, 2938–2946.

44. Murata, K., Kusakabe, I., Kobayashi, H., Akaike, M., Park, Y.W. and Murakami, K. (1987) Studies on the coagulation of soymilk protein by commercial proteases. *Agricultural and Biological Chemistry* **51**(2), 385.

45. Murata, K., Kusakabe, I., Kobayashi, H., Kiuchi, H. and Murakami, K. (1987) Selection of commercial enzymes suitable for making soymilk curd. *Agricultural and Biological Chemistry* **51**(11), 2929.

46. Sato, K., Nakamura, M., Nishiya, T., Kawanari, M. and Nakajima, I. (1995) Preparation of a gel of partially heat-denatured whey protein by proteolytic digestion. *Milchwissenschaft: Milk Science International* **50**(7), 389.

47. Murata, K., Kusakabe, I., Kobayashi, H., Kiuchi, H. and Murakami, K. (1988) Functional properties of three soymilk curds prepared with an enzyme, calcium salts and acid. *Agricultural and Biological Chemistry* **52**(5), 1135.

48. To, B., Heibig, N.B., Nahai, S. and Ma, C.Y. (1985) Modification of whey protein concentrate to stimulate whippability and gelation of egg white. *Canadian Institute of Food Science and Technology Journal* **18**(2), 50.

49. Sukan, G. and Andrews, A.T. (1982) Application of the plastein reaction to caseins and to skim milk powder. 1. Protein hydrolysis and plastein formation. *Journal of Dairy Research* **49**, 265.

50. Fujimaki, M., Yamashita, M., Arai, S. and Kato, H. (1970) Plastein reaction – its application to debittering of protein hydrolysates. *Agricultural and Biological Chemistry* **34**, 483.

51. Lalasdis, G. and Sjoberg, L.-B. (1978) Two new methods of debittering protein hydrolysates and a fraction of hydrolysates with exceptionally high content of essential amino acids. *Journal of Agricultural and Food Chemistry* **26**, 742.

52. Hajós, G.Y., Szarvas, T. and Vámos-Vigázó, L. (1990) Radioactive methionine incorporation into peptide chains by enzymatic modification. *Journal of Food Biochemistry* **14**, 381.

53. Yamashita, M., Arai, S., Tsai, S.-J. and Fujimaki, M. (1971) Plastein reaction as a method for enhancing the sulfur-containing amino acid level of soybean proteins. *Journal of Agricultural and Food Chemistry* **19**, 1151–1154.

54. Knights, R.J. (1985) Processing and evaluation of the antigenicity of protein hydrolysates. In: *Nutrition for Special Need in Infancy.* Protein Hydrolysates (ed. F. Lifshitz). Marcel Dekker, New York, p. 105.

55. Lorenzen, P.C. and Schlimme, E. (1992) The plastein reaction: properties in comparison with simple hydrolysis. *Milchwissenschaft: Milk Science International* **47**, 499.

56. Walstra, P. and Jenness, R. (1984) *Dairy Chemistry and Physics.* John Wiley and Sons, Inc., New York.

57. Aas, K. (1988) The biochemistry of food allergens: what is essential for future research? In: *Food Allergy* (eds E. Schmidt and D. Reinhardt). Raven Press, Ltd., New York, p. 1.

58. Otani, H., Dong, X.Y. and Hosono, A. (1990) Antigen specificity of antibodies raised in rabbits injected with a chymotryptic casein-digest with molecular weight less than 1,000. *Japanese Journal of Dairy and Food Science* **39**, A31.

59. Saxelin, M., Korpela, R. and Mäyrä-Mäkinen, A. (2003) Introduction: classifying functional dairy products. In: *Functional Dairy Products* (eds T. Mattila-Sandholm and M. Saarela). CRC Press Woodhead Publishing Ltd, Cambridge, pp. 1–15.

60. Hartmann, R. and Meisel, H. (2007) Food derived peptides with biological activity: from research to food applications. *Current Opinion in Biotechnology* **18**, 63–69.

61. Vaughn, N., Rizzo, A. and Doane, D. (2008) Intracerebroventricular administration of soy protein hydrolysate reduces body weight without affecting food intake in rats. *Plant Foods for Human Nutrition* **63**, 41–46.

62. Adamson, N.J. and Reynolds, E.C. (1995) Characterization of tryptic casein phosphopeptides prepared under industrially relevant conditions. *Biotechnology and Bioengineering* **45**, 196–204.

63. Kim, S.B., Seo, I.S., Khan, M.A., Ki, K.S., Lee, W.S., Lee, H.J., Shin, H.S. and Kim, H.S. (2007) Enzymatic hydrolysis of heated whey: iron-binding ability of peptides and antigenic protein fractions. *Journal of Dairy Science* **90**, 4033–4042.

64. El-Zahar, K., Sitohy, M., Choiset, Y., Metro, F., Haertlé, T. and Chobert, J.M. (2004) Antimicrobial activity of ovine whey protein and their peptic hydrolysates. *Milchwissenschaft: Milk Science International* **59**(11–12), 653–656.

319

335

65. Philanto-Leppälä, A., Marnila, P., Hubert, L., Rokka, T., Korhonen, H.J. and Karp, M. (1999) The effect of α-lactalbumin and β-lactalbumin hydrolysates on the metabolic activity of *Escherichia coli* JM103. *Journal of Applied Microbiology* **87**(4), 540–545.
66. Mullally, M.M., Meisel, H. and FitzGerald, R.J. (1996) Synthetic peptides corresponding to α-lactalbumin and β-lactalbumin sequences with angiotensin-I-converting enzyme inhibitory activity. *Biological Chemistry Hoppe-Seyler* **377**(4), 259–260.
67. Pellegrini, A., Thomas, U., Bramaz, N., Hunziker, P. and von Fellenberg, R. (1999) Isolation and identification of three bactericidal domains in the bovine α-lactalbumin molecule. *Biochimica et Biophysica Acta* **1426**(3), 439–448.
68. Moskowitz, R. (2000) Role of collagen hydrolysate in bone and joint disease. *Seminars in Arthritis and Rheumatism* **30**(2), 87–89.
69. Korhonen, H. and Pihlanto, A. (2006) Bioactive peptides: production and functionality. *International Dairy Journal* **16**, 945–960.

14 酶在淀粉加工中的应用

Marc J. E. C. van der Maarel

14.1 概述

淀粉是一种被广泛使用的可再生资源。它以一种能量储存物质的形式存在于大多数植物的叶、块茎、种子和根茎等器官。在这些含有淀粉的植物中，有少数植物被成功驯化，从而变成重要的农作物。这些农作物中最广为人知的有玉米、小麦、水稻、马铃薯（土豆）和木薯。它们的根茎、块茎和种子除了直接被人类食用之外，还可被加工成淀粉。淀粉通常被化学或酶法改性成多种不同的淀粉衍生物。本章将会阐述淀粉被酶法转变成食品配料（辅料）的过程。除了讨论使用淀粉酶和相关酶将淀粉转化成各种各样的糖浆之外，还将介绍葡聚糖转移酶在淀粉加工方面的最新进展。

14.2 淀粉和淀粉酶

淀粉由直链淀粉和支链淀粉组成。直链淀粉基本上是一种线性高分子，是由葡萄糖残基通过 α-1,4 糖苷键连接而成的链状分子。支链淀粉中大多数葡萄糖残基以 α-1,4 糖苷键连接构成它的主链，大约有 5% 葡萄糖残基以 α-1,6 糖苷键连接构成它的支链（见图 14.1 中葡萄糖残基中碳原子编号）。这些糖苷键在较高和中性 pH 下比较稳定，但会在较低 pH 下发生化学性水解。淀粉高分子链的末端葡萄糖残基仍有潜在的自由醛基，从而将该末端称为还原性末端。直链淀粉是一种相对较小的分子，含有数百个至几千个葡萄糖残基。它含有一个还原性末端和一个非还原性末端。支链淀粉是一种非常大的分子，最多含有 100 000 个葡萄糖残基。它含有一个还原性末端和多个非还原性末端。淀粉粒由直链淀粉分子和支链淀粉分子集合而成。不同植物来源的淀粉粒形态和大小相差

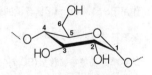

图 14.1 葡萄糖、直链淀粉和支链淀粉的结构单元（图中的数字代表葡萄糖分子中不同的碳原子）

很大。原则上,淀粉粒被认为具有一定的抵抗酶作用的能力,因此仅能被酶缓慢分解。淀粉中直链淀粉比例从几乎为零(蜡质玉米淀粉几乎含有100%支链淀粉)到70%(高直链玉米淀粉)。玉米淀粉(普通种)平均含有20%～25%直链淀粉和75%～80%支链淀粉。

自然界中已演化出种类繁多的对直链淀粉或支链淀粉有活力的酶。根据淀粉酶的作用方式,基本上将淀粉酶分成两大类:① 水解α-1,4 和(或)α-1,6 糖苷键的内切和外切淀粉水解酶类;② 先分解一个 α-1,4 糖苷键,再形成一个新的 α-1,4 或 α-1,6 糖苷键的葡聚糖转移酶类(图 14.2)。大多数淀粉酶遵循一种构型保持机制,即它们会维持 C1(第 1 碳原子)上羟基的异头构型。像 β-淀粉酶这样的某些淀粉酶遵循一种构型倒转机制,即它们会改变 C1 上羟基的异头构型,使之从 α-构型变成 β-构型。淀粉水解酶类被归类为糖苷水解酶类,并根据 Henrissat 及其同事的分类,将它们分成不同家族。目前已知的所有糖苷水解酶完整信息都能在 http://www.cazy.org/上找到。淀粉酶中最有名的家族是糖苷水解酶 13 家族。该糖苷水解酶家族至少含有 28 种不同的反应特异性。其他含有淀粉酶的糖苷水解酶家族为糖苷水解酶 15 家族(葡萄糖淀粉酶)和糖苷水解酶 57 家族(如 α-淀粉酶、普鲁兰酶等)。

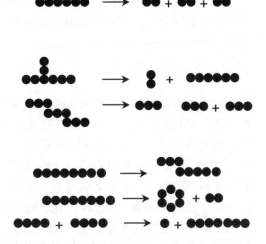

作用于α-1,4糖苷键的水解酶

α-淀粉酶(EC 3.2.1.1)

麦芽糖淀粉酶(EC 3.2.1.133)

作用于α-1,6糖苷键的水解酶

异淀粉酶(EC 3.2.1.68)

淀粉普鲁兰酶(EC 3.2.1.1/41)

作用于α-1,4或α-1,6糖苷键的转移酶

葡聚糖分支酶(EC 2.4.1.18)

环糊精葡萄糖基转移酶(EC 2.4.1.19)

麦芽糖转葡糖基酶(EC 2.4.1.25)

图 14.2　糖苷水解酶 13 家族中一些水解酶和转移酶的作用模式

14.3　淀粉水解

四十多年以来,运用酶已能将淀粉转化成众多的淀粉衍生物。第一款投

入工业化使用的淀粉酶是葡萄糖淀粉酶。与通常应用的酸法水解工艺相比，淀粉酶法水解工艺具有明显的优势。在 20 世纪 70 年代，葡萄糖异构酶被引入高果糖浆生产中。葡萄糖异构酶将葡萄糖转变成果糖，从而能得到甜度更高的产品。随后，引入高温 α-淀粉酶和普鲁兰酶用于对淀粉进行更快、更好地水解。大多数淀粉酶解转化工艺从淀粉乳的加热开始，用以瓦解淀粉粒结构，使其中的两种葡萄糖聚合物——直链淀粉和支链淀粉进入溶液中。淀粉粒本身几乎不溶于水，但淀粉粒在加热过程中会吸水膨胀，并导致黏度升高（图 14.3）。持续加热会瓦解淀粉粒，进而释放出直链淀粉分子和支链淀粉分子。完全溶解淀粉粒所需的温度取决于淀粉来源。对于工业化生产中常用的不同来源的淀粉来说，其糊化温度如下：玉米淀粉为 72～76℃；小麦淀粉为 60～64℃；马铃薯淀粉为 65～70℃；木薯淀粉为 70～75℃。在淀粉乳冷却过程中，游离出的直链淀粉分子和支链淀粉分子支链开始相互作用，并形成一种坚实的网络。这起始于 70～80℃，也能

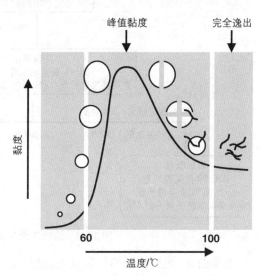

图 14.3 淀粉乳在加热过程中的黏度变化。在淀粉乳黏度达到峰值时，继续升温，会导致淀粉粒的解体以及直链淀粉分子和支链淀粉分子完全逸出

导致黏度升高，最终形成一种白色且不透明的凝胶。该凝胶中发生的相互作用非常剧烈以至于其已变成热不可逆凝胶，即再次加热该凝胶，也不能将其转变成溶液。

淀粉加工分成三个步骤：糊化、液化和糖化。在淀粉糊化步骤，对质量分数 30%～40% 的淀粉乳进行快速加热来瓦解和打开淀粉粒。这可以在搅拌式反应罐中操作，但首选方法是采用喷射加热器将高压蒸汽喷入淀粉乳。在蒸汽喷射之前，需调整淀粉乳 pH，并向淀粉乳中添加钙离子（20～80 mg/L）和来源于地衣芽孢杆菌或解淀粉芽孢杆菌之类的细菌高温 α-淀粉酶（例如诺维信公司的 Termamyl®）。高温 α-淀粉酶的添加量大约为 0.5～0.6 kg/t。液化前需调整淀粉乳 pH 以创造出高温 α-淀粉酶发挥最大酶活的 pH 条件。除此之外，需添加钙离子来提高细菌高温 α-淀粉酶热稳定性；如果没有钙离子的话，高温 α-淀粉酶分子会迅速展开，进而失活。利用连续保温管道设备将热淀粉乳在 105℃ 保持 5 min 以确保淀粉完全糊化。

淀粉加工下一步骤是淀粉液化（图 14.4）。淀粉乳被真空闪蒸冷却至95～100℃，并保持 1～2 h。与解淀粉芽孢杆菌来源的 α-淀粉酶相比，地衣芽孢杆

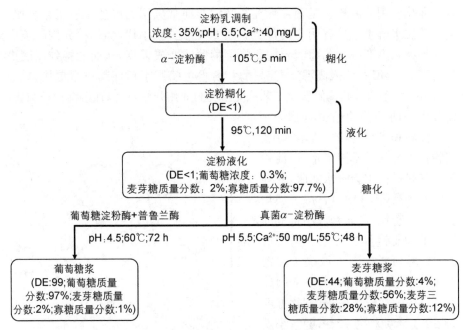

图 14.4　淀粉工业化加工的概述图

菌来源的 α-淀粉酶耐热性稍高,这就决定了淀粉液化阶段所能采用的最高温度。在淀粉液化过程中,高温 α-淀粉酶水解直链淀粉分子和支链淀粉分子中的 α-1,4 糖苷键,从而产生糊精。像 Termamyl 之类的商品化高温 α-淀粉酶制剂采用内切的作用方式,从分子内部将它们的底物水解成较小的片段。这会降低次级键(例如氢键)的数量,进而导致淀粉乳黏度的降低。直至获得所需的葡萄糖当量(也称为葡萄糖值或 DE 值),才能终止淀粉液化工艺的进行。DE 值定义:料液中还原性糖全部当作葡萄糖计算,占该料液干物质的百分数。葡萄糖 DE 值为 100,而淀粉 DE 值几乎为 0。DE 值越高,表示料液中糊精分子链越短。使用这些芽孢杆菌属细菌来源的高温 α-淀粉酶,所能获得的最高 DE 值在 40 左右。通常,当 DE 值达到 8~12 时,就可以终止淀粉液化工艺的进行。延长液化时间,会导致一种不利反应的发生,即麦芽酮糖(4-O-D-吡喃葡萄糖基-D-果糖)的生成,它不能被葡萄糖淀粉酶和 α-淀粉酶分解。

　　反应是终止,还是进入下一步淀粉糖化步骤,取决于所要生产的产品类型。在该步骤,向淀粉液化液中添加普鲁兰酶、葡萄糖淀粉酶、β-淀粉酶或真菌 α-淀粉酶之类的糖化酶将淀粉进一步降解成麦芽糊精、麦芽糖或葡萄糖浆。淀粉糖化大多数采用间歇式工艺。将 DE 值 8~12 的淀粉液化液泵入大搅拌罐中,随后将淀粉液化液 pH 调至 4~5。当淀粉液化液温度降至 60℃ 左右时,往其中加入葡萄糖淀粉酶,并迅速降温以避免淀粉老化(回生)。pH 调整会引起淀粉液化步骤添加的细菌高温 α-淀粉酶失活。当达到所需的 DE 值时,将淀粉糖化液升温至 85℃,并保持数分钟来终止淀粉糖化反应的进行。延长糖化时间会导致异麦芽糖的生成,从而引起淀粉糖化液 DE 值下降。所获得的淀粉糖化液经过过滤除去其中脂肪和变性蛋白质。如果需要,将会采用活性炭和/或离子交换树脂对其进行进一步纯化。由于淀粉水解反应需要消耗水,即每断裂一个糖苷键,就需要一个水分子,因此会提高干物质总量。

葡萄糖淀粉酶主要水解淀粉分子中 α-1,4 糖苷键,但对 α-1,6 糖苷键也有一定活力。这使得它们非常适用于淀粉的深度水解。随着商品化普鲁兰酶的出现,(例如有一款来源于嗜酸普鲁兰芽孢杆菌的商品化普鲁兰酶),就有可能特异性地去水解 α-1,6 糖苷键,从而高效地对支链淀粉分子进行脱支化。联合使用普鲁兰酶和葡萄糖淀粉酶能使葡萄糖得率提高 2% 左右。联合使用普鲁兰酶和 β-淀粉酶能显著提高麦芽糖得率。使用普鲁兰酶的其他优势有:缩短淀粉糖化时间,提高干物质总量和降低葡萄糖淀粉酶添加量。在淀粉糖化步骤末期,根据所使用的酶或酶混合物的不同可获得不同的产物,如葡萄糖、麦芽糖或葡麦糖浆。在采用酶法将淀粉转化成糖浆工艺之前,使用的是淀粉酸水解工艺。该工艺有一些更大的缺陷和限制:糖化终点 DE 值不能低于 28,也不能高于 55;腐蚀反应罐和管道;形成色素;酸碱中和产生相当数量的盐。随着淀粉酶的使用,这些缺陷都得到了克服,并能获得更宽的 DE 值范围。

当葡萄糖淀粉酶和普鲁兰酶用于淀粉液化液糖化时,能生产出高葡萄糖浆。传统上,往淀粉液化液中添加大麦 β-淀粉酶来制备麦芽糖浆。然而,该酶价格昂贵,不耐热,并且会被铜离子和其他金属离子抑制,因此大麦 β-淀粉酶已被一种真菌酸性 α-淀粉酶取代。将该酶添加在 DE 值 11 左右的淀粉液化液中,保温糖化 48 h。到这个时候,真菌 α-淀粉酶已失活。除单独应用真菌 α-淀粉酶之外,也可一起加入普鲁兰酶,这样会得到含量更高的麦芽糖浆。另一种建议用于麦芽糖浆生产的酶是高温环状糊精葡萄糖基转移酶,该酶来源于嗜热厌氧杆菌属细菌,由丹麦诺维信公司商业化生产,并以 Toruzyme™ 商标名进行销售。

普鲁兰酶(EC 3.2.1.41;普鲁兰多糖 α-1,6-葡聚糖水解酶)是一类水解普鲁兰多糖的酶。这种多糖是由出芽短梗霉菌生产的胞外多糖,由 α-1,4 糖苷键连接的麦芽三糖重复单元经 α-1,6 糖苷键聚合而成的直链状多糖。普鲁兰酶分为两种类型:Ⅰ型普鲁兰酶和Ⅱ型普鲁兰酶。Ⅰ型普鲁兰酶特异性地水解普鲁兰多糖分子中 α-1,6 糖苷键,生成麦芽三糖;Ⅱ型普鲁兰酶既能水解 α-1,6 糖苷键,又能水解 α-1,4 糖苷键,主要生成麦芽糖和麦芽三糖。已出现商品化的Ⅱ型普鲁兰酶。它们被应用在淀粉糖化工艺中。一类与Ⅰ型普鲁兰酶类似的酶是异淀粉酶(EC 3.2.1.68;糖原 α-1,6-葡聚糖水解酶)。这类酶特异性地水解支链淀粉或糖原分子中 α-1,6 糖苷键,但是它们对普鲁兰多糖无任何活性。至今未见有关高温异淀粉酶的相关报道。最为人熟知的异淀粉酶是一种来源于假单胞菌属细菌的异淀粉酶。出于分析目的,该酶用于测定支链淀粉分子中支链的组成。

葡萄糖淀粉酶也被称为淀粉葡萄糖苷酶或糖化酶(EC 3.2.1.3;1,4-α-D-葡聚糖-葡萄糖水解酶)。这类酶的作用机理与Ⅱ型普鲁兰酶类似,即它们能水解直链淀粉和支链淀粉分子中的α-1,4糖苷键,并能少量水解它们分子中的α-1,6糖苷键。它们属于外切酶,从底物非还原性末端释放葡萄糖分子,并使生成的葡萄糖分子中C1构型由α型转变为β型。单独使用葡萄糖淀粉酶,几乎能实现淀粉的完全转化。β-淀粉酶(EC 3.2.1.2;1,4-α-D-葡聚糖-麦芽糖水解酶)也属于外切酶,从底物非还原性末端释放麦芽糖分子。当作用于支链淀粉时,β-淀粉酶会在分支点前2~3个葡萄糖单元处停止水解作用,从而留下一种支链较短的产物(β-极限糊精)。商品化的β-淀粉酶来源于大豆或大麦。因为这些β-淀粉酶来源于植物,所以它们耐热性较差,不能在较高的温度下长时间使用。

14.4　采用葡萄糖异构酶生产果葡糖浆

采用葡萄糖异构酶(EC 5.3.1.18)能将葡萄糖浆进一步转化成一种葡萄糖-果糖混合物。该酶于1957年发现,并于20世纪60年代后半期开始工业化应用。葡萄糖异构酶实际是一种木糖异构酶,能将木糖转变成木酮糖,但它对葡萄糖也有活力。因为该酶对葡萄糖具有副酶活,所以它具有工业应用价值,运用其来生产一种替代甜菜蔗糖的甜味剂。日本研究人员首次描述了由葡萄糖生产果葡糖浆的工业化流程,该工艺中葡萄糖异构酶以液态形式参与其中。20世纪60年代末,美国Clinton Corn Processing公司开始从事果葡糖浆的大规模生产。缺点是该酶价格昂贵,从而给果葡糖浆生产带来不小难度。由于葡萄糖异构酶能相对容易地被制备成固定化酶,使其重复使用成为可能,这就解决了之前的难题。Cliton Corn Processing公司于1968年开始使用固定化酶生产果糖含量42%的产品。特别是在美国,玉米淀粉被大批量地转化成高果糖玉米糖浆(HFCS),然后被应用于软饮料之类的产品。因为葡萄糖异构酶不能在葡萄糖和果糖之间进行辨别,所以该酶只能将葡萄糖液中的一部分葡萄糖转变成果糖。异构化反应的平衡为50%,达到平衡状态时葡萄糖和果糖质量呈1∶1的关系。必须精准控制异构化工艺以达到最适反应条件和获得合理的果糖量。每年高果糖玉米糖浆生产量超过800万吨,这代表着固定化酶在工业生产中最大的商业化应用。

14.5　低聚异麦芽糖

使用特异性α-葡萄糖苷酶(EC 3.2.1.3;1,4-α-D-葡聚糖-葡萄糖水解酶)能将麦芽糖转化成低聚异麦芽糖(IMO)。α-葡萄糖苷酶为外切酶,从直链淀粉、支链淀粉和包括麦芽糖在内的低聚糖分子非还原性末端释放葡萄糖。不仅如此,当麦芽糖浓度足够高时,α-葡萄糖苷酶也能催化一种形成异麦芽糖的转糖基反应,即这类酶将两个葡萄糖残基通过α-1,6糖苷键连接在一起。异麦芽糖在下一步被糖基化成异麦芽三糖,也能糖基化成潘糖和异潘糖之类的分支低聚糖。

低聚异麦芽糖在中国和日本以益生元的形式进行销售。用于生产低聚异麦芽糖的α-葡萄糖苷酶(丹尼斯克-杰能科公司的 Transglucosidase L-500和天野酶制品株式会社的 Transglucosidase L)来源于黑曲霉。常见的低聚异麦芽糖生产工艺为:往质量分数30%的淀粉液化液(DE 值5~15)中添加α-淀粉酶和普鲁兰酶去水解淀粉,除此之外,再添加α-葡萄糖苷酶来形成低聚异麦芽糖(48 h,58℃,pH 5.5)。α-葡萄糖苷酶用量为 0.5~1.0 kg/t。所产生的混合物含有 25%葡萄糖,5%麦芽糖,15%异麦芽糖,2%麦芽三糖,5%潘糖,8%异麦芽三糖和40%四糖(含四糖)以上的低聚糖。已经有论文描述过采用一种葡聚糖蔗糖酶(EC 2.1.4.5;1,6-α-D-葡聚糖-6-α-D-葡萄糖基转移酶)和蔗糖能获得 DP 值更高的低聚异麦芽糖。葡聚糖蔗糖酶水解蔗糖分子生成葡萄糖分子,并通过形成一个新的α-1,6糖苷键将该葡萄糖分子(供体糖分子)转移至低聚异麦芽糖受体上。另一种生产方法是联合使用一种来源于嗜热脂肪芽孢杆菌的麦芽糖α-淀粉酶和另一种来源于海栖热孢菌的α-葡聚糖转移酶。采用这两种酶制得的混合物中低聚异麦芽糖含量最高能达到 68%。

326

14.6　淀粉酶在焙烤中的应用

淀粉酶也被大规模应用于面包和蛋糕之类的焙烤制品的生产。在面团调制过程中,和面操作会使淀粉粒受到破坏,从而使得小麦内源淀粉酶更易接触到淀粉,并开始将淀粉降解成酵母可利用的单糖、二糖和寡糖。酵母发酵这些糖会导致二氧化碳的产生,从而导致面包体积的增大。添加外源淀粉酶能加速该过程的进行。

新鲜出炉的焙烤制品中有一部分直链淀粉分子和支链淀粉分子的侧链会在焙烤阶段释放,并在冷却阶段开始缓慢回生(老化)。这会导致焙烤制品质量的劣变。该过程被称为老化现象,其特征是面包瓤变硬,面包皮变韧,面包皮水分含量下降和香味消失。支链淀粉分子回生(老化)与面包硬化速率紧密相关。焙烤制品老化的结果就是其货架期的缩短。延缓甚至防止老化的发生已经成为众多研究工作的重点。其中一种抗老化解决方案是添加缩短支链淀粉分子侧链的酶,从而部分地防止淀粉回生(老化)的发生。α-淀粉酶、淀粉脱支酶、淀粉分支酶、β-淀粉酶和葡萄糖淀粉酶都已经被建议用于预防老化现象的发生。添加α-淀粉酶能起到抗老化和改善面包柔软度的作用,但是其用量稍过一点将会导致面包瓤发黏,这归因于带有相对较长支链寡糖的产生。

使用外切淀粉酶替代内切淀粉酶来防止焙烤制品老化时,可充分克服使用内切淀粉酶带来的难题。耐高温麦芽糖α-淀粉酶能从直链淀粉分子和支链淀粉分子侧链的非还原性末端移除出聚合度2～6的短链寡糖,被证明是一种抗老化效果非常好的淀粉酶。目前,有两种商品化的外切淀粉酶制剂可作为抗老化酶使用:诺维信公司的 Novamyl 和丹尼斯克公司的 Grindamyl。Novamyl 含有的麦芽糖α-淀粉酶来源于一个特殊菌株——嗜热脂肪芽孢杆菌 C599,该菌株分离自冰岛某个温泉。该酶能高效地产生麦芽糖,并以麦芽糖生成酶名称首发上市。它是应用转基因微生物生产的第一款商品酶。结果表明这种耐高温麦芽糖α-淀粉酶在焙烤过程中仍具有活力,能有效地防止老化现象的发生。研究表明 Novamyl 含有的麦芽糖α-淀粉酶与环糊精葡萄糖基转移酶(CGTase)具有相似的氨基酸序列和结构同源性。一个主要区别在于前者存在一种五肽嵌入物(191～195 位氨基酸残基),而后者没有。删除该五肽环,Novamyl 中突变的麦芽糖α-淀粉酶就能用于环糊精的生产。

丹麦食品配料公司——丹尼斯克上市一款类似于麦芽糖α-淀粉酶且具有抗老化作用的淀粉酶产品,其商标名为 Grindamyl。其中的淀粉酶来源于克劳氏芽孢杆菌 BT21(*Bacillus claussi* BT21)。它的最适温度为 55℃,最适作用 pH 为 9.5。它可作用于可溶性淀粉、支链淀粉分子和直链淀粉分子,并通过外切作用模式,主要催化麦芽六糖和麦芽四糖的生成。这款催化低聚麦芽糖生成的淀粉酶正被冠以下商品名进行销售:用于面包焙烤的商品名为 GRINDAMYL™ PowerFresh 和用于玉米饼制作的商品名为 GRINDAMYL™ PowerFlex。

除了具有缩短支链淀粉分子侧链长度作用之外,Grindamyl 还会造成直链淀粉分子适度断裂,这会在支链淀粉分子回生(老化)前加速直链淀粉分子重结晶的发生。该酶作用的最终结果是形成了较少的重结晶直链淀粉分子网络,从而大大降低了面包瓤的硬度。

14.7 葡聚糖基转移酶类

最常用的对淀粉有活力的酶是那些水解可溶性淀粉、支链淀粉分子或直链淀粉分子并生成短链糊精、低聚麦芽糖、麦芽糖或葡萄糖的淀粉水解酶。除了这些淀粉水解酶之外,还有数个被命名为葡聚糖基转移酶的淀粉酶。它们能催化一种转糖基反应,即将供体分子某一部分转移给受体分子(图 14.2)。这类转移酶中一个典型的酶是环糊精葡萄糖基转移酶。在所催化反应的初始阶段,该酶切断一个 O-糖苷键。在第二阶段,该酶将非还原性末端 O4 或 C4 转移到还原性末端 O1 或 C1 上形成一个环形分子。这种类型的转移反应被称为分子转移反应(环化反应),即发生在一个底物内。另一种类型的转移反应是分子间反应(歧化反应),即使用另一个分子作为受体。有两类葡聚糖基转移酶存在:4-α-葡聚糖基转移酶,也被称为麦芽糖转葡萄糖基酶,催化形

成新的 α-1,4 糖苷键;糖原/淀粉分支酶,催化形成新的 α-1,6 糖苷键(或分支点)。在过去的几十年里,在将淀粉加工成食品辅料方面,这两类葡聚糖转移酶均已实现了它们的商业应用。

14.8 环糊精

环糊精(环状糊精)是由 6 个以上葡萄糖残基通过 α-1,4 糖苷键连接而成的环状低聚葡萄糖。环糊精通常含有 6,7 或 8 个葡萄糖残基(分别称为 α-,β-和 γ-环糊精)。它们在早期又被称为沙丁格糊精。葡萄糖残基的排列方式导致环糊精分子外表面亲水而内腔疏水。这意味着环糊精分子能包埋疏水性客体分子,从而改变这些分子的理化性质。这引起了广泛的关注,从而不断扩大环糊精的应用。环糊精应用的一个实例:宝洁公司旗下 Febreze(纺必适)芳香剂使用它作为除臭剂。在食品方面,环糊精可被用来脱除胆固醇,稳定易挥发和不稳定的物质或减轻令人不愉快的异味。分子空腔较大的 γ-环糊精在应用方面尤其受到青睐。

瓦克化学将 α-环糊精作为一种不易消化且完全可发酵的膳食纤维销售。淀粉液化之后添加环糊精葡萄糖基转移酶[EC 2.4.1.19;1,4-α-D-葡聚糖-4-α-D-(1,4-α-D-葡聚糖)转移酶]就可制得环糊精。瓦克化学使用的环糊精葡萄糖基转移酶来源于产酸克雷伯菌,并用大肠杆菌 K12 进行异源表达来生产。随后在反应生成的混合物中添加 1-正癸醇将 α-环糊精沉淀析出,接着经过过滤和蒸馏就可制得 α-环糊精。瓦克化学生产的 α-环糊精以 CAVAMAX W6 商品名进行销售。α-环糊精能作为膳食纤维使用在透明的碳酸和非碳酸软饮料、乳制品、焙烤制品和谷类食品中。

另一类由葡萄糖残基连接而成的环状分子是大环糊精。它们含有 16 个或者更多的葡萄糖残基,并形成长的疏水空腔,从而能和较大的疏水性分子形成包合物。大环糊精由 4-α-葡聚糖基转移酶作用于淀粉制备而得,即采用浓度相对较高的酶与浓度较低的高分子量直链淀粉进行保温反应。大环糊精除了作为分子伴侣来防止蛋白质折叠之外,并没有发现其他商业应用。

14.9 热可逆凝胶淀粉

能使用来源于嗜热栖热菌和耐超高温热棒菌之类的嗜热菌麦芽糖转葡萄糖基酶或 4-α-葡聚糖基转移酶来生产热可逆凝胶淀粉。该酶将直链淀粉分子的一部分转移至支链淀粉分子侧链的非还原性末端,所生成的产物仅含有经过改性的支链淀粉分子,该分子含有较长的侧链,能形成一种白色且不透明的凝胶。经过麦芽糖转葡萄糖基酶处理的淀粉能形成热可逆凝胶,即该淀粉形成的凝胶在加热时能转变成溶液。对于明胶这种被广泛使用的胶凝剂来说,也能发现类似的热可逆凝胶特性。荷兰艾维贝(AVEBE)淀粉公司销售一种经过麦芽糖转葡萄糖基酶处理的土豆淀粉,其商标名为 Etenia™。Etenia™ 除了具有热可逆凝胶性质之外,也可作为一种优秀的脂肪替代物使用在乳制品中。该酶由帝斯曼公司采用解淀粉芽孢杆菌进行异源过表达制得。与大多数在淀粉转化中使用的酶相比,该酶不是受体菌分泌的胞外酶,而是胞内酶,这使得该酶的下游处理变得更加复杂。

14.10 支链糊精

另一类得到商业化应用的葡聚糖基转移酶是糖原分支酶[EC 2.4.1.18;1,4-α-D-葡聚糖:1,4-α-D-葡聚糖-6-α-D-(1,4-α-D-葡聚糖基)转移酶]。这种酶首先断裂一个 α-1,4 糖苷键,然后合成一个新的 α-1,6 糖苷键。糖原/淀粉分支酶会参与植物的能量储存物质——支链淀粉的生物合成(淀粉分支酶也被称为 Q 酶),或者参与许多微生物和动物的能量储存物质——糖原的生物合成。糖原分支酶和淀粉分支酶的不同之处在于它们合成的 α-1,6 糖苷键数量。淀粉分支酶合成大约 3.5%~5% α-1,6 糖苷键,而糖原分支酶能合成多达 10% α-1,6 糖苷键。

日本江崎格力高公司使用来源于超嗜热菌的糖原分支酶将玉米淀粉转化为一种商品名为 Cluster Dextrin® 的产物。该酶由日本长濑康泰斯株式会社(Nagase Chemtex)生产。Cluster Dextrin® 是一种添加在运动饮料中的多支链环状糊精。有证据表明含有 Cluster Dextrin® 的饮料能延缓胃排空时间。除此之外,小白鼠游泳研究表明 Cluster Dextrin® 能提高它们的耐力。

糖原分支酶的另一项应用是生产一种在高浓度时仍然保持低黏度且不回生(老化)的糊精。用适量的高温糖原分支酶处理淀粉液化液,会将直链淀粉分子和支链淀粉分子长侧链的一部分转移至其他支链淀粉分子,并形成新的、较短的侧链。支链糊精这样一种侧链组成导致它们之间仅发生微弱的相互作用,从而形成一种黏度相对较低的溶液。丹麦酶制剂公司——诺维信将小浜红嗜热盐菌分泌的糖原分支酶用于支链糊精生产这一应用申请了专利。该酶的最适作用温度为 65℃,并且最高作用温度达到 80℃,这使得它适合用于处理淀粉液化液。直到现在,作为食品辅料使用的支链糊精仍在市场上难觅踪迹,这主要是因为缺少相应的商品酶制剂。

对于糖原分支酶来说,还有待探索的一面是它们在慢性消化糊精生产中的应用。科学家们预料,随着支链糊精分支点的增多,人体胰淀粉酶在消化支链糊精方面面临的困难会越来越多。这将导致较低数量葡萄糖的产生,从而造成血糖水平的降低。血糖水平的极度波动是一种不良的现象,长期极度波动会导致 2 型糖尿病和冠心病等疾病的发生。最近,一种有关极端环境微生物耐辐射球菌产生的糖原分支酶用于从淀粉中生产慢性消化糊精的专利已经发表。另一种制备慢性消化淀粉产品的途径是采用β-淀粉酶处理支链糊精，这能适当增多它们的分支点。尽管如此，糖原分支酶的应用仍然处在褴褛之中，距离慢性消化糊精商品的问世仍需相当长的时间。

14.11 结语

淀粉是一种广泛用于糖浆及其相关产品生产的原料。淀粉酶法加工工艺已经使用了大约四十年的时间，并且已成长为酶用于食品辅料工业化生产的杰出范例。采用图 14.4 概述的相同加工步骤，将淀粉加工成可发酵糖的热潮已经兴起，这归因于对成本极具竞争力的生物乙醇需求的增加。过去十年间，在淀粉加工用酶方面，有两块主要增长领域已经兴起：作为焙烤制品抗老化酶使用的外切淀粉酶和用于生产热可逆凝胶淀粉、脂肪替代物和支链糊精的葡聚糖基转移酶。除了大规模用于食品或能源生产之外，淀粉酶也可作为分析工具使用。异淀粉酶可作为一种脱支酶来分析支链淀粉分子的侧链组成。一种准备商业化的酶是红藻中的 $\alpha-1,4$-葡聚糖裂解酶。该酶能以 α-葡聚糖为底物来生成 $\alpha-1,5$-脱水果糖。随着全基因组测序计划公布的信息越来越多，越来越多新型淀粉酶有可能被发现。新发现的一组属于糖苷水解酶 57 家族（GH57）的糖原分支酶就是这方面的优秀范例。

参考文献

1. Bertoldo, C. and Antranikian, G. (2002) Starch-hydrolysing enzymes from thermophilic archaea and bacteria. *Current Opinions in Chemical Biology* **6**, 1515–1160.
2. Van Der Maarel, M.J.E.C., Van der Veen, B.A., Uitdehaag, J.C.M., Leemhuis, H. and Dijkhuizen, L. (2002) Properties and applications of starch-converting enzymes of the alpha-amylase family. *Journal of Biotechnology* **94**, 137–155.
3. Henrissat, B. and Romue, B.C. (1995) Families, superfamilies and subfamilies of glycosylhydrolases. *Biochemical Journal* **311**, 350–351.
4. Henrissat, B. and Davies, G. (1997) Structural and sequence based classification of glycoside hydrolases. *Current Opinions in Structural biology* **7**, 637–644.
5. Stam, M.R., Danchin, E.G., Rancurel, C., Coutinho, P.M. and Henrissat, B. (2006) Dividing the large glycoside hydrolase family 13 into subfamilies: towards improved functional annotations of alpha-amylase-relates proteins. *Protein Engineering Design and Selection* **19**, 555–562.
6. Wind, R.D., Uitdehaag, J.C., Buitelaar, R.M., Dijkstra, B.W. and Dijkhuizen, L. (1998) Engineering of cyclodextrin product specificity and pH optima of the thermostable cyclodextrin glycosyltransferase from *Thermoanaerobacterium thermosulfurigenes* EM1. *Journal of Biological Chemistry* **273**, 5771–5779.
7. Domán-Pytka, M. and Bardowski, J. (2004) Pullulan degrading enzymes of bacterial origin. *Critical Reviews in Microbiology* **30**, 107–121.
8. Yokobayashi, K., Misaki, A. and Harada, T. (1970) Purification and properties of Pseudomonas isoamylase. *Biochimica et Biophysica Acta* **212**, 458–469.
9. Amemura, A., Chakrabotry, R., Fujita, M., Noumi, T. and Futai, M. (1988) Cloning and nucleotide sequencing of the isoamylase gene from *Pseudomonas amyloderamosa* SB-15. *Journal of Biological Chemistry* **263**, 9271–9275.
10. Sauer, J., Sigurskjold, B.W., Christensen, U., Frandsen, T.P., Mirgorodskaya, E., Harrison, M., Roepstorff, P. and Svensson, B. (2000) Glucoamylase: structure/function relationships, and protein engineering. *Biochmica et Biophysica Acta* **1543**, 275–293.

330

11. Bhosale, S.H., Rao, M.B. and Deshpande, V.V. (1996) Molecular and industrial aspects of glucose isomerase. *Microbiology Reviews* **60**, 280–300.
12. Lee, H.S., Auh, J.H., Yoon, H.G., Kim, M.J., Park, J.H., Hong, S.S., Kang, M.H., Kim, T.J., Moon, T.W., Kim, J.W. and Park, K.M. (2002) Cooperative action of alpha-glucanotransferase and maltogenic amylase for an improved process of isomaltooligosaccharide (IMO) production. *Journal of Agricultural and Food Chemistry* **50**, 2812–1817.
13. Kulp, K. and Ponte, J.G. (1981) Staling white pan bread: fundamental causes. *Critical Reviews in Food Science and Nutrition* **15**, 1–48.
14. Champenois, Y., Della, V.G., Planchot, V., Buleon, A. and Colonna, P. (1999) Influence of alpha-amylases on the bread staling and on retrogradation of wheat starch models. *Sciences des Aliments* **19**, 471–486.
15. Outtrup, H. and Norman, B.E. (1984) Properties and applications of a thermostable maltogenic amylase produced by a strain of *Bacillus* modified by recombinant DNA techniques. *Starch/Stärke* **12**, 405–411.
16. Diderichsen, B. and Christiansen, L. (1988) Cloning of a maltogenic alpha-amylase from *Bacillus stearothermophilus*. *FEMS Microbiology Letters* **56**, 53–60.
17. Beier, L., Svendsen, A., Andersen, C., Frandsen, T.P., Borchert, T. V. and Cherry, J. R. (2000) Conversion of the maltogenic alpha-amylase Novamyl into a CGTase. *Protein Engineering* **13**, 509–513.
18. Duedahl-Oleson, L., Kragh, K.M. and Zimmerman, W. (2000) Purification and characterisation of a maltooligosaccharide-forming amylase active at high pH from *Bacillus clausii* BT21. *Carbohydrate Research* **329**, 97–107.
19. http://www.thebaker.co.za/vol11no3snippets.html
20. Szejtli, J. (1994) Medical applications of cyclodextrins. *Medicinal Research Reviews* **14**, 353–386.
21. Szejtli, J. and Szente, L. (2005) Elimination of bitter, disgusting tastes of drugs and foods by cyclodextrins. *European Journal of Pharmaceutics and Biopharmaceutics* **61**, 115–125.
22. Somogyi, G., Posta, J., Buris, L. and Varga, M. (2006) Cyclodextrin (CD) complexes of cholesterol-their potential use in reducing dietary cholesterol intake. *Die Pharmazie* **61**, 154–156.
23. Li, Z., Wang, M., Wang, F., Gu, Z., Du, G., Wu, J. and Chen, J. (2007) gamma-Cyclodextrin: a review on enzymatic production and applications. *Applied Microbiology and Biotechnology* **77**, 245–255.
24. Biwer, A., Antranikian, G. and Heinzle, E. (2002) Enzymatic production of cyclodextrins. *Applied Microbiology and Biotechnology* **59**, 609–617.
25. Terada, Y., Fujii, K., Takaha, T. and Okada, S. (1999) *Thermus aquaticus* ATCC 33923 amylomaltase gene cloning and expression and enzyme characterization: production of cycloamylose. *Applied and Environmental Microbiology* **65**, 910–915.
26. Van Der Maarel, M.J.E.C., Capron, I., Euverink, G.J.W., Bos, H.T., Kaper, T., Binnema, D.J. and Steeneken, P.A.M. (2005) A novel thermoreversible gelling product made by enzymatic modification of starch. *Starch/Stärke* **57**, 465–472.
27. Kaper, T., Talik, B., Ettema, T.J., Bos, H.T., Van Der Maarel, M.J.E.C. and Dijkhuizen, L. (2005) Amylomaltase of *Pyrobaculum aerophilum* IM2 produces thermoreversible starch gels. *Applied and Environmental Microbiology* **71**, 5098–5106.
28. Riis Hansen, M., Blennow, A., Pedersen, S., Nørgaard, L. and Engelsen, S.B. (2008) Gel texture and chain structure of amylomaltase-modified starches compared to gelatin. *Food Hydrocolloids* **22**, 1551–1566.
29. www.etenia.nl
30. Alting, A.C., Van Der Velde, F., Kanning, M.W., Burgering, M., Mulleners, L., Sein, A. and Buwalda, P. (2009) Improved creaminess of low-fat yoghurt: the impact of amylomaltase-treated starch domains. *Food Hydrocolloids* **23**(3), 980–987.
31. http://www.dsm.com/en_US/downloads/about/Micro-organisms_table_en_1.pdf
32. Takata, H, Ohdan, K., Takaha, T., Kuriki, T. and Okada, S. (2003) Properties of branching enzyme from hyperthermophilic bacterium *Aquifex aeolicus*, and its potential for production of highly-branched cyclic dextrin. *Journal of Applied Glycoscience* **50**, 15–20.
33. Van Der Maarel, M.J.E.C., Vos, A., Sanders, P. and Dijkhuizen, L. (2003) Properties of the glucan branching enzyme of the hyperthermophilic bacterium *Aquifex aeolicus*. *Biocatalysis and Biotransformation* **21**, 199–207.
34. Takii, H., Takii Nagao, Y., Kometani, T., Nishimura, T., Nakae, T., Kuriki, T. and Fushiki T. (2005) Fluids containing a highly branched cyclic dextrin influence the gastric emptying rate. *International Journal of Sports Medicine* **26**, 314–319.
35. Takii, H., Ishihara, K., Kometani, T., Okada, S. and Fushiki, T. (1999) Enhancement of swimming endurance in mice by highly branched cyclic dextrin. *Bioscience Biotechnology Biochemistry* **63**, 2045–2052.

348

36. Shinohara, M.L., Ihara, M., Abo, M., Hashida, M., Takagi, S. and Beck, T.C. (2001) A novel thermostable branching enzyme from an extremely thermophilic bacterial species, *Rhodothermus obamensis*. *Applied Microbiology and Biotechnology* **57**, 653–659.
37. Van der Maarel, M.J.E.C., Binnema, D.J., Semeijn, C., Buwalda, P.L. and Sanders, P. (2008) Novel slowly digestible storage carbohydrate. WO/2008/082298.
38. Bojsen, K., Yu, S., Kragh, K.M. and Marcussen, J. (1999) A group of alpha-1,4-glucan lyases and their genes from the red alga Gracilariopsis lemaneiformis: purification, cloning, and heterologous expression. *Biochimica et Biophysica Acta* **1430**, 396–402.
39. Murakami, T., Kanai, T., Takata, H., Kuriki, T. and Imanaka, T. (2006) A novel branching enzyme of the GH-57 family in the hyperthermophilic archaeon Thermococcus kodakaraensis KOD1. *Journal of Bacteriology* **188**, 5915–5924.
40. Fuertes, P., Roturier, J.-M. and Petitjean, C. (2005) Highly branched glucose polymers. EP1548033.
41. Norman, B.E. and Hendriksen, H.V. (2002) Method for producing maltose syrup by using a hexosyl-transferase. WO/2002/010427.
42. Vercauteren, R., Leontina, M. and Nguyen, V.S. (2004) Process for preparing isomaltooligosaccharides with elongated chain and low glycemic index. WO/2004/068966.
43. Kragh, K., Larsen, B., Duedahl-Olesen, L., Zimmermann, W.E.K. (2000) Non maltogenic exoamylase from B. clausii and its use in retarding retrogradation of a starch product. WO/2000/058447.
44. Takeda, Y., Hanashiro, I., Ihara, M. and Takagi, S. (2003) Method for producing dextrins using enzymes. WO/2003/106502.

15 脂肪酶在油脂改性中的应用

David Cowan

15.1 概述

Godfrey 和 Reichelt 于 1983 年历史上首次尝试去总结当时酶商业化应用的现有知识,即参考文献 1。这本书的编者来自企业、科研院校和政府。该书被广泛认可的一项重要贡献是传播了酶知识。虽然该书是综合性著述,但是分配在脂肪酶上的篇幅是最短的,并且仅有一种牛犊胃中获得的脂肪酶被列于附录——酶类型。在那时,脂肪酶主要被认可的应用是在乳品工业中用于加速干酪的成熟和生产风味浓郁的干酪。

然而,在很短的时间内,脂肪酶实际和潜在的应用在数量方面得到了大幅度增长,并且在十年之内,扩展到了食品和工业这两方面。这种在应用方面呈爆发式增长可归结于脂肪酶生物化学方面的众多发现,脂肪酶生产企业采用的最新生产技术和脂肪酶使用企业推出的重大研究成果。

脂肪酶率先应用于风味形成领域,即利用脂肪酶的水解作用来生成游离脂肪酸,这能增强乳制品的“干酪”风味。发酵剂微生物产生的脂肪酶会从牛乳中释放短链脂肪酸,而人们已知道这些脂肪酸会参与到某些类型干酪的自然成熟过程中。因此,干酪生产商试图去模拟该过程。尽管如此,因为这种类型的干酪生产量相对较小,所以其应用潜力非常有限。然而,Zaks 和 Klibanov 于 1984 年证实了脂肪酶能在微水环境中催化合成一系列有机物,这表明了脂肪酶在非水相体系中作用的可能性。因此,脂肪酶不但能在水溶液中催化脂类的水解反应,而且能在有机介质中催化该水解反应的逆反应——合成反应,进而揭开了非水相酶学的研究序幕。

本段着重介绍如何利用脂肪酶来制备特种油脂(类可可脂)。Coleman、Macrae 及 Matsuo 等发表的论文分别描述了该过程。他们利用一种固定化脂肪酶催化甘油三酯发生酯交换反应以交换所需的脂肪酸,从而达到生产类可可脂的目的。Macrae 先将某种脂肪酶吸附在硅藻土载体的表面,然后运用该固定化脂肪酶来作用棕榈油中间分提物和硬脂酸的混合物,并将该混合物转化为一种类可可脂(CBE)类似物。最终结果是该产物中所需的甘油三酯含量都有了提高,即1(3)-棕榈酰基-3(1)硬脂酰基-2-单油内酯(POSt)和1,3-双硬脂酰基-2-单油内酯(StOSt)含量都有了提高。固定化脂肪酶制备方法为:先将脂肪酶与硅藻土搅成泥浆,随后向该泥浆添加一种丙酮或醇(甲醇或乙醇)之类的有机溶剂以将脂肪酶沉淀在无机微粒材料的表面。再采用过滤的方式分离出固定化脂肪酶,随后进行干燥,然后储存,直至需要时取出使用。

尽管如此,这一类工艺非常难以控制,并且在食品行业中没有得到广泛应用。固定化酶的成本太高,以至于无法得到普及应用。只有当脂肪酶价格降下来,固定化脂肪酶才有广泛的应用机会。

脂肪酶要在食品行业内得到更广泛的应用,需要两个重要的条件。第一个条件是有能力在工业化发酵条件下生产出大量脂肪酶。Eriksen在论文中介绍了第一款商品化脂肪酶的生产技术。先将柔毛腐质霉的一个脂肪酶基因克隆在丝状子囊菌米曲霉中,然后将该米曲霉菌株作为脂肪酶生产菌株。这种受体微生物能在大型发酵罐中进行培养和脂肪酶的生产,并且该技术也可应用在一些其他脂肪酶的生产中。脂肪酶在食品和其他行业中的广泛应用是引入这种新生产技术的结果。它既实质性地改善了脂肪酶生产经济性,又大幅提升了脂肪酶生产能力,而之前脂肪酶只能在实验室中进行少量生产。

类可可脂(CBE)酶法生产工艺发展所需的第二个条件是为脂肪酶开发一些不同的固定化载体,从而使脂肪酶既有疏水性载体,又有亲水性载体。Holm和Cowan最近综述了这些方面的进展。

现今,脂肪分解酶(脂肪酶和磷脂酶)应用的四块主要领域如下。

(1)酯交换:改变人造奶油和起酥油熔点,并且不产生反式脂肪或副产物。

(2)脱胶:作用于油脂中水溶性磷脂胶体,并且在除去它们的同时,也不会造成出油率的损失。

(3)酯合成:在化妆品或油脂化学行业中生产酯和蜡,并且具有能量需求低和副产物形成少的优点。

(4)特种油脂:合成营养价值高的特种油脂,例如富含Omega-3脂肪酸的鱼油。

15.2 脂肪酶生物化学

像其他所有酶一样,脂肪酶也是一类水溶性蛋白质。它们的基本功能是将甘油三酯水解成甘油二酯、甘油单酯、脂肪酸和甘油。另一类酶——酯酶具有水解羧基酯键的能力。最初科学家们认为所有脂肪酶都具有一种三维结构,并且氨基酸链中有一部分会形成"盖子"。在正常情况下,脂肪酶的活性中心会被此盖覆盖。当脂肪酶与油-水界面接触时,此盖会从活性中心移开。然而,无盖的脂肪酶已被发现,并且也能改变构象。因此,脂肪酶当前的定义是基于能被水解的脂肪分子中脂肪酸碳链长度。能作用于脂酰长度大于 10 个碳原子的底物,那现在该酶就被视为脂肪酶,而只能作用于脂酰长度小于 10 个碳原子的底物,那现在该酶就被视为酯酶。然而,在脂肪酶与酯酶区分方面,这只是众多不同方法中的一种。没有一种区分方法令人特别满意,也没有一种更好的方法来描述这个酶类。

脂肪酶催化的各种反应总结如下:

(1) 水解反应:

$$RCOOR' + H_2O \Longleftrightarrow RCOOH + R'OH$$

(2) 其他复分解反应:

① 酯化反应:

$$RCOOH + R'OH \Longleftrightarrow RCOOR' + H_2O$$

② 酯交换反应:

$$RCOOR' + R''COOR^* \Longleftrightarrow RCOOR^* + R''COOR'$$

③ 醇解反应:

$$RCOOR' + R''OH \Longleftrightarrow RCOOR'' + R'OH$$

④ 酸解反应:

$$RCOOR' + R''COOH \Longleftrightarrow R''COOR' + RCOOH$$

油脂的工业化生产和改性都会用到以上所有的反应机理。

除了对脂肪酸碳链长度具有特异性之外,脂肪酶也具有区域选择性(位置特异性)。大多数具有区域选择性的脂肪酶会优先作用于甘油三酯结构中 $sn^{①}-1$ 和 $sn-3$ 位置处的酯键,而对 $sn-2$ 位置处酯键有活力的脂肪酶很少,也存在没有区域选择性的脂肪酶。当需要完全水解脂肪时,它们显得特别有用。最后,脂肪酶会因脂肪酸饱和度的不同呈现不同的反应性,这意味着它们会优先水解或改性一种或另一种类型脂肪。

15.3 酯交换

油脂熔点性质的控制对于它们在食品中的应用很关键。动物油脂或黄油就不具备所需的熔点特征,并且它们在食品中的应用已被植物来源的油脂大量替代。固体脂肪含量(SFC)是评价油脂的一个重要参数。它的定义为:在

---

① sn(sterospecific numbering):立体特异性编号。

特定温度条件下,油脂样品中固体脂肪所占的比例。当某种人造奶油要用于制作酥皮点心时,那它 15℃时的固体脂肪含量必须在 38%～45%。这将使得油脂与面粉和其他辅料混合在一起,并发挥作用以获得所需的组织结构。而在该温度(15℃)下,像菜籽油或大豆油之类的植物油完全呈液体状态,这使得它们不适合用于酥皮点心的制作。最初,将不同类型的油脂进行简单的混合以获得所需的熔化特性,但是,通常即使如此,也无法提供所需的 SFI(固体脂肪指数:一定温度下油脂中固液两相比值)和晶体特性。由于该原因,为了获得所需的固脂曲线(熔化特性),开发出了一些改性油脂熔点性质的技术(表 15.1)。

表 15.1 油脂改性技术

技　术	原　　理
分　提	根据油脂中不同组分的熔点,采用一种分离结晶工艺将某种油脂分成多种组分,从而显著地改变了该油脂的固体脂肪含量
氢　化	通过催化加氢反应来提高油脂饱和度
化学酯交换(CIE)	在高温下,使用化学催化剂来催化脂肪酸在两个甘油三酯之间进行随机交换
酶法酯交换	使用一种酶来催化脂肪酸在两个甘油三酯之间的随机或定向交换(取决于脂肪酶的类型)

分提和氢化这两种技术已经使用了许多年,而化学酯交换是一种较新的技术。

15.4 氢化和化学酯交换

到了 20 世纪 60 年代,由于人造奶油较高的便利性和较低的价格,再加上有益健康的建议,导致了人们对牛乳脂肪的消费出现了大幅滑坡。然而,在很多时候,人造奶油使用的是部分氢化的脂肪,这导致了高含量的反式脂肪酸。在氢化过程中,像菜籽油和大豆油之类的软质油(含不饱和脂肪酸)中反式脂肪酸含量会随着饱和度的降低而升高;达到峰值后又再次降低;当完全饱和时,反式脂肪酸含量为零。达到所需 SFC 值时的氢化度与反式脂肪酸含量达到峰值时的氢化度非常接近。随后采用一种不饱和油脂与这种氢化油脂进行混合。总体上而言,这会降低反式脂肪酸的含量,但是由于焙烤制品和类似产品消费的增加,导致总体上脂肪摄入的增加,从而冲淡了这种情况。

20 世纪 60 年代的研究得出的结论是,氢化油脂提高胆固醇的效应要比饱和油脂稍低一点。这在一定程度上支持了早前得出的健康宣称。尽管如此,在 1990 年观察到,虽然反式脂肪酸提高低密度(LDL)胆固醇的程度与饱和脂肪酸相似,但是相比较顺式不饱和脂肪酸和饱和脂肪酸而言,它们会降低高密度(HDL)胆固醇。在这些前瞻性研究之后,科学家们又进行了大量的研究。总体上而言,得出的结论仍是认为反式脂肪酸的摄入大幅提升了冠心病的发病风险。

许多国家立法来控制食品和食品原料中反式脂肪酸含量,从而在很大程度上达到了将氢化油脂从市场上驱逐出去的效果。欧洲和美国已经有效地阻止了利用氢化的方式对油脂进行改性,并且已经关停了生产这类产品的设备。

随后广泛采用甲醇钠这种化学催化剂对油脂进行化学酯交换,并且将其作为一种替代性工艺来改变油脂熔点性质。该工艺的反应温度不是很高,但是使用了一种非特异性且易爆的催化剂。在反应结束之后,需要将其从油脂中除去,并且需要大量后处理来除去反应中生成的色素和其他副产物。这些副产物的性质和含量以及由此造成的得率损失使得另一种替代性工艺——酶法酯交换(EIE)变得更具吸引力。

[336]

15.5　酶法酯交换

用于生产人造奶油和其他大宗油脂产品的酶法酯交换工艺的开发和运用取决于先前提到的两种技术的发展情况,即开发出低成本来源的脂肪酶和耐用且廉价的固定化载体。

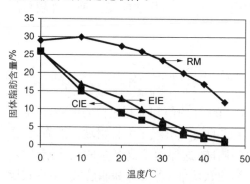

最初用于类可可脂(CBE)生产的固定化脂肪酶既不耐用又不廉价,从而限制了它们在贵重油脂产品生产中的应用。在新的酶法酯交换工艺中,脂肪酶被固定在硅藻土微粒表面,这既能使硅藻土微粒负载酶又能提供一种不可压缩的支撑载体。在使用过程中,脂肪酶仍留在载体微粒表面,并且不会释放到油脂中。图 15.1 对比了分别采用化学酯交换和酶法酯交换生产出的油脂固脂熔化曲线。

图 15.1　75% 大豆油与 25% 完全硬化大豆油组成的油脂混合物在酯交换前(RM),化学酯交换(CIE)和酶法酯交换(EIE)后的固脂熔化曲线(酶法酯交换采用的脂肪酶是 Lipozyme TL IM)

油脂熔点性质所获得的变化取决于酯交换反应中所使用的油脂和两种油脂(固态脂和液态油)所采用的比例。如图 15.2 所示,这可通过棕榈油硬脂(PS)和棕榈仁油(PKO)进行酯交换来阐明。

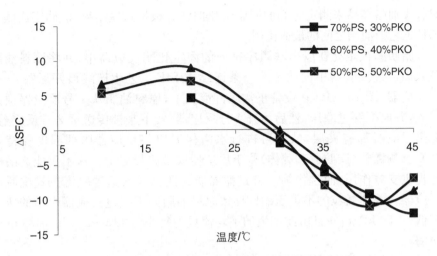

图 15.2 棕榈油硬脂(PS)和棕榈仁油(PKO)不同比例
混合物在 EIE 前后的 SFC 变化趋势图

　　该趋势图反映了酯交换前后这种油脂混合物 SFC(固体脂肪含量)的变化。在该例中,EIE 既提高了其在较低温度下的固体脂肪含量,又降低其在较高温度下的固体脂肪含量。这正好是人造奶油中固相基料油脂所需的改性方法。当然该固态脂还需和液态油混合以配制成人造奶油基料油脂。

　　最早使用的 1,3-特异性脂肪酶来源于疏棉状嗜热丝胞菌。通常运用该脂肪酶不会导致脂肪酸随机交换。尽管如此,在该固定化酶体系中,油脂混合物既与脂肪酶接触,又与硅藻土载体接触。这会导致脂肪酸之间发生优先交换行为(图 15.3)。图 15.1 中 CIE 与 EIE 之间固脂熔化曲线微小的差异部分是由于这种优先交换行为,但主要是由于 EIE 工艺生成的甘油二酯含量低于CIE 工艺(甘油二酯属于副产物)。

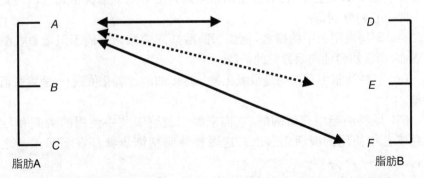

图 15.3 酶法酯交换(Lipozyme TL IM)期间发生的脂肪酸优先交换行为

　　通常会在实验中采用间歇式 EIE 工艺来确定油脂成分之间的最适比例和酯交换条件,上述脂肪酶的用量为 4%(以质量计),酶促反应温度为 70℃。按时收集油脂样品来测定它们的固脂熔化曲线。根据这些结果,能确定连续式 EIE 工艺中油脂之间的最适比例。

脂肪酶被填充在以串联顺序排列的固定化酶反应器中,并将原料油脂泵入以流过反应器中的酶床。一条连续式 EIE 工艺生产线最好配置 4~6 个反应器(图 15.4)。在设备正常运行情况下,原料油脂从 1 号反应器顶部进入,并向下穿过酶床,然后离开 1 号反应器,接下来被传送至 2 号反应器。每个反应器都有夹层,从而可进行水浴保温以将反应器内部温度保持在 70℃。酶微粒(脂肪酶和载体)位于反应器底部筛板之上。这不仅能为酶微粒提供支撑作用,而且作为一种过滤器防止酶微粒被这种顺流方式洗脱出反应器。载体微粒的不可压缩性导致原料油脂向下流过反应器产生的压力较低(<50 kPa),并且由此产生的平均流量为每小时 1.5~2.0 kg 油/(kg 脂肪酶)。

在设备稳定运行的状态下,每个反应器都有助于甘油三酯的转化,这样当它们离开链式反应器后,都已发生了充分的酯交换反应。原料油脂中存在的少量氧化物和酸会导致 1 号反应器中酶活逐渐丧失。最终,酶活被耗尽,然后将废料从 1 号反应器中移出,再填充进新酶。此时,改变阀门,原料油脂将首先流进 2 号反应器,最后从含有新酶的 1 号反应器中流出。差不多每个反应器运行 14 天就会重复一次换酶的过程。在这种运行模式下,未经转化的原料油脂首先遇到使用时间最长且活力最低的酶。因此,如果原料油脂存在大量不良的氧化物或其他化合物,这些使用时间较长的酶会起到一种牺牲作用,从而保护了后续反应器中的酶。

15.5.1　原料油脂品质规格

在任何一个固定化酶工艺中,固定化酶反应器的转化率决定了工艺整体经济性。在 EIE 工艺中,已有三个因素被确认会导致酶的失活和(或)转化率的下降。它们分别是:

(1)原料油脂当中的微粒,例如脂肪酸盐或磷脂。它们不但覆盖在酶微粒表面,而且妨碍油向酶微粒的扩散。

(2)原料油脂中存在的过量氧化物。这以油的过氧化值或 p-茴香胺值来衡量。

(3)原料油脂中残留的酸,它们来源于脱胶工艺中使用的磷酸和(或)脱色工艺中使用的酸活化白土。这两种油脂精炼步骤都在 EIE 工艺之前进行。

表 15.2 列出了这些成分的推荐值,并且它们与 CIE 工艺所要求的推荐值相似。除了酸提取值之外,在整个油脂行业中,这些成分推荐值都在正常范围之内。当原料油脂的这些质量参数都符合要求时,随后 EIE 工艺将会以最高的效率运行,并将最大限度发挥脂肪酶的作用。

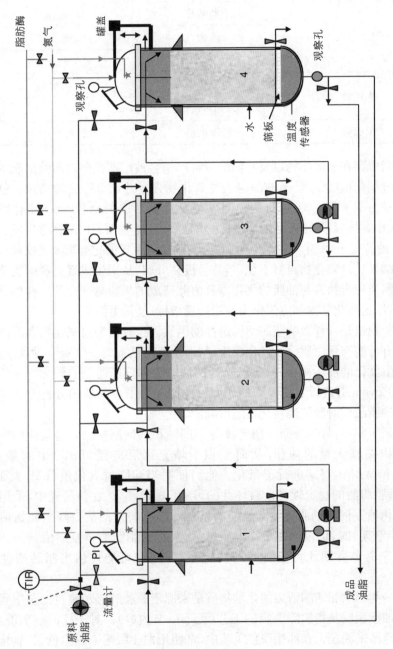

脂肪酶
氮气
罐盖
观察孔
观察孔
PI
原料油脂
流量计
TIR
成品油脂
水
筛板
温度传感器
观察孔

1
2
3
4

图 15.4 EIE 反应器布局图

表 15.2 油品质量规格(EIE 工艺)

类 型	指 标	规 定 水 平
阻塞微粒	脂肪酸盐	<1 mg/kg
	磷脂	<3 mg/kg
	镍	<0.2 mg/kg
氧化物	过氧化值	<2 当量 O_2/kg
	p-茴香胺值	<5
无机酸	酸萃取值	pH 6.0~9.0

油脂中存在的氧化物以及它们的分解产物会被定期检测以衡量油脂的稳定性。过氧化值(PV)是通过测定氢过氧化物含量并计算得出的结果。氢过氧化物是由氧和不饱和脂肪酸之间发生反应而形成的物质。p-茴香胺值(AV)大小直接反映出醛类化合物(主要是 2-直链烯醛)生成量的高低。在 350 nm 的波长下,测定醛类与 p-茴香胺试剂反应生成的化合物吸光度就可计算得到结果。过氧化物自身不稳定,并且极易分解,从而生成醛类和酮类化合物。这两类化合物常与油脂的氧化以及由此造成的风味劣变有关。与感官评定相比,以这些化合物测定值作为油脂质量指标,显得更简单。

氧化物也是一种影响脂肪酶稳定性的因素。这是因为过氧化物和醛类化合物都有可能与蛋白质分子发生反应,从而造成酶活损失。Osório 等观察到,与未发生氧化的油脂相比,氧化风险高的油脂会降低脂肪酶的转化率。该现象已被 Cowan 等进行了更深入的研究。他们提出了一种新的分析方法来测定原料油脂品质对脂肪酶转化率的影响。

在该研究中,将一份脂肪酶连续与不同体积的油脂接触。这就使得脂肪酶能累积接触大量的油脂,从而模拟了填充床反应器(PBR)中的条件。Cowan 和 Willits 将其进行了量化。他们证明当油脂过氧化值(PV)大于 4 时,会对脂肪酶的稳定性产生破坏性的影响(图 15.5)。在该研究中,采用初始过氧化值不同的油脂连续与脂肪酶接触。当脂肪酶的活力降至初始值的 50%(半衰期)时,记录油脂量。油脂过氧化值低,脂肪酶半衰期值就高。如果使用 3 个半衰期评价脂肪酶的转化率,那就有可能评估出脂肪酶使用寿命。

另一类影响脂肪酶活力的化学物质是来源于脱胶和(或)脱色工艺中残留的酸。油脂脱胶是指脱除磷脂的工艺(见下一节内容)。对于棕榈油来说,通常使用磷酸来脱胶。在油脂脱色工艺中,常使用白土吸附来脱除色素、氧化物和残余磷脂。

在脱除这些物质方面,酸活化白土(活性白土)更高效,由此导致它广泛应用于油脂行业。

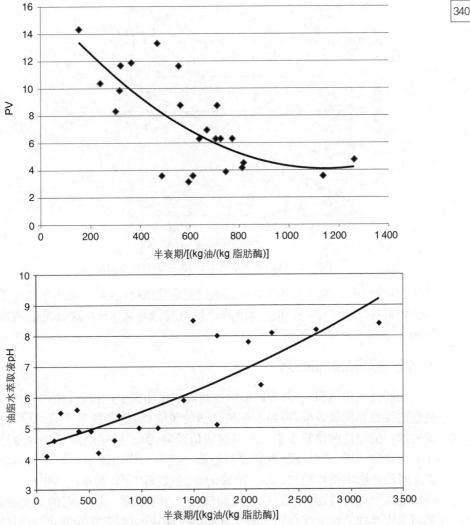

图 15.5 PV 对脂肪酶生产率的影响

　　然而,以上两个工艺步骤都会导致微量的无机酸被萃取到油中。这是因为油脂中绝不会完全不含水。这些无机酸会溶解在水相中。当含有无机酸的油脂流过固定化酶反应器时,这些酸会接触酶微粒,并降低酶微粒微环境 pH。这会使脂肪酶作用 pH 远离它的最适作用 pH,从而降低了脂肪酶的活力。由于酶在它们最适作用 pH 下会最稳定,那样的话,会导致酶活不可逆地丧失。与上文过氧化值一样,也采用了类似的测定方法来分析酸含量对酶活的影响。结果表明油脂中高含量无机酸会产生负面影响(图 15.6)。

　　将等量的油脂和去离子水混合后,进行剧烈搅拌,随后停止搅拌以使两相分离,再测定水相 pH,这样就能萃取出油脂中残留的无机酸。值得注意的是,在萃取过程中,不要使用缓冲体系。这是因为残留的酸量相对较低,不足以改

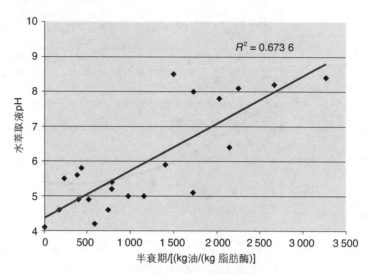

图 15.6　油脂水萃取液 pH 对脂肪酶转化率的影响

变缓冲液的 pH。当越来越多的油脂流过固定化酶反应器时,油脂里面残留的酸会积聚在酶微粒中,从而会逐渐降低酶微粒微环境 pH。这就是酸施加的影响。

15.5.2　提高原料油品质

油脂过氧化值和 p-茴香胺值的控制最好在油脂生产过程(精炼)中进行。良好的脱胶和控氧效果,再加上促氧化剂的脱除(脱色和脱臭步骤)都能稳定地将这些值保持在较低水平。一旦这些值较高,为了使脂肪酶使用寿命达到令人满意的效果,需对油脂重新进行精炼。已有人提出使用硅胶之类的添加剂来吸附油脂中极性物质。Lee 和 Sleeter 建议在固定化酶反应器中使用一些不同的预处理材料,例如活性炭、废酶硅藻土和硅胶等。在他们的论文中,以基料为大豆油的油脂混合物为研究对象,它们在 40 d 后被完全转化,此时的流速为初始水平的 10%。而在固定化酶反应器中,油脂混合物先接受硅胶预处理,到那时它的流速为初始水平的 18%。这表明此时的残留酶活几乎为之前的两倍。根据所使用的预处理材料类型(硅胶)可知被脱除的物质主要是氧化物。Ibrahim 等也把研究的重点放在氧化物上。他们建议使用废酶来作为脱除致酶失活物质的材料。通过使用分子筛,活性炭和失活但未使用的脂肪酶,它们将脂肪酶的转化率[kg 转化油脂/(kg 脂肪酶)]分别提高了 3.1 倍,7.4 倍和 4.1 倍。根据这个结果,他们得出的结论是废酶可能是一种有效的纯化材料,但是前提是在它们之前正常使用的过程中,致酶失活物质的吸附位点还没有完全被占据。

要完全除去油脂中残留的无机酸,就必须采取以下措施:油脂脱胶工艺不使用磷酸;确保将白土中残留酸完全洗去。如果无法做到这两点或者油脂在其他地方精炼,那对油脂进行碱处理将成为一个备选措施。碳酸钠和氢氧化钾都可用于残留酸的脱除,从而有助于脂肪酶转化率的提高。

15.5.3 酶法酯交换的实际应用

在实际生产中,也需要控制两个参数。原料油脂的固脂熔化曲线或 SFC 需要符合所需的规格。产物油脂的品质(衡量指标:晶体特性——不同晶型的相对含量;色泽——红色和黄色的读数;气味)至少要与另一种技术(CIE)生产出来的油脂一样好。

SFC 是指在特定温度条件下测得的固体脂肪所占的比例,并用它来控制油脂熔点性质。图 15.1 中 CIE 和 EIE 工艺之间的固脂熔化曲线并不完全重合。在实际生产中,为了获得理想的结果,会先采用间歇式 EIE 工艺来找出原料油脂中固态脂和液态油之间精确的混合比例。这在图 15.7 中得到了说明。在该图中,棕榈油硬脂与葵花籽油以三种不同比例混合之后,经 EIE 工艺制备的产物油脂与上述两种油脂成分以 30∶70 体积比混合经 CIE 工艺制备的产物油脂固脂熔化曲线进行了比较。在油脂成分比例相同的情况下,EIE 工艺制备的产物油脂固脂熔化曲线要稍低于 CIE 工艺。通过以 32∶68 体积比为目标调整这两种油脂成分比例,就能实现 EIE 工艺和 CIE 工艺之间的精确匹配。可采取类似的途径来替代部分氢化的油脂生产,但是为了与原先的氢化油脂性质完全一致,原料油脂的组成可能会更复杂。例如,用完全氢化的大豆油与液态大豆油进行酯交换制得的油脂就能替代部分氢化的大豆油。这样就达到了理想的状态,即既不会导致反式脂肪酸的形成又总体上没提高饱和脂

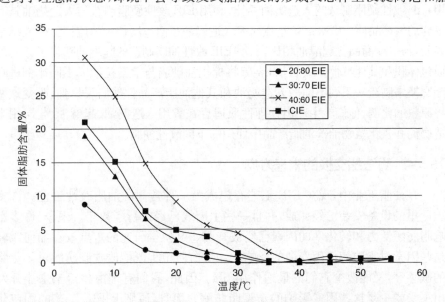

图 15.7　优化原料油脂的组成以匹配 CIE 工艺制备的油脂固脂熔化曲线

肪的水平。

当原料油脂中固体脂与液态油的比例能提供所需 SFC 值后,该原料油脂才会被用于连续式酶法酯交换工艺。这会在串联式(链式)反应器系统中进行。采用间歇式酶法酯交换工艺能对原料油脂进行完全转化。为了达到与间歇式酶法酯交换工艺相同的转化效果,需调整原料油脂在串联式反应器中的流量,从而确保能稳定地生产出品质如一的成品油脂。只有当几个反应器以串联方式连接以后,这样才有可行性。这是因为对于一个单一的反应器来说,脂肪酶活力的损失需要降低原料油脂流量来补偿。而当反应器以串联方式连接后,没有任何一个反应器来全部承担油脂转化任务,因此流量能保持稳定,并且同时所有的脂肪酶活力都能被利用。

利用连续式酶法酯交换工艺制造的改性油脂将被用于人造奶油、起酥油或其他油脂产品的生产。非常重要的是,这种改性油脂的品质至少要与另一种技术(CIE 工艺)制造的油脂一样好。与 CIE 和氢化工艺相比,EIE 工艺是一种更温和的工艺,并且能较好地保留油脂中天然的抗氧化剂(例如生育酚)。这本身就能提高成品油脂的氧化稳定性,但通常会在成品油脂中额外添加抗氧化剂。这可能会模糊这种区别。不仅如此,有一些研究结果表明,利用酶法改性油脂制造的人造奶油具有过氧化值低和色泽好的优点,并且没有观察到有品质方面的不良问题被记录在案。

利用酶法改性油脂制造的人造奶油的焙烤品质也是一个关键参数。这一块已经做了大量研究。

Kirkeby 以起酥皮为实验对象来研究人造奶油的焙烤品质,并认为,与利用 CIE 改性硬脂制造的人造奶油相比,利用 EIE 改性硬脂制造的人造奶油具有更佳的焙烤品质。Cowan 等重点研究人造奶油在面包制作中的应用。研究结果表明,与一款商品化起酥油相比,利用 EIE 改性油脂制造的起酥油获得了相同的面包体积和其他特性。最后,Siew 等将棕榈油硬脂与卡诺拉油以不同比例进行酯交换来制造一系列不同的人造奶油和其他油脂产品。他们观察到,改变这两种原料的比例,他们能生产出物理性质适合在餐用人造奶油、起酥油、起层用人造奶油和氢化植物油等油脂产品中使用的不同改性油脂。

15.5.4　酶法酯交换的未来方向

[344]

在油脂工业中,现在 EIE 工艺有望成为一种常规的油脂改性工艺。许多工厂里的设备安装已经完成,并且一些生产线已经运行了数年。现今,许多影响脂肪酶活力和转化率的因素已经被查明。这使得研究的重点放在如何减轻这些因素对脂肪酶使用寿命的影响上。蛋白质工程既能改善脂肪酶对氧化物的敏感性,又能改变它们的最适作用 pH。因此,我们有理由相信未来能开发出不受或少受这些因素影响的新型脂肪酶。而且,原则上 EIE 工艺的固定化酶系可延伸到其他脂肪酶上,随后可进行不同的反应来制造物理或营养性质不同的油脂产品。

15.6 酶法脱胶

在食用油脂精炼中,需要除去影响食用油脂味道、气味、外观和储存稳定性的杂质。毛油中杂质有许多种(如金属离子、游离脂肪酸、悬浮物和蜡质等)。而在油脂精炼工艺中,已经开发出一系列不同的工艺去处理这些杂质。磷脂是毛油中重要的一类具有不良影响的杂质。它们来源于油料种籽,并通常以水化胶质(水化磷脂)和非水化胶质(非水化磷脂)的形式存在。

已经开发出众多不同的方法来除去这些胶质,并可将这些方法宽泛地分成物理方法或化学方法。植物油脂化学法精炼(碱炼法)仍然是最普遍采用的精炼工艺。在这种工艺中,先添加碱(氢氧化钠)来中和游离脂肪酸,并生成肥皂。肥皂具有很好的吸附作用,并能夹带胶质和其他杂质,随后一起被水洗工艺除去。尽管如此,物理法精炼正在日益占据上风,这归因于其在成本和环境方面的益处。在某种物理法精炼工艺中,使用水来除去水化胶质,随后添加磷酸之类的酸来将剩余的非水化胶质转化成水化胶质,再采用水洗和离心将它们除去。该处理无法除去游离脂肪酸,但是它们会被后续的脱臭工艺除去。

酶法脱胶是一种物理法精炼工艺。在该工艺中,使用一种磷脂酶来将非水化磷脂转化成水化磷脂,随后采用一步离心工艺将它们除去。

所有的脱胶方法要想获得成功,必须将油脂中磷含量降至 10 mg/L 以下。油脂中磷含量通过被认可的方法测量得来。通常采用电感耦合等离子体质谱(ICP-MS)来检测油脂中磷含量。如果没有这种设备,可采用一种精确性稍差的方法——比色法。这种方法的缺点在于:当油脂中磷含量在 $0\sim20$ mg/L 之间时,磷与显色剂之间反应的灵敏度较低,并且样品制备时采用的灰化工艺所产生的误差会进一步降低该方法的精确性。这两种方法都假设油脂中所有的磷与磷脂有关,但是如果在脱胶工艺中采用磷酸,可能有一些磷来源于磷酸。

15.6.1 磷脂结构和磷脂酶

植物油脂中的磷脂与甘油三酯结构较为相似。只是甘油三酯中 sn-3 位置处的脂肪酸被一个功能性的磷脂基团所取代(图 15.8)。

根据磷脂酶水解磷脂分子的部位将它们进行分类(图 15.9)。磷脂酶 A_1 和 A_2 分别除去 sn-1 和 sn-2 位置处的脂肪酸。生成的溶血卵磷脂是水化磷脂,随后可采用离心将其除去。该水解反应仅需少量的水就能发生。

磷脂酶 D 主要发现于植物油料种籽自身。如果油料种籽没有得到合理储存,磷脂酶 D 就会催化磷脂酸的产生,并随着时间的延长,其含量会进一步升

345

363

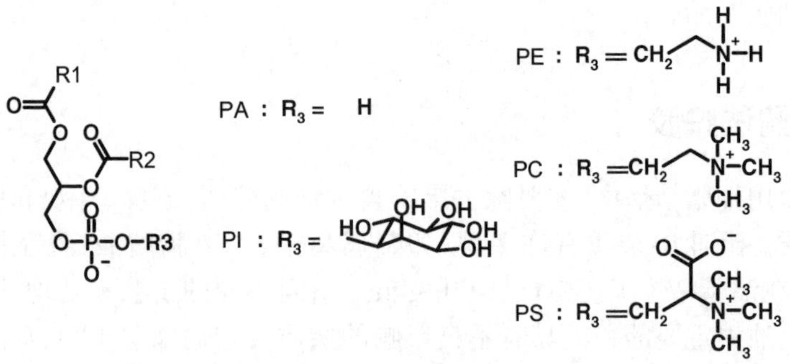

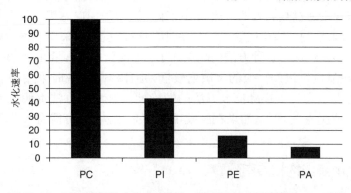

图 15.8　最常见的磷脂的结构[R_1,R_2:脂肪酸残基;PA:磷脂酸;PI:磷脂酰肌醇;
PE:磷脂酰乙醇胺(脑磷脂);PC:磷脂酰胆碱(卵磷脂);PS:磷脂酰丝氨酸]

高。磷脂酶 C 不催化溶血卵磷脂的产生,而是催化甘油二酯的产生。它的使用方式是与磷脂酶 A_1 搭配使用,且迄今为止,只得到了小规模应用。

15.6.2　酶法脱胶机制

植物油脂中的磷脂以水化或非水化的形式存在。Seghers 论证得出磷脂酰胆碱(卵磷脂)水化速率最高,而磷脂酸水化速率最低(图 15.10)。

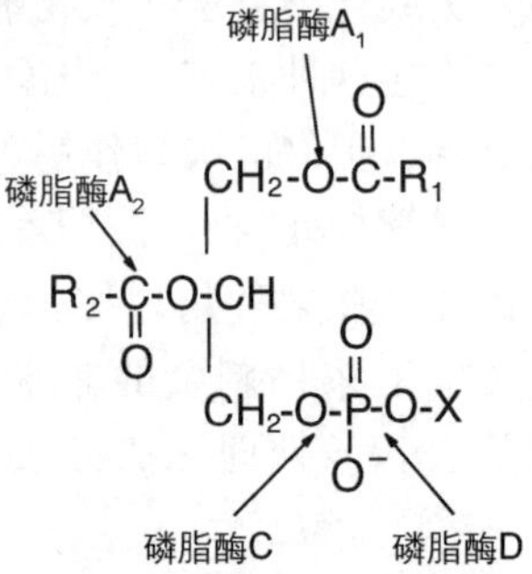

X=H(氢)、choline(胆碱)、ethanolamine(乙醇胺)、serine(丝氨酸)、inositol(肌醇)等

图 15.9　磷脂酶的作用方式

图 15.10　不同磷脂的水化速率[PC:磷脂酰胆碱(卵磷脂);PI:磷脂酰肌醇;PE:磷脂酰乙醇胺(脑磷脂);PA:磷脂酸]

不同类型磷脂含量会随着油料种籽来源、收割和储存条件差异而略有不同。特别是油料种籽中磷脂酶 D 的活化会导致当中磷脂酸含量升高。通过分析五种平均磷含量为 450 mg/L 的菜籽油样品,得出了其中四种类型磷脂的分布,并显示于图 15.11。对这种油脂进行水化脱胶,并不能将当中磷含量降到 10 mg/L 以下。这是由于它的非水化磷脂含量相对较高,从而需要使用酶法

脱胶工艺。

使用 Lecitase® Ultra 对油脂进行酶法脱胶的工艺由以下三个步骤组成。

（1）将卵磷脂带入油/水两相界面处以使酶催化反应进行。

① 在毛油中，金属离子（Ca^{2+} 和 Fe^{2+} 等）会和卵磷脂形成复合体。添加柠檬酸有助于螯合金属离子，从而将卵磷脂从复合体中释放出。

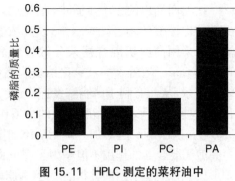

图 15.11　HPLC 测定的菜籽油中不同磷脂的含量

② 应用高速剪切混合油相与水相，从而通过乳化作用来为卵磷脂提供足够的接触界面。

（2）酶与卵磷脂反应。

磷脂酶将凝聚的卵磷脂转化成溶血卵磷脂。

（3）分离。

一步离心就能有效除去水相，而所有的卵磷脂都在水相中。离心之后，油脂中磷含量需小于 10 mg/L。

图 15.12 给出了酶法脱胶工艺的示意图。

347

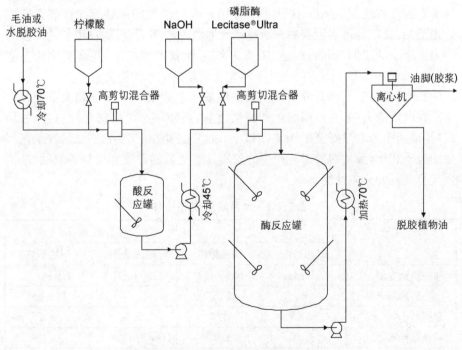

图 15.12　酶法脱胶的设备布局图

在上面列出的三个步骤中,很显然,工艺的第一步是添加柠檬酸的步骤。少量的柠檬酸(0.04%~0.1%)以高浓度溶液的形式(45%~50%)被加入毛油中。采用高剪切混合器来分散柠檬酸溶液,并让其在滞留罐与毛油反应10~30 min。随后添加氢氧化钠来调整水相pH,并和前期加入的柠檬酸形成缓冲体系,从而有利于磷脂酶发挥作用。1 mol柠檬酸需要添加1.5 mol氢氧化钠,这样才能形成磷脂酶所需的最适作用pH。水(水和油总质量的1.5%~2.5%)与磷脂酶一起添加。磷脂酶添加量大约为30 g/(1 000 kg 油脂)。第二台高剪切混合器的作用不但是为了完全将这些辅料分散于油水体系,而且有助于形成一种油包水型的乳状液,并且磷脂就分散在该乳状液中油/水两相界面处。

该工艺的第二步是提供充足的时间让磷脂酶去发挥脱胶作用。这在一个具有连续搅拌功能的酶反应罐中进行。在第一代酶法脱胶工艺中,酶反应罐的体积通常为生产线每小时产能的4~6倍。

在酶促反应完成之后,该工艺的第三步是从油脂中分离出磷脂/胶质。由于现在所有胶质都变成了水化胶质,通过采用离心分离的方式,它们会随着水相一起被除去。

15.6.3　酶法脱胶的工业化生产经验

虽然这种脱胶工艺的使用已经非常广泛,但是有关它的效益的公开数据非常有限。尽管如此,就已经公开的数据而言,已证实该工艺的出油率高于其他所有脱胶方法。Dayton描述了一种用于大豆油脱胶的装置。该装置既能处理毛油,又能处理水脱胶油。通过细致地质量平衡研究,他在很长的一段时间内记录了油脂回收情况。表15.3总结了他获得的结果,并证实酶法工艺(使用Lecitase® Ultra)的使用几乎能完全消除出油率的损失。

Yang等发表了两篇分别采用酶法脱胶工艺来处理菜籽油和大豆油的论文。在两篇论文中,在油脂脱色和脱臭之前,各使用两个酶催化反应器(三层式)使油脂中磷含量降至10 mg/L以下。他们还指出,与正常酸法脱胶工艺产生的胶质相比,酶法脱胶工艺产生的胶质具有更低的黏度和更佳的流动性,从而具有良好的分离性能。

表 15.3　大豆油的脱胶操作

	毛　　油		水　脱　胶　油	
	碱法精炼	酶法精炼	碱法精炼	酶法精炼
油中磷脂含量	525 mg/L	525 mg/L	150 mg/L	150 mg/L
离心后磷脂含量	2 mg/L	2 mg/L	2 mg/L	2 mg/L
皂脚/%	3.19	1.7	1.51	0.5
精炼损耗率/%	3.08	1.57	1.42	0.45
出油率/%	96.6	97.8	98.3	99

在所有的这些工业化应用的评估研究中,有意义的结果是不仅磷被降至所需水平,而且油脂损失有着显著降低。随着植物油脂价格几乎持续性上涨,这种回收油的价值成了施行酶法脱胶工艺一条日益重要的理由。

脱胶工艺产生的胶质会造成油脂的损失。使用不同脱胶工艺下的油脂损失数据,并假设大豆油的价格为 \$1 200/t,那就可以计算出额外出油率的价值(图 15.13)。

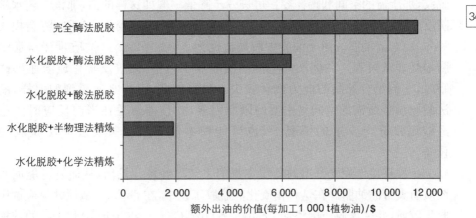

图 15.13 不同的脱胶工艺下,所获得的额外出油率价值

15.6.4 酶法脱胶工艺的进展

由于第一代胰磷脂酶价格高昂,需要降低用量才具有经济性。因此,酶法脱胶最初采用的是长时间反应的工艺。微生物磷脂酶问世和发展降低了单位用量的成本,这样就能缩短反应时间。通过将 Lecitase® Ultra 用量从 30 mg/L 提高到 60 mg/L,来缩短所需的全部反应时间约 1 h(图 15.14)。

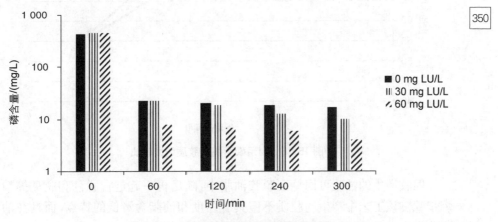

图 15.14 磷脂酶用量对脱胶速率的影响

对油脂处理量固定的反应器来说,这对它的容量具有立竿见影的效益。这能显著降低它的容量,从而可使用较小的罐体。这样不但能节约成本,而且油脂精炼厂所需的空间也将相应缩小。在某些油脂精炼厂,安装酶法脱胶反应器所需的空间是它应用的一个主要障碍。如果能降低这种空间的需求,那将是短时酶法脱胶带来的主要益处。

在那些油脂精炼厂中,如果第一步采用水化脱胶,随后进行碱中和或酸炼脱胶,那所需的空间和罐体容量可进一步降低。假如这样的话,那该工艺水洗阶段脱除的胶质会携带数量可观的油脂。每脱除 1 kg 胶质(净重),将会损失 0.9~1.2 kg 油脂。由于油脂中胶质比例为 1.5%~2.5%(按质量计),那油脂损耗非常可观。在标准的毛油酶法脱胶工艺中,当胶质转化成溶血卵磷脂时,它们结合油脂的能力就会丧失。尽管如此,正如之前提到的那样,酶法脱胶设备所需的空间是主要的限制因素,并且即使是在当前反应时间已经缩短并符合要求的情况下,也可能根本没有机会去安装酶法脱胶的设备。

一种直接作用于分出的胶质本身的工艺已经被开发出,从而有可能回收胶质所夹带的油脂。在这种拓展化的脱胶工艺中,在 55℃下,从搅拌反应罐中收集胶质,并往该胶质中添加 Lecitase® Ultra(200~300 mg/L)和少量的柠檬酸(以油脂中游离胶质量的 10 mmol/L 来计算)。在反应 2~3 h 之后,将胶质加热到 80℃用以破乳,然后通过离心操作来回收油脂(图 15.15)。

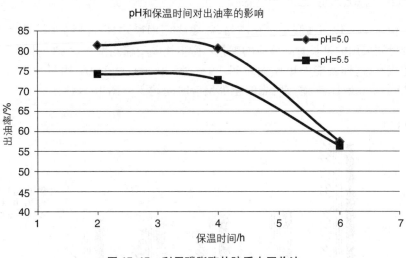

图 15.15　利用磷脂酶从胶质中回收油

回收产生的油脂可回兑到脱胶油脂中,随后再一起进行脱色和脱臭等精炼步骤。该工艺中产生的胶质不但具有黏度和油脂含量低的特点,而且在油脂分离完之后,容易与其余胶质混合。

15.6.5　酶法脱胶工艺前景

最初,酶法脱胶主要应用在大豆油和菜籽油的精炼中。这是因为这两种油中磷脂含量最高,并且它们也被认为是最适合采用酶法脱胶的油脂类型。现在酶法脱胶的应用范围已经扩展至葵花籽油、玉米胚芽油、亚麻籽油和米糠油等其他油脂。棕榈油脱胶的小试实验也表明这种油脂能采用酶法脱胶工艺。而像桐油之类的非食用油脂正计划用于生物柴油的生产,它们也需要采用酶法脱胶工艺以获得最高的出油率。

其他类型的磷脂酶也在开发之中,并且最近也有其他磷脂酶 A_1 和 A_2 产品上市。这些酶产品是对现有磷脂酶产品的补充,但是,到目前为止,它们在功能性方面没有显示出任何突出的优点。尽管如此,它们的上市表明该领域的研究仍在继续,并且也表明有更多的酶制剂生产商认为酶法脱胶是一个有趣的商机。

为了试图将溶血磷脂进一步降解成亲水性更强的甘油磷脂,溶血磷脂酶也应运而生。由于这类酶能进一步降低胶质结合油脂的能力,它们可增强胶质与油脂之间的分离效果。因此,它们可能在从胶质中回收油脂方面发挥作用。

在使用磷脂酶 A_1 或 A_2 进行酶法脱胶的过程中,磷脂的水解也会导致游离脂肪酸的产生。化学计算表明,每减少 100 mg/L 磷就会相应地释放出 0.1% 游离脂肪酸。根据该公式,脱除毛油中大约 750 mg/L 磷将会导致游离脂肪酸增加 0.75%。这些新生成的游离脂肪酸将会在脱臭器中被脱除,从而增加了该设备的负担。小试和中试实验结果表明,游离脂肪酸实际生成量要低于之前提到的理论生成量。这是因为将磷含量降至所需水平,不需要水解所有的磷脂(表 15.4)。

表 15.4　脱胶过程中产生的游离脂肪酸(FFA)

卡诺拉油的酶法脱胶	
脱除的磷/(mg/L)	175
FFA 的理论增加量	0.175%
FFA 的实际增加量	0.08%

磷脂酶 C 会催化产生甘油二酯,而甘油二酯仍然是油脂组分。因此,磷脂酶 C 被建议作为备选脱胶酶。尽管如此,第一款上市的磷脂酶 C 无法水解磷脂酸(PA)。这意味着随后还需采用一个化学脱胶步骤。这大大降低了该方案的价值。另一种解决方案是联合使用磷脂酶 C 和 A_1。该方案能水解所有的磷脂。这种折中方案既避免了化学脱胶步骤的使用又总体上起到了良好的脱磷效果。表 15.5 比较了传统的碱法精炼工艺和两种酶法精炼工艺之间的效果。结果表明磷脂酶联合方案是一种有价值的工艺路线,除非有更高效的磷脂酶 C 上市来取代该方案。

表 15.5　不同脱胶方法比较

	碱法精炼	PLA$_1$ 酶法精炼	PLA$_1$＋PLC 酶法精炼
毛油中磷脂初始含量	500 mg/L	500 mg/L	500 mg/L
离心后磷脂含量	2 mg/L	2 mg/L	2 mg/L
离心残渣/(干基%)	3.19	1.13	0.62
出油率/%	96.5	97.4	98.3

15.7　酯合成

　　脂肪酸酯由植物油脂制成,并且某些脂肪酸酯作为辅料应用在护肤品和其他化妆品中。脂肪酸酯传统的生产工艺是在高温下用锡或酸来进行催化。Novozym 435 是一种能催化植物油脂转变成特异性脂肪酸酯的脂肪酶制剂。通过这种方式,以 Novozym 435 作催化剂的酶法工艺可替代以锡作催化剂的传统工艺(图 15.16)。

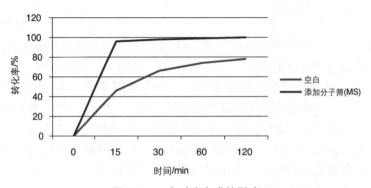

图 15.16　脂肪酶催化肉豆蔻酸异丙酯的合成

　　这种工艺的优势包括非常低的反应温度,较低的能源需求和较少的副产物生成量。当这种合成反应进行时,由于反应释放的水会限制酯的转化,必须移除反应生成的水。当水在反应体系中逐渐积累起来时,就会延缓合成反应的速度,最终会导致发生脂肪酸脂的水解反应。在实际的工业化生产过程中,水的移除有两种方法:一种方法是合成反应在减压条件下进行;另一种方法是添加分子筛来移除水(图 15.17)。

图 15.17　水对酯合成的影响

酶法合成工艺生成的产物纯度远远高于传统化学工艺。Thum 分别利用锡催化工艺和酶催化工艺来合成肉豆蔻酸肉豆蔻酸酯,并比较这两种工艺下该产物的纯度。对比结果显示在表 15.6 中。

表 15.6　两种不同路线生成的肉豆蔻酸肉豆蔻酸酯纯度的对比

	酶　　法	传 统 方 法
羟值(OH-value)	6.0	11.3
过氧化值	<0.1	0.5
熔点/℃	41	40
色值(50℃)	28	73
纯度(GC)/%	96.4	88.5
C14-OH(GC)/%	1.4	3.5
未知物(GC)/%	0.4	2.1

注:1. 结果为 4 组平行实验的平均值。
　　2. GC:气相色谱。
　　3. C14-OH:十四烷醇。

酶法合成工艺生成的该产物熔点与传统化学工艺相同,但是色素形成少和总得率高。再来看看十六烷基蓖麻酸酯生产情况,总得率也有了显著提高(93% 与 61%)。除此之外,不仅二聚物生成量低,而且由色谱基线表征的未知物质含量也低。这表明产物纯度更高(图 15.18)。

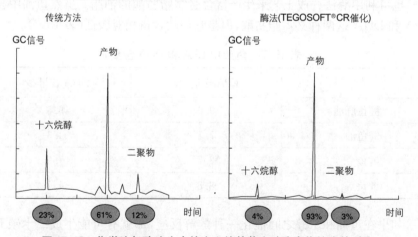

图 15.18　化学法与酶法生产的十六烷基蓖麻酸酯产物纯度的对比

15.8　特种油脂

当前文提到类可可脂(CBEs)的生产是脂肪酶的首次工业化应用时,这些熔点性质或脂肪酸组成特殊的油脂的生产并没有人们预期的那样好。其中一个原因就是当时可用的固定化脂肪酶难以催化反应的进行。尽管如此,一旦脂肪酶被固定在离子交换树脂上的技术被开发出以后,就能探讨脂肪酶固有的那种对脂肪进行立体特异性改性的可能性。其中一个绝佳的例子就是利用甘油和游离脂肪酸之间的反应来合成一种富含甘油二酯的油脂。该合成反应由一种1,3-特异性脂肪酶(Lipozyme® RM IM)来催化。甘油二酯得率最高时的反应条件如下:甘油与游离脂肪酸之间物质的量之比为1:2;反应温度为50℃;反应时长为4 h;反应真空度为400 Pa。和前文提到的酯合成一样,如果反应中生成的水没有被及时移除,那甘油二酯的得率就会降低。有许多不同的除水方法,例如氮气曝气法和减压反应法等。

这些富含甘油二酯的油脂的生产分两步进行。首先,将含有所需脂肪酸的油脂进行水解,随后通过蒸馏来移除这些游离脂肪酸。其次,借助酶促反应将甘油和所需的游离脂肪酸重组成甘油二酯。这些生成的甘油二酯分子中sn-2处不含脂肪酸。甘油二酯被食用后,不会像甘油三酯那样被人体消化和代谢,这就为食品行业中低热量油脂产品的开发提供了思路。

生产这些油脂还有一些其他方法。一种方法是将甘油与甘油三酯进行酯交换;另一种方法是采用sn-2特异性脂肪酶来水解油脂。一些实验室已经运用一些合适的具有区域选择性(区域特异性)的特异性脂肪酶来进行第一条路线的尝试。但是,到目前为止,就第二条路线而言,还没有一种工业化生产的sn-2特异性脂肪酶产品上市。

也可利用酶法合成工艺来生产富含必需脂肪酸的油脂。虽然鱼油中含有EPA和DHA这两种必需脂肪酸,但是它们的含量相对较低(表15.7)。

表15.7　鱼油中EPA和DHA含量

	EPA含量/%	DHA含量/%
鳕鱼肝油	9.0	9.5
鲱鱼油	7.1	4.3
鲱鱼	12.7	7.9
鲑鱼	8.8	11.1

如果在鱼油和乙醇之间催化一种醇解反应,那就有可能生成二十碳五烯酸(EPA)乙酯和二十二碳六烯酸(DHA)乙酯。这两种脂肪酸乙酯的沸点要比原料鱼油低。因此,Kralovec等在发表的论文中,根据该特点,采用一种短程蒸馏工艺将它们分离出。随后,在像南极假丝酵母脂肪酶B这样的固定化酯酶作用下,这两种脂肪酸乙酯能重组成一种甘油三酯。图15.19总结了该反应,并且释放出的乙醇可被循环利用。

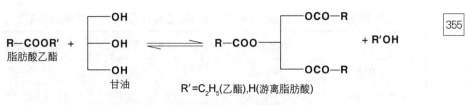

$R'=C_2H_5$(乙酯),H(游离脂肪酸)

图 15.19　合成含有 DHA 和 EPA 的甘油三酯

该反应中使用脂肪酸乙酯的优点在于乙醇沸点比水低,但是缺点在于乙醇常常会带走脂肪酶所持有的少量水,从而降低了脂肪酶的催化活力。使用这种合成反应的主要原因:一方面它能生产出富含 Omega-3 脂肪酸(EPA和 DHA)的膳食补充剂;另一方面它能避免产生鱼油通常所携带的那种鱼腥味。

15.9　酶法加工的环境益处

酶法路线替代化学工艺不仅降低了反应温度,而且提高了目标产物得率。酶法工艺替代化学工艺对环境的益处的量化需要使用其他的评价体系。

在量化新技术和现有技术对环境的影响方面,生命周期评价法(LCA)是一种普遍被接受的方法。该分析方法将会比较产品链中所有阶段——从原材料获得开始到最终所有残留物质返回地球结束。假设有两个或多个可相互替代的工艺能给用户带来相同的效益,可运用 LCA 来比较不同工艺对环境造成的影响。为了评测传统工艺(化学工艺)和酶法工艺对环境的影响,LCA 已被应用在脂肪酶替代化学工艺的三块领域(如脱胶、酯交换和酯合成)。在每个实例中,不但会将投入和产出进行量化,而且会计算能耗,全球气候变暖和酸化等方面的环境影响潜值。

以棕榈油硬脂和棕榈仁油进行酯交换生产人造奶油的原料——固相基料油脂为例来对比化学酯交换和酶法酯交换。该分析方法比较了产品生命周期中的不同部分。这两种酯交换工艺中原料油生产部分相同,因此没有将原料油生产部分的比较包括在内。以大豆油的生产为例来对比化学脱胶和酶法脱胶。以肉豆蔻酸肉豆蔻酸酯这种化妆品原料蜡的生产为例来对比传统化学工艺和酶催化工艺。

生命周期评价法根据 Wenzel 等提出的步骤进行脱胶、酯交换和酯合成这三个领域的研究。该生命周期评价方法与 ISO 14040 一致,并且采用Hauschild 等提出的生命周期评价方法体系(EPIP 2003)中的原理。采用Simapro 6.0 软件进行建模。影响环境的特征因素基于 Eco-indicator 95 v2(一种生命周期评价方法体系)提出的影响类型。该生命周期评价方法涵盖了四个环境指标:全球气候变暖、酸化、水体富营养化和光化学臭氧形成。表15.8 总结了这三个领域的研究结果。

表 15.8　每生产 1 000 kg 产物,酶法工艺替代化学工艺达成的净节约

	酶法脱胶	酶法酯交换	酶法酯合成
化石燃料	400 MJ	280 MJ	2 760 MJ
全球气候变暖	44　kg CO_2	23　kg CO_2	187　kg CO_2
酸　化	527 g SO_2	61 g SO_2	2 g SO_2
水体富营养化	375 g PO_4	58 g PO_4	130 g PO_4
光化学臭氧形成	18 g C_2H_4	4 g C_2H_4	74 g C_2H_4

356

　　在这三个领域中,在计算净节约并将酶制剂生产对环境的影响考虑在内的前提下,酶法工艺替代化学工艺都能减轻油脂精炼或深加工对环境的影响。

15.10　脂肪酶应用技术未来的发展前景

15.10.1　生物柴油

　　检索文献发现有 40 余篇论文是有关脂肪酶在生物柴油(脂肪酸甲酯)制备中的应用。Nielsen 和 Holm 计算了当前脂肪酶催化制备生物柴油的成本。结果表明酶法制备生物柴油的成本至少是化学催化剂法的五倍。尽管如此,他们衷心希望该数字会随着脂肪酶固定化技术的发展而降低,从而使生物柴油酶法制备工艺更具经济性。

　　一个看起来有把握的领域是使用二级桐油之类的非食用植物油脂作为酶法制备生物柴油的原料。除此之外,桐油也具有游离脂肪酸(FFA)含量高的优点。一种双重使用脂肪酶的路线看起来非常有可能成功:先使用一种脂肪酶将游离脂肪酸转化成脂肪酸甲酯;后使用另一种脂肪酶将甘油三酯水解成游离脂肪酸,这样就为第一步工艺中脂肪酶提供了更多的底物。

　　在生物柴油的酶法制备工艺中,脂肪酶甲醇中毒也是一个技术难点,但是也有许多可行的方法来减轻该现象。例如,乙醇和丙醇对脂肪酶的毒性非常低,从而可作为甲醇的替代品。分步添加甲醇,回收部分脂肪酸甲酯作为共溶剂或以叔丁醇为反应介质(叔丁醇本身对脂肪酶没有毒性)等都被建议用于解决该难题的方法。随着大量的研究精力放在该领域,我们期待着酶法制备生物柴油的工艺能尽快推出。

15.10.2　新型脂肪酶固定化载体的开发

　　在特种油脂和结构油脂的酶法生产工艺中,其中一种限制性因素是固定化载体的成本相对较高。开发出成本更低的脂肪酶固定化载体有可能使得采用合成反应改性脂肪变得更实惠和易于推广。

表 15.9 显示了采用两种不同固定化载体的米黑根毛霉产脂肪酶分别催化相同的酸解反应所得到的结果。常规的脂肪酶固定化载体是一种离子交换树脂，而另一种脂肪酶固定化载体是一种成本更低的材料。虽然得到的结果不相同，但是新型载体上的脂肪酶大部分立体特异性已得到保留，这就为价格更低的固定化脂肪酶产品开发提供了思路。

表 15.9 不同载体上的脂肪酶催化的酸解反应(65℃,48 h)

甘油三酯类型	棕榈油硬脂/%	常规载体上脂肪酶酸解后的结果/%	新型载体上脂肪酶酸解后的结果/%
PPP	62.7	1.8	4.5
POP	13.2	17.2	29.1
POO/OPO	4.4	37.8	36.3
OOO	0.6	25.0	11.3

注：P—棕榈酸；O—油酸。

15.10.3 游离脂肪酶催化反应体系

许多脂肪酶催化的反应都是以固定化酶的方式进行的。这部分是出于可重复使用脂肪酶的原因，不过也出于人们认为水溶性游离脂肪酶无法在油脂中发挥作用的原因。如果一种水溶性游离磷脂酶能以水包酶微液滴的形式较好地分散于油脂，那这种水溶性磷脂酶就能应用在酶法脱胶工艺中，从而证明这种形式的脂肪酶也能被使用。

酯合成反应也可使用类似形式的脂肪酶，尤其是在间歇式酯转化反应中。可使用一种模型体系来研究这一概念的可行性。该模型体系通过甘油或甘油单酯或甘油二酯与植物油脂反应来除去游离脂肪酸。该反应在低压条件下进行以除去反应生成的水，并借助高速剪切机的帮助将脂肪酶在反应初始阶段分散于反应物。将精炼棕榈油的馏出物(几乎完全由纯游离脂肪酸构成)与甘油以化学计量数之比混合，并分别往其中添加 50 LU/g,100 LU/g 或 175 LU/g 的液体南极假丝酵母脂肪酶 B。随后采用某种型号的 Ultra-Turrax® 高速剪切机将该酶分散于上述反应物。最后该反应在 65℃,真空和搅拌的条件下进行。

尽管该反应会生成含量相对较高的水，并且酶自身也往其中引入了一部分水，但是该反应中游离脂肪酸被迅速除去(图 15.20)。油脂中除去游离脂肪酸也可应用此类反应，并且不会造成出油率的损失。米糠油这种植物油脂中游离脂肪酸含量非常高。这是米糠当中的油脂在其储存期间发生水解反应所致。借助于此类反应，这些游离脂肪酸能和米糠油中甘油单酯和甘油二酯进行重组以提高精炼工艺的出油率和避免油脂损耗。

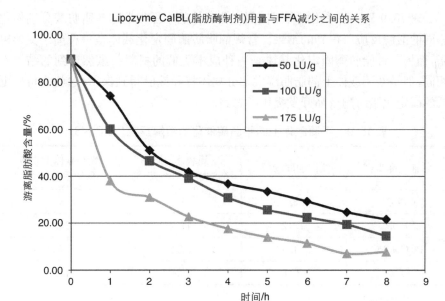

图 15.20　使用水溶性脂肪酶脱除游离脂肪酸

358

15.11　结语

在过去的 25 年中,脂肪酶已从一种应用领域最狭窄的酶类成长为一种应用领域非常宽广的酶类,并且地位日益重要。脂肪酶从最初仅在乳品行业有少许的应用,随后慢慢扩展到其他行业,到如今为油脂行业提供关键的技术和环境益处。脂肪酶生产技术的进步提高了脂肪酶的得率,再加上成本更低的固定化载体,成就了脂肪酶的这种变化。尽管如此,脂肪酶新应用的开发依然任重道远。过去数十年的研发工作得到的成果不但为现有的脂肪酶开发了新应用,而且开发出弥补当前脂肪酶性能不足的新脂肪酶产品。

参考文献

1. Godfrey, T. and Reichelt, J. (1983) *Industrial Enzymology: The Application of Enzymes in Industry*, 1st edn. Macmillan Publishers Ltd, Basingstoke, Hants.
2. Zaks, A. and Klibanov, A.M. (1984) Enzymatic catalysis in organic media at 100 degrees C. *Science* **224**(4654), 1249–1251.
3. Coleman, M.H. and Macrae, A.R. (1980) Fat process and composition. UK Patent, 1577933.
4. Matsuo, T., Sawamura, N., Hashimoto, Y. and Hashida, W. (1980) Producing a cocoa butter substitute by transesterification of fats and oils. UK Patent, 2035359A.
5. Macrae, A.R. (1985) Microbial lipases as catalysts for the interesterification of oils and fats. In: *Biotechnology for the Oils and Fats Industry* (eds C. Ratledge, P. Dawson and J. Rattray). AOCS Press, Champaign, IL, pp. 189–198.
6. Eriksen, N. (1996) Detergents. In: *Industrial Enzymology* (eds T. Godfrey and S. West). Stockton, Boston, NY, pp. 187–200.

7. Holm, H.C. and Cowan, D. (2008) The evolution of enzymatic interesterification in the oils and fats industry. *European Journal of Lipid Science and Technology* **110**, 679–691.
8. Gunstone, F.D. (2004) Extraction, refining and processing. In: *The Chemistry of Oils and Fats* (ed. F.D. Gunstone). Blackwell Publishing, Oxford, pp. 42–49.
9. Cowan, W.D., Willits, J. and Pearce, S.W. (2008) Comparison of chemical and enzymatic interesterification. In: Proceedings of the 99th AOCS Conference. Seattle.
10. Ascherio, A., Stampfer, M.J. and Willett, W.C. (2006) Trans fatty acids and coronary heart disease. *The New England Journal of Medicine* **354**(15), 1601–1613.
11. Osório, N.M., da Fonseca, M.M.R. and Ferreira-Dias, S. (2006) Operational stability of *Thermomyces lanuginosa* lipase during interesterification of fat in continuous packed-bed reactors. *European Journal of Lipid Science and Technology* **108**, 545–553.
12. Cowan, W.D., Hemann, J., Holm, H.C. and Yee, H.S. (2007) MPOB International Palm Oil Congress 2007. In: Proceedings of the 2007 PIPOC Conference. Malaysia.
13. Lee, I. and Sleeter, R.T. (2003) Method for producing fats or oils. United States Patent 2003/0054509A.
14. Ibrahim, N.A., Nielsen, S.T., Wigneswaran, V., Zhang, H. and Xu, X. (2008) Online pre-purification for the continuous enzymatic interesterification of bulk fats containing omega-3 oil. *Journal of the American Oil Chemists' Society* **85**, 95–98.
15. Zhang, H., Jacobsen, C. and Adler-Nissen, J. (2005) Storage stability of margarines produced from enzymatically interesterified fats compared to those prepared by conventional methods – chemical properties. *European Journal of Lipid Science and Technology* **107**, 530–539.
16. Kirkeby, P.G. (2003). Experience in margarine processing using enzymatic interesterified hardstock. In: Proceedings of the 94th AOCS Conference. Kansas City.
17. Cowan, W.D., Holm, H.C., Pedersen, L.S., Seng, Y.H. and Pierce, S.W. (2007) Influence of oil type and quality on lipase used for enzymatic interesterification. In: Proceedings of the 98th AOCS Conference. Quebec City.
18. Siew, W.L., Cheah, K.Y. and Tang, W.L. (2007) Physical properties of lipase-catalyzed interesterification of palm stearine with canola oil blends. *European Journal of Lipid Science and Technology* **109**, 97–106.
19. Dayton, C. (2008) Enzymatic degumming of vegetable oils. In: Proceedings of the 99th AOCS Conference. Seattle.
20. Seghers, J. (1990) Degumming – theory and practice. In: World Conference Proceedings, Edible Fats and Oils Processing. AOCS, Champaign, IL, pp. 88–93.
21. Cowan, W.D. (2003) Unpublished results.
22. Dayton, C. (2005) Enzymatic degumming of soybean oil. In: Proceedings of the Nordic Symposium. Enzymes in Lipid Technology. Reykjavik, Iceland.
23. Yang, B., Wang, Y.-H. and Yang, J.-G. (2006) Optimization of enzymatic degumming process for rapeseed oil. *Journal of the American Oil Chemists' Society* **83**, 653–658.
24. Yang, B., Rong, Z., Yang, J.-G., Wang, Y.-H. and Wang, W.-F. (2008) Insight into the enzymatic degumming process of soybean oil. *Journal of the American Oil Chemists' Society* **85**, 421–425.
25. Cowan, W.D. and Holm H.C. (2007) Bioprocessing of vegetable oils. In: Proceedings of the 98th AOCS Conference. Quebec.
26. Thum, O. (2008) Biocatalysis – a tool for sustainable production of emollient esters. In: Proceedings of the 99th AOCS Conference. Seattle.
27. Watanabe, T., Shimizu, M., Sugiura, M., Sato, M., Kohori, J., Yamada, N. and Nakanishi, K. (2003) Optimization of reaction conditions for the production of DAG using immobilized 1,3-regiospecific lipase Lipozyme RM IM. *Journal of the American Oil Chemists' Society* **80**, 1201–1207.
28. Kralovec, J.A., Mugford, P., Wang, W. and Barrow, C.J. (2008) Production of fish oil omega-3 fatty acid concentrates with superior sensory profiles. In: Proceedings of the 6th Euro Fed Lipid Congress. Athens, 7–10 September.
29. Wenzel, H., Hauschild, M. and Alting, L. (1997) Environmental assessment of products. In: *Methodology, Tools and Case Studies in Product Development* (eds M. Hauschild and H. Wenzel), Vol. **1**. Chapman and Hall, London.
30. Hauschild, W., Wenzel, H. and Alting, L. (1997) *Environmental Assessment of Products*, Vol. **1**. Kluwer Academic Publishers, Dordrecht.
31. Nielsen, P.M. and Holm, H.C. (2008) New enzyme process for biodiesel. In: Proceedings of the 99th AOCS Conference. Seattle.

359

377

索 引^①

B

R

S